传感与检测技术项目式教程

主　编　李桂华

副主编　荣红梅　刘晓军　张　震　焦新伟

参　编　孙红霞　张秀芹　李晓燕

主　审　唐西光

北京理工大学出版社

BEIJING INSTITUTE OF TECHNOLOGY PRESS

内 容 简 介

本书从实用角度出发，以实施的项目为载体，主要介绍传感器的工作原理、基本结构、信号处理及基本应用，以项目拓展的形式对相应传感器的内容进行延伸。

全书共分15个教学项目，每个项目分为项目描述、知识准备、项目实施、项目拓展、项目小结和项目训练6个部分。本书主要介绍了比较常用的传感器、现代新型传感器以及比较先进的智能传感器，每个项目都提供了应用实例，对本部分内容进行了梳理、归纳、总结，以帮助读者理清知识体系。最后附有课后习题。

本书主要适用于高职高专院校机电一体化、电气自动化及相近专业的教学用书，也可作为其他相关专业技术人员学习参考。

图书在版编目（CIP）数据

传感与检测技术项目式教程 / 李桂华主编. —北京：北京理工大学出版社，2018.1（2023.8重印）

ISBN 978-7-5682-3756-7

Ⅰ.①传…　Ⅱ.①李…　Ⅲ.①传感器-高等学校-教材　Ⅳ.①TP212

中国版本图书馆CIP数据核字（2017）第247770号

出版发行 / 北京理工大学出版社有限责任公司
社　　址 / 北京市海淀区中关村南大街5号
邮　　编 / 100081
电　　话 /（010）68914775（总编室）
（010）82562903（教材售后服务热线）
（010）68944723（其他图书服务热线）
网　　址 / http://www.bitpress.com.cn
经　　销 / 全国各地新华书店
印　　刷 / 北京国马印刷厂
开　　本 / 787毫米×1092毫米　1/16
印　　张 / 17.5
字　　数 / 412千字
版　　次 / 2018年1月第1版　2023年8月第4次印刷
定　　价 / 45.00元

责任编辑 / 陈莉华
文案编辑 / 陈莉华
责任校对 / 周瑞红
责任印制 / 施胜娟

前言

本书采用了综合化、模块化和项目化的编写思路，在编写过程中本着理论知识够用，面向应用、面向发展的原则，本着培养学生在实践工作中观察问题和独立分析、解决问题的综合能力为目的，根据高等院校培养应用型人才的基本要求，注重拓宽学生知识面，尽量减少数学推导，降低理论深度，以便教师讲授和学生自学。

本书设置了若干个应用型的项目，每个项目均有若干个具体典型工作任务，每个任务将相关知识和实践过程相结合，力求体现理论实践一体化的教学理念。本书结构合理、脉络清晰，内容排列由易到难，由简到繁，通俗易懂，梯度明晰。

本书共分15个项目，分别为：项目一　认识传感器与自动检测系统；项目二　原始电子秤的安装、调试与标定；项目三　Pt100热电阻测温传感器的安装与调试；项目四　湿敏电阻传感器的调试；项目五　电容位移传感器的安装与调试；项目六　差动变压器位移传感器的安装与调试；项目七　电涡流位移传感器的安装与测试；项目八　热电偶测温传感器的安装与测试；项目九　压电式振动传感器的安装与测试；项目十　光电传感器的安装与测试；项目十一　霍尔式位移传感器的安装与测试；项目十二　光纤位移传感器的安装与调试；项目十三　远红外传感器的安装与测试；项目十四　超声波遥控电灯开关的设计与调试；项目十五　数字式温度计的设计与制作；附录　传感器与检测技术配套实验指导。

本书在内容编写方面，难点分散、循序渐进；在文字叙述方面，言简意赅、重点突出；在实例选取方面，选用最新传感器及检测系统，实用性强、针对性强。

本书以传感器的应用为目的，突出了现代新型传感器及检测技术，给出了较多的应用实例。书中适当插入一些传感器实物照片和工作现场，增加了内容的直观性和真实感。

本书由李桂华担任主编，荣红梅、刘晓军、张震、焦新伟担任副主编。其中，李桂华编写了项目一、项目二、项目三、项目四、项目五、项目七、项目八和实验部分；荣红梅编写了项目六、项目十三；刘晓军编写了项目九、项目十；张震编写了项目十一和项目十四；焦新伟编写了项目十二和项目十五；全书由李桂华统稿。

参加本书资料收集、校对的还有孙红霞、张秀芹、李晓燕等老师，在此表示衷心的感谢。

本书由唐西光主审，他对全书进行了认真、仔细审阅，提出了许多具体、宝贵的意见，谨在此表示诚挚的感谢！

由于编者水平有限，编写时间仓促，书中不妥之处在所难免，恳切希望广大读者批评指正。

编　者

目
录
Contents

项目描述

本项目主要包含了传感器的基本概念、组成分类、作用及其相关参数，通过本项目的学习，了解传感器的基本知识，并知道检测技术综合实验台的组成及使用方法。

知识目标：

(1) 了解传感器的基本概念。
(2) 熟悉传感器的基本组成部分及其分类。
(3) 掌握传感器的特性参数。

能力目标：

(1) 能识别实验台配置的各种传感器。
(2) 能说出实验台各模块的作用及面板功能。
(3) 能正确选择仪表进行测量。

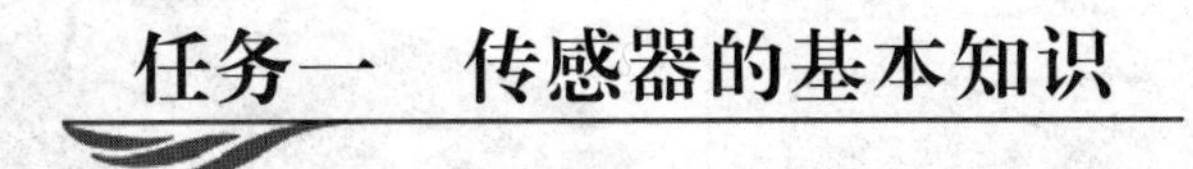

一、传感器的定义

传感器是一种能把物理量或化学量转变成便于利用的电信号的器件。国际电工委员会（IEC）将传感器定义为：“传感器是测量系统中的一种前置部件，它将输入变量转换成可供测量的信号”。

德国和俄罗斯学者认为传感器应是由两部分组成的，即直接感知被测量信号的敏感元件部分和初始处理信号的电路部分。按这种理解，传感器还包含了信号成形器的电路部分。

传感器与人的组织结构有密切联系，常将传感器的功能与人类五大感觉器官相比拟：光敏传感器相当于视觉；声敏传感器相当于听觉；气敏传感器相当于嗅觉；化学传感器相当于味觉；压敏、温敏、流体传感器相当于触觉。与当代的传感器相比，人类的感觉能力好得多，但也有一些传感器比人的感觉功能优越，如人类没有能力感知紫外线或红外线辐射，感觉不到电磁场、无色无味的气体等。

二、传感器的技术要求与应用

实际生产过程中，对传感器设定了许多技术要求，有一些是对所有类型传感器都适用的，也有只对特定类型传感器适用的特殊要求。针对传感器的工作原理和结构，在不同场合均需要的基本要求是高灵敏度、抗干扰的稳定性（对噪声不敏感）、线性、容易调节（校准简易）、高精度、高可靠性、无迟滞性、工作寿命长（耐用性）、可重复性、抗老化、高响应速率、抗环境影响（热、振动、酸、碱、空气、水、尘埃）的能力、选择性、安全性（传感器应是无污染的）、互换性、低成本、宽测量范围、小尺寸、质量轻和高强度、宽工作温度范围。

目前，传感器早已渗透到诸如工业生产、宇宙开发、海洋探测、环境保护、资源调查、医学诊断、生物工程，甚至文物保护等极其广泛的领域。可以毫不夸张地说，从茫茫的太空到浩瀚的海洋，乃至各种复杂的工程系统，几乎每个现代化项目，都离不开各种各样的传感器。如图 1－1 所示为传感器的应用。

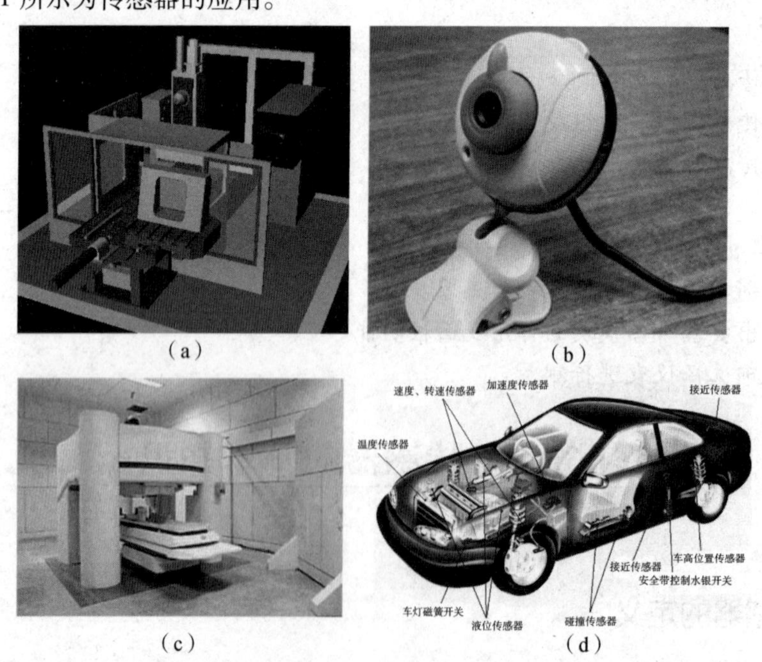

图 1－1　传感器的应用

(a) 机床加工精度测量；(b) 摄像头：CCD 传感器；

(c) 传感器在医学上的应用；(d) 传感器在汽车上的应用

三、传感器的组成

图 1－2 所示为传感器的组成框图。

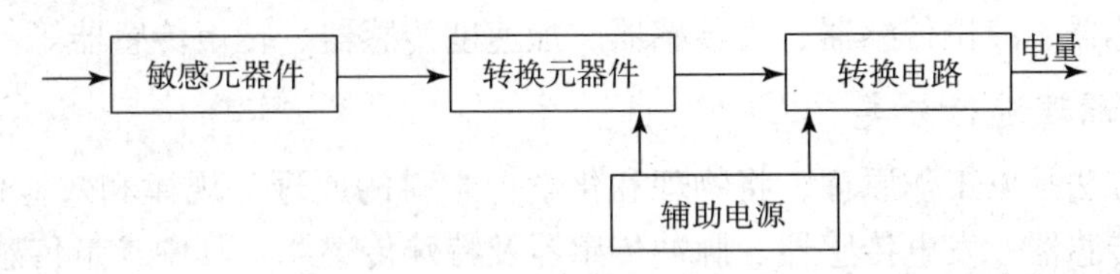

图 1－2　传感器的组成框图

1. 敏感元器件

敏感元器件是能够直接感知被测量，并按一定规律转换成与被测量有确定关系的其他量的元器件。例如，应变式压力传感器的弹性膜片就是敏感元器件，其作用是将压力转换成弹性膜片的变形，它是直接感受被测量，并且使输出量与被测量成确定关系的某一物理元器件。

2. 转换元器件

转换元器件是指能将敏感元器件的输出量直接转换成电量输出的元器件，一般情况下不直接感知被测量（特殊情况例外）。例如，应变式压力传感器中的应变片就是转换元器件，其作用是将弹性膜片的变形转换成电阻值的变化。

3. 转换电路

转换电路又称“信号调节电路”，也称为“二次仪表”，是把转换元器件输出的电信号放大，转换为便于显示、记录、处理和控制的有用电信号的电路。这些电路的类型视传感器类型而定，通常采用的有电桥电路、放大器电路、变阻器电路、A/D 与 D/A 转换电路、调制电路和振荡器电路等。

4. 辅助电源

有的传感器需要外部电源供电，有的传感器则不需要外部电源供电，如压电传感器。实际上，传感器的组成因被测量、转换原理、使用环境及性能指标要求等具体情况的不同而有较大的差异。最简单的传感器由一个敏感元器件（兼转换元器件）组成，它感知被测量时直接输出电量，如热电偶。有些传感器由敏感元器件和转换元器件组成，没有转换电路，如压电式加速度传感器，其中质量块是敏感元器件，压电片是转换元器件。有些传感器的转换元器件不止一个，要经过若干次转换。

如果所要测量的非电量正好是某传感器能转换的那种非电量，而该传感器转换出来的电量又正好能为后面的显示、记录电路所利用，那么只要由这种传感器和显示仪表便可构成一个非电量测量系统。例如，热电偶测量温度时产生的热电势可以驱动动圈式毫伏计。

四、传感器的分类

传感器一般是根据物理学、化学、生物学等特性、规律和效应设计而成的。由某一原理设计的传感器可以同时测量多种非电量，而有时一种非电量又可用几种不同的传感器测量，因此传感器的分类方法有很多，一般可按以下几种方法进行分类。

1. 按被测物理量的性质进行分类

按被测物理量的性质进行分类，可分为温度传感器、湿度传感器、压力传感器、位移传感器、流量传感器、液位传感器、力传感器、加速度传感器、转矩传感器等。

2. 按工作原理进行分类

这种分类方法是以工作原理，将物理和化学等学科的原理、规律和效应作为分类依据，将其分为参量传感器、发电传感器、脉冲传感器及特殊传感器。其中参量传感器有触点传感器、电阻传感器、电感传感器、电容传感器等；发电传感器有光电传感器、压电传感器、热电偶传感器、磁电传感器、霍尔传感器等；脉冲传感器有光栅、磁栅、感应同步器、码盘等；特殊传感器是不属于以上3种类型的传感器，如光纤传感器、超声波传感器等。

3. 按输出信号的性质进行分类

按输出信号的性质分为模拟传感器和数字传感器，即传感器的输出量为模拟量或数字量。数字传感器便于与计算机连用，且抗干扰性强。例如，盘式角压数字传感器、光栅传感器等。

另外，根据传感器输出的能量可分为有源传感器和无源传感器。

前者将非电能量转换为电能量，称之为能量转换型传感器。通常配合有电压测量电路和放大器，如压电式、热电式、电磁式等。无源传感器又称能量控制型传感器。它本身不是一个换能器，被测非电量仅对传感器中能量起控制或调节作用。所以，它们必须有辅助电源，这类传感器有电阻式、电容式、电感式等。由于按工作原理的分类方法具有较为系统、避免名目过多等优点，所以本课程中主要采用这种分类方式对各种常用传感器进行介绍。

五、传感器的特性参数

传感器的基本特性可用其静态特性和动态特性来描述。本课程主要就其静态特性进行介绍。传感器的静态特性是指传感器转换的被测量数值处在稳定状态时，传感器的输出与输入的关系。传感器静态特性的主要技术指标有灵敏度、线性度、频率响应特性、稳定性、精度等。

1. 灵敏度

灵敏度表示传感器的输入增量 Δx 与由它引起的输出增量 Δy 之间的函数关系。即灵敏度 K 等于传感器输出增量与被测增量之比，它是传感器在稳态输出输入特性曲线上各点的斜率，用下式表示：

$$K=\frac{\mathrm{d}y}{\mathrm{d}x}=\frac{\mathrm{d}f(x)}{\mathrm{d}x}=f'(x) \tag{1-1}$$

灵敏度 K 表示单位被测量的变化所引起传感器输出值的变化量。K 值越高表示传感器越灵敏。

传感器的灵敏度越高，可以感知越小的变化量，即被测量稍有微小变化时，传感器即有较大的输出。但灵敏度很高时，与测量信号无关的外界噪声也容易混入，并且噪声也会被放大。因此，对传感器往往要求有较大的信噪比。

对于线性传感器，它的灵敏度就是它的静态特性的斜率。非线性传感器的灵敏度为一变量，灵敏度随输入量的变化而变化，如图 1－3 所示。从输出曲线看，曲线越陡，灵敏度越高。

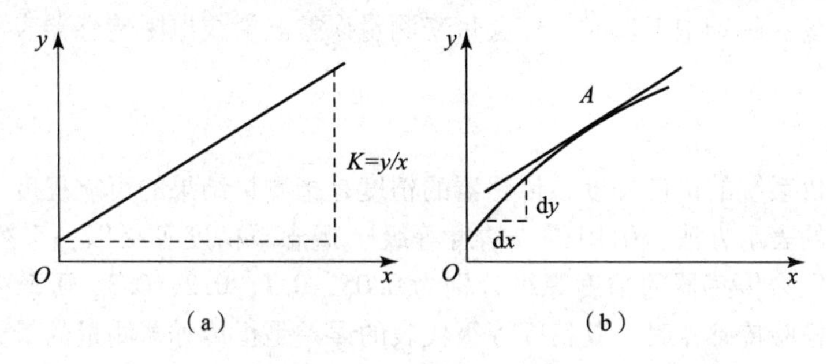

图 1－3　传感器特性曲线

（a）线性传感器特性曲线；（b）非线性传感器特性曲线

2. 线性度

传感器的线性度是指传感器输出与输入之间的线性程度。

从理论上讲，在线性范围内，灵敏度保持定值。传感器的线性范围越宽，则其量程越大，并且能保证一定的测量精度。在选择传感器时，当传感器的种类确定以后首先要看其量程是否满足要求。

但实际上，任何传感器都不能保证绝对的线性，其线性度也是相对的。当所要求测量精度比较低时，在一定的范围内，可将非线性误差较小的传感器近似看作线性的，这会给测量带来极大的方便。

传感器的理想输出—输入特性是线性的，它具有以下优点：

（1）可大大简化传感器的理论分析和设计计算。

（2）为标定和数据处理带来很大方便，只要知道线性输出—输入特性上的两点（一般为零点和满度值）就可以确定其余各点。

（3）可使仪表刻度盘均匀刻度，因而制作、安装、调试容易，提高测量精度。

（4）避免了非线性补偿环节。

3. 频率响应特性

传感器的频率响应特性决定了被测量的频率范围，必须在允许频率范围内保持不失真的测量条件，实际上传感器的响应总有一定延迟，希望延迟时间越短越好。传感器的频率响应高，可测的信号频率范围就宽，而由于受到结构特性的影响，机械系统的惯性较大，因而频率低的传感器可测信号的频率较低。

在动态测量中，应考虑到信号的特点（稳态、瞬态、随机等）响应特性，以免产生过大的误差。

4. 稳定性

稳定性是传感器长时间工作情况下输出量发生的变化。影响传感器稳定性的因素是时间与环境。

为了保证稳定性，在选用传感器之前，应对使用环境进行调查，以选择合适的传感器类型。例如，电阻应变式传感器，湿度会影响其绝缘性，温度会影响其零漂，长期使用会产生蠕变现象。又如，对于变极距型电容传感器，环境湿度或油剂浸入间隙时，会改变电容器介质。光电传感器的感光表面有灰尘或水泡时，会改变感光性质。对于磁电传感器或霍尔效应元件等，当在电场、磁场中工作时，亦会带来测量误差。滑线电阻传感器表面有灰尘时，将会引入噪声。

5. 精度

精度用于评价系统的优良程度，传感器的精度是指测量结果的可靠程度。工程技术中为简化传感器精度的表示方法，引用了“精度等级”概念。精度等级以一系列标准百分比数值分档表示，如压力传感器的精度等级分别为0.05，0.1，0.2，0.3，0.5，1.0，1.5，2.0等。设计和出厂检验传感器时，其精度等级代表的误差是指传感器测量的最大允许误差。

除了上述特性参数外，传感器的迟滞、重复性及环境特性也是选用传感器时应考虑的重要因素。

任务二　认识传感器与检测技术综合实验台

传感器与检测技术综合实验台如图1－4所示。

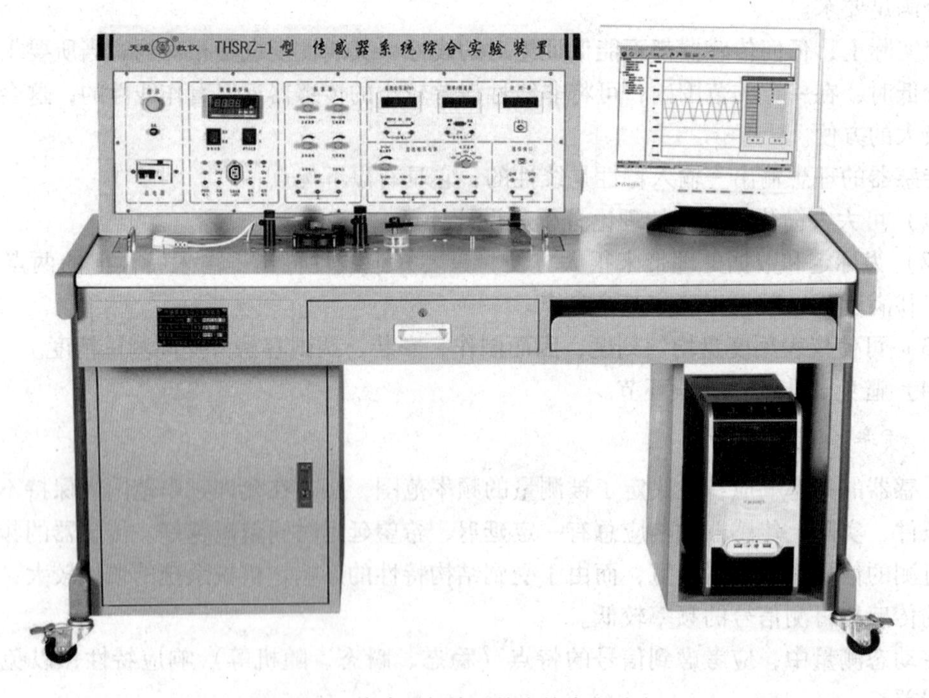

图1－4　传感器与检测技术综合实验台

一、概述

“THSRZ－1型传感器系统综合实验装置”是将传感器、检测技术及计算机控制技术有机地结合，开发成功的新一代传感器系统实验设备。适用于各大、中专院校开设“传感器原理”“非电量检测技术”“工业自动化仪表与控制” 等课程的实验教学。

二、装置特点

实验台桌面采用高绝缘度、高强度、耐高温的高密度板，具有接地、漏电保护，采用高绝缘的安全型插座，安全性符合相关国家标准。

完全采用模块化设计，将被测源、传感器、检测技术有机地结合，使学生能够更全面地学习和掌握信号传感、信号处理、信号转换、信号采集和传输的整个过程；紧密联系传感器与检测技术的最新进展，全面展示传感器相关的技术。

三、设备构成

实验装置由主控台、检测源模块、传感器及调理（模块）、数据采集卡组成。

1. 主控台

（1）信号发生器：1 ~ 10 kHz 音频信号，$U_{P-P}=0\sim17$ V 连续可调。

（2）1 ~ 30 Hz 低频信号，$U_{P-P}=0\sim17$ V 连续可调，有短路保护功能。

（3）四组直流稳压电源：+24 V，±15 V、+5 V、±2 ~ ±10 V 分五挡输出，0 ~ 5 V 可调，有短路保护功能。

（4）恒流源：0 ~ 20 mA 连续可调，最大输出电压为 12 V。

（5）数字式电压表：量程 0 ~ 20 V，分为 200 mV、2 V、20 V 三挡，精度 0.5 级。

（6）数字式毫安表：量程 0 ~ 20 mA，三位半数字显示，精度 0.5 级，有内测外测功能。

（7）频率/转速表：频率测量范围为 1 ~ 9 999 Hz，转速测量范围为 1 ~ 9 999 r/min。

（8）计时器：0 ~ 9 999 s，精确到 0.1 s。

（9）高精度温度调节仪：多种输入输出规格，人工智能调节以及参数自整定功能，先进控制算法，温度控制精度为 ±0.5 ℃。

2. 检测源

加热源：0 ~ 220 V 交流电源加热，温度可控制在室温 ~ 120 ℃。

转动源：0 ~ 24 V 直流电源驱动，转速可调在 0 ~ 3 000 r/min。

振动源：振动频率为 1 ~ 30 Hz（可调），共振频率为 12 Hz 左右。

3. 各种传感器

包括应变传感器、差动变压器、差动电容传感器、霍尔位移传感器、扩散硅压力传感器、光纤位移传感器、电涡流传感器、压电加速度传感器、磁电传感器、PT100、AD590、K 型热电偶、E 型热电偶、Cu50、PN 结温度传感器、NTC、PTC、气敏传感器（酒精敏感，可燃气体敏感）、湿敏传感器、光敏电阻、光敏二极管、红外传感器、磁阻传感器、光电开关传感器、霍尔开关传感器。

选配包括扭矩传感器、光纤压力传感器、超声位移传感器、PSD 位移传感器、CCD 电荷耦合传感器、圆光栅传感器、长光栅传感器、液位传感器、涡轮式流量传感器。

4. 处理电路

包括电桥、电压放大器、差动放大器、电荷放大器、电容放大器、低通滤波器、涡流变换器、相敏检波器、移相器、V/I 转换电路、F/V 转换电路、直流电机驱动等。

5. 数据采集卡

高速 USB 数据采集卡：含 4 路模拟量输入，2 路模拟量输出，8 路开关量输入输出，14 位 A/D 转换，A/D 采样速率最大为 400 kHz。

上位机软件：本软件配合 USB 数据采集卡使用，实时采集实验数据，对数据进行动态或静态处理和分析，具有双通道虚拟示波器、虚拟函数信号发生器、脚本编辑器功能。

原始电子秤的安装、调试与标定

项目描述

本项目要求安装、调试与标定一台原始电子秤。

超市里面的电子秤是大家非常熟悉的称重设备，它不但体积小，而且功能强，给超市工作人员提供了很大的方便。本项目通过安装、调试与标定原始电子秤，重点学习电阻应变式传感器的结构组成、工作原理和应用，它不仅能够组成电子秤称重系统，还可以测量机械、仪器及工程结构等的应力、应变，与某种形式的弹性敏感元件相配合专门制成各种应变式传感器用来测量力、压力、扭矩、位移和加速度等物理量。

知识目标：

（1）理解并掌握电阻的应变效应。

（2）理解桥式测量电路的原理。

（3）了解压阻效应。

能力目标：

（1）能正确选择和使用荷重传感器。

（2）掌握电阻应变片的粘贴工艺，能利用电阻应变片构成电桥电路。

（3）掌握电桥的调试方法和步骤，能分析和处理信号电路的常见故障。

（4）会使用电阻应变式传感器设计测量方案并实施测量过程。

（5）熟悉压阻效应及其应用。

任务一　知识准备

一、敏感元件

物体在外力作用下改变原来尺寸或形状的现象称为变形。若外力去掉后物体又能完全恢复其原来的尺寸或形状，这种变形称为弹性变形。具有弹性变形特性的物体称为弹性元件。

弹性元件在传感器技术中占有极其重要的地位。它首先把力、力矩或压力转换成相应的应变或位移，然后配合各种形式的传感元件，将被测力、力矩或压力转换成电量。

根据弹性元件在传感器中的作用，可以分为两种类型：弹性敏感元件和弹性支承。前者感受力、力矩、压力等被测参数，并通过它将被测量变换为应变、位移等，也就是通过它把被测参数由一种物理状态转换为另一种所需要的相应物理状态，故称为弹性敏感元件。

（一）弹性敏感材料的弹性特性

作用在弹性敏感元件上的外力与由该外力所引起的相应变形（应变、位移或转角）之间的关系称为弹性元件的弹性特性。主要特性如下。

1. 刚度

刚度是弹性敏感元件在外力作用下抵抗变形的能力。

$$k = \lim_{\Delta x \to 0} \frac{\Delta F}{\Delta x} = \frac{dF}{dx} \tag{2-1}$$

在图 2-1 中，弹性特性曲线上某点 A 的刚度可通过 A 点作曲线的切线求得，此切线与水平线夹角的正切就代表该元件在 A 点处的刚度，即 $k = \tan\theta = dF/dx$。如果弹性特征是线性的，则它的刚度是一个常数。当测量较大的力时，必须选择刚度大的弹性元件，使得 x 不致太大。

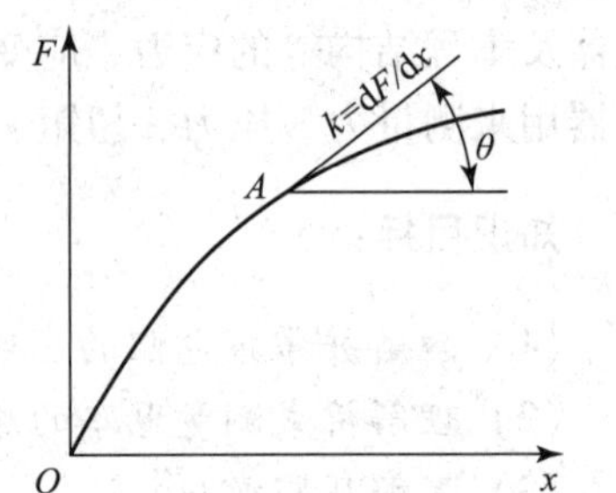

图 2-1　弹性元件的刚度特性

2. 灵敏度

灵敏度就是弹性敏感元件在单位力作用下产生变形的大小。它是刚度的倒数，即

$$K = \frac{dx}{dF} \tag{2-2}$$

与刚度相似，如果元件弹性特性是线性的，则灵敏度为常数；若弹性特性是非线性的，则灵敏度为变数。

3. 弹性滞后

实际的弹性元件在加、卸载的正、反行程中变形曲线是不重合的，这种现象称为弹性滞后现象，如图 2-2 所示。

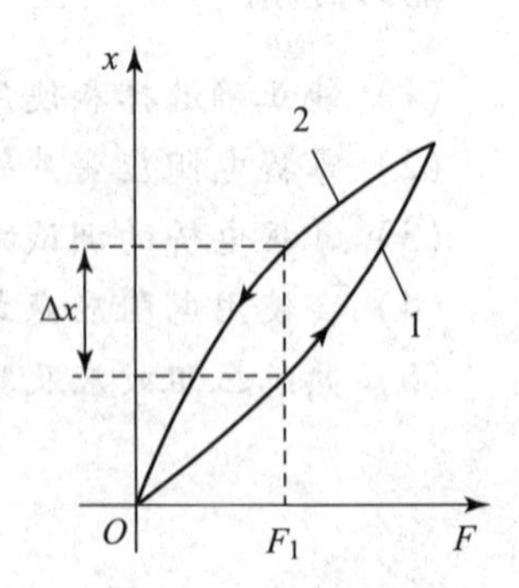

图 2-2　弹性滞后现象

曲线 1 是加载曲线，曲线 2 是卸载曲线，曲线 1、2 所包围的范围称为滞环。产生弹性滞后的原因主要是弹性敏感元件在工

作过程中分子间存在内摩擦，并造成零点附近的不灵敏区。

4. 弹性后效

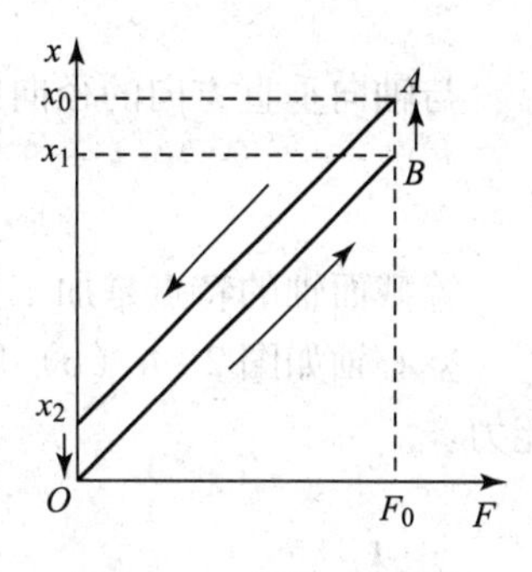

图 2－3　弹性后效现象

弹性敏感元件所加载荷改变后，不是立即完成相应的变形，而是在一定时间间隔中逐渐完成变形的现象称为弹性后效现象。由于弹性后效存在，弹性敏感元件的变形不能迅速地随作用力的改变而改变，引起测量误差。如图 2－3 所示，当作用在弹性敏感元件上的力由 0 快速变到 $\boldsymbol{F}_0$ 时，弹性敏感元件的变形首先由 0 迅速增加至 x_1，然后在载荷未改变的情况下继续变形直到 x_0 为止。由于弹性后效现象的存在，弹性敏感元件的变形始终不能迅速地跟上力的改变。

5. 固有振动频率

弹性敏感元件的动态特性与它的固有振动频率 f_0 有很大的关系，固有振动频率通常由实验测得。传感器的工作频率应避开弹性敏感元件的固有振动频率。

在实际选用或设计弹性敏感元件时，常常遇到线性度、灵敏度、固有频率之间相互矛盾、相互制约的问题，因此必须根据测量的对象和要求加以综合考虑。

（二）弹性敏感元件的材料及基本要求

对弹性敏感元件材料的基本要求有以下几项：

（1）具有良好的机械特性（强度高、抗冲击、韧性好、疲劳强度高等）和良好的机械加工及热处理性能。

（2）良好的弹性特性（弹性极限高、弹性滞后和弹性后效小等）。

（3）弹性模量的温度系数小且稳定，材料的线膨胀系数小且稳定。

（4）抗氧化性和抗腐蚀性等化学性能良好。

国外选用的弹性敏感元件材料种类繁多，一般使用合金结构，如中碳铬镍钼钢、中碳铬锰硅钢、弹簧钢等。我国通常使用合金钢，有时也使用碳钢、铜合金和铌基合金。其中 65Mn 锰弹簧钢、35CrMnSiA 合金结构钢，40Cr 铬钢都是常用材料，50CrMnA 铬锰弹簧钢和 50CrVA 铬钒弹簧钢由于具有良好的力学性能，可用于制作承受交变载荷的弹性敏感元件材料。

（三）变换力的弹性敏感元件

所谓变换力的弹性敏感元件是指输入量为力 $\boldsymbol{F}$，输出量为应变或位移的弹性敏感元件。常用的变换力的弹性敏感元件有实心轴、空心轴、等截面圆环、变截面圆环、悬臂梁、扭转轴等。

1. 等截面轴

实心等截面轴又称柱式弹性敏感元件，如图 2－4（a）所示。在力的作用下，它的位移量很小，所以往往用它的应变作为输出量。在它的表面粘贴应变片，可以将应变进一步变换为电量。设轴的横截面积为 A，轴材料的弹性模量为 E，材料的泊松比为 μ，当等截面轴承受轴向拉力或压力 $\boldsymbol{F}$ 时，轴向应变（有时也称为纵向应变）为

$$\varepsilon_y = \frac{\Delta r}{r} = -\mu\varepsilon_x = -\frac{\mu F}{AE} \tag{2-3}$$

与轴向垂直方向的径向应变（又称横向应变）为

$$\varepsilon_x = \frac{\Delta l}{l} = \frac{F}{AE} \tag{2-4}$$

等截面轴的特点是加工方便，加工精度高，但灵敏度小，适用于载荷较大的场合。

空心轴如图 2-4（b）所示，它在同样的截面积下，轴的直径可加大，可提高轴的抗弯能力。

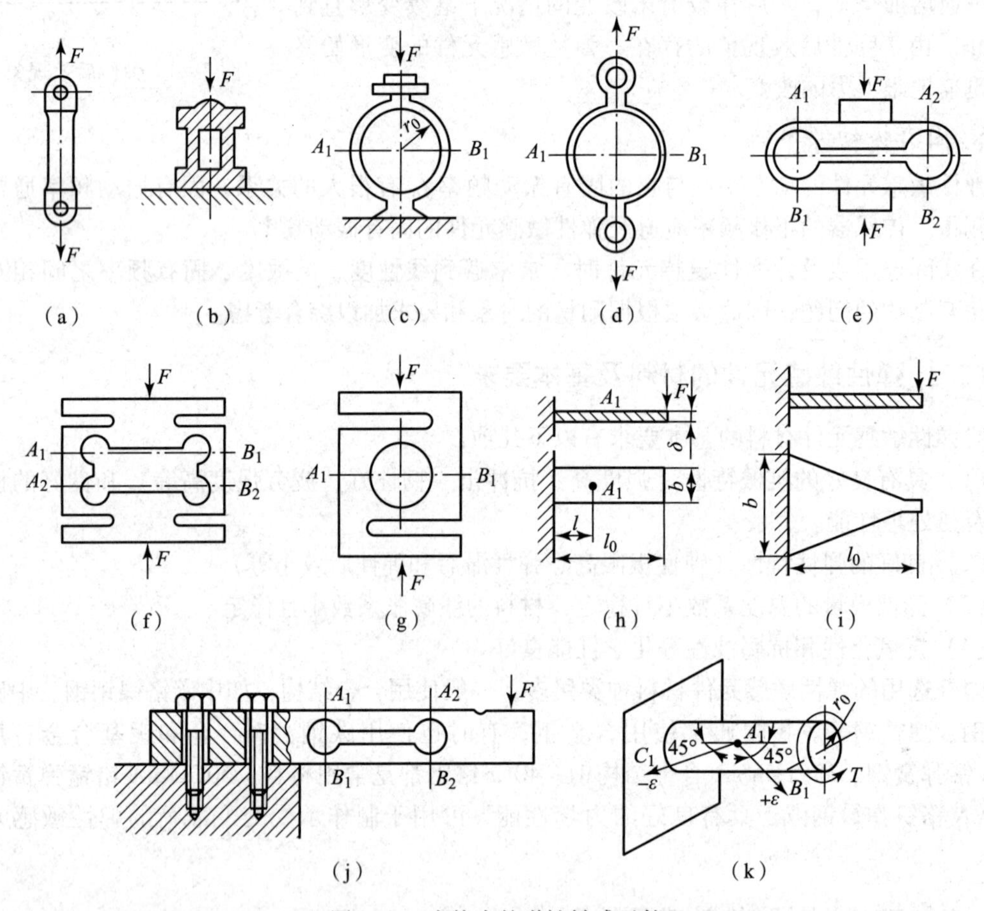

图 2-4　变换力的弹性敏感元件

(a) 实心轴；(b) 空心轴；(c) 等截面圆环；(d) 等截面圆环；(e) 变形圆环；(f) 变形圆环；(g) 变形圆环；(h) 等截面悬臂梁；(i) 等强度悬臂梁；(j) 变形的悬臂梁；(k) 扭转轴

当被测力较大时，一般多用钢材料制作弹性敏感材料，钢的弹性模量约为 2×10^{11} N/m²。当被测力较小时，可用铝合金或铜合金，铝的弹性模量约为 0.7×10^{11} N/m²。材料越软，弹性模量也越小，其灵敏度也越高。

2. 环状弹性元件

环状弹性元件多做成等截面圆环，如图 2-4（c）、（d）所示。圆环受力后较易变形，因而它多用于测量较小的力。图 2-4（e）是变形的圆环，与上述圆环不同之处是增加了中间过载保护缝隙。它的线性较好，加工方便，抗过载能力强。

目前研制出许多变形的环状弹性元件，如图 2-4（f）、（g）所示。它们的特点是加工方便、过载能力强、线性好等。其厚度决定灵敏度的大小。

3. 悬臂梁

悬臂梁是一端固定、一端自由的弹性敏感元件。它的特点是灵敏度高。它的输出可以是应变，也可以是挠度（位移）。根据它的截面形状，又可以分为等截面悬臂梁和等强度悬臂梁。

1）等截面悬臂梁

图 2-4（h）所示为等截面悬臂梁的侧视图和俯视图。当力 **F** 以如图所示的方向作用于悬臂梁的末端时，梁的上表面产生应变，下表面也产生应变。对于任意指定点来说，上、下表面的应变大小相等、符号相反。设梁的截面厚度为 δ，宽度为 b，总长为 l_0，则在距离固定端 l 处沿长度方向的应变为

$$\varepsilon = \frac{6(l_0 - l)}{Eb\delta^2}F \tag{2-5}$$

从上式可知，最大应变产生在梁的根部，该部位是结构最薄弱处。在实际应用中，还常把悬臂梁自由端的挠度作为输出，在自由端装上电感传感器、电涡流或霍尔传感器等，就可进一步将挠度变为电量。

2）等强度悬臂梁

从上面分析可知，在等截面悬臂梁的不同部位产生的应变是不相等的，在传感器设计时必须精确计算粘贴应变片的位置。如图 2-4（i）所示，设梁的长度为 l_0，根部宽度为 b，则梁上任一点沿长度方向的应变为

$$\varepsilon = \frac{6l_0}{Eb\delta^2}F \tag{2-6}$$

由分析可知，当梁的自由端有力 **F** 作用时，沿梁的整个长度上的应变处处相等，即它的灵敏度与梁的长度方向坐标无关，因此称其为等强度悬臂梁。

必须说明的是，这种变截面梁的尖端部必须有一定的宽度才能承受作用力。图 2-4（j）所示为变形悬臂梁，它加工方便，刚度较好，实际应用时多采用类似结构。

4. 扭转轴

扭转轴用于测量力矩和转矩，如图 2-4（k）所示。力矩 T 由作用力 **F** 和力臂 L（图中力臂为 r_0）组成，$T=FL$，力矩的单位为牛顿·米（N·m）。

使机械部件转动的力矩叫转动力矩，简称转矩。任何部件在转矩的作用下，必须产生某种程度的扭转变形，因此，习惯上又常把转动力矩叫作扭转力矩。在实验和检测各类回转机械中，力矩通常是一个重要的必测参数，专门用于测量力矩的弹性敏感元件称为扭转轴。

在扭矩 T 的作用下，扭转轴的表面将产生拉伸或压缩应变。在轴表面上与轴线成 45°方向［如图 2-4（k）的 A_1、B_1 方向］的应变为

$$\varepsilon = \frac{2T}{\pi E r_0^3}(1+\mu) \tag{2-7}$$

而 A_1、C_1 方向上的应变系数值与式（2-7）相等，但符号相反。

（四）变换压力的弹性敏感元件

在工业生产中，经常需要测量气体或液体的压力。变换压力的弹性敏感元件形式很多，如图 2－5 所示。由于这些元件的变形计算复杂，故这里只对它们进行定性分析。

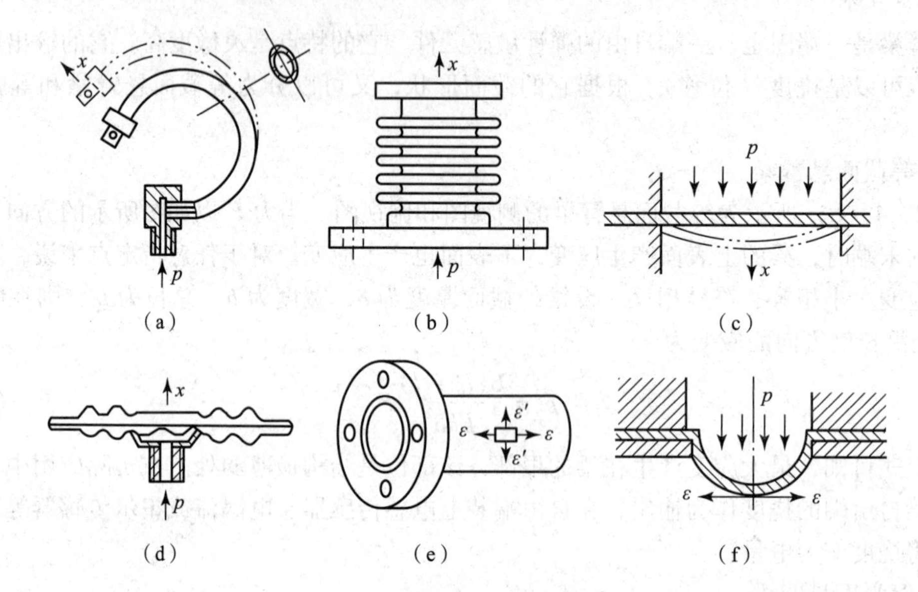

图 2－5　变换压力的弹性敏感元件

（a）弹簧管；（b）波纹管；（c）等截面薄板；（d）膜盒；（e）薄壁圆筒；（f）薄壁半球

1. 弹簧管

弹簧管又称波登管（法国人波登发明），它是弯成各种形状（大多数弯成 C 形）的空心管子，它一端固定、一端自由，如图 2－5（a）所示。

弹簧管截面形状多为椭圆形或更复杂的形状，压力 p 通过弹簧管的固定端导入弹簧管的内腔，弹簧管的另一端（自由端）由盖子和传感器的传感元件相连。在压力作用下，弹簧管的截面力图变成圆形，截面的短轴力图伸长，长轴缩短。截面形状的改变导致弹簧管趋向伸直，一直到与压力的作用相平衡为止［如图 2－5（a）中的虚线所示］。由此可见，利用弹簧管可以把压力变换为位移。C 形弹簧管的刚度较大，灵敏度较小，但过载能力较强，因此常作为测量较大压力的弹性敏感元件。

2. 波纹管

波纹管是一种表面上由许多同心环波纹构成的薄壁圆管。它的一端与被测压力相通，另一端密封，如图 2－5（b）所示。波纹管在压力作用下将产生伸长或缩短，所以利用波纹管可以把压力变换成位移，它的灵敏度比弹簧管高得多。在非电量测量中，波纹管的直径为 12～160 mm，被测压力范围为 10^2～10^6 Pa。

3. 等截面薄板

等截面薄板又称平膜片，如图 2－5（c）所示。它是周边固定的圆薄板。当它的上下两面受到均匀分布的压力时，薄板的位移或应变为零。将应变片粘贴在薄板表面，可以组成电阻应变式压力传感器，利用薄板的位移（挠度）可以组成电容式、霍尔式压力传感器。平膜片沿直线方向上各点的应变是不同的，如图 2-6 所示。圆心附近以及膜片的边缘区域的应变均较大，但符号相反，这一特性在压阻传感器中得到应用。

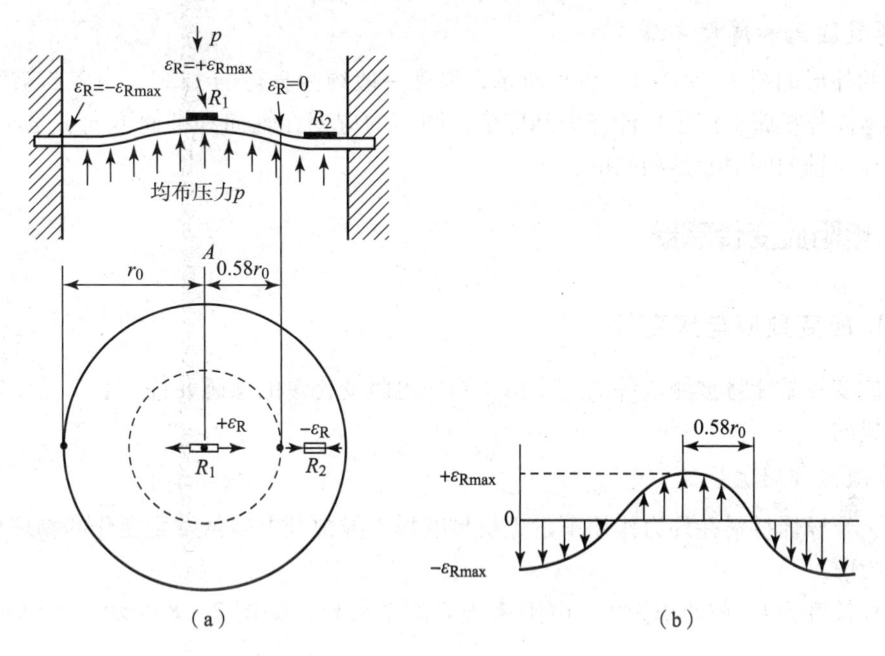

图 2-6　平膜片的各点应变

（a）应变片的粘贴位置及平膜片的变形；（b）应变分布

平膜片中心的位移与压力 p 之间成非线性关系。只有当位移量比薄板的厚度小得多时才能获得较小的非线性误差。例如，当中心位移量等于薄板厚度的 1/3 时，非线性误差可达 5%。

4. 波纹膜片和膜盒

波纹膜片是一种压有同心波纹的圆形薄膜，如图 2-7 所示。为了便于和传感元件相连接，在膜片中央留有一个光滑的部分，有时还在中心上焊接一块圆形金属片，称为膜片的硬心。当膜片弯向压力低的一侧时，能够将压力变换为位移。波纹膜片比平膜片柔软得多，因此多用于测量较小压力的弹性敏感元件。

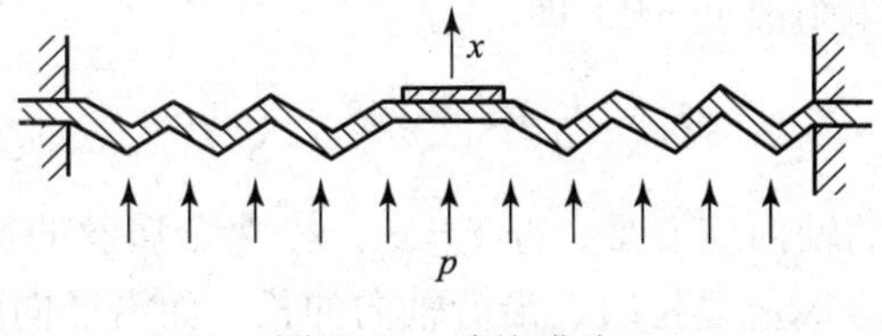

图 2-7　波纹膜片

为了进一步提高灵敏度，常把两个膜片焊接在一起，制成膜盒。如图 2-5（d）所示。它中心的位移量为单位膜片的两倍。由于膜盒本身是一个封闭的整体，所以密封性好，周边不需固定，给安装带来方便，它的应用比波纹膜片广泛得多。

膜片的波纹形状可以有很多形式，图 2-7 所示的是锯齿波纹，有时也采用正弦波纹。波纹的形状对膜片的输出特性有影响。在一定的压力作用下，正弦波纹膜片给出的位移最大，但线性较差；锯齿波纹膜片给出的位移最小，但线性较好；梯形波纹膜片的特性介于上述两者之间，膜片厚度通常为0.05～0.5 mm。

5. 薄壁圆筒和薄壁半球

它们的外形如图2－5（e）、（f）所示，厚度一般约为直径的1/20，内腔与被测压力相通，均匀地向外扩张，产生拉伸应力和应变。圆筒的应变在轴向和圆筒方向上是不相等的，而薄壁半球在轴向的应变是相同的。

二、电阻应变传感器

（一）应变效应与应变片

电阻应变片是能将被测试件的应变量转换成电阻变化量的敏感元件。它是基于电阻应变效应而制成的。

1. 电阻应变效应

导体、半导体材料在外力作用下发生机械变形，导致其电阻值发生变化的物理现象称为电阻应变效应。

设一根长度为l，截面积为S，电阻率为ρ的金属丝，如图2－8所示。其电阻R的阻值为

$$R=\rho\frac{l}{S} \tag{2-8}$$

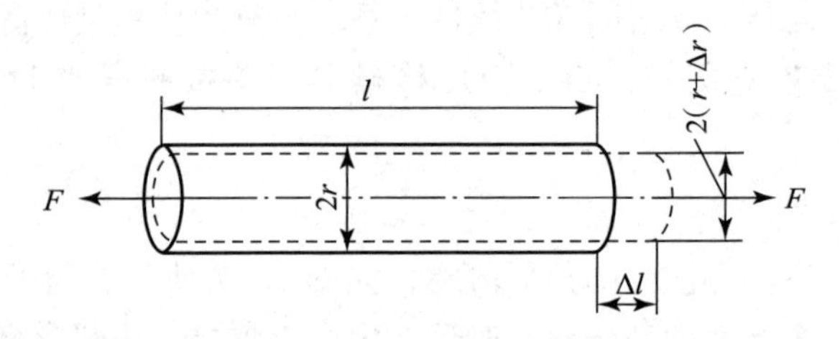

图2－8　金属丝伸长后几何尺寸变化

当金属丝受拉时，其长度伸长dl，横截面将相应减小dS，电阻率也将改变dρ，这些量的变化，必然引起金属丝电阻改变dR，即

$$\mathrm{d}R=\frac{\rho}{S}\mathrm{d}l-\frac{\rho l}{S^2}\mathrm{d}S+\frac{l}{S}\mathrm{d}\rho \tag{2-9}$$

令$\mathrm{d}l/l=\varepsilon_x$，$\varepsilon_x$为金属丝的轴向应变量；$\mathrm{d}r/r=\varepsilon_y$，$\varepsilon_y$为金属丝的径向应变量。

根据材料力学原理，金属丝受拉时，沿着轴向伸长，而沿径向缩短，二者之间应变的关系为

$$\varepsilon_y=-\mu\varepsilon_x \tag{2-10}$$

$$\frac{\mathrm{d}R}{R}=(1+2\mu)\varepsilon_x+\frac{\mathrm{d}\rho}{\rho} \tag{2-11}$$

$$K=\frac{\mathrm{d}R/R}{\varepsilon_x}=(1+2\mu)+\frac{\mathrm{d}\rho/\rho}{\varepsilon_x}$$

上式中 K 为金属丝的灵敏度系数，表示金属丝产生单位变形时，电阻相对变化的大小。显然，K 值越大，单位变形引起的电阻相对变化越大，故灵敏度越高。

金属丝的灵敏度 K 受以下两个因素影响：

第1项 $1+2\mu$，它是由于金属丝受拉伸后，材料的几何尺寸发生变化而引起的。

第2项，它是由材料电阻率变化所引起的。对于金属材料该项要比 $1+2\mu$ 小得多，可以忽略，即金属丝电阻的变化主要由材料的几何形变引起。故 $K\approx1+2\mu$。而半导体材料的（$d\rho/\rho$）/ε_x 项的值比 $1+2\mu$ 大得多。

实验证明，在金属丝变形的弹性范围内，电阻的相对变化 $\Delta R/R$ 与应变成正比，即

$$\frac{\Delta R}{R}=K\varepsilon_x \tag{2-12}$$

2. 电阻应变片的结构与类型

1）应变片的基本结构

电阻应变片由敏感栅、基片、覆盖层和引线等部分组成。其中，敏感栅是应变片的核心部分，它是用直径约为0.025 mm的具有高电阻率的电阻丝制成的，为了获得高的电阻值，电阻丝排列成栅网状，故称为敏感栅。将敏感栅粘贴在绝缘的基片上，两端焊接引出导线，其上再粘贴上保护用的覆盖层，即可构成电阻丝应变片。其基本结构如图2－9所示。图中 L 为敏感栅沿轴向测量变形的有效长度（即应变片的栅距），b 为敏感栅的宽度（即应变片的基宽）。

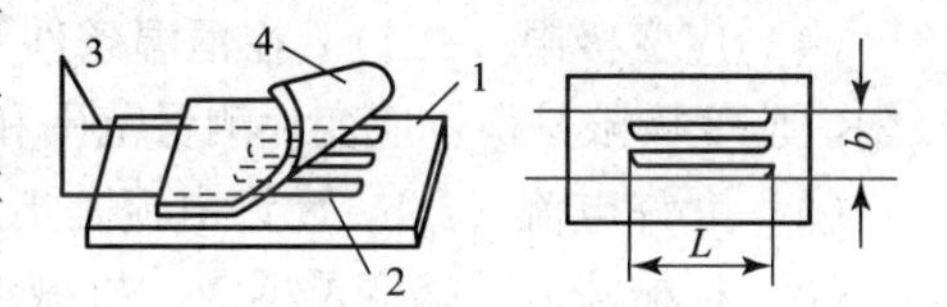

图2－9　电阻丝式应变片的基本结构

1—基片；2—敏感栅；3—引线；4—覆盖层

2）应变片类型

应变片主要有金属应变片和半导体应变片两类。金属应变片有丝式、箔式、薄膜式三种，其结构如图2－10所示。

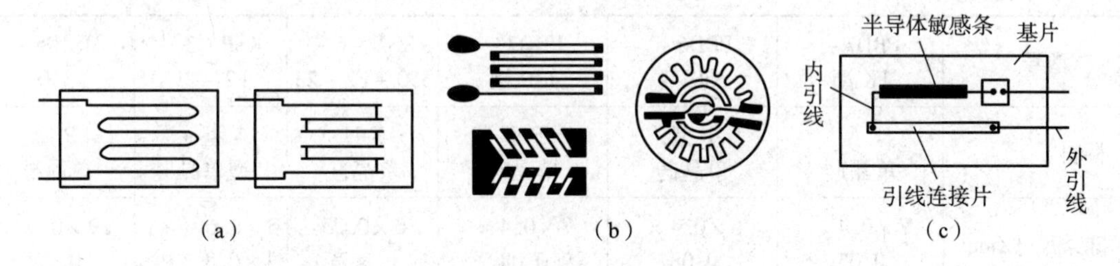

图2－10　电阻应变片

(a) 金属丝式应变片；(b) 金属箔式应变片；(c) 半导体应变片

其中金属丝式应变片使用最早，有纸基型、胶基型两种。金属丝式应变片蠕变较大，金属丝易脱落，但其价格便宜，广泛应用于应变、应力的大批量、一次性低精度的实验。

金属箔式应变片是通过光刻、腐蚀等工艺，将电阻箔片在绝缘基片上制成各种图案而形成的应变片，其厚度通常在0.001～0.01 mm。因其面积比金属丝大得多，所以散热效果好，通过电流大，其横向效应小、柔性好、寿命长、工艺成熟，且适于大批量生产因而得到广泛应用。

金属薄膜式应变片是薄膜技术发展的产物，它是采用真空蒸镀的方法成形的，因其灵敏

度系数高，又易于批量生产而备受重视。

半导体应变片是用半导体材料作为敏感栅而制成的，其灵敏度高（一般比金属丝式、箔式高几十倍），横向效应小，故它的应用日趋广泛。

3. 应变片参数

应变片的参数主要有以下几项。

（1）标准电阻值（R_0）。标准电阻值指的是在无应变（即无应力）的情况下的电阻值，单位为欧姆（Ω），主要规格有60，90，120，150，350，600，1 000等。

（2）绝缘电阻（R_G）。应变片绝缘电阻是指已粘贴的应变片的引线与被测试件之间的电阻值，通常要求在50~100 MΩ以上。R_G的大小取决于黏合剂和基底材料的种类及固化工艺，在常温条件下要采取必要的防潮措施，而在中温或高温条件下，要注意选取电绝缘性能良好的黏合剂和基底材料。

（3）灵敏度系数（K）。灵敏度系数是指应变片安装到被测物体表面后，在其轴线方向上的单位应力作用下，应变片阻值的相对变化与被测物体表面上安装应变片区域的轴向应变之比。

（4）应变极限（ξ_{max}）。在恒温条件下，使非线性达到10%时的真实应变值，称为应变极限。应变极限是衡量应变片测量范围和过载能力的指标。

（5）允许电流（I_e）。允许电流是指应变片允许通过的最大电流。

（6）机械滞后、蠕变及零漂。机械滞后是指所粘贴的应变片在温度一定时，在增加或减少机械应变过程中真实应变与约定应变（即同一机械应变量下所指示的应变）之间的最大差值。蠕变是指已粘贴好的应变片，在温度一定并承受一定机械应变时，指示应变值随时间变化而产生变化。零漂是指已粘贴好的应变片，在温度一定且又无机械应变时，指示应变值发生变化。表2-1所示为几种国产金属应变片技术数据。

表2-1　几种国产金属应变片技术数据

型号	PBD7-1K型	PBD6-350型	PBD7-120型	KSN-6-350-E3-23	KSP-3-F2-11	MS105-350
材料	P型单晶硅	P型单晶硅	P型单晶硅	N型单晶硅	N型+P型单晶硅	P型单晶硅
硅条尺寸/mm	7×0.4×0.05	6×0.4×0.08	7×0.4×0.08	6×0.25（长×宽）	3×0.6（N）3×0.3（P）	19×0.5×0.02
电阻值/Ω	1 000(1±5%)	350(1±5%)	120(1±5%)	350	120	350
灵敏系数基底材料	140±5% 酚醛树脂	150±5% 酚醛树脂	120±5% 酚醛树脂	-110 酚醛树脂	210 酚醛树脂	127 环氧树脂
基底尺寸/mm	10×7	10×7	10×7	10×4.5	10×4	25.4×12.7
电阻温度系数/℃$^{-1}$	<0.4%	<0.3%	<0.16%	—	—	
灵敏度温度系数/℃$^{-1}$	<0.3%	<0.28%	<0.17%	—	—	

续表

型号	PBD7－1K型	PBD6－350型	PBD7－120型	KSN－6－350－E3－23	KSP－3－F2－11	MS105－350
极限工作温度/℃	100	100	100			
允许电流/mA	15	15	25			
生产国别	中	中	中	日	日	美
备注				温度自补偿型，适用于铝合金	两元件温度补偿型，适用于普通钢试件	硅片薄，挠性好，可贴在直径为25 mm的圆柱面上

4. 应变片的粘贴技术

应变片在使用时通常是用黏合剂粘贴在弹性元件或试件上，正确的粘贴工艺对保证粘贴质量、提高测试精度起着重要的作用。因此应变片在粘贴时，应严格按粘贴工艺要求进行，基本步骤如下。

（1）应变片的检查。对所选用的应变片进行外观和电阻的检查。观察线栅或箔栅的排列是否整齐、均匀，是否有锈蚀以及短路、断路和折弯现象。测量应变片的电阻值，检查阻值、精度是否符合要求，对桥臂配对用的应变片，电阻值要尽量一致。

（2）试件的表面处理。为了保证一定的黏合强度，必须将试件表面处理干净，清除杂质、油污及表面氧化层等。粘贴表面应保持平整，表面光滑。最好在表面打光后，采用喷砂处理，面积为应变片的3～5倍。

（3）确定贴片位置。在应变片上标出敏感栅的纵、横向中心线，粘贴时应使应变片的中心线与试件的定位线对准。

（4）粘贴应变片。用甲苯、四氯化碳等溶剂清洗试件表面和应变片表面，然后在试件表面和应变片表面各涂一层薄而均匀的黏合剂，将应变片粘贴到试件的表面上。同时在应变片上加一层玻璃纸或透明的塑料薄膜，并用手轻轻滚动压挤，将多余的胶水和气泡排出。

（5）固化处理。根据所使用的黏合剂的固化工艺要求进行固化处理和时效处理。

（6）粘贴质量检查。检查粘贴位置是否正确，黏合层是否有气泡和漏贴，有无短路、断路现象，应变片的电阻值有无较大的变化。应对应变片与被测物体之间的绝缘电阻进行检查，一般应大于200 MΩ。

（7）引出线的固定与保护。将固定好的应变片引出线用导线焊接好，为防止应变片电阻丝和引出线被拉断，需用胶布将导线固定在被测物体表面，且要处理好导线与被测物体之间的绝缘问题。

（8）防潮防蚀处理。为防止因潮湿引起绝缘电阻变小、黏合强度下降，或因腐蚀而损坏应变片，应在应变片上涂一层凡士林、石蜡、蜂蜡、环氧树脂、清漆等，厚度一般为1～2 mm。

（二）测量转换电路

1. 应变片测量应变的基本原理

用应变片测量应变或应力时，根据上述特点，在外力作用下，被测对象产生微小机械变形，应变片随着发生相同的变化，同时应变片电阻值也发生相应变化。当测得应变片电阻值变化量为 ΔR 时，便可得到被测对象的应变值。根据应力与应变的关系，得到应力值 σ 为

$$\sigma = E \cdot \varepsilon \tag{2-13}$$

式中 σ——试件的应力；

ε——试件的应变；

E——试件材料的弹性模量。

由此可知，应力值 σ 正比于应变 ε，而试件应变 ε 正比于电阻值的变化，所以应力 σ 正比于电阻值的变化，这就是利用应变片测量应变的基本原理。

2. 测量转换电路

由于机械应变一般在 10~3 000$\mu\varepsilon$，而应变灵敏度 K 值较小，因此电阻相对变化是很小的，用一般测量电阻的仪表是难以直接测出来的，必须用专门的电路来测量这种微弱的变化，最常用的电路为直流电桥和交流电桥。下面以直流电桥为例，简要介绍其工作原理及有关特性。

1）直流电桥电路

如图 2-11 所示，直流电桥电路的 4 个桥臂是由 R_1、R_2、R_3、R_4 组成，其中 a、c 两端接直流电压 U_i，而 b、d 两端为输出端，其输出电压为 U_o。

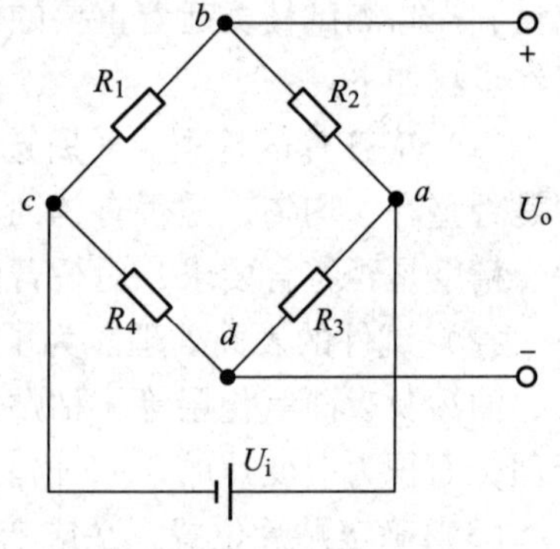

图 2-11 直流电桥电路原理图

在测量前，取 $R_1R_3 = R_2R_4$，输出电压为 $U_o = 0$。当桥臂电阻发生变化，且 $\Delta R_i \ll R_i$，在电桥输出端的负载电阻为无限大时，电桥输出电压可近似表示为

$$U_o = \frac{R_1R_2}{(R_1+R_2)^2}\left(\frac{\Delta R_1}{R_1} - \frac{\Delta R_2}{R_2} + \frac{\Delta R_3}{R_3} - \frac{\Delta R_4}{R_4}\right)U_i \tag{2-14}$$

一般采用全等臂形式，即 $R_1 = R_2 = R_3 = R_4 = R$，上式可变为

$$U_o = \frac{U_i}{4}\left(\frac{\Delta R_1}{R_1} - \frac{\Delta R_2}{R_2} + \frac{\Delta R_3}{R_3} - \frac{\Delta R_4}{R_4}\right) \tag{2-15}$$

2）电桥工作方式

根据可变电阻在电桥电路中的分布方式，电桥的工作方式有以下 3 种类型。

（1）半桥单臂工作方式。即只有一个应变片接入电桥，在工作时，其余 3 个桥臂电阻的阻值没有变化（即 $\Delta R_2 = \Delta R_3 = \Delta R_4 = 0$），如图 2-12（a）所示。设 R_1 为接入的应变片，测量时的变化为 ΔR，电桥的输出电压为

$$U_o = \frac{U_i}{4}\frac{\Delta R}{R} \tag{2-16}$$

灵敏度为

$$K=\frac{U_{\mathrm{i}}}{4}$$

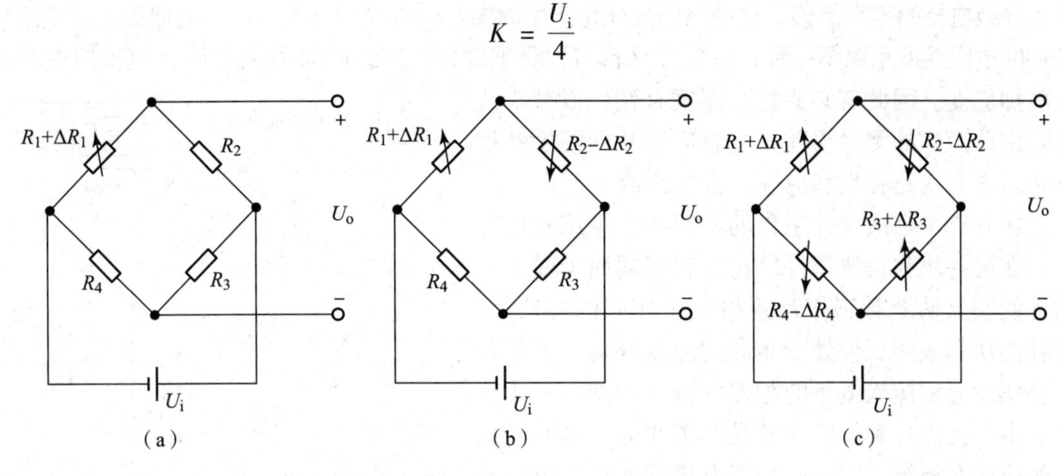

图 2－12　3 种桥式工作电路

（a）半桥单臂；（b）半桥双臂；（c）全桥四臂

（2）半桥双臂工作方式。如图 2－12（b）所示，在试件上安装两个工作应变片，一个受拉应变，一个受压应变，接入电桥相邻桥臂，称为半桥差动电路，电桥的输出电压为

$$U_{\mathrm{o}}=\frac{U_{\mathrm{i}}}{2}\frac{\Delta R}{R} \tag{2-17}$$

灵敏度为

$$K=U_{\mathrm{i}}/2$$

U_{o} 与 $\Delta R/R$ 呈线性关系，差动电桥无非线性误差，而且电桥电压灵敏度 $K=U_{\mathrm{i}}/2$，比单臂工作时提高一倍，同时还具有温度补偿作用。

（3）全桥四臂工作方式。若将电桥四臂接入 4 片应变片，如图 2－12（c）所示，即 2 个受拉应变，2 个受压应变，将 2 个应变符号相同的接入相对桥臂上，构成全桥差动电路。电桥的 4 个桥臂的电阻值都发生变化，电桥的输出电压为

$$U_{\mathrm{o}}=\frac{\Delta R U_{\mathrm{i}}}{R} \tag{2-18}$$

灵敏度为

$$K=U_{\mathrm{i}}$$

此时全桥差动电路不仅没有非线性误差，而且电压灵敏度是单片的 4 倍，同时仍具有温度补偿作用。

3）电桥的线路补偿

（1）零点补偿。在无应变的状态下，要求电桥的 4 个桥臂电阻值相同是不可能的，这样就使电桥不能满足初始平衡条件（即 $U_{\mathrm{o}}\neq 0$）。为了解决这一问题，可以在一对桥臂电阻乘积较小的任一桥臂中串联一个可调电阻进行调节补偿。如图 2－13 所示，当 $R_1R_3<R_2R_4$ 时，可在 R_1 或 R_3 桥臂上接入 R_{P} 使得电桥输出达到平衡。

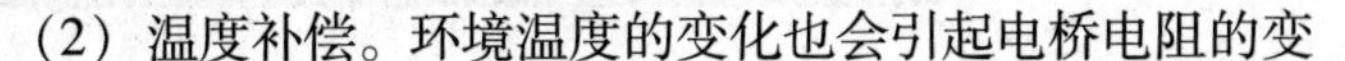

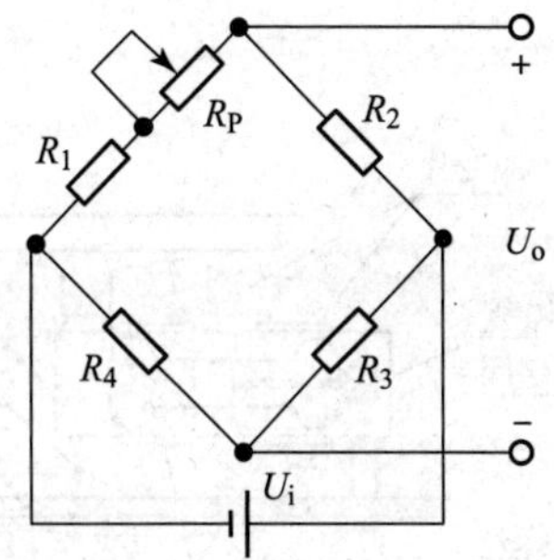

图 2－13　串联可调电阻补偿图

（2）温度补偿。环境温度的变化也会引起电桥电阻的变

化，导致电桥的零点漂移，这种因温度变化产生的误差称为温度误差。产生的原因有：电阻应变片的电阻温度系数不一致；应变片材料与被测试件材料的线膨胀系数不同，使得应变片产生附加应变。因此有必要进行温度补偿，以减少或消除由此产生的测量误差。电阻应变片的温度补偿方法通常有线路补偿和应变片自补偿两大类。

在只有一个应变片工作的桥路中，可用补偿片法。在另一块和被测试件结构材料相同而不受应力的补偿块上贴上和工作片规格完全相同的补偿片，使补偿块和被测试件处于相同的温度环境，工作片和补偿片分别接入电桥的相邻两臂，如图 2－14 所示。由于工作片和补偿片所受温度相同，则两者产生的热应变相等。因为是处于电桥的两臂，所以不影响电桥的输出。补偿片法的优点是简单、方便，在常温下补偿效果比较好。缺点是温度变化梯度较大时，比较难以掌握。

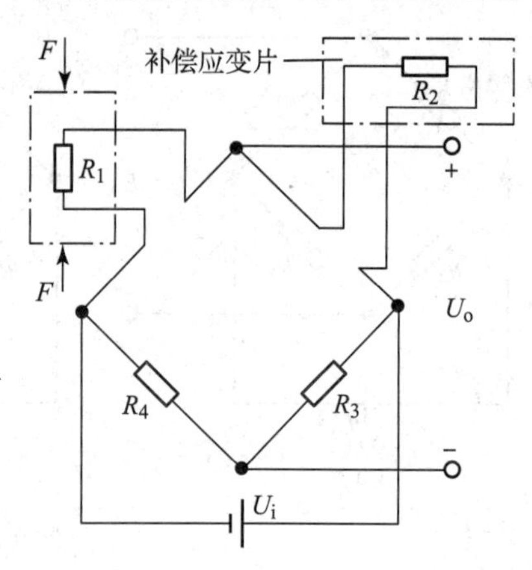

图 2－14　采用补偿应变片的温度补偿

当测量桥路处于双臂半桥和全桥工作方式时，电桥相邻两臂受温度影响，同时产生大小相等、符号相同的电阻增量而互相抵消，从而达到桥路温度自补偿的目的。

任务二　项目实施

原始电子秤的安装、调试与标定

电子秤实训原理为全桥测量原理，通过对电路调节使电路输出的电压值为重量对应值，电压量纲（V）改为重量量纲（g）即成为一台原始电子秤。

通过本实训项目学习使大家进一步了解应变片直流全桥的应用及电路的标定。

本实训项目需用器件与单元：应变传感器实验模块、应变传感器、砝码、±15 V 电源、±4 V 电源、数显表（主控台电压表）。图 2－15 所示为电子秤安装示意图，图 2－16 所示为应变传感器实验模块。

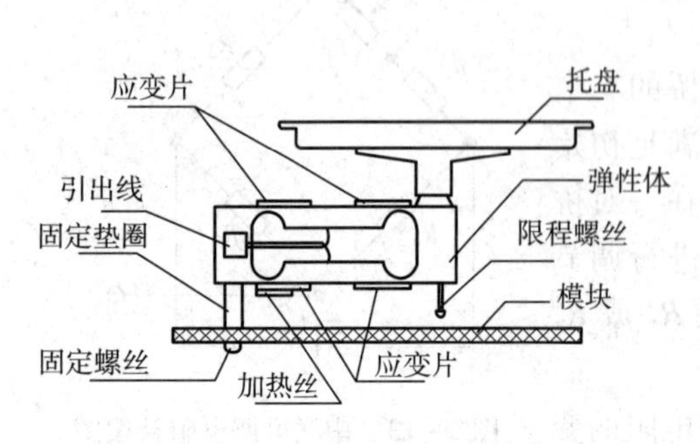

图 2－15　电子秤安装示意图

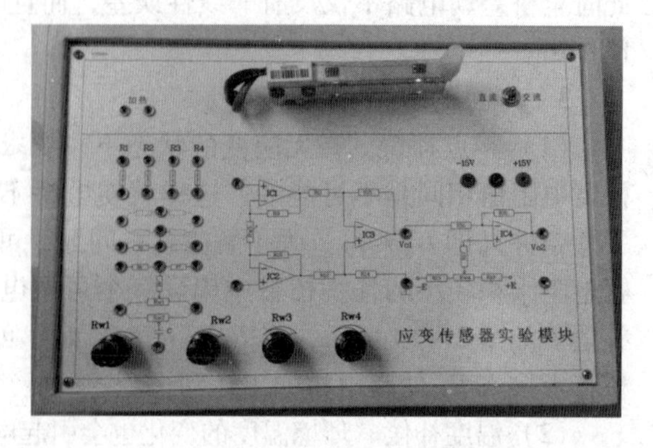

图 2－16　应变传感器实验模块

（1）检查应变传感器的安装。根据图示应变传感器已装于应变传感器实验模块上。传感器中各应变片已接入模块左上方的 R_1、R_2、R_3、R_4，如图 2－17 所示，各应变片初始阻值 $R_1=R_2=R_3=R_4=350\ \Omega$。

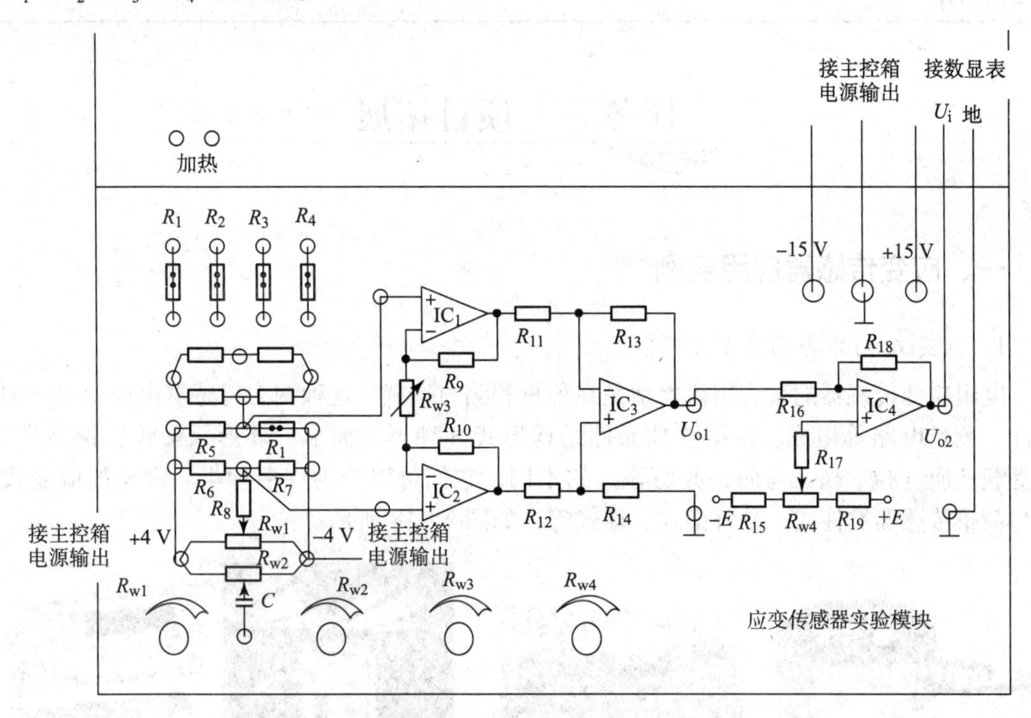

图 2－17　电子秤接线图

（2）差动放大器的调零。首先将实验模块调节增益电位器 R_{w3} 顺时针到底（即此时放大器增益最大。然后将差动放大器的正、负输入端相连并与地短接，输出端与主控台上的电压表输入端 U_i 相连。检查无误后从主控台上接入模块电源 ±15 V 以及地线。合上主控台电源开关，调节实验模块上的调零电位器 R_{w4}，使电压表显示为零（电压表的切换开关打到 2 V 挡）。关闭主控箱电源。

注意：R_{w4} 的位置一旦确定，就不能改变，一直到做完实训为止。

（3）电桥调零。适当调小增益电位器 R_{w3}（顺时针旋转 3～4 圈，电位器最大可顺时针旋转 5 圈），按图 2－17 将应变传感器的 4 个应变片（即模块左上方的 R_1、R_2、R_3、R_4）接入电桥，接上桥路电源 ±4 V（从主控箱引入）。检查接线无误后，合上主控台电源开关。调节电桥调零电位器 R_{w1}，使数显表显示 0.00 V。

（4）将 10 只砝码全部置于传感器的托盘上，调节电位器 R_{w3}（增益即满量程调节），使数显表显示为 0.200 V（2 V 挡测量）或－0.200 V。

（5）拿去托盘上的所有砝码，调节电位器 R_{w4}（零位调节），使数显表显示为 0.000 V 或－0.000 V。

（6）重复（4）、（5）步骤的标定过程，一直到精确为止，把电压量纲 V 改为重量量纲 g，就可称重，成为一台原始的电子秤。

（7）把砝码依次放在托盘上，填入表 2－2 中。

表 2-2　数据记录表

质量/g								
电压/mV								

任务三　项目拓展

一、应变传感器应用实例

1. 应变式测力与荷重传感器

电阻应变传感器的最大用武之地是在称重和测力领域。这种测力传感器由应变计、弹性元件、测量电路等组成。根据弹性元件结构形式（柱形、筒形、环形、梁式、轮辐式等）和受载性质（拉、压、弯曲、剪切等）的不同，它们可以分为许多种类。常见的应变式测力与荷重传感器有柱式、悬臂梁式、环式等，如图 2-18 所示。

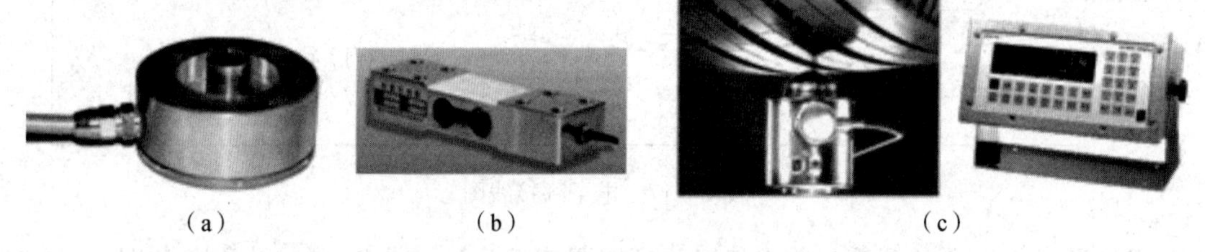

（a）　　（b）　　（c）

图 2-18　应变式测力及荷重传感器实物图

（a）应变式荷重传感器；（b）悬臂梁式传感器；（c）汽车衡称重

1）柱式力传感器

柱式力传感器的特点是应变片粘贴在弹性体外壁应力分布均匀的中间部分，对称地粘贴多片，电桥连接时考虑减小载荷偏心和弯矩影响。横向贴片作温度补偿用。贴片在圆柱面上的展开位置及其在桥路中的连接如图 2-19 所示。柱式力传感器结构简单、紧凑，可承载很大载荷。用柱式力传感器可制成称重式料位计，如图 2-20 所示。

2）梁式力传感器

常用的梁式力传感器有等截面梁应变式力传感器、等强度梁应变式力传感器以及一些特殊梁式力传感器（如双端固定梁、双孔梁、单孔梁应变式力传感器等）。梁式力传感器结构较简单，一般用于测量 500 kg 以下的载荷。与柱式相比，应力分布变化大，有正有负。

梁式力传感器可制成称重电子秤，如图 2-21（a）所示，原理图如图 2-21（b）所示。当力 $\boldsymbol{F}$（例如苹果的重力）以如图 2-21（b）所示的垂直方向作用于电子秤中的铝制悬梁臂的末端时，梁的上表面产生拉应变，下表面产生压应变，上下表面的应变大小相等、符号相反。粘贴在上下表面的应变片也随之拉伸和缩短。得到正负相间的电阻值的变化，接入桥路后，就能产生输出电压。

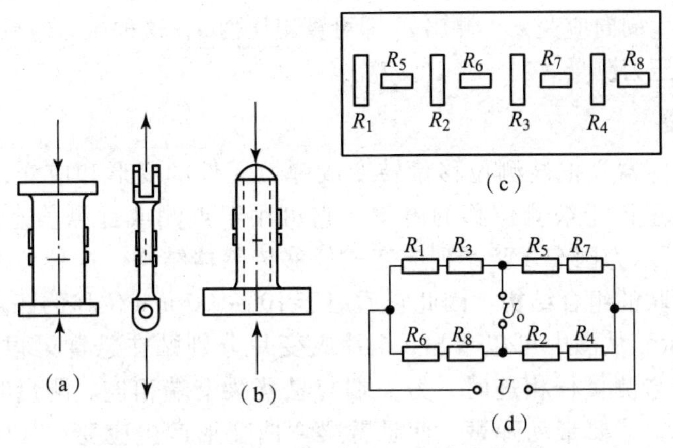

图 2-19 柱（筒）式力传感器

（a）柱形；（b）筒形；（c）圆柱面展开图；（d）桥路连接图

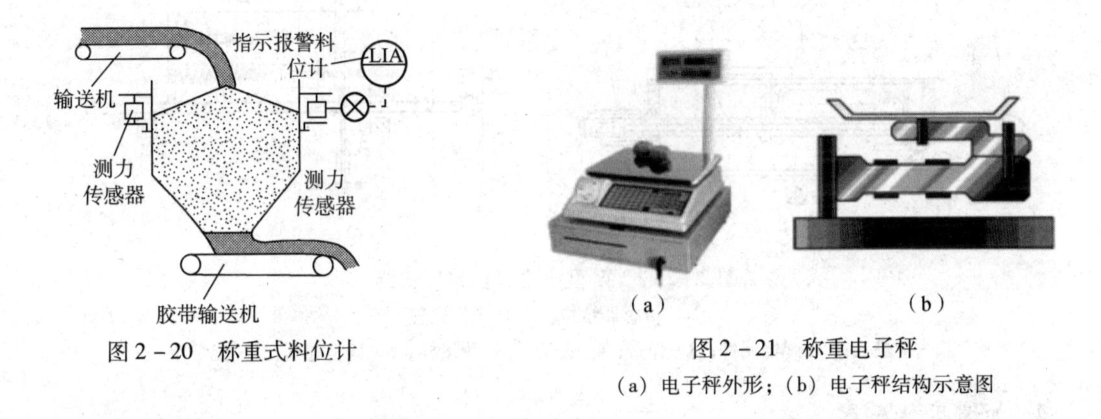

图 2-20 称重式料位计

图 2-21 称重电子秤

（a）电子秤外形；（b）电子秤结构示意图

2. 压力传感器

压力传感器主要用于测量流体的压力。根据其弹性体的结构形式可分为单一式和组合式两种。如图 2-22 所示为筒式应变压力传感器。在流体压力 p 作用于筒体内壁时，筒体空心

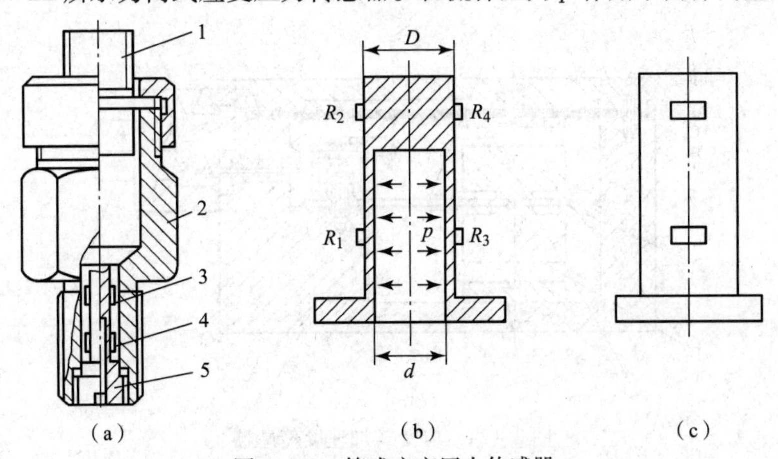

图 2-22 筒式应变压力传感器

（a）结构示意图；（b）筒式弹性元件；（c）应变片分布图

1—插座；2—基体；3—温度补偿应变计；4—工作应变计；5—应变筒

部分发生变形，产生周向应变 ε_i，测出 ε_i 即可算出压力 p，这种压力传感器结构简单，制造方便，常用于较大压力测量。

3. 位移传感器

应变式位移传感器是把被测位移量转变成弹性元件的变形和应变，然后通过应变计和应变电桥，输出正比于被测位移的电量。它可用于近测或远测静态或动态的位移量。如图 2－23（a）所示为国产 YW 系列应变式位移传感器结构。这种传感器由于采用了悬臂梁—螺旋弹簧串联的组合结构，因此它适用于 10～100 mm 位移的测量。其工作原理如图 2－23（b）所示。从图中可以看出，4 片应变片分别贴在悬臂梁根部的正、反两面；当拉伸弹簧的一端与测量杆相连时，另一端与悬臂梁上端相连。测量时，当测量杆随被测件产生位移 d 时，就要带动弹簧，使悬臂梁弯曲变形产生应变；其弯曲应变量与位移量呈线性关系。

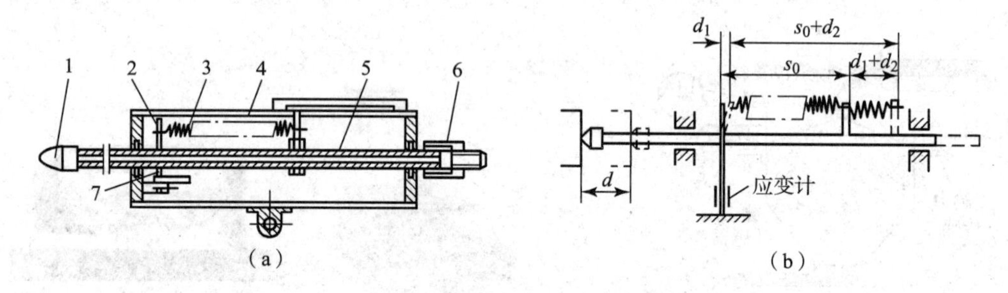

图 2－23　YW 型应变式位移传感器

（a）传感器结构；（b）工作原理

1—测量头；2—弹性元件；3—弹簧；4—外壳；5—测量杆；6—调整螺母；7—应变计

4. 加速度传感器

图 2－24 为应变式加速度传感器的结构图。在应变梁 2 的一端固定惯性质量块 1，梁的上下粘贴应变片 4，传感器内腔充满硅油，以产生必要的阻尼。测量时，将传感器壳体与被测对象刚性连接，当被测物体以加速度 a 运动时，质量块受到一个与加速度方向相反的惯性

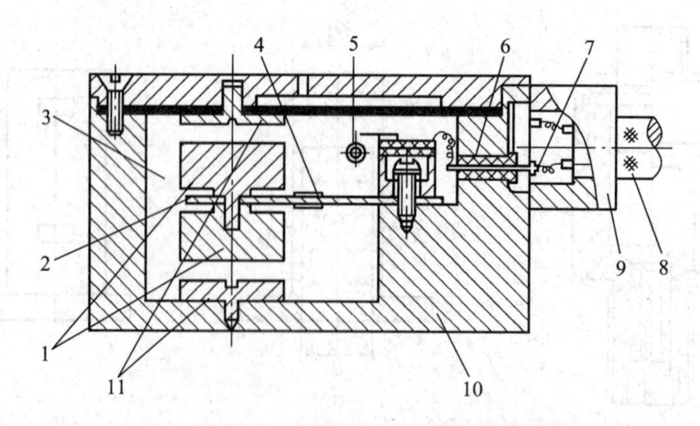

图 2－24　应变式加速度传感器

1—质量块；2—应变梁；3—硅油阻尼液；4—应变片；5—温度补偿电阻；6—绝缘套管；7—接线柱；8—电缆；9—压线板；10—壳体；11—保护块

力作用，使悬臂梁变形，该变形被粘贴在悬臂梁上的应变片感受到并随之产生应变，从而使应变片的电阻发生变化。电阻的变化引起应变片组成的桥路出现不平衡，从而输出电压，即可得到加速度 a 值的大小。

二、固态压阻传感器

固态压阻传感器是利用压阻效应和集成电路技术制成的新型传感器。它具有灵敏度高、动态响应快、测量精度高、稳定性好、工作温度范围宽等特点，因此获得广泛的应用，而且发展非常迅速。同时，由于它易于批量生产，能够方便地实现微型化、集成化，甚至可以在一块硅片上将传感器和计算机处理电路集成在一起，制成智能型传感器，因此这是一种具有发展前途的传感器。

（一）半导体压阻效应

固体材料受到压力后，它的电阻率将发生一定的变化，所有的固体材料都有这个特点，其中以半导体最为显著。当半导体材料在某一方向上承受应力时，它的电阻率将发生显著的变化，这种现象称为半导体压阻效应。

半导体的电阻值变化，主要是由电阻率变化引起的，机械变形引起的电阻变化可以忽略。而电阻率 ρ 的变化是由应变引起的，即

$$\frac{\Delta R}{R} \approx \frac{\Delta \rho}{\rho} = \pi E\varepsilon = \pi\sigma \tag{2-19}$$

上式中 π 为压阻系数。用这种效应制成的电阻称为固态压敏电阻，也叫力敏电阻。用压敏电阻制成的器件有两种类型：一种是利用半导体材料制成粘贴式的应变片，它已在上一任务中介绍过；另一种是在半导体的基片上用集成电路的工艺制成扩散型压敏电阻，用它作传感元件制成的传感器，称为固态压阻传感器，也叫扩散型压阻传感器。

在弹性变形限度内，硅的压阻效应是可逆的，即在应力作用下硅的电阻发生变化，而当应力除去时，硅的电阻又恢复到原来的数值。硅的压阻效应因晶体的取向不同而不同，即对不同的晶轴方向其压阻系数不同。虽然半导体压敏电阻的灵敏度系数比金属高很多，但有时还觉得不够高，因此，为了进一步增大灵敏度，压敏电阻常常扩散（安装）在薄的硅膜上，压力的作用先引起硅膜的形变，形变使压敏电阻承受应力，该应力比压力直接作用在压敏电阻上产生的应力要大得多，好像硅膜起了放大作用一样。

（二）扩散型压阻传感器

1. 压阻式压力传感器

压阻式压力传感器主要由外壳、硅杯膜片和引线组成，其结构如图 2－25 所示。压阻式压力传感器的核心部分是一块圆形或方形的硅膜片，通常叫硅杯。在硅膜片上，利用集成电路工艺制作了 4 个阻值相等的电阻。硅膜片的表面用 SiO_2 薄膜加以保护，并用铝质导线做全桥的引线，硅杯膜片底部被加工成中间薄（用于产生应变）、周边厚（起支撑作用）的形状，如图 2－25（b）、（c）所示。4 个压敏电阻在膜片上的位置应满足两个条件：一是 4 个压敏电阻组成桥路的灵敏度最高；二是 4 个压敏电阻的灵敏度系数相同。

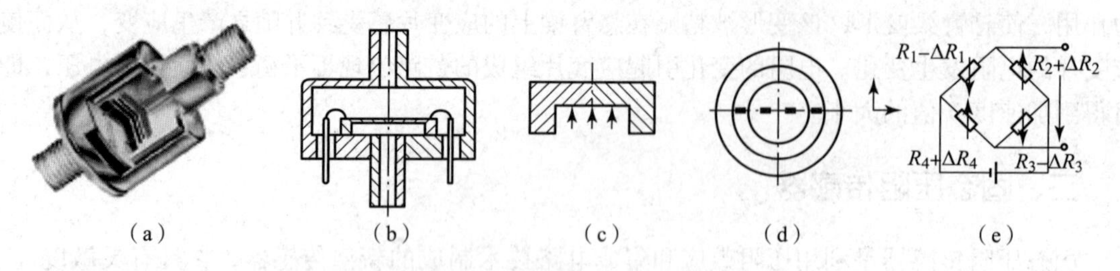

图 2-25　压阻式压力传感器

(a) 外形；(b) 结构示意图；(c) 硅杯；(d) 膜片电阻分布；(e) 等效电路

压阻式压力传感器的主要优点有体积小、结构简单、动态响应好、灵敏度高、固有频率高、工作可靠、测量范围宽、重复性好等，能测出十几帕斯卡的微压，它是一种比较理想、目前发展和应用较为迅速的一种压力传感器，特别适合在中、低温度条件下的中、低压测量。

2. 压阻式加速度传感器

压阻式加速度传感器采用硅悬臂梁结构，在硅悬臂梁的自由端装有敏感质量块，在梁的根部，扩散 4 个性能一致的压敏电阻，4 个压敏电阻连接成电桥，构成扩散硅压阻器件，如图 2-26 所示。当悬臂梁自由端的质量块受到加速度作用时，悬臂梁受到弯矩的作用产生应力，该应力使扩散电阻阻值发生变化，使电桥产生不平衡，从而输出与外界的加速度成正比的电压值。

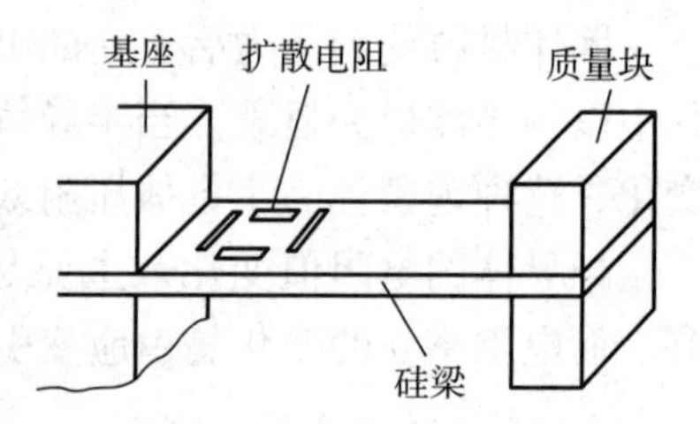

图 2-26　压阻式加速度传感器

在制作压阻式加速度传感器时，若恰当地选择尺寸和阻尼系数，可以用它测量低频加速度和直线加速度，这是它的一个优点。由于固态压阻传感器具有频率响应高、体积小、精度高、灵敏度高等优点，在航空、航海、石油、化工、动力机械、兵器工业以及医学等方面得到了广泛的应用。

项目小结

通过本项目的学习重点掌握弹性敏感元件的作用、电阻效应、压阻效应；电阻应变片的结构、粘贴工艺；电桥的工作方式及特点。

(1) 弹性敏感元件在传感器技术中占有极其重要的地位。它首先把力、力矩或压力转换成相应的应变或位移，然后配合各种形式的传感元件，将被测力、力矩或压力转换成电量。

(2) 导体、半导体材料在外力作用下发生机械变形，导致其电阻值发生变化的物理现象称为电阻应变效应。应变片主要有金属应变片和半导体应变片两类。

应变式电阻传感器是目前用于测量力、力矩、压力、加速度、质量等参数最广泛的传感器之一。它是基于电阻应变效应制造的一种测量微小机械变量的传感器。应变式电阻传感器采用测量电桥，把应变电阻的变化转换成电压或电流变化。

(3) 根据可变电阻在电桥电路中的分布方式，电桥的工作方式有 3 种类型：半桥单臂工作方式、全桥四臂工作方式和半桥双臂工作方式。

（4）当半导体材料在某一方向上承受应力时，它的电阻率将发生显著的变化，这种现象称为半导体压阻效应。压阻传感器是利用硅的压阻效应和微电子技术制成的压阻式传感器，具有灵敏度高、动态响应好、精度高、易于微型化和集成化等特点，是获得广泛应用而且发展非常迅速的一种传感器。

项目训练

一、填空题

1. 弹性敏感元件将________或________变换成________或________。

2. 弹性元件形式上基本分为两大类，即把力变换成应变或位移的________和把压力变换成应变或位移的________。

3. 导体或半导体材料在外界力作用下产生机械变形，其________发生变化的现象称为应变效应。

4. 按照敏感栅材料不同应变片可分为________和________两种。

5. 金属应变片可分为________、________和________ 3 种。

6. 电桥电路可分为________、________、________，属于差动工作方式的是________和________。

二、简答题

1. 金属电阻应变片与半导体材料的电阻应变效应有什么不同？

2. 简述电阻式应变片的粘贴步骤，对于多个电阻式应变片在粘贴时其粘贴位置、方向应注意哪些问题？

三、计算题

采用阻值为 120 Ω、灵敏度系数 $K=2.0$ 的金属电阻应变片和阻值为 120 Ω 的固定电阻组成电桥，供桥电压为 4 V，并假定负载电阻无穷大。当应变片上的应变分别为 1 和 1 000 时，试求单臂、双臂和全桥工作时的输出电压，并比较 3 种情况下的灵敏度。

Pt100热电阻测温传感器的安装与调试

项目描述

本项目要求安装与调试一台由 Pt100 热电阻构成的测温传感器。

热电阻传感器主要是利用电阻值随温度变化而变化这一特性来测量温度及与温度有关的参数。在温度检测精度要求比较高的场合，这种传感器比较适用。目前应用较为广泛的热电阻材料为铂、铜、镍等，它们具有电阻温度系数大、线性好、性能稳定、使用温度范围宽、加工容易等特点。用于测量 -200 ℃ ~ +500 ℃范围内的温度。

知识目标：

（1）学习并掌握热电阻传感器的工作原理及其特点。
（2）熟悉热电阻传感器的测量电路。
（3）熟悉常用热电阻温度检测组件的基本组成、工作原理、安装和调试方法。

能力目标：

（1）掌握工业常用的温度检测方法。
（2）掌握热电阻与显示仪表的连接方法。
（3）能够判断热电阻温度检测系统的基本故障。

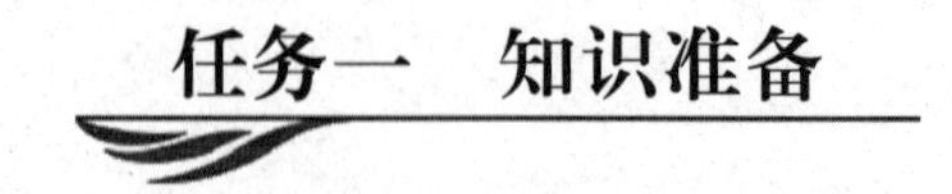

一、热电阻传感器

热电式传感器是一种将温度变化转换为电量变化的装置。在各种热电式传感器中，把温度量转换为电势和电阻的方法最为普遍。其中将温度转换为电势的热电式传感器叫热电偶，我们将在后面任务中学习，将温度转换为电阻值的热电式传感器叫热电阻。

热电阻传感器是利用电阻随温度变化的特性而制成的，它在工业上被广泛用来对温度和温度有关参数的检测。按热电阻性质的不同，热电阻传感器可分为金属热电阻和半导体热电阻两大类，前者通常简称为热电阻，后者称为热敏电阻。下面介绍金属热电阻传感器。

（一）金属热电阻的工作原理

金属热电阻是利用电阻与温度成一定函数关系的特性，由金属材料制成的感温元件。当被测温度变化时，导体的电阻随温度变化而变化，通过测量电阻值变化的大小而得出温度变化的情况及数值大小，这就是热电阻测温的基本工作原理。

作为测温的热电阻应具有下列基本条件：电阻温度系数（即温度每升高 1 ℃时，电阻增大的百分数，常用α表示）要大，以获得较高的灵敏度；电阻率ρ要高，以便使元件尺寸小；电阻值随温度变化尽量呈线性关系，以减小非线性误差；在测量范围内，物理、化学性能稳定；材料工艺性好、价格便宜等。

（二）常用热电阻及特性

常用热电阻材料有铂、铜、铁和镍等，它们的电阻温度系数在$(3\sim6)\times10^{-3}$/℃范围内，下面分别介绍它们的使用特性。

1. 铂热电阻

铂，银白色贵金属，Ⅷ族，原子序数为78，熔点为1 772 ℃，沸点为3 827 ℃，又称白金，是目前公认的制造热电阻的最好材料。它的优点是性能稳定、重复性好、测量精度高，其电阻值与温度之间有很近似的线性关系。缺点是电阻温度系数小，价格较高。铂热电阻主要用于制成标准电阻温度计，其测量范围一般为 -200 ℃ ~ +850 ℃。铂热电阻的结构如图3-1所示。

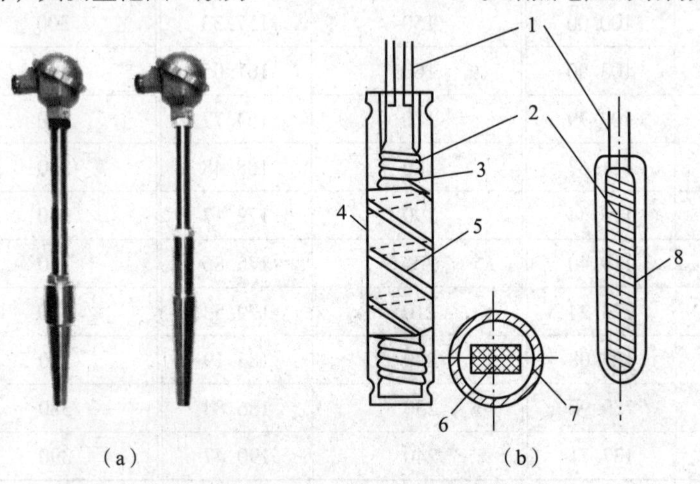

图3-1　铂热电阻的构造

（a）普通型铂热电阻实物图；（b）结构图

1—银引出线；2—铂丝；3—锯齿形云母骨架；4—保护用云母片；

5—银绑带；6—铂热电阻横断面电阻；7—保护套管；8—石英骨架

当温度 t 在 -200 ℃ ~0 ℃范围内时，铂的电阻与温度的关系可表示为

$$R_t = R_0[1 + At + Bt^2 + C(t - 100)t^3] \quad (3-1)$$

当温度 t 在 0 ℃ ~850 ℃范围内时，铂的电阻值与温度的关系为

$$R_t = R_0(1 + At + Bt^2) \quad (3-2)$$

式中 R_0——温度为 0 ℃时的电阻值；

R_t——温度为 t ℃时的电阻值；

A——常数（$A = 3.968\ 47 \times 10^{-3}/℃$）；

B——常数（$B = -5.847 \times 10^{-7}/℃^2$）；

C——常数（$C = -4.22 \times 10^{-12}/℃^4$）。

由式（3-1）和式（3-2）可知，热电阻的阻值 R_t 不仅与 t 有关，还与其在 0 ℃时的电阻值有关，即在同样温度下，R_0 取值不同，R_t 的值也不同。目前国内统一设计的工业用铂热电阻的 R_0 值有 46 Ω、100 Ω 等几种，并将 R_0 与 t 的相应关系列成表格形式，称为分度表，如表 3-1 所示。上述两种铂热电阻的分度号分别用 BA1 和 BA2 表示，使用分度表时，只要知道热电阻 R_t 值，便可查得对应温度值。目前工业用铂热电阻分度号为 Pt10 和 Pt100，后者更常用。

表 3-1 铂热电阻分度表

工作端温度/℃	Pt100	工作端温度/℃	Pt100	工作端温度/℃	Pt100
-50	80.31	100	138.51	250	194.10
-40	84.27	110	142.29	260	197.71
-30	88.22	120	146.07	270	201.31
-20	92.16	130	149.83	280	204.90
-10	96.09	140	153.58	290	208.48
0	100.00	150	157.33	300	212.05
10	103.90	160	161.05	310	215.61
20	107.79	170	164.77	320	219.15
30	111.67	180	168.48	330	222.68
40	115.54	190	172.17	340	226.21
50	119.40	200	175.86	350	229.72
60	123.24	210	179.53	360	233.21
70	127.08	220	183.19	370	236.70
80	139.90	230	186.84	380	240.18
90	137.71	240	190.47	390	243.64

2. 铜热电阻

铜热电阻的特点是价格便宜（而铂是贵重金属），纯度高，重复性好，电阻温度系数大，$\alpha = (4.25 \sim 4.28) \times 10^{-3}/℃$（铂的电阻温度系数在 0 ℃ ~100 ℃之间的平均值为 3.9 ×

$10^{-3}/℃$），其测温范围为 -50 ℃ ~ +150 ℃，当温度再高时，裸铜就氧化了。

在上述测温范围内，铜的电阻值与温度呈线性关系，可表示为

$$R_t = R_0(1+\alpha t) \tag{3-3}$$

铜热电阻的主要缺点是电阻率小（仅为铂的一半左右），所以制成一定电阻时与铂材料相比，铜热电阻要细，造成机械强度不高，或要长则体积较大，而且铜热电阻容易氧化，测温范围小。因此，铜热电阻常用于介质温度不高、腐蚀性不强、测温元件体积不受限制的场合。铜热电阻的值有 50 Ω 和 100 Ω 两种。分度号分别为 Cu50 和 Cu100。

3. 其他热电阻

除了铂和铜热电阻外，还有镍和铁材料的热电阻。镍和铁的电阻温度系数大，电阻率高，可用于制成体积大、灵敏度高的热电阻。但由于容易氧化，化学稳定性差，不易提纯，重复性和线性度差，目前应用还不多。

近年来在低温和超低温测量方面，开始采用一些较为新颖的热电阻，如铑铁电阻、铟电阻、锰电阻、碳电阻等。铑铁电阻是以含 0.5% 铑原子的铑铁合金丝制成的，常用于测量 0.3 ~20 K 范围内的温度，具有较高的灵敏度和稳定性、重复性较好等优点。铟电阻是一种高精度低温热电阻，它的熔点约为 429 K，在 4.2 ~15 K 温域内其灵敏度比铂高 10 倍，故可用于铂热电阻不能使用的测温范围。

（三）热电阻的测温电路

最常用的热电阻测温电路是电桥电路，如图 3 -2 所示。图中 R_1、R_2、R_3 和 R_t（或 R_q、R_M）组成电桥的 4 个桥臂，其中 R_t 是热电阻，R_q 和 R_M 分别是调零和调满刻度调整电阻（电位器）。测量时先将切换开关 S 扳到 "1" 位置，调节 R_q 使仪表指示为零，然后将 S 扳到 "3" 位置，调节 R_M 使仪表指示到满刻度，作这种调整后再将 S 扳到 "2" 位置，则可进行正常测量。由于热电阻本身电阻值较小（通常约为 100 Ω 以内），而热电阻安装处（测温点）距仪表之间总有一定的距离，则其连接导线的电阻也会因环境温度的变化而变化，从而造成测量误差。为了消除导线电阻的影响，一般采用三线制连接法，如图 3 -3 所示。图 3 -3（a）所示的热电阻有三根引出线，而图 3 -3（b）所示的热电阻只有两根引出线，但都采用了三线制连接法。采用三线制接法，引线的电阻分别接到相邻桥臂上且电阻温度系数相同，因而温度变化时引起的电阻变化亦相同，使引线电阻变化产生的附加误差减小。

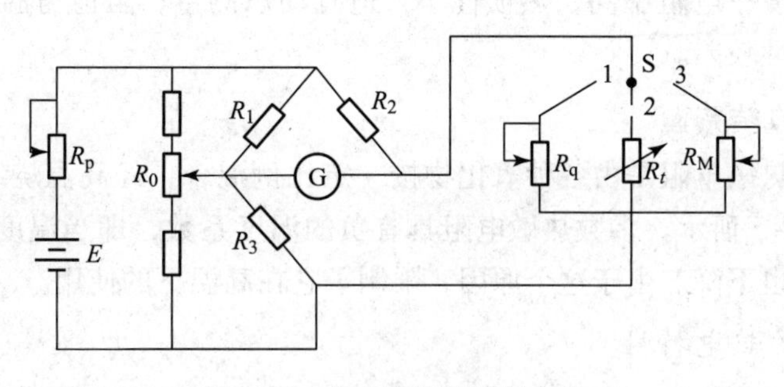

图 3 -2 热电阻安装测温电路

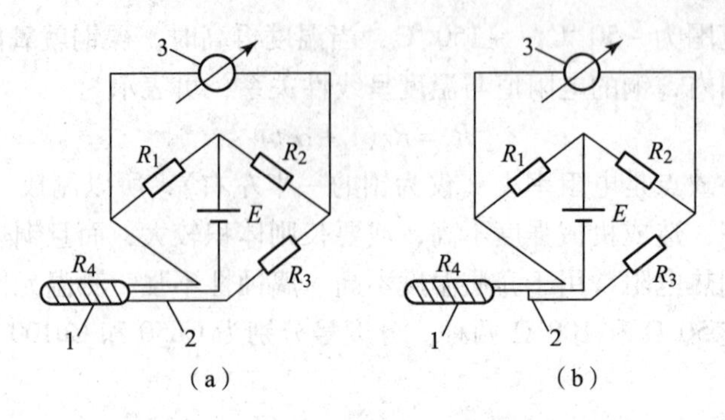

图 3－3　热电阻三线制接法测量桥路

(a) 三根引出线的三线制接法；(b) 两根引出线的三线制接法
1—电阻体；2—引出线；3—显示仪表

在进行精密测量时，常采用四线制连接法，如图 3－4 所示。由图 3－4 可知，调零电阻 R_q分为两部分，分别接在两个桥臂上，其接触电阻与检流计 G 串联，接触电阻的不稳定性不会影响电桥的平衡和正常工作状态，其测量电路常配用双电桥或电位差计。

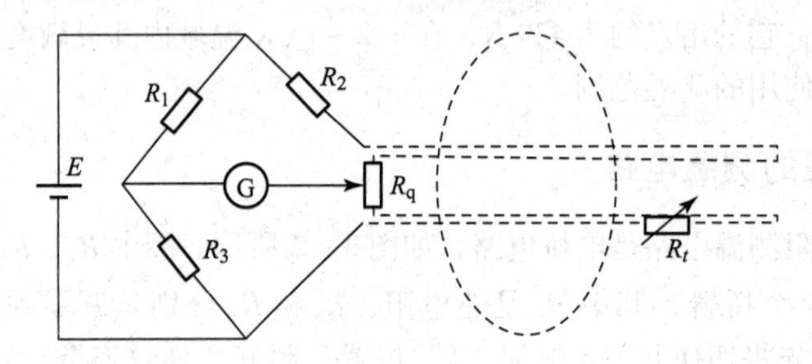

图 3－4　热电阻测温电路的四线制接法

二、半导体热敏电阻传感器和集成温度传感器

(一) 热敏电阻传感器

热敏电阻是用半导体材料制成的热敏器件。相对于一般的金属热电阻而言，它主要具备如下特点：电阻温度系数大，灵敏度高，比一般金属电阻大 10～100 倍；结构简单，体积小，可以测量点温度；电阻率高，热惯性小，适宜动态测量；阻值与温度变化呈非线性关系；稳定性和互换性较差。

1. 热敏电阻的结构

大部分半导体热敏电阻是由各种氧化物按一定比例混合，经高温烧结而成的。其外形、结构及符号如图 3－5 所示。多数热敏电阻具有负的温度系数，即当温度升高时，其电阻值下降，同时灵敏度也下降。由于这个原因，限制了它在高温下的使用。

2. 热敏电阻的热电特性

热敏电阻是一种新型的半导体测温元件，它是利用半导体的电阻随温度变化的特性而制成的测温元件。按温度系数不同可分为正温度系数热敏电阻（PTC）和负温度系数热敏电阻

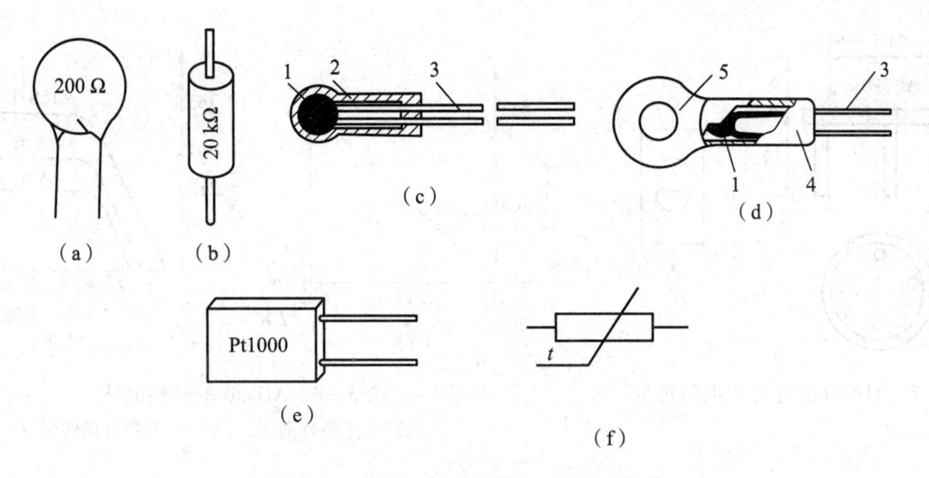

图3－5　热敏电阻的外形、结构及符号

(a) 圆片型热敏电阻；(b) 柱型热敏电阻；(c) 珠型热敏电阻；
(d) 铠装型热敏电阻；(e) 厚膜热敏电阻；(f) 热敏电阻符号
1—热敏电阻；2—玻璃外壳；3—引出线；4—紫铜外壳；5—传热安装孔

(NTC) 两种。NTC 又可分为两大类：第一类电阻值与温度之间呈严格的负指数关系；第二类为突变型（CTR），当温度上升到某临界点时，其电阻值突然下降。PTC 也分为正指数型和突变型（CTR）。热敏电阻的热电特性曲线如图3－6所示。

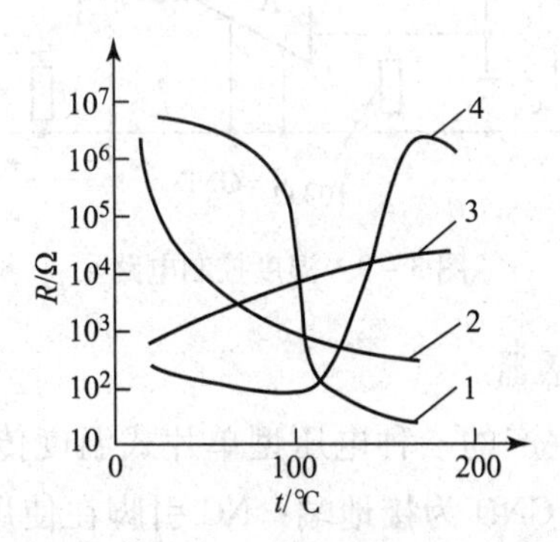

图3－6　热敏电阻的热电特性曲线

1—突变型 NTC；2—负指数型 NTC；3—正指数型 PTC；4—突变型 PTC

(二) 集成温度传感器

集成温度传感器就是在一块极小的半导体芯片上集成了包括敏感器件、信号放大电路、温度补偿电路、基准电源电路等在内的各个单元，它使传感器与集成电路融为一体。集成温度传感器的输出形式有电压型和电流型两种。

1. AD590 系列集成温度传感器

AD590（美国 AD 公司生产）是电流输出型集成温度传感器，结构外形和电路符号如图3－7所示。器件电源电压为4～30 V，测温范围为－55 ℃～＋150 ℃。国内同类产品有SG590。AD590 的伏安特性和温度特性曲线如图3－8所示。由 AD590 做成的可变温度控制电路如图3－9所示，其工作过程比较简单，读者可自行分析。

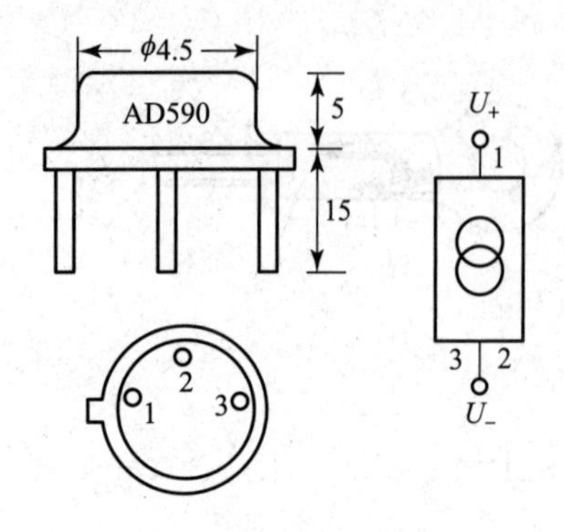

图 3-7　AD590 的外形和电路符号

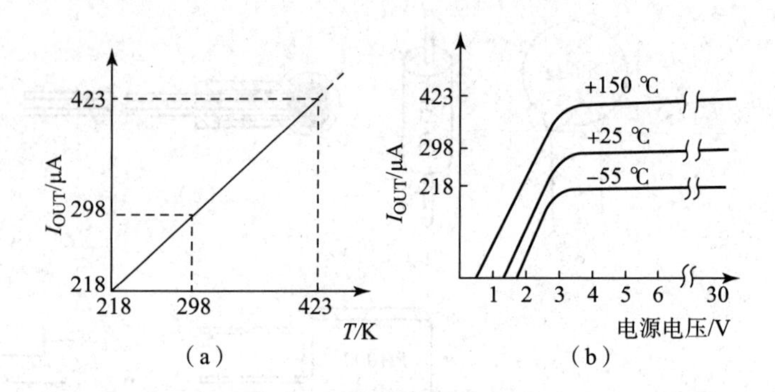

图 3-8　AD590 的特性曲线

（a）$I-T$ 特性曲线；（b）$I-U$ 特性曲线

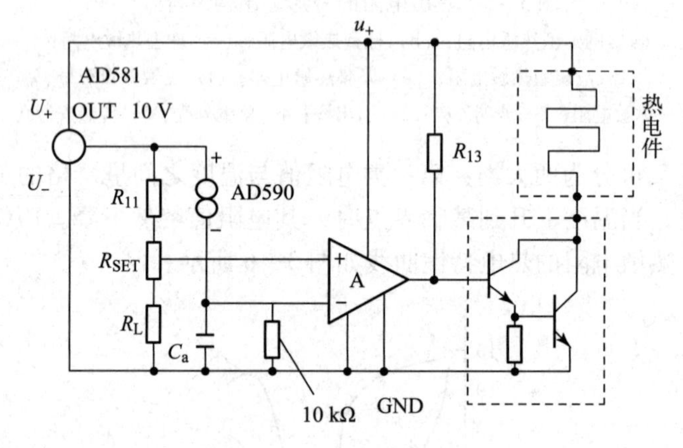

图 3-9　温度控制电路

2. AD22100 集成温度传感器

AD22100 是美国 AD 公司生产的一种电压型单片式温度传感器，如图 3-10 所示。U_+ 为电源输入端，一般为 +5 V；GND 为接地端；NC 引脚在使用时连接在一起，并悬空；U_o 为电压输出端。图 3-11 为 AD22100 的应用电路。这种温度传感器的特点是灵敏度高、响应快、线性度好，工作范围为 -50 ℃ ~ +150 ℃。

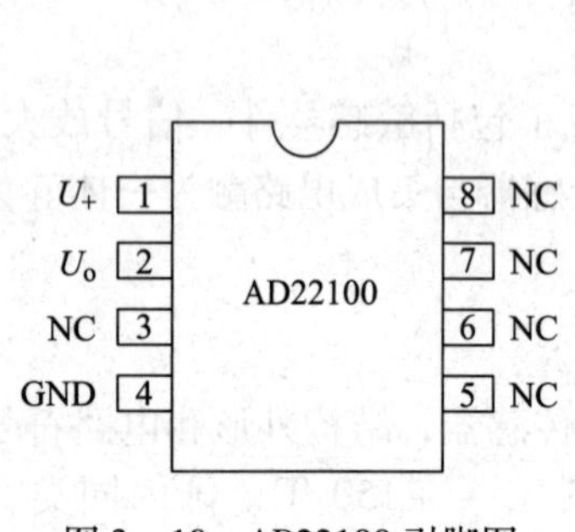

图 3-10　AD22100 引脚图

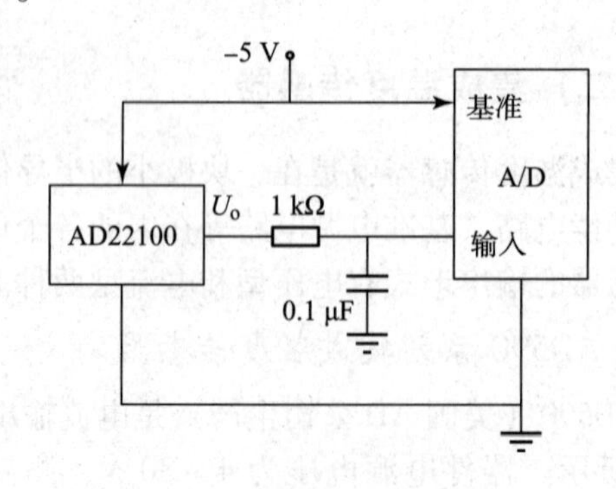

图 3-11　AD22100 应用电路

此外还有一些其他类型的国产集成温度传感器，如 SL134M 集成温度传感器，是一种电流型三端器件，它是利用晶体管的电流密度来工作的；SL616ET 集成温度传感器是一种电压输出型四端器件，由基准电压、温度传感器、运算放大器 3 部分电路组成，整个电路可在 7 V 以上的电源电压范围内工作。

任务二　项目实施

Pt100 热电阻测温传感器的安装与调试

(一) 智能调节仪温度控制

(1) 目的：了解 PID 智能模糊 + 位式调节温度控制原理。

(2) 仪器：智能调节仪、Pt100、温度源。

(3) 原理：

①位式调节。

位式调节（ON/OFF）是一种简单的调节方式，常用于一些对控制精度要求不高的场合进行温度控制，或用于报警。位式调节仪表用于温度控制时，通常利用仪表内部的继电器控制外部的中间继电器，再控制一个交流接触器来控制电热丝的通断从而达到控制温度的目的。

②PID 智能模糊调节。

PID 智能温度调节器采用人工智能调节方式，是采用模糊规则进行 PID 调节的一种先进的新型人工智能算法，能实现高精度控制，先进的自整定（AT）功能使得无须设置控制参数。在误差大时，运用模糊算法进行调节，以消除 PID 饱和积分现象；当误差趋小时，采用 PID 算法进行调节，并能在调节中自动学习和记忆被控对象的部分特征以使效果最优化，具有无超调、高精度、参数确定简单等特点。

③温度控制基本原理。

由于温度具有滞后性，加热源为一滞后时间较长的系统。本实验仪采用 PID 智能模糊 + 位式双重调节控制温度。用报警方式控制风扇开启与关闭，使加热源在尽可能短的时间内控制在某一温度值上，并能在实验结束后通过参数设置将加热源温度快速冷却下来，可节约实验时间。

当温度源的温度发生变化时，温度源中的热电阻 Pt100 的阻值发生变化，将电阻变化量作为温度的反馈信号输给 PID 智能温度调节器，经调节器的电阻 - 电压转换后与温度设定值比较再进行数字 PID 运算输出可控硅触发信号（加热）和继电器触发信号（冷却），使温度源的温度趋近温度设定值。PID 智能温度控制原理框图如图 3 - 12 所示。

(4) 内容与步骤。

①在控制台上的“智能调节仪”单元中“输入选择”置为“Pt100”，并按图 3 - 13 接线。

②将“ +24V”输出经智能调节仪“继电器输出”，接加热器风扇电源，打开调节仪电源。

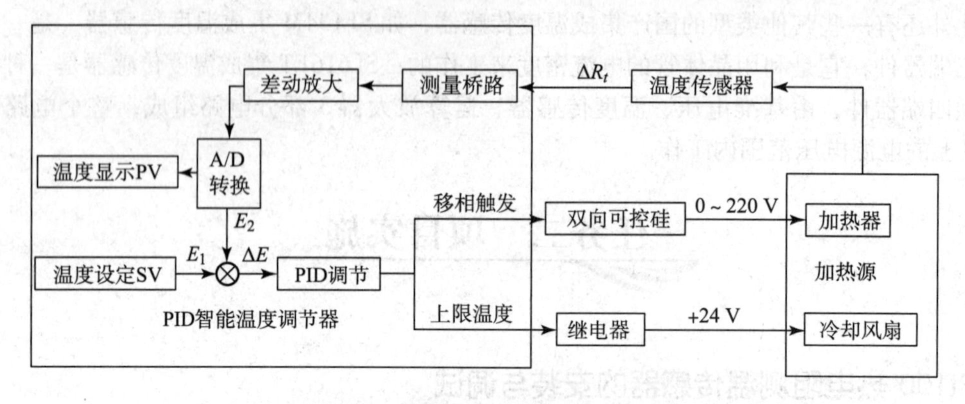

图 3－12　PID 智能温度控制原理框图

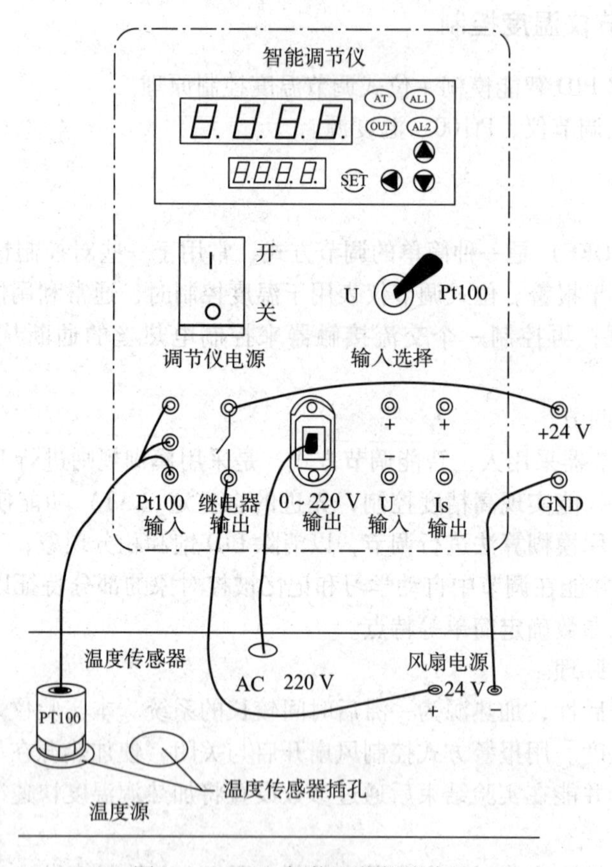

图 3－13　PID 智能调节仪接线图

③按住SET键 3 秒以下，进入智能调节仪 A 菜单，仪表靠上的窗口显示“SU”，靠下的窗口显示待设置的设定值。当 LOCK 等于 0 或 1 时使能，设置温度的设定值，按◀键可改变小数点位置，按▲或▼键可修改靠下窗口的设定值。否则提示“LCK”表示已加锁。再按SET键 3 秒以下，回到初始状态。

④按住SET键 3 秒以上，进入智能调节仪 B 菜单，靠上窗口显示“dAH”，靠下窗口显

示待设置的上限偏差报警值。按◀键可改变小数点位置，按▲或▼键可修改靠下窗口的上限报警值。上限报警时仪表右上“AL1”指示灯亮。(参考值0.5)

⑤继续按SET键3秒以下，靠上窗口显示“ATU”，靠下窗口显示待设置的自整定开关，按▲或▼键进行设置，“0”表示自整定关，“1”表示自整定开，开时仪表右上“AT”指示灯亮。

⑥继续按SET键3秒以下，靠上窗口显示“dP”，靠下窗口显示待设置的仪表小数点位数，按◀键可改变小数点位置，按▲或▼键可修改靠下窗口的比例参数值。(参考值1)

⑦继续按SET键3秒以下，靠上窗口显示“P”，靠下窗口显示待设置的比例参数值，按◀键可改变小数点位置，按▲或▼键可修改靠下窗口的比例参数值。

⑧继续按SET键3秒以下，靠上窗口显示“I”，靠下窗口显示待设置的积分参数值，按◀键可改变小数点位置，按▲或▼键可修改靠下窗口的积分参数值。

⑨继续按SET键3秒以下，靠上窗口显示“D”，靠下窗口显示待设置的微分参数值，按◀键可改变小数点位置，按▲或▼键可修改靠下窗口的微分参数值。

⑩继续按SET键3秒以下，靠上窗口显示“T”，靠下窗口显示待设置的输出周期参数值，按◀键可改变小数点位置，按▲或▼键可修改靠下窗口的输出周期参数值。

⑪继续按SET键3秒以下，靠上窗口显示“SC”，靠下窗口显示待设置的测量显示误差修正参数值，按◀键可改变小数点位置，按▲或▼键可修改靠下窗口的测量显示误差修正参数值。(参考值0)

⑫继续按SET键3秒以下，靠上窗口显示“UP”，靠下窗口显示待设置的功率限制参数值，按◀键可改变小数点位置，按▲或▼键可修改靠下窗口的功率限制参数值。(参考值100%)

⑬继续按SET键3秒以下，靠上窗口显示“LCK”，靠下窗口显示待设置的锁定开关，按▲或▼键可修改靠下窗口的锁定开关状态值，“0”允许A、B菜单，“1”只允许A菜单，“2”禁止所有菜单。继续按SET键3秒以下，回到初始状态。

⑭设置不同的温度设定值，并根据控制理论来修改不同的P、I、D、T参数，观察温度控制的效果。

（二）集成温度传感器的温度特性

(1) 目的：了解常用的集成温度传感器（AD590）的基本原理、性能与应用。

(2) 仪器：智能调节仪、Pt100、AD590、温度源、温度传感器实验模块。

(3) 原理：集成温度传感器AD590是把温敏器件、偏置电路、放大电路及线性化电路集成在同一芯片上的温度传感器。其特点是使用方便、外围电路简单、性能稳定可靠；不足的是测温范围较小、使用环境有一定的限制。AD590能直接给出正比于绝对温度的理想线性输出，在一定温度下，相当于一个恒流源，一般用于 -50 ℃ ~ +150 ℃之间温度测量。温敏晶体管的集电极电流恒定时，晶体管的基极 - 发射极电压与温度呈线性关系。为克服温敏晶体管U_b电压生产时的离散性，均采用了特殊的差分电路。本实验仪采用电流输出型集成温度传感器AD590，在一定温度下，相当于一个恒流源。因此不易受接触电阻、引线电阻、电压噪声的干扰，具有很好的线性特性。AD590 的灵敏度（标定系数）为 1 μA/K，只需要一种 +4 ~ +30 V 电源（本实验仪用 +5 V），即可实现温度到电流的线性变换，然后在终端使用一只取样电阻（本实验的传感器调理电路单元中 R_2 = 100 Ω）即可实现电流到电压的转换，使用十分方便。电流输出型比电压输出型的测量精度更高。

（4）内容与步骤。

①重复温度控制实验，将温度控制在 50 ℃，在另一个温度传感器插孔中插入集成温度传感器 AD590。

②将 ±15 V 直流稳压电源接至温度传感器实验模块。温度传感器实验模块的输出 U_{o2} 接主控台直流电压表。

③将温度传感器模块上差动放大器的输入端 U_i 短接，调节电位器 R_{w4} 使直流电压表显示为零。

④拿掉短路线，按图 3 - 14 接线，并将 AD590 两端引线按插头颜色（一端红色，一端蓝色）插入温度传感器实验模块中（红色对应 a、蓝色对应 b）。

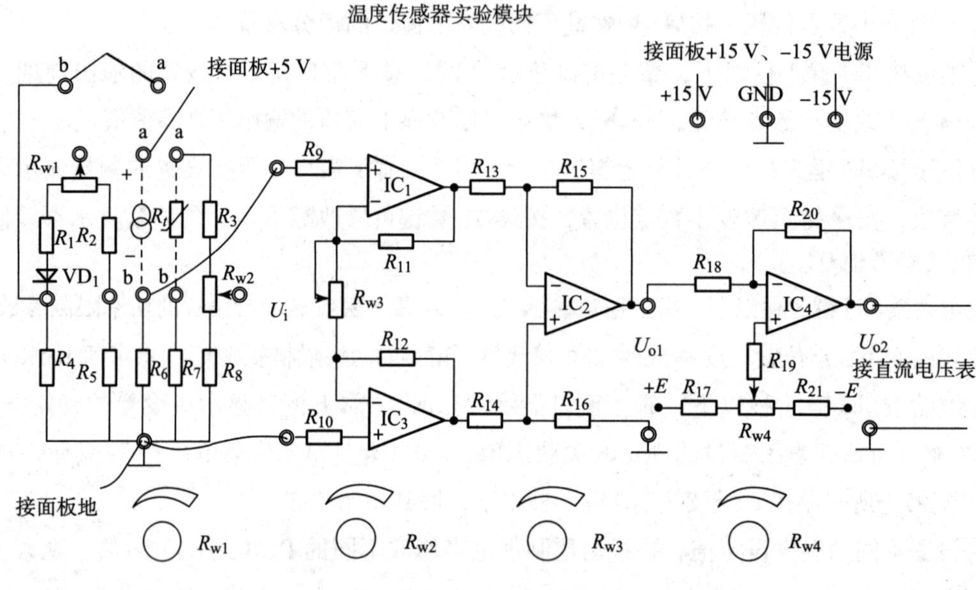

图 3 - 14　接线图

⑤将 R_6 两端接到差动放大器的输入 U_i，记下模块输出 U_{o2} 的电压值。

⑥改变温度源的温度，每隔 5 ℃记下 U_{o2} 的输出值，直到温度升至 120 ℃，并将实验结果填入表 3 - 2。

表 3 - 2　实验结果数据记录

T/℃																
U_{o2}/V																

（三）铂热电阻测温传感器的安装与调试

（1）目的：通过本实训项目学习使大家进一步了解热电阻的特性与应用。

（2）仪器：智能调节仪、Pt100（2只）、温度源、温度传感器实验模块。

（3）原理：利用导体电阻随温度变化的特性，热电阻用于测量时，要求其材料电阻温度系数大，稳定性好，电阻率高，电阻与温度之间最好有线性关系。当温度变化时，感温元件的电阻值随温度而变化，这样就可将变化的电阻值通过测量电路转换成电信号，即可得到被测温度。

（4）内容与步骤。

①重复温度控制实验，将温度控制在50 ℃，在另一个温度传感器插孔中插入另一只铂热电阻温度传感器Pt100。

②将±15 V直流稳压电源接至温度传感器实验模块。温度传感器实验模块的输出U_{o2}接至实验台直流电压表。

③将温度传感器模块上差动放大器的输入端U_i短接，调节电位器R_{w4}使直流电压表显示为零。

④按图3-15接线，并将Pt100的3根引线插入温度传感器实验模块中R_t两端（其中颜色相同的两个接线端是短路的）。

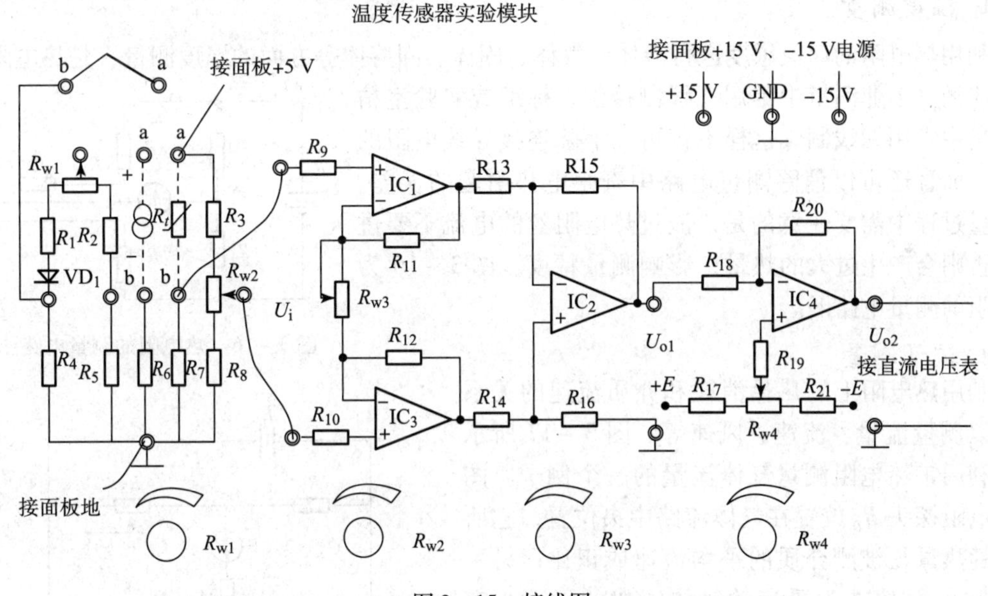

图3-15　接线图

⑤拿掉短路线，将R_6两端接到差动放大器的输入端U_i，记下模块输出U_{o2}的电压值。

⑥改变温度源的温度，每隔5 ℃记下U_{o2}的输出值，直到温度升至120 ℃，并将实验结果填入表3-3。

表3-3　实验结果数据记录

T/℃																
U_{o2}/V																

⑦根据数据结果，计算 $\Delta t = 5$ ℃时，Pt100 热电阻传感器对应变换电路输出的 ΔU 数值是否接近。

任务三 项目拓展

热电阻的应用

（一）金属热电阻的应用

在工业上广泛应用金属热电阻传感器作为 -200 ℃ ~ $+500$ ℃范围内的温度测量，在特殊情况下，测量的低温端可达 3.4 K，甚至更低（1 K 左右），高温端可达 1 000 ℃，甚至更高，而且测量电路也较为简单。金属热电阻传感器测量温度的主要特点是精度高，适用于测低温（测高温时常用热电偶传感器），便于远距离、多点、集中测量和自动控制。

1. 温度测量

利用热电阻的高灵敏度进行液体、气体、固体、固溶体等方面的温度测量，是热电阻的主要应用。工业测量中常用三线制接法，标准或实验室精密测量中常用四线制。这样不仅可以消除连接导线电阻的影响，而且还可以消除测量电路中寄生电势引起的误差。在测量过程中需要注意的是，流过热电阻丝的电流不要过大，否则会产生过大的热量，影响测量精度。图 3 - 16 为热电阻的测量电路图。

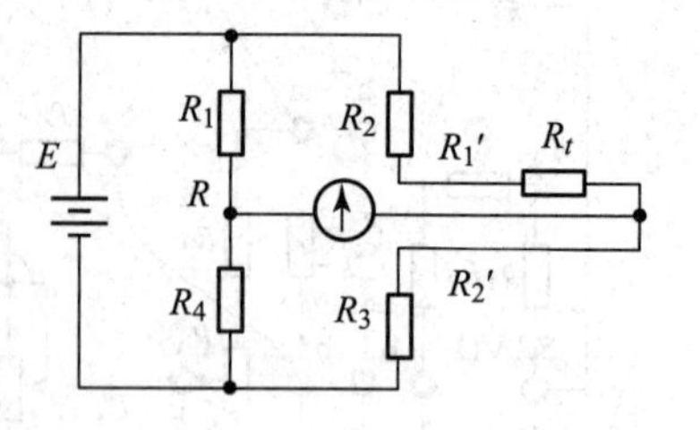

图 3 - 16 热电阻的测量电路图

2. 流量测量

利用热电阻上的热量消耗和介质流速的关系还可以测量流量、流速、风速等。图 3 - 17 所示就是利用铂热电阻测量气体流量的一个例子。图中热电阻探头 R_{t1} 放置在气体流路中央位置，它所消耗的热量与被测介质的平均流速成正比；另一热电阻 R_{t2} 放置在不受流动气体干扰的平静小室中，它们分别接在电桥的两个相邻桥臂上。测量电路在流体静止时处于平衡状态，桥路输出为零。当气体流动时，介质会将热量带走，从而使 R_{t1} 和 R_{t2} 的散热情况不一样，致使 R_{t1} 的阻值发生相应的变化，使得电桥失去平衡，产生一个与流量变化相对应的不平衡信号，并由检流计 P 显示出来，检流计的刻度值可以做成气体流量的相应数值。

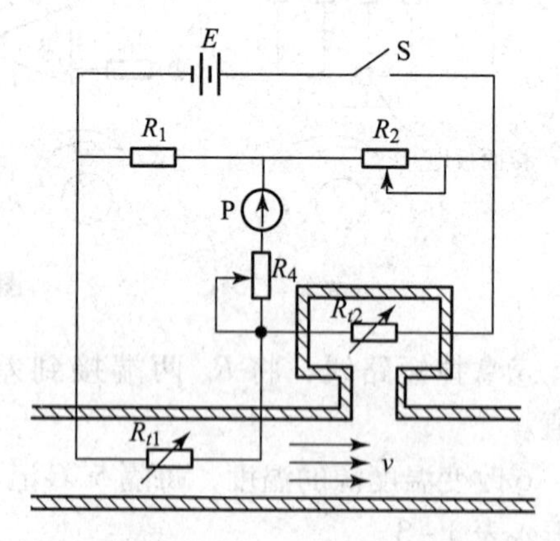

图 3 - 17 热电阻式流量计电路原理图

（二）热敏电阻的应用

热敏电阻用途广泛，可以用作温度测量元件，还可以用于温度控制、温度补偿、过载保护等。一般正温度系数的热敏电阻主要用作温度测量，负温度系数的热敏电阻常用作温度控制与补偿，突变型（CTR）主要用作开关元件，组成温控开关电路。

1. 电加热器温度控制

利用热敏电阻作为测量元件可组成温度自动控制系统，图3－18所示为温度自动控制电加热器电路原理图。图中接在测温点附近（电加热器 R）的热敏电阻 R_t 作为差动放大器（VT_1、VT_2 组成）的偏置电阻。当温度变化时，R_t 的值亦变化，引起 VT_1 集电极电流的变化，经二极管 VD_2 引起电容 C 充电速度的变化，从而使单结晶体管 VJT 的输出脉冲移相，改变了晶闸管 VZ 的导通角，调整了加热电阻丝 R 的电源电压，达到了温度自动控制的目的。

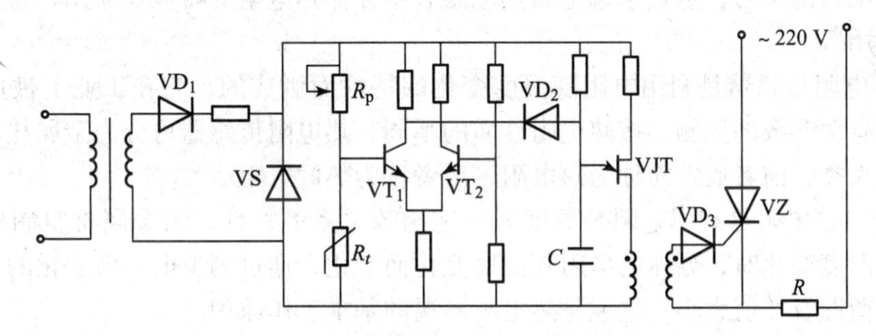

图3－18　应用热敏电阻的电加热器电路

2. 晶体管的温度补偿

如图3－19所示，根据晶体三极管特性，当环境温度升高时，其集电极电流 I_C 上升，这等效于三极管等效电阻下降，U_{SC} 会增大。若要使 U_{SC} 维持不变，则需提高基极b点电位，减少三极管基流。为此选择负温度系数的热敏电阻 R_t，从而使基极电位提高，达到补偿目的。

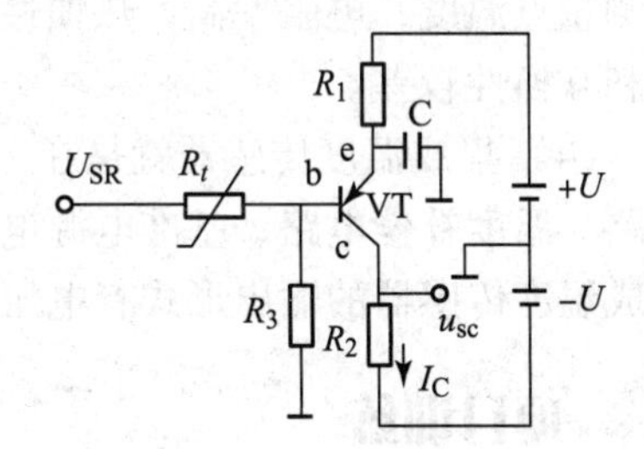

图3－19　热敏电阻用于晶体管的温度补偿电路

3. 电动机的过载保护控制

如图3－20所示，R_{t1}、R_{t2}、R_{t3} 是特性相同的PRC6型热敏电阻，放在电动机绕组中，用万能胶固定。阻值在20 ℃时为10 kΩ，100 ℃时为1 kΩ，110 ℃时为0.6 kΩ。正常运行时，三极管VT截止，KA不动作。当电动机过载、断相或一相接地时，电动机温度急剧升高，使 R_t 阻值急剧减小，到一定值时，VT导通，KA得电吸合，从而实现保护作用。根据电动机各种绝缘等级的允许温升来调节偏流电阻 R_2 值，从而确定VT的动作点，其效果好于熔丝及双金属片热继电器。

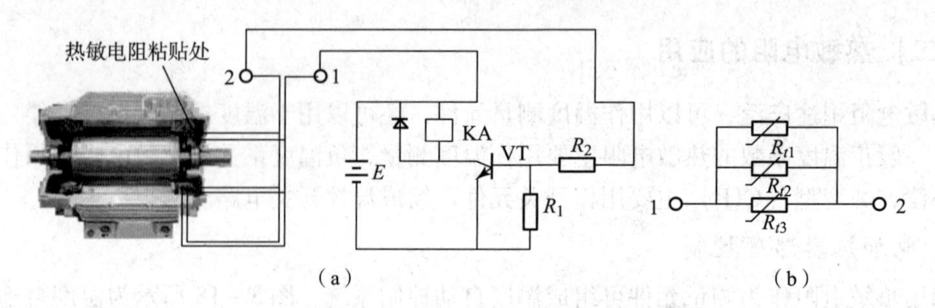

图 3-20　热敏电阻用于晶体管的温度补偿电路

(a) 连接示意图；(b) 电动机定子上热敏电阻连接方式图

项目小结

通过本项目的学习，重点掌握金属热电阻和半导体热电阻的特性及应用，熟悉集成温度传感器的应用等。

(1) 热电阻传感器是利用电阻随温度变化的特性而制成的，它在工业上被广泛用来对温度和温度有关参数的检测。按热电阻性质的不同，热电阻传感器可分为金属热电阻和半导体热电阻两大类，前者通常简称为热电阻，后者称为热敏电阻。

(2) 金属热电阻是利用电阻与温度成一定函数关系的特性，由金属材料制成的感温元件。当被测温度变化时，导体的电阻随温度变化而变化，通过测量电阻值变化的大小而得出温度变化的情况及数值大小，这就是热电阻测温的基本工作原理。

(3) 热敏电阻是用半导体材料制成的热敏器件。相对于一般的金属热电阻而言，它的优点是电阻温度系数大，灵敏度高，比一般金属电阻大 10 ~ 100 倍；结构简单，体积小，可以测量点温度；电阻率高，热惯性小，适宜动态测量；阻值与温度变化呈非线性关系；稳定性和互换性较差。

(4) 集成温度传感器就是在一块极小的半导体芯片上集成了包括敏感器件、信号放大电路、温度补偿电路、基准电源电路等在内的各个单元，它使传感器与集成电路融为一体。集成温度传感器的输出形式有电压型和电流型两种。

项目训练

一、填空题

1. 热电阻按性质不同可分为________和________两大类，前者通常称为________，后者称为________。

2. 目前广泛应用的热电阻材料是________和________。

3. 热敏电阻是近几年来出现的一种新型________测温元件。

4. 热敏电阻一般按温度系数可分为________和________。

5. AD590（美国 AD 公司生产）是________输出型集成温度传感器。

6. AD22100 是美国 AD 公司生产的一种________输出型单片式温度传感器。

二、简答题

1. 热电阻测量时采用何种测量电路？为什么要采用这种测量电路？说明这种电路的工作原理。

2. 简述数字型温度计的工作原理。

项目描述

本项目调试一台湿敏电阻传感器。

湿敏元件是最简单的湿度传感器。湿敏元件主要有电阻式、电容式两大类。湿敏电阻的特点是在基片上覆盖一层用感湿材料制成的膜，当空气中的水蒸气吸附在感湿膜上时，元件的电阻率和电阻值都发生变化，利用这一特性即可测量湿度。湿敏电容一般是用高分子薄膜电容制成的，常用的高分子材料有聚苯乙烯、聚酰亚胺、酪酸醋酸纤维等。当环境湿度发生改变时，湿敏电容的介电常数发生变化，使其电容量也发生变化，其电容变化量与相对湿度成正比。

知识目标：

（1）掌握湿敏电阻的结构、工作原理、特性及应用。
（2）掌握气敏电阻的结构、工作原理、特性及应用。

能力目标：

（1）认识实验台中湿敏传感器、气敏传感器的外观和结构。
（2）会用湿敏传感器、气敏传感器进行测量。

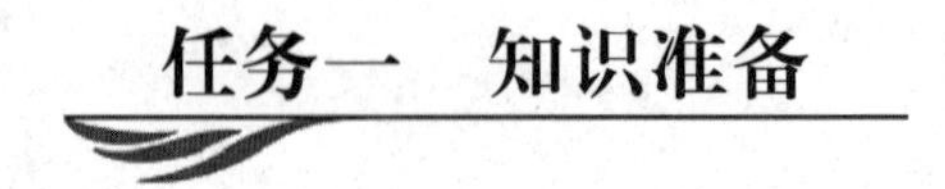

一、湿敏电阻传感器

湿度是在空气或其他气体中存在的水蒸气，在我们周围的环境中大约有1%的气体是水蒸气。湿敏电阻传感器是一种将检测到的湿度转换为电信号的传感器，它广泛应用在工农业、气象、环保、国防、航空航天等领域。

（一）湿度的基本概念

湿度的检测与控制在现代科研、生产、生活中的地位越来越重要。例如，许多储物仓库在湿度超过某一程度时，物品易发生变质或霉变现象；居室的湿度适中人才会感到舒服。在农业生产中的温室育苗、食用菌培养、水果保鲜等都需要对湿度进行检测和控制。湿度有绝对湿度和相对湿度之分。

绝对湿度是指单位空间中所含水蒸气的绝对含量或者浓度或者密度，一般用符号 AH 表示，单位为 g/m^3。相对湿度是指被测气体中蒸气压和在该气体相同温度下饱和水蒸气压的百分比，一般用符号 RH 表示。

相对湿度是指大气的潮湿程度，大气中实有水汽压与当时温度下饱和水汽压的百分比，它是一个无量纲的量，在实际使用中多使用相对湿度这一概念。相对湿度是日常生活中常用来表示湿度大小的方法。当相对湿度达 100% 时，称饱和状态。

温度越高的气体，含水蒸气越多。若将其气体冷却，即使其中所含水蒸气量不变，相对湿度也逐渐增加，降低到某一温度时，相对湿度达到 100%，呈饱和状态，再冷却时，水蒸气的一部分凝集生成露，把这个温度称为露点温度，即空气在气压不变的情况下为了使其所含水蒸气达到饱和状态时所必须冷却到的温度。气温和露点的差越小，表示空气越接近饱和。

（二）比较成熟的几类湿敏传感器

水是一种强极性的电解质。水分子极易吸附于固体表面并渗透到固体内部，引起半导体的电阻值降低，因此可以利用多孔陶瓷、三氧化二铝等吸湿性材料制作湿敏电阻。

常用的湿敏电阻传感器主要有：金属氧化物陶瓷湿敏电阻传感器、金属氧化物膜型湿敏电阻传感器、高分子材料湿敏电阻传感器等。下面介绍一些至今发展比较成熟的几类湿敏电阻传感器。

1. 氯化锂湿敏电阻传感器

氯化锂湿敏电阻传感器是利用吸湿性盐类潮解，离子导电率发生变化而制成的测湿元件，该元件的结构如图 4－1 所示，由引线、基片、感湿层与电极组成。

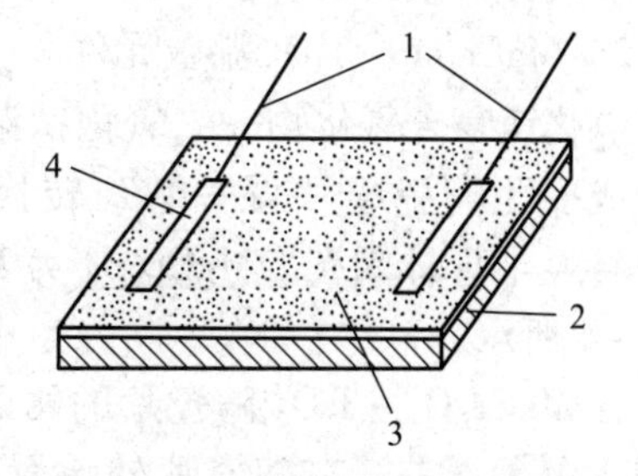

图 4－1　湿敏电阻结构示意图

1—引线；2—基片；3—感湿层；4—金属电极

氯化锂通常与聚乙烯醇组成混合体，在氯化锂溶液中，Li 和 Cl 均以正负离子的形式存在，而 Li^+ 对水分子的吸引力强，离子水合程度高，其溶液中的离子导电能力与浓度成正比。当溶液置于一定温湿场中，若环境相对湿度高，溶液将吸收水分，使浓度降低，因此，其溶液电阻率增高。反之，环境相对湿度变低时，则溶液浓度升高，其电阻率下降，从而实现对湿度的测量。氯化锂湿敏元件的湿度—电阻特性曲线如图 4－2 所示。

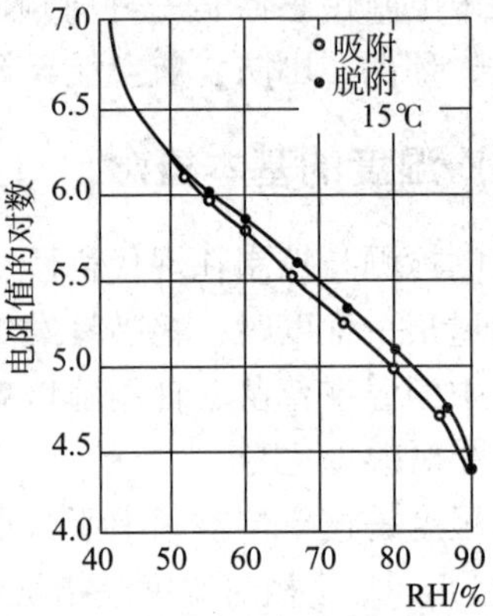

由图4－2可知，在50%～80%相对湿度范围内，电阻与湿度的变化呈线性关系。为了扩大湿度测量的线性范围，可以将多个氯化锂含量不同的器件组合使用，如将测量范围分别为（10%～20%）RH，（20%～40%）RH，（40%～70%）RH，（70%～80%）RH，（80%～99%）RH五种元件配合使用，就可自动地转换完成整个湿度范围的湿度测量。

氯化锂湿敏元件的优点是滞后小，不受测试环境风速影响，检测精度高达±5%，但其耐热性差，不能用于露点以下测量，器件性能的重复性不理想，使用寿命短。

图4－2　氯化锂湿敏元件的湿度—电阻特性曲线

2. 半导体陶瓷湿敏电阻传感器

半导体陶瓷湿敏电阻传感器通常是用两种以上的金属氧化物半导体材料混合烧结而成的多孔陶瓷。这些材料有 $ZnO-LiO_2-V_2O_5$ 系、$Si-Na_2O-V_2O_5$ 系、$TiO_2-MgO-Cr_2O_3$ 系、Fe_2O_3 等，前3种材料的电阻率随湿度增加而下降，故称为负特性湿敏半导体陶瓷，最后一种的电阻率随湿度增大而增大，故称为正特性湿敏半导体陶瓷。

1）$ZnO-Cr_2O_3$ 陶瓷湿敏元件

$ZnO-Cr_2O_3$ 陶瓷湿敏元件的结构是将多孔材料的电极烧结在多孔陶瓷圆片的两表面上，并焊上铂引线，然后将敏感元件装入有网眼过滤的方形塑料盒中用树脂固定而做成的，其结构如图4－3所示。$ZnO-Cr_2O_3$ 陶瓷湿敏元件能连续稳定地测量湿度，而无须加热除污装置，因此功耗低于0.5 W，体积小，成本低，是一种常用测湿传感器。

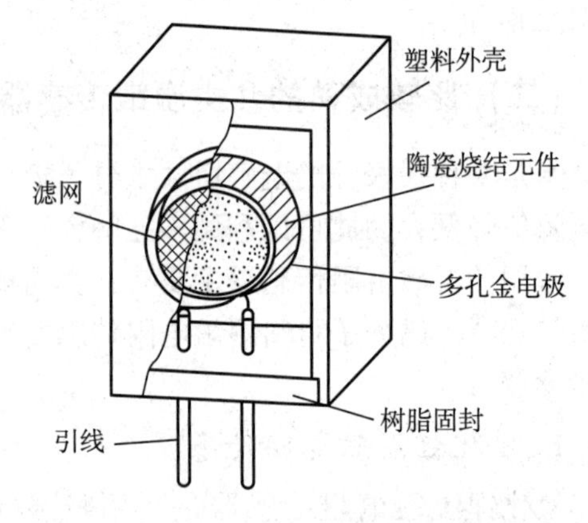

图4－3　$ZnO-Cr_2O_3$ 陶瓷湿敏元件结构

2）$MgCr_2O_4-TiO_2$ 湿敏元件

氧化镁复合氧化物—二氧化钛湿敏材料通常制成多孔陶瓷型“湿—电”转换器件，它是负特性半导体陶瓷。$MgCr_2O_4$ 为P型半导体，它的电阻率低，阻值温度特性好，结构如图4－4所示。

在 $MgCr_2O_4-TiO_2$ 陶瓷片的两面涂覆有多孔金电极。金电极与引出线烧结在一起，为了减少测量误差，在陶瓷片外设置由镍铬丝制成的加热线圈，以便对器件加热清洗，排除恶劣气体对器件的污染。整个器件安装在陶瓷片上，电极引线一般采用铂—铱合金。传感器的电阻值既随所处环境的相对湿度的增加而减少，又随周围环境温度的变化而有所变化。

3）金属氧化物膜型湿敏电阻传感器

二氧化铁、三氧化二铝、氧化镁等金属氧化物的细粉吸附水分后有极快的速干特性，利用这种现象可以研制生产出多种金属氧化物膜型湿敏电阻传感器。将调制好的金属氧化物的

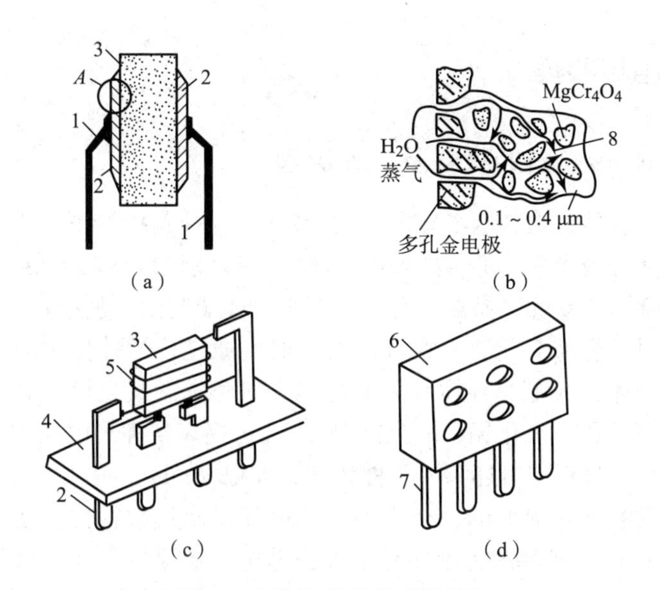

图 4 – 4　陶瓷湿度传感器结构

（a）吸湿单元；（b）材料内部结构；（c）卸去外壳后的结构；（d）外形图

1—引线；2—多孔金电极；3—多孔陶瓷；4—底座；

5—镍铬加热丝；6—外壳；7—引脚；8—气孔

糊状物加工在陶瓷基片及电极上，采用烧结或烘干的方法使其固化成膜。这种膜可以吸附或释放水分子而改变其电阻，如图 4 – 5 所示。

4）高分子湿敏电容传感器

湿敏电容一般是用高分子薄膜电容制成，与金属氧化物膜型湿敏电阻传感器结构相似，如图 4 – 6 所示。常用的高分子材料有聚苯乙烯、聚酰亚胺、酯酸醋酸纤维等。当环境湿度发生改变时，湿敏电容的介电常数发生变化，使其电容量也发生变化，其电容变化量与相对湿度成正比。湿敏电容的主要优点是灵敏度高、产品互换性好、响应速度快、湿度的滞后量小、便于制造、容易实现小型化和集成化，其精度一般比湿敏电阻要低一些。

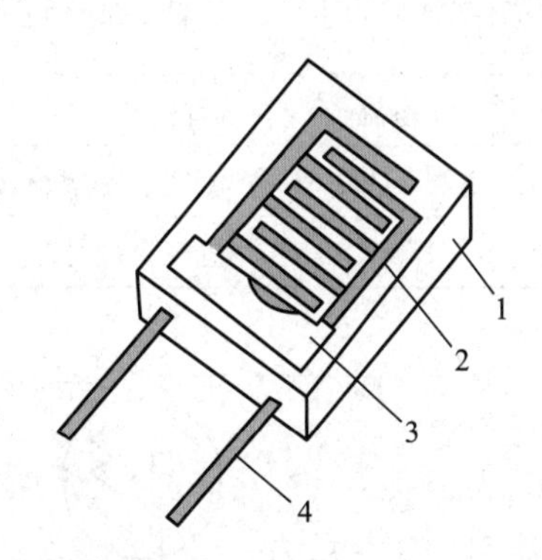

图 4 – 5　金属氧化物膜型湿敏电阻传感器结构

1—基片；2—电极；3—金属氧化物膜；4—引脚

图 4 – 6　高分子湿敏电容传感器

高分子湿敏电容传感器具有体积小、感湿范围宽、响应速度快、抗污染能力强、抗结露、灵敏度高、性能稳定可靠、性价比高、低漂移、高精度、一致性好等特点。

二、气敏电阻传感器

（一）气敏电阻传感器的材料及工作原理

所谓气敏电阻传感器，是利用半导体气敏元件同气体接触，造成半导体性质变化，借此来检测待定气体的成分或者浓度的传感器的总称。气敏电阻传感器主要用于工业上天然气、煤气、石油化工等部门的易燃、易爆、有毒、有害气体的监测、预报和自动控制。

气敏电阻的材料是金属氧化物，在合成材料时，通过化学计量比的偏离和杂质缺陷制成，金属氧化物半导体分 N 型半导体（如氧化锡、氧化铁、氧化锌、氧化钨等）和 P 型半导体（如氧化钴、氧化铅、氧化铜、氧化镍等）。为了提高某种气敏元件对某些气体成分的选择性和灵敏度，合成材料有时还掺入了催化剂，如钯（Pd）、铂（Pt）、银（Ag）等。

金属氧化物在常温下是绝缘的，制成半导体后却显示气敏特性。通常器件工作在空气中，当 N 型半导体材料遇到离解能较小易于失去电子的还原性气体（即可燃性气体，如一氧化碳、氢气、甲烷、有机溶剂等）后，发生还原反应，电子从气体分子向半导体移动，半导体中的载流子浓度增加，导电性能增强，电阻减小。当 P 型半导体材料遇到氧化性气体（如氧气、三氧化硫等）后就会发生氧化反应，半导体中的载流子浓度减少，导电性能减弱，因而电阻增大。对混合型材料无论吸附氧化性气体还是还原性气体时，都将使得载流子浓度减少，电阻增大。

按构成材料可将气敏电阻传感器分为半导体和非半导体两大类，目前使用最多的是半导体气敏电阻传感器。半导体气敏电阻传感器是利用气体在半导体表面的氧化和还原反应导致敏感元件阻值变化而制成的。半导体气敏电阻传感器的分类如表 4－1 所示。

表 4－1　半导体气敏电阻传感器的分类

类型	主要物理特性		传感器举例	工作温度	典型被测气体
电阻式	电阻	表面控制型	氧化银、氧化锌	室温～450 ℃	可燃气体
		体控制型	氧化钛、氧化钴、氧化镁、氧化锡	700 ℃以上	酒精、氧气可燃性气体
非电阻式	表面电位		氧化银	室温	硫醇
	二极管整流特性		铂/硫化镉、铂/氧化钛	室温～200 ℃	氢气、一氧化碳、酒精
	晶体管特性		铂栅 MOS 场效应晶体管	150 ℃	氢气、硫化氢

（二）气敏元件的基本测量电路

气敏元件的基本测量电路如图 4－7 所示，图中 E_H 为加热电源，E_C 为测量电源，电路中气敏电阻值的变化引起电路中电流的变化，输出信号电压由电阻 R_o 上取出。气敏元件在低浓度下灵敏度高，在高浓度下趋于稳定值。因此，常用来检查可燃性气体泄漏并报警等。

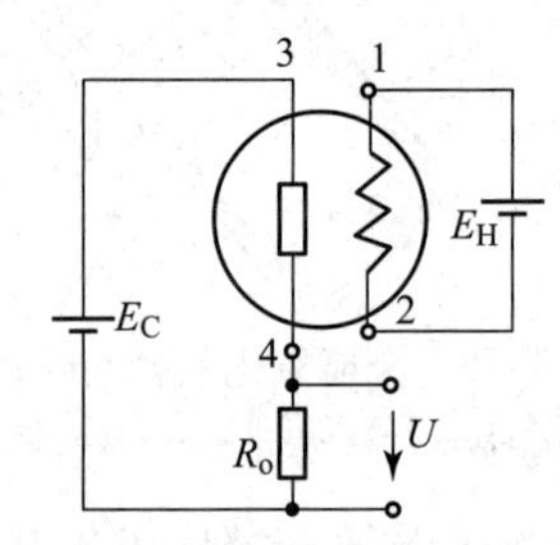

图 4－7　气敏元件的基本测量电路

1，2—加热电极；3，4—测量电极

气敏元件一般由敏感元件、外壳、加热器三部分组成。常用电阻丝加热器，1 和 2 是加热电极，3 和 4 是气敏电阻的一对测量电极。加热器的作用是将附着在敏感元件表面上的尘埃、油雾等烧掉，加速气体的吸附，提高其灵敏度和响应速度。加热器的温度一般控制在 200 ℃ ~400 ℃范围内，加热方式一般有直热式和旁热式两种。

氧化锡、氧化锌材料气敏元件输出电压与温度的关系如图 4 -8 所示。

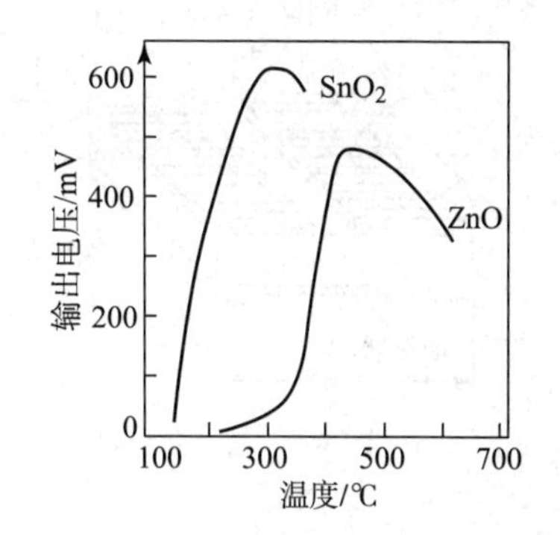

图 4 -8　气敏元件输出电压与温度的关系

(三) 气敏电阻元件的种类

气敏电阻元件种类很多，按制造工艺可分为烧结型、薄膜型、厚膜型。

1. 烧结型气敏元件

将元件的电极和加热器均埋在金属氧化物气敏材料中，经加热成形后低温烧结而成。目前最常用的是氧化锡（SnO_2）烧结型气敏元件，用来测量还原性气体。它的加热温度很低，一般在 200 ℃ ~300 ℃，SnO_2 气敏半导体对许多可燃性气体，如氢、一氧化碳、甲烷、乙醇等都有较高的灵敏度。图 4 -9 所示为 MQN 型气敏电阻的结构和测量转换电路简图。

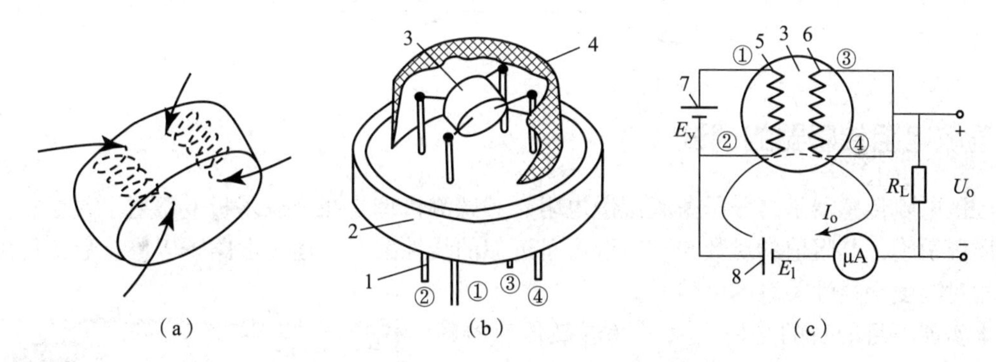

图 4 -9　MQN 型气敏电阻结构及测量电路

(a) 气敏烧结体；(b) 气敏电阻；(c) 基本测量电路

1—引脚；2—塑料底座；3—烧结体；4—不锈钢网罩；5—加热电极；

6—工作电极；7—加热回路电源；8—测量回路电源

2. 薄膜型气敏元件

采用真空镀膜或溅射方法，在石英或陶瓷基片上制成金属氧化物薄膜（厚度 0.1μm 以下），构成薄膜型气敏元件，如图 4 -10（a）所示。

氧化锌（ZnO_2）薄膜型气敏元件以石英玻璃或陶瓷作为绝缘基片，通过真空镀膜在基片上蒸镀锌金属，用铂或钯膜作引出电极，最后将基片上的锌氧化。氧化锌敏感材料是 N 型半导体，当添加铂作催化剂时，对丁烷、丙烷、乙烷等烷烃气体有较高的灵敏度，而对 H_2、CO 等气体灵敏度很低。若用钯作催化剂时，对 H_2、CO 有较高的灵敏度，而对烷烃类气体灵敏度低。因此，这种元件有良好的选择性，工作温度在 400 ℃ ~500 ℃范围内。

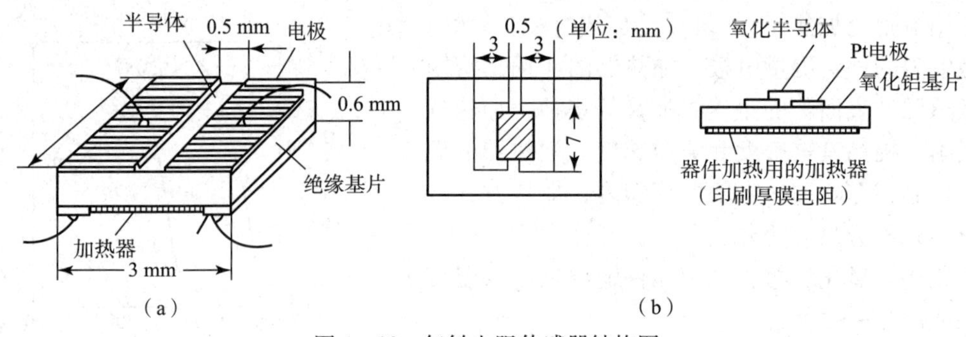

（a） （b）

图 4－10 气敏电阻传感器结构图

（a）薄膜型；（b）厚膜型

3. 厚膜型气敏元件

将气敏材料（如 SnO_2、ZnO）与一定比例的硅凝胶混制成能印刷的厚膜胶，把厚膜胶用丝网印刷到事先安装有铂电极的氧化铝（$A1_2O_3$）基片上，在 400 ℃～800 ℃的温度下烧结 1～2 h 便制成厚膜型气敏元件，如图 4－10（b）所示。用厚膜工艺制成的器件一致性较好，机械强度高，适于批量生产。

任务二 项目实施

湿敏电阻传感器的调试

湿敏电阻传感器是高分子薄膜湿敏电阻，其感测机理是在绝缘基板上溅射了一层高分子电解质湿敏膜，其阻值的对数与相对湿度呈近似的线性关系，通过电路予以修正后，可以得出与相对湿度呈线性关系的电信号。

本实训项目的目的是使大家了解湿敏传感器的工作原理及特性。

实训项目需用的器件与单元：直流电源＋15 V、湿敏传感器实验模块、数字电压表，如图 4－11 所示。

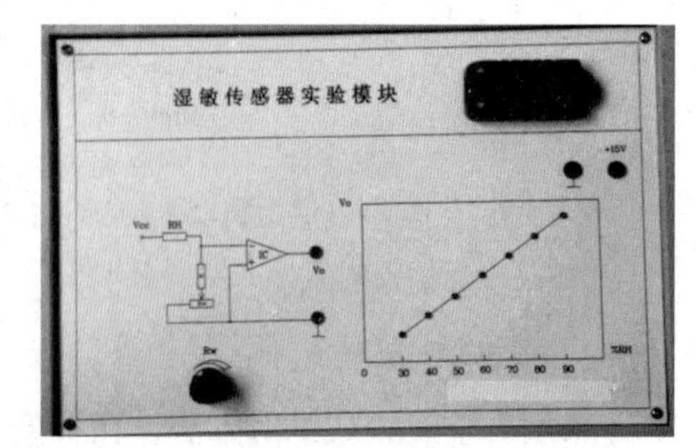

图 4－11 湿敏传感器实验模块

实训项目步骤如下：

本实验的湿度传感器已由内部放大器进行放大、校正，输出的电压信号与相对湿度呈近似线性关系。

（1）将主控箱＋15 V 接入湿敏传感器输入端，输出端与数字电压表相接。

（2）对湿敏传感器上方窗口处吹气，因口气中湿度比较大，则湿敏传感器会有感应。

（3）将湿敏传感器置于容器上方，观察数字电压表及模块上的发光二极管发光数目的变化。

（4）待数字稍稳定后，记录下读数，填入表 4－2 中，观察湿度大小和电压的关系。

表 4 - 2　数据记录表

U/mV									
RH									

任务三　项目拓展

气敏、湿敏电阻传感器的应用

(一) ZHG 型湿敏电阻及其应用

ZHG 型湿敏电阻为陶瓷湿敏传感器，其阻值随被测环境湿度的升高而降低。ZHG 湿敏电阻有两种型号：ZHG - 1 型和 ZHG - 2 型，前者外形为长方形，外壳采用耐高温塑料，多用于家用电器；后者外形为圆柱体，外壳用铜材料制作，多用于工厂车间、塑料大棚、仓库和电力开关等场合的湿度控制。

ZHG 型湿敏电阻的特点是：体积小、重量轻、灵敏度高、测量范围宽（5% ~99%）RH、温度系数小、响应时间短、使用寿命长。

图 4 - 12 所示电路为应用 ZHG 型湿敏电阻的湿度检测电路图。该电路共由 5 部分组成：湿敏元件（R_3）；振荡器（由 IC_1、R_1、R_2、C_1 和 VD_1 组成，R_1、R_2 和 C_1 的数值决定振荡频率，本电路频率约为 100 Hz）；对数变换器（由 IC_{2-1}、VD_2、VD_3 和 VD_4 组成）；滤波器（由 R_4、C_4 组成）；放大器（由 IC_{2-2}、R_P、R_5、R_6、R_7、R_8 和 VT_1 组成）。

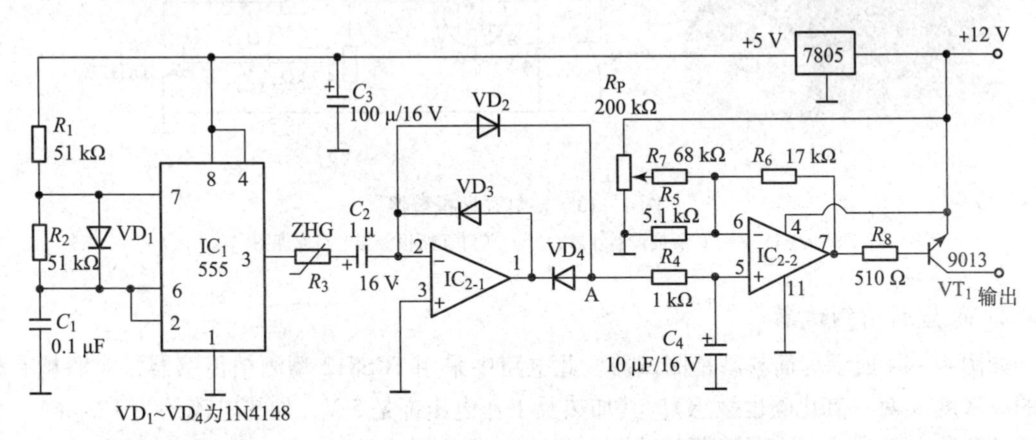

图 4 - 12　ZHG 型湿敏电阻湿度检测电路

本传感器的测量电路由湿敏元件、电源（振荡器）和隔直电容 C_2 组成，ZHG 湿敏电阻一般情况下需要采用交流供电，否则湿度高时将有电泳现象，使阻值产生漂移。但特殊场合，如工作电流小于 10 μA，湿度小于 60% RH 时，测量回路可以使用直流电源。

由于 ZHG 湿敏电阻的湿度—电阻特性为非线性关系，对数变换器用于修正其非线性，修正后仍有一定的非线性，但误差小于 ± 5% RH。输出电路由放大器构成，输出信号为电压。该电路适用于测控精度要求不是很高的场合。

ZHG 湿敏电阻抗短波辐射的能力差，不宜在阳光下使用。室外使用时应加百叶窗式的防护罩，否则影响寿命。ZHG 湿敏电阻一旦被污染可用无水乙醇或超声波清洗、烘干。烘干温度为 105 ℃，时间为 4 h，然后重新标定使用。

（二）气敏电阻传感器的应用

气敏电阻传感器主要用于制作报警器及控制器。作为报警器，超过报警浓度时，发出声光报警；作为控制器，超过设定浓度时，输出控制信号，由驱动电路带动继电器或其他元件完成控制动作。

1. 矿灯瓦斯报警器

矿灯瓦斯报警器的外形如图 4－13（a）所示。图 4－13（b）所示为矿灯瓦斯报警器电路原理图，瓦斯探头由 QMN5 型气敏元件、R_1 及 4 V 矿灯蓄电池等组成。R_P 为瓦斯报警设定电位器，当瓦斯浓度超过某一设定值时，R_P 输出信号通过二极管 VD_1 加到三极管 VT_1 基极上，VT_1 导通，VT_2、VT_3 便开始工作。VT_2、VT_3 为互补式自激振荡器，它们的工作使继电器吸合与释放，信号灯闪光报警。

（b）

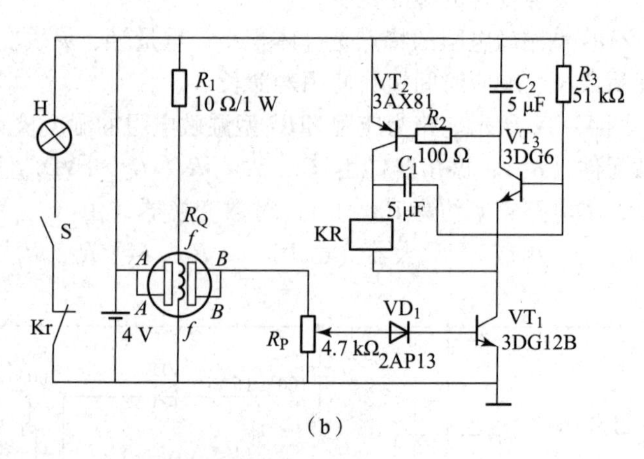

（b）

图 4－13　矿灯瓦斯报警器

（a）矿灯瓦斯报警器外形；（b）矿灯瓦斯报警器电路原理图

2. 简易酒精测试器

如图 4－14 所示为简易酒精测试器。此电路中采用 TGS812 型酒精传感器，对酒精有较高的灵敏度（对一氧化碳也敏感）。其加热及工作电压都是 5 V，加热电流约为 125 mA。传感器的负载电阻为 R_1 及 R_2，其输出直接接 LED 显示驱动器 LM3914。当无酒精蒸气时，其上的输出电压很低；随着酒精蒸气的浓度增加，输出电压也上升，则 LM3914 的 LED（共 10 个）亮的数目也增加。此测试器工作时，人只要向传感器呼一口气，根据 LED 亮的数目可知是否喝酒，并可大致了解饮酒多少。调试方法是让在 24 h 内不饮酒的人呼气，调节 R_2 使 LED 中 1 个发光即可。

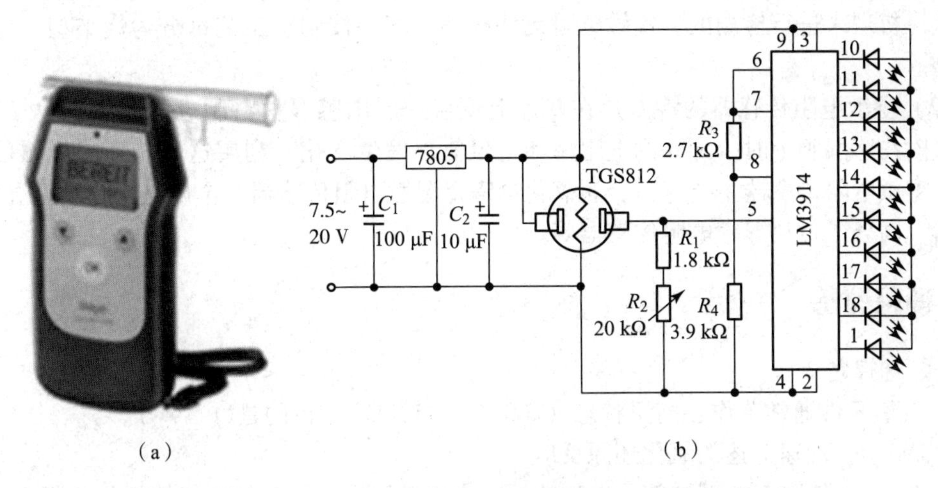

（a）　　　　　　（b）

图 4－14　简易酒精测试器

（a）实物图；（b）电路原理图

3. 自动空气净化换气扇

利用 SnO_2 气敏器件，可以设计用于空气净化的自动换气扇。图 4－15 所示为自动换气扇的电路原理图。当室内空气污浊时，烟雾或其他污染气体使气敏器件阻值下降，晶体管 VT 导通，继电器动作，接通风扇电源，可以实现风扇自动启动，排放污浊气体，换进新鲜空气的功能；当室内污浊气体浓度下降到希望的数值时，气敏器件阻值上升，VT 截止，继电器断开，风扇电源切断，风扇停止工作。

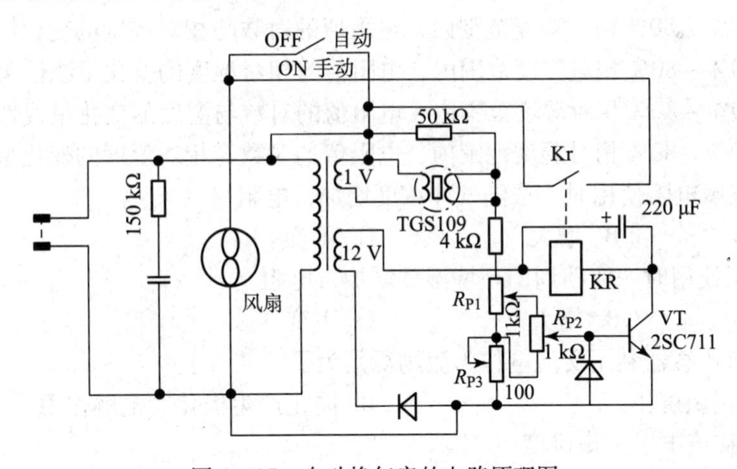

图 4－15　自动换气扇的电路原理图

项目小结

本项目的重点内容是湿敏电阻传感器和气敏电阻传感器的结构、工作原理、特性及应用等。

（1）气敏电阻传感器就是一种将检测到的气体的成分和浓度转换为电信号的传感器。气敏电阻传感器是一种半导体敏感器件，它是利用气体的吸附而使半导体本身的电导率发生变化这一机理来进行检测的。气敏电阻元件种类很多，按制造工艺可分为烧结型、薄膜型、厚膜型。

（2）湿敏电阻传感器的特点是在基片上覆盖一层用感湿材料制成的膜，当空气中的水蒸气吸附在感湿膜上时，元件的电阻率和电阻值都发生变化，利用这一特性即可测量湿度。常用的湿敏电阻传感器主要有：金属氧化物陶瓷湿敏电阻传感器、金属氧化物膜型湿敏电阻传感器、高分子材料湿敏电阻传感器等。

项目训练

一、选择题

1. 气敏元件通常工作在高温状态（200 ℃ ~450 ℃），目的是（　　）。

A. 为了加速上述的氧化还原反应

B. 为了使附着在测控部分上的油污、尘埃等烧掉，同时加速气体氧化还原反应

C. 为了使附着在测控部分上的油污、尘埃等烧掉

2. 气敏元件开机通电时的电阻很小，经过一定时间后，才能恢复到稳定状态；另外也需要加热器工作，以便烧掉油污、尘埃。因此，气敏检测装置需开机预热（　　）后，才可投入使用。

A. 几小时　　B. 几天　　C. 几分钟　　D. 几秒钟

3. 当气温升高时，气敏电阻的灵敏度将（　　），所以必须设置温度补偿电路。

A. 减低　　B. 升高　　C. 随时间漂移　　D. 不确定

4. 从图 4 -2 所示的氯化锂湿敏元件的湿度—电阻特性曲线图可以看出（　　）。

A. 在 50% ~80% 相对湿度范围内，电阻值的对数与相对湿度的变化呈线性关系

B. 在 50% ~80% 相对湿度范围内，电阻值与相对湿度的变化呈线性关系

C. 在 50% ~80% 相对湿度范围内，电阻值的对数与湿度的变化呈线性关系

D. 在 70% ~80% 相对湿度范围内，电阻值的对数与相对湿度的变化呈线性关系

5. TiO_2 型气敏电阻使用时一般随气体浓度增加，电阻（　　）。

A. 减小　　B. 增大　　C. 不变

6. 湿敏电阻使用时一般随周围环境湿度增加，电阻（　　）。

A. 减小　　B. 增大　　C. 不变

7. 湿敏电阻传感器利用交流电作为激励源是为了（　　）。

A. 提高灵敏度　　B. 防止产生极化、电解作用

C. 减小交流电桥平衡难度

8. MQN 型气敏电阻传感器可测量（　　）的浓度，TiO_2 型气敏电阻传感器可测量（　　）浓度。

A. CO_2　　B. N_2

C. 气体打火机内的有害气体　　D. 锅炉烟道中剩余的氧气

二、简答题

1. 什么是绝对湿度和相对湿度？如何表示绝对湿度和相对湿度？

2. 简述氯化锂湿敏电阻传感器的工作原理。

3. 为什么多数气敏器件都附有加热器？

项目五 电容位移传感器的安装与调试

项目描述

本项目要求安装与调试一台电容式位移传感器。

电容传感器是把被测量转换为电容变化的一种传感器，可以进行非接触式测量。电容传感器可用来测量位移、压力、厚度、液位、转速、振幅、加速度、角速度、流量等。本项目主要学习电容式传感器的工作原理、特点、分类及应用，认识电容传感器的外观和结构，会用电容传感器进行位移和振动测量。它结构简单、分辨力高、可进行非接触测量，并能在高温、辐射和强烈震动等恶劣条件下工作，这是其独特优点。随着集成电路技术和计算机技术的发展，电容传感器成为一种很有发展前途的传感器。

知识目标：

（1）学习电容传感器的工作原理、基本结构和工作类型。

（2）学习电容传感器常用信号处理电路。

能力目标：

（1）掌握电容传感器的工作原理、基本结构和工作类型。

（2）掌握电容传感器常用信号处理电路的特点以及信号处理电路的调试方法和步骤，能分析和处理信号电路的常见故障。

（3）熟悉电容传感器的应用。

任务一　知识准备

电容传感器概述

电容器是电子技术的三大类无源元件（电阻、电感和电容）之一，利用电容器的原理，将非电量转换成电容量，进而实现非电量到电量的转化的器件或装置，称为电容传感器，如图 5－1 所示为各种常用电容传感器。

图 5－1　各种常用电容传感器

（一）电容传感器的基本原理

电容传感器是将被测非电量的变化转换为电容量的一种传感器。其结构简单、高分辨力、可进行非接触测量，并能在高温、辐射和强烈震动等恶劣条件下工作，这是其独特优点。随着集成电路技术和计算机技术的发展，促使其扬长避短，成为一种很有发展前途的传感器。电容传感器的敏感部分就是具有可变参数的电容器，其最常用的形式是由两个平行电极组成，以空气为介质的电容器，如图 5－2 所示。当忽略边缘效应时，平板电容器的电容量为

$$C = \varepsilon_0 \varepsilon_r S/\delta$$

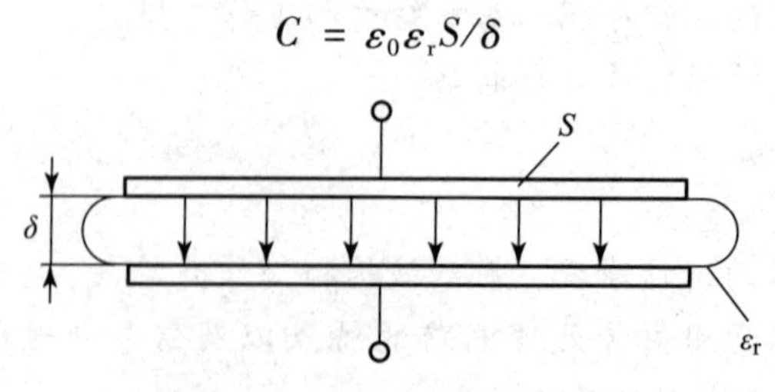

图 5－2　平板电容器示意图

当极板间距离 δ、极板相对覆盖面积 S 和相对介电常数 ε_r 中的某一项或几项有变化时，就改变了电容 C，再通过测量电路就可转换为电量输出。因此，电容传感器可分为变极距型、变面积型和变介质型三种类型。极板间距离 δ 或极板相对覆盖面积 S 的变化可以反映线位移或角位移的变化，也可以间接反映压力、加速度等的变化；相对介电常数 ε_r 的变化则可反映液面高度、材料厚度等的变化。

1. 变极距型电容传感器

变极距型电容传感器的原理图如图 5－3 所示。当传感器的 ε_r 和 S 为常数，初始极距为 δ_0，可知其初始电容量 C_0 为

$$C_0 = \varepsilon_0\varepsilon_r S/\delta_0$$

当动极板因被测量变化而向下移动使 δ_0 减小 $\Delta\delta_0$ 时，电容量增大 ΔC，则有

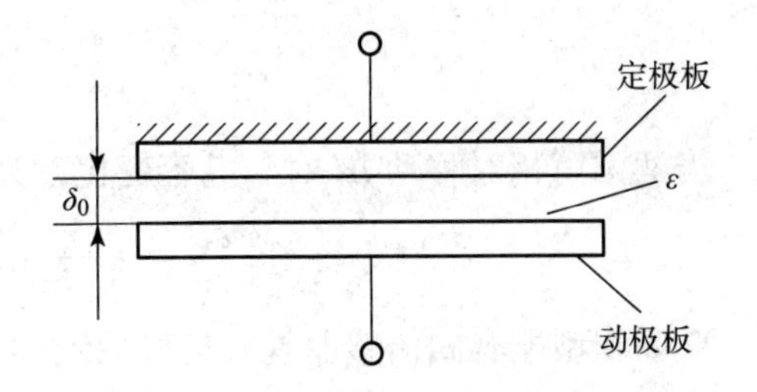

图 5－3　变极距型电容传感器原理图

$$C_0 + \Delta C = \varepsilon_0\varepsilon_r S/(\delta_0 - \Delta\delta_0) = C_0/(1 - \Delta\delta_0/\delta_0)$$

可见，传感器输出特性 $C=f(\delta)$ 是非线性的，如图 5－4 所示，电容相对变化量为

$$\Delta C = \frac{\varepsilon S}{\delta - \Delta\delta} - \frac{\varepsilon S}{\delta} = \frac{\varepsilon S}{\delta} \cdot \frac{\Delta\delta}{\delta - \Delta\delta} = C\frac{\Delta\delta}{\delta - \Delta\delta}$$

变极距型电容传感器具有非线性，所以实际应用中，为了改善非线性、提高灵敏度和减小外界因素（如电源电压、环境温度）的影响，常常做成差动式结构或采用适当的测量电路来改善其非线性，如图 5－5 所示。

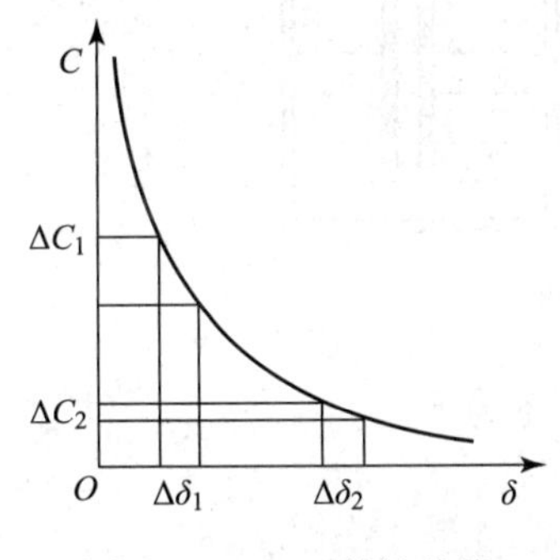

图 5－4　$C-\delta$ 特性曲线

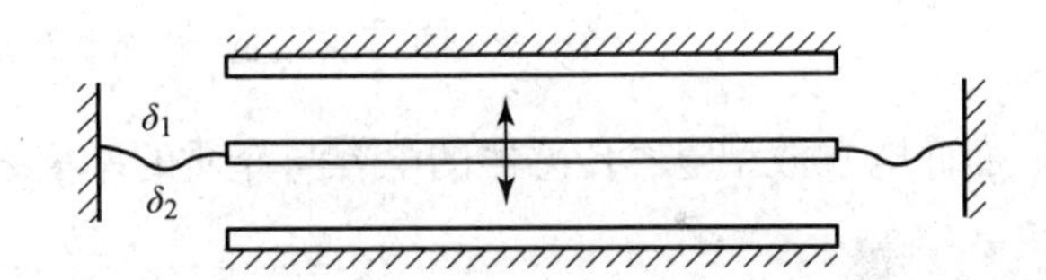

图 5－5　差动式变极距型电容传感器

差动式比单极式灵敏度提高一倍，且非线性误差大为减小。由于结构上的对称性，它还能有效地补偿温度变化所造成的误差。

2. 变面积型电容传感器

变面积型电容传感器有平板形和圆柱形两种类型，其原理图如图 5－6、图 5－7 所示。

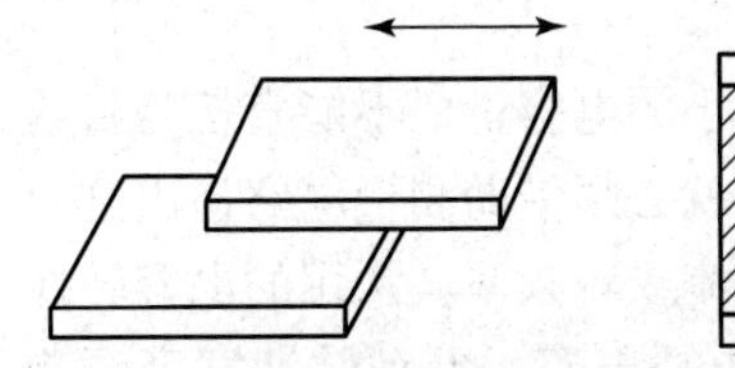
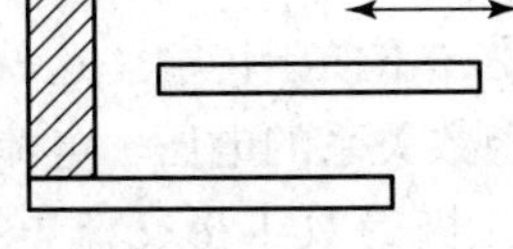
图 5－6　平板形变面积型电容传感器

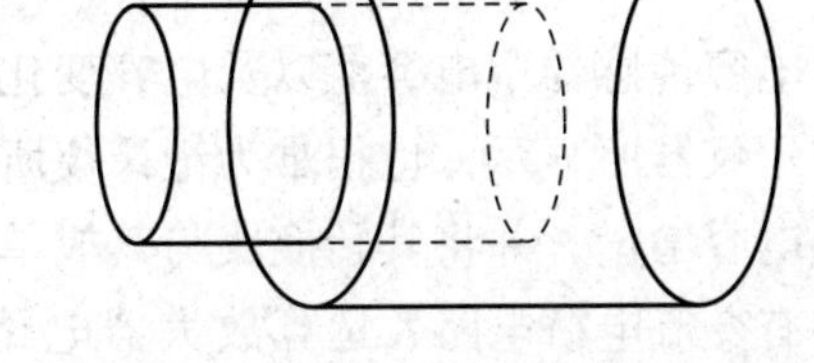
图 5－7　圆柱形变面积型电容传感器

平板形结构对极距变化特别敏感，对测量精度影响较大，而圆柱形结构受极板径向变化的影响很小，成为实际中最常采用的结构。在圆柱形变面积型电容传感器中，忽略边缘效应时，电容量为

$$C = \frac{2\pi\varepsilon \cdot l}{\ln(r_2/r_1)}$$

当两圆筒相对移动 Δl 时，电容变化量为

$$\Delta C = \frac{2\pi\varepsilon l}{\ln(r_2/r_1)} - \frac{2\pi\varepsilon(l - \Delta l)}{\ln(r_2/r_1)} = \frac{2\pi\varepsilon\Delta l}{\ln(r_2/r_1)} = C\frac{\Delta l}{l}$$

变面积型电容式传感器具有良好的线性，大多用来检测位移等参数。变面积型电容式传感器与变极距型相比，其灵敏度较低。因此，在实际应用中，也采用差动式结构，以提高灵敏度。

3. 变介电常数型电容传感器

这类传感器常用于位移、压力、厚度、加速度、液位、物位和成分含量等的测量。此外，还可根据极间介质的介电常数随温度、湿度改变而改变来测量介质材料的温度、湿度等，如图 5 - 8 所示。

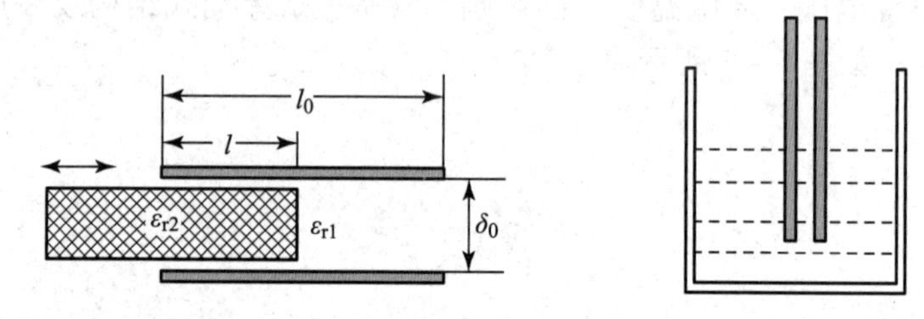

图 5 - 8　变介电常数型电容传感器

变介电常数型电容传感器的电容与介质的厚度之间的关系为

$$C = \frac{ab}{(\delta - \delta_x)/\varepsilon_0 + \delta_x/\varepsilon}$$

式中　a——固定极板长；

b——固定极板宽；

ε——被测物介电常数；

ε_0——两固定极板间间隙中空气的介电常数，$\varepsilon_0 \approx 8.86 \times 10^{-12}$ F/m；

δ——两固定极板间的距离；

δ_x——被测物的厚度。

（二）电容传感器的测量电路

电容传感器中电容值以及电容变化值都十分微小，这样微小的电容量还不能直接为目前的显示仪器所显示，也很难为记录仪所接受，不便于传输。这就必须借助测量电路检出这一微小电容增量，并将其转换成与其成单值函数关系的电压、电流或者频率。常用的电容转换电路有交流电桥电路、运算放大器电路、二极管双 T 形交流电桥电路、差动脉冲宽度调制电路等。

1. 交流电桥电路

将电容传感器的两个电容作为交流电桥的两个桥臂，通过电桥把电容的变化转换成电桥输出电压的变化。电桥通常采用由电阻—电容、电感—电容组成的交流电桥，如图 5 - 9 所

示为电感—电容电桥。变压器的两个二次绕组 L_1、L_2 与差动电容传感器的两个电容 C_1、C_2 作为电桥的4个桥臂，由高频稳幅的交流电源为电桥供电。电桥的输出为一调幅值，经放大、相敏检波、滤波后，获得与被测量变化相对应的输出，最后为仪表显示记录。

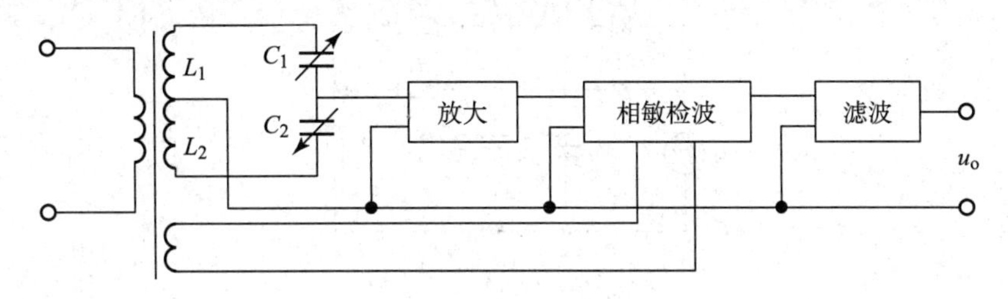

图5－9　电感—电容电桥

2. 运算放大器电路

运算放大器的放大倍数 K 非常大，而且输入阻抗 Z_i 很高的特点可以使其作为电容传感器的比较理想的测量电路。如图5－10是运算放大器式测量电路原理图。

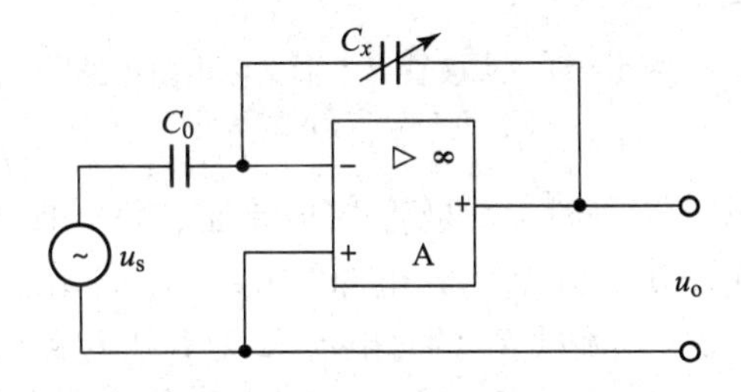

图5－10　运算放大器式测量电路

C_x 为传感器，C_0 为固定电容。当运算放大器输入阻抗很高、增益很大时，可认为运算放大器输入电流为零，根据克希霍夫定律，有

$$\dot{U}_i = \frac{\dot{I}_i}{j\omega C_0} \quad \dot{U}_o = \frac{\dot{I}_i}{j\omega C_x} \quad \dot{I}_i = -I_x$$

可以得到

$$\dot{U}_o = -\dot{U}_i \frac{C_o}{C_x}$$

如果传感器是一只平行板电容，则

$$C_x = \frac{\varepsilon S}{\delta}$$

有

$$\dot{U}_o = -\dot{U}_i \frac{C_0}{\varepsilon S} \cdot \delta$$

可见运算放大器的输出电压与动极板的板间距离 δ 成正比，运算放大器电路解决了单个变极距型电容传感器的非线性问题，上式是在运算放大器的放大倍数和输入阻抗无限大的条件下得出的，实际上该测量电路仍然存在一定的非线性。

3. 二极管双 T 形交流电桥电路

二极管双 T 形交流电桥电路如图 5 - 11 所示。

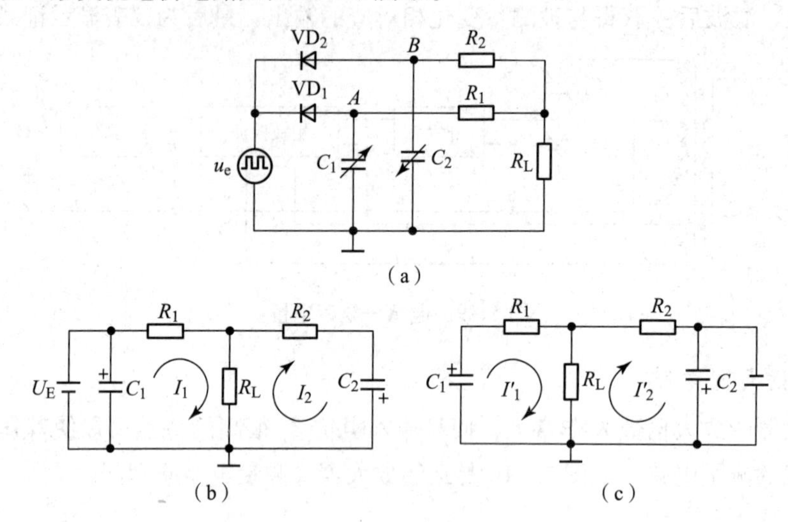

图 5 - 11　二极管双 T 形交流电桥电路

(b) 正半周；(c) 负半周

若将二极管理想化，则正半周时，二极管 VD_1 导通、VD_2 截止，电容 C_1 被以极短的时间充电至 U_E，电容 C_2 的电压初始值为 U_E，电源经 R_1 以 I_1 向 R_L 供电，而电容 C_2 经 R_2、R_L 放电，流过 R_L的放电电流为 I_2，流过 R_L 的总电流 I_L 为 I_1和 I_2 的代数和。

在负半周时，二极管 VD_2 导通、VD_1 截止，电容 C_2 很快被充电至电压 U_E；电源经电阻 R_2 以 I'_1向负载电阻 R_L 供电，与此同时，电容 C_1 经电阻 R_1、负载电阻 R_L放电，流过 R_L 的放电电流为 I'_2。流过 R_L 的总电流 I'_L为 I'_1和 I'_2的代数和。

4. 差动脉宽调制电路

如图 5 - 12 所示的脉冲宽度调制电路（PWM）是利用传感器的电容充放电使电路输出脉冲的占空比随电容传感器的电容量变化而变化，然后通过低通滤波器得到对应于被测量变化的直流信号。

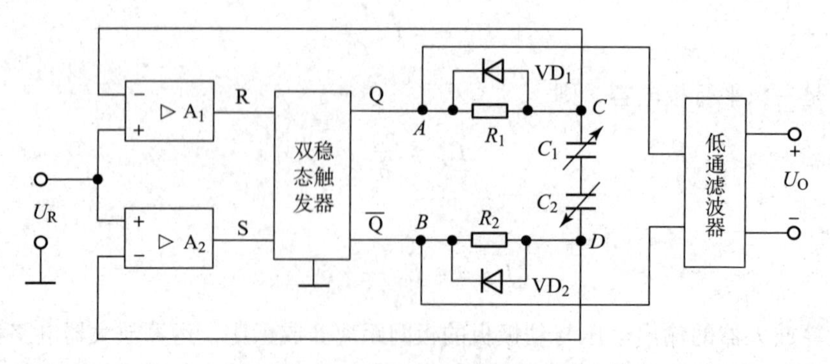

图 5 - 12　差动脉冲宽度调制电路

C_1、C_2 为差动电容式传感器的两个电容；A_1、A_2 是两个比较器，U_R 为其参考电压。电路中各点的波形如图 5 - 13 所示。

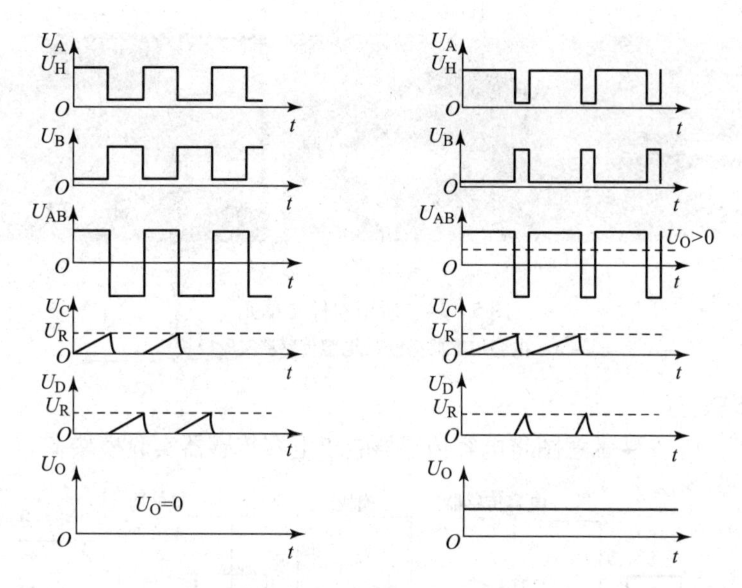

图 5-13　电路各点波形图

特点：能获得线性输出；双稳态输出信号一般为 100 kHz ~ 1 MHz 的矩形波，所以直流输出只需经低通滤波器简单引出，不需要解调器即能获得直流输出。电路采用稳定度较高的直流电源，这比其他测量线路中要求高稳定度的稳频、稳幅的交流电源易于做到。如果将双稳态触发器 Q 端的电压信号送到计算机的定时、计数引脚，则可以用软件来测出占空比 q，从而计算出 ΔC 的数值。这种直接采用数字处理的方法不受电源电压波动的影响。

（三）电容传感器的特点

电容传感器具有测量范围大、灵敏度高、结构简单、适应性强、动态响应时间短、易实现非接触测量等优点，但电容传感器检测时易受干扰和分布电容的影响。目前，由于材料、工艺，特别是测量电路及半导体集成技术等方面已达到了相当高的水平，因此寄生电容的影响得到较好的解决，使电容传感器的优点得以充分发挥。

任务二　项目实施

利用平板电容 $C=\varepsilon A/(dh)$ 和其他结构的关系式，通过相应的结构和测量电路可以选择 ε、A、d 3 个参数中两个参数不变，而只改变其中一个参数，则可以得到测量谷物干燥度（ε 变）、测量微小位移（d 变）和测量液位（A 变）等多种电容传感器。

一、电容传感器的安装与调试

通过本实训项目的学习使大家了解电容传感器的结构及其特点。

本实训项目需用器件与单元：电容传感器、电容传感器实验模块、测微头、数显单元（主控台电压表）、直流稳压电源，如图 5-14 所示。

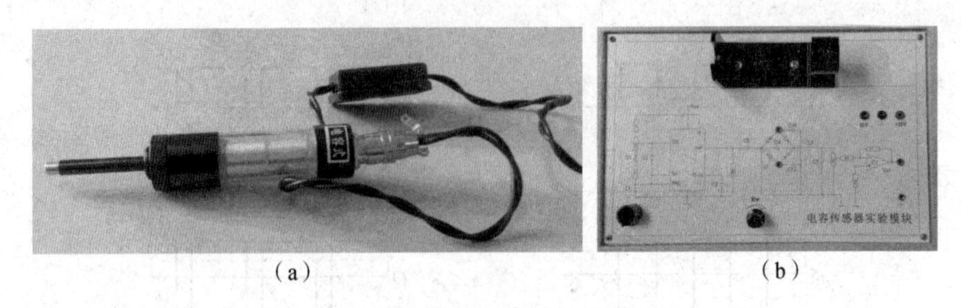

(a)　　(b)

图 5－14　所用器件与单元

(a) 电容传感器；(b) 电容传感器实验模块

项目实施步骤：

(1) 按图 5－15 安装示意图将电容传感器装于电容传感器实验模块上。

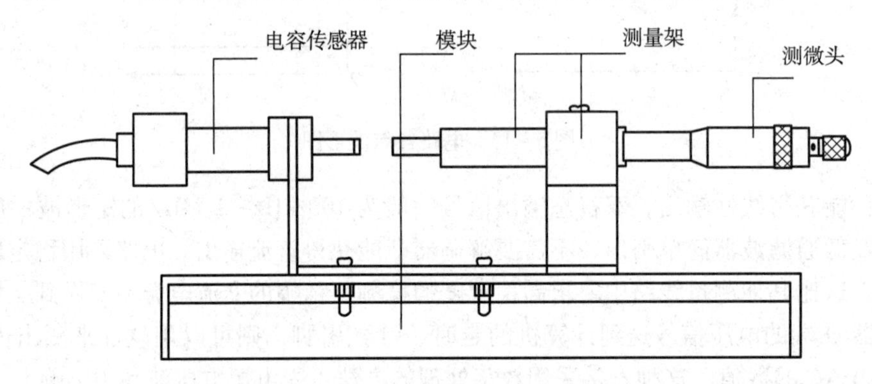

图 5－15　电容式位移传感器安装示意图

(2) 将电容传感器专用连线插入电容传感器实验模块专用接口，接线图如图 5－16 所示。

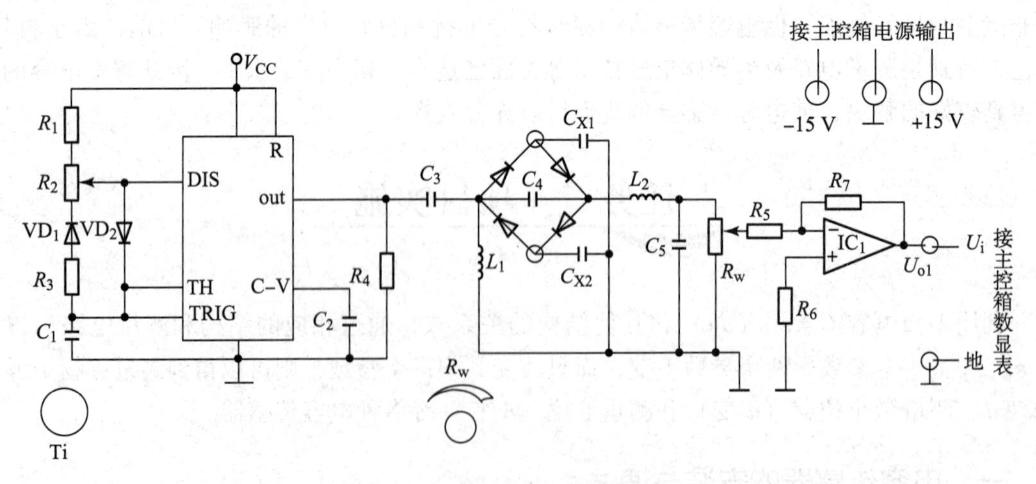

图 5－16　电容式位移传感器接线图

(3) 将电容传感器实验模块的输出端 U_{o1} 与数显表单元（主控台电压表）U_i 相接（插入主控箱 U_i 孔），R_w 调节到中间位置。

(4) 接入 ±15 V 电源，旋动测微头推进电容传感器动极板位置，每隔 0.5 mm 记下位移

X 与输出电压值（此时电压挡位打在 20 V），填入表 5－1。

表 5－1　电容传感器位移与输出电压值

X/mm									
U/mV									

（5）根据表 5－1 中的数据计算电容传感器的系统灵敏度 S 和非线性误差 δ_f。

二、电容传感器测量振动

1. 认识实验仪器

本实验所需仪器有：电容传感器、电容传感器模块、相敏检波模块、振荡器频率/转速表、直流稳压电源、振动源、示波器。

低频信号发生器在实验台的信号源模块上，如图 5－17 所示。产生的低频信号由低频输出端输出给振动源的低频输入端，驱动振动梁振动，低频信号的频率由低频调频旋钮调节，频率范围为 1～30 Hz，幅度由低频调幅旋钮调节。

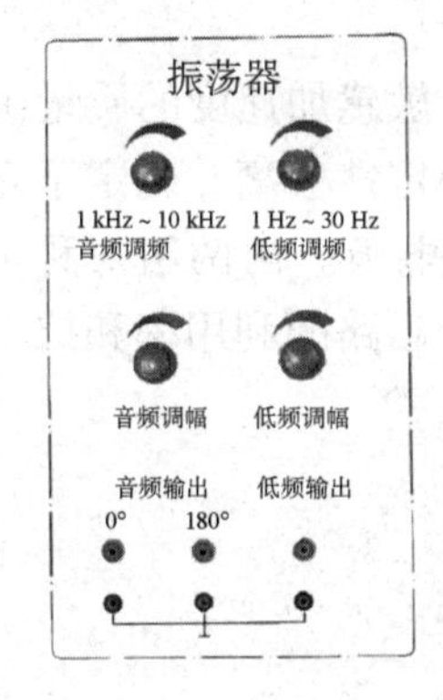

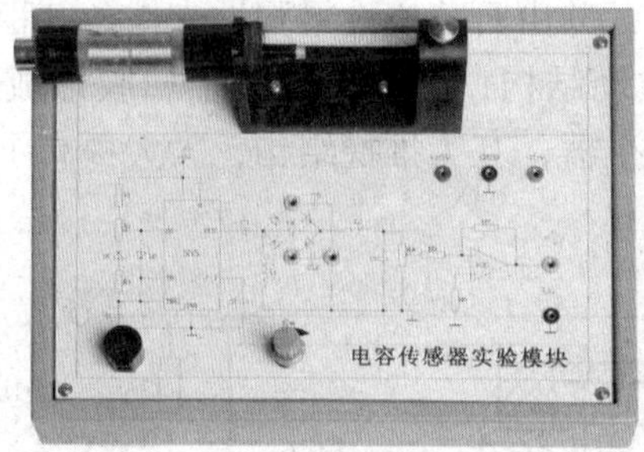

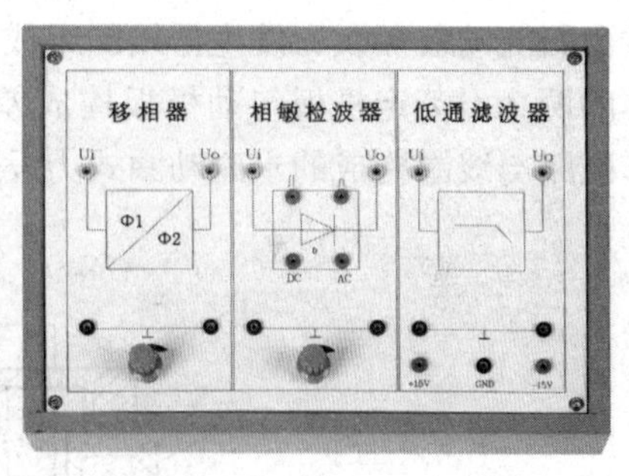

图 5－17　信号源、电容传感器实验模块、相敏检波模块

2. 电容传感器测量振动的工作原理

与电容传感器测量位移的实验原理相同。

3. 实验内容与步骤

（1）将电容传感器安装到振动源传感器支架上，传感器引线接入传感器模块，输出端 U_o 接相敏检波模块低通滤波器的输入端 U_i，低通滤波器输出端 U_o 接示波器。调节 R_w 到最大位置（顺时针旋到底），通过“紧定旋钮”使电容传感器的动极板处于中间位置，U_o 输出为 0。

（2）主控台振荡器“低频输出”接到振动台的“激励源”，振动频率选“5～15 Hz”，振动幅度初始调到零。

（3）将实验台 ±15 V 的电源接入实验模块，检查接线无误后，打开实验台电源，调节振动源激励信号的幅度，用示波器观察实验模块输出波形。

（4）保持振荡器“低频输出”的幅度旋钮不变，改变振动频率（用数显频率计监测），

用示波器测出 U_o 输出的峰－峰值。保持频率不变，改变振荡器“低频输出”的幅度，测量 U_o 输出的峰－峰值。将实验数据填入表 5－2。

表 5－2　电容传感器测量振动时的频率与输出电压峰－峰值关系

振动频率/Hz	5	6	7	8	9	10	11	12	13	14	15	18	20	22	24	26	30
U_{P-P}/V																	

（5）实验报告。

分析差动电容传感器测量振动的波形，作 $F-U_{P-P}$ 曲线，找出振动源的固有频率。

任务三　项目拓展

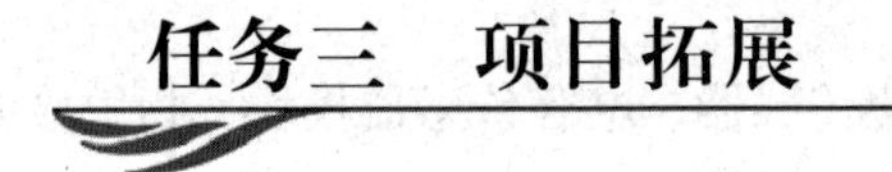

电容传感器的应用

1. 电容式加速度传感器

图 5－18 所示为电容传感器及由其构成的力平衡式挠性加速度计。敏感加速度的质量组件由石英动极板及力发生器线圈组成，并由石英挠性梁弹性支撑，其稳定性极高。固定于壳体的两个石英定极板与动极板构成差动结构；两极面均镀金属膜形成电极。由两组对称 E 形磁路与线圈构成的永磁动圈式力发生器，互为推挽结构，大大提高了磁路的利用率和抗干扰性。

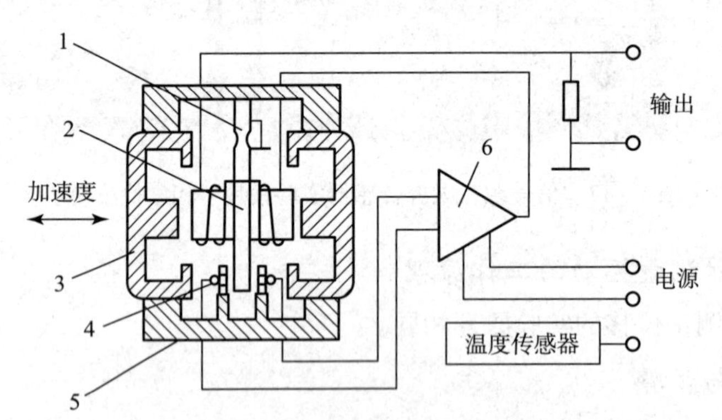

图 5－18　电容式挠性加速度传感器

1—挠性梁；2—质量组件；3—磁回路；4—电容传感器；5—壳体；6—伺服电路

工作时，质量组件敏感被测加速度，使电容传感器产生相应输出，经测量（伺服）电路转换成比例电流输入力发生器，使其产生一电磁力与质量组件的惯性力精确平衡，迫使质量组件随被加速的载体而运动；此时，流过力发生器的电流精确反映了被测加速度值。

讨论： 电容式加速度传感器属于哪一种电容传感器？

随着微电子机械系统（MEMS）技术的发展，可以将一块多晶硅加工成多层结构，制作

“三明治”摆式硅微电容加速度传感器。在硅衬底上，制造出三个多晶硅电极，组成差动电容 C_1、C_2。底层多晶硅和顶层多晶硅固定不动。中间层多晶硅是一个可以上下微动的振动片，左端固定在衬底上，所以相当于悬臂梁，其具体结构如图 5－19 所示。

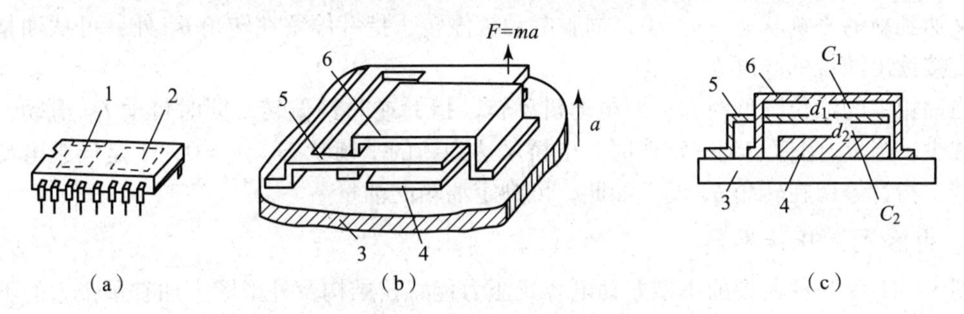

图 5－19　硅微电容加速度传感器结构示意图

（a）贴片封装外形；（b）“三明治”多晶硅多层结构；（c）加速度测试单元的测试原理

1—加速度测试单元；2—信号处理电路；3—衬底；4—底层多晶硅（下电极）；

5—多晶硅悬臂梁；6—顶层多晶硅（上电极）

它的核心部分可以小于 ϕ3 mm，与测量转换电路一起封装在贴片 IC 封装中，其外形和大小如图 5－19（a）所示。

当硅微电容加速度测试单元感受到上下振动时，极距 d_1、d_2 和电容 C_1 变化，如图 5－19（c）所示。与加速度测试单元封装在同一壳体的信号处理单元将 C_1 转换成 C_2 呈差动直流输出电压，它的激励源也制作在同一壳体内，集成度很高。如果在壳体内的三个相互垂直方向安装三个加速度传感器，就可以测量三维方向的振动或加速度。

加速度传感器在汽车防撞系统中、武器装备钻地导弹中都有应用。当测得的负加速度值超过设定值时，气囊电控单元据此判断发生了碰撞，就启动轿车前部的折叠式安全气囊迅速充气而膨胀，托住驾驶员及前排乘员的胸部和头部。使用加速度传感器可以在汽车发生碰撞时，经控制系统使气囊迅速充气。如果碰撞传感器安装在侧面，则在侧面碰撞时，侧面气囊膨胀。

2. 电容式油量表

图 5－20 所示为电容式油量表结构原理图。

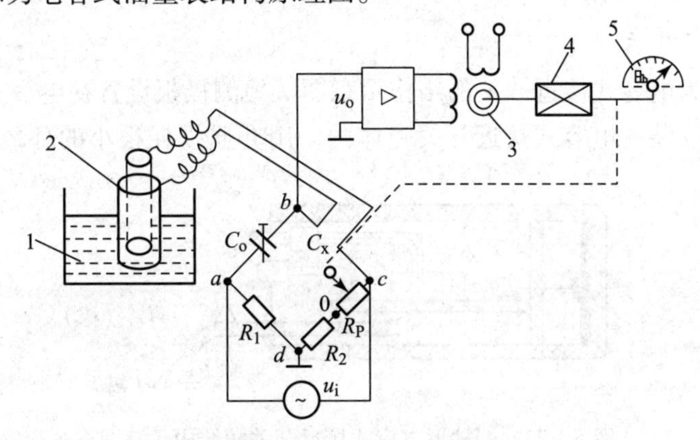

图 5－20　电容式油量表

1—油料；2—电容器；3—伺服电动机；4—减速器；5—指示表盘

当油箱中注入油时，液位上升至 h 处，电容的变化量 ΔC_X 与 h 成正比，电容为 $C_X = C_{X0} + \Delta C_X$。此时，电桥失去平衡，电桥的输出电压 u_o 经放大后驱动伺服电动机，由减速箱减速后带动指针顺时针偏转，同时带动 R_P 滑动，使 R_P 的阻值增大，当 R_P 阻值达到一定值时，电桥又达到新的平衡状态，$u_o = 0$，伺服电动机停转，指针停留在转角 θ_{X1} 处。可从油量刻度盘上直接读出油位的高度 h。

当油箱中的油位降低时，伺服电动机反转，指针逆时针偏转，同时带动 R_P 滑动，使其阻值减少。当 R_P 阻值达到一定值时，电桥又达到新的平衡状态，$u_o = 0$，于是伺服电动机再次停转，指针停留在转角 θ_{X2} 处。如此，可判定油箱的油量。

3. 电容式差压传感器

图 5-21 为一种典型的小型差动电容式压力传感器结构及外形图。加有预张力的不锈钢膜片作为感压敏感元件，同时作为可变电容的活动极板。电容的两个固定极板是在玻璃基片上镀有金属层的球面极片。在压差作用下，膜片凹向压力小的一面，导致电容量发生变化。球面极片（图中被夸大）可以在压力过载时保护膜片，并改善性能。其灵敏度取决于初始间隙 δ，δ 越小，灵敏度越高。其动态响应主要取决于膜片的固有频率。这种传感器分辨率很高，常用于气、液的压力或压差及液位和流量的测量。

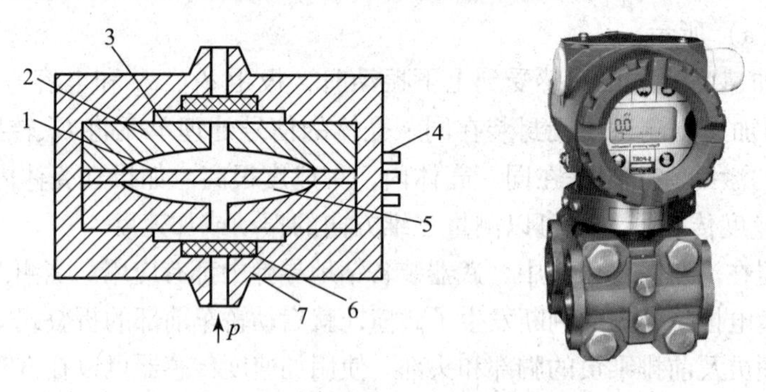

图 5-21 电容式压力传感器及外形图

1—弹性膜片；2—凹玻璃圆片；3—金属涂层；4—输出端子；5—空腔；6—过滤器；7—壳体

讨论： 电容式压力传感器属于哪一类电容式传感器？

4. 电容式接近开关

图 5-22 所示为电容式接近开关的结构示意图。检测极板设置在电容式接近开关的最前端，测量转换电路安装在电容式接近开关壳体内，用介质损耗很小的环氧树脂填充、灌封。

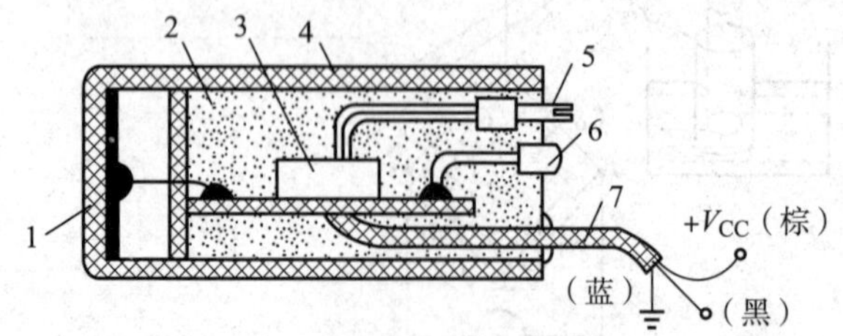

图 5-22 圆柱形电容式接近开关的结构示意图

1—检测极板；2—充填树脂；3—测量转换电路；4—塑料外壳；
5—灵敏度调节电位器；6—工作指示灯；7—信号电缆

当没有物体靠近检测极板时，检测极板与大地间的电容量 C 非常小，它与电感 L 构成高品质因数（Q）的 LC 振荡电路，$Q=1/(\omega CR)$。当被检测物体为地电位的导电体（如与大地有很大分布电容的人体、液体等）时，检测极板对地电容量 C 增大，LC 振荡电路的 Q 值将下降，导致振荡器停振。

当不接地、绝缘被测物体接近检测极板时，由于检测极板上施加有高频电压，在它附近产生交变电场，被检测物体就会受到静电感应，而产生极化现象，正负电荷分离，使检测极板的对地等效电容量增大，使 LC 振荡电路的 Q 值降低。对能量损耗较大的介质（如各种含水有机物），它在高频交变极化过程中是需要消耗一定能量的，该能量是由 LC 振荡电路提供的，必然使 Q 值进一步降低，振荡减弱，振荡幅度减小。当被测物体靠近到一定距离时，振荡器的 Q 值低到无法维持振荡而停振。根据输出电压 U_o 的大小，可大致判定被测物接近的程度。

5. 电容测厚仪

电容测厚仪是用来测量金属带材在轧制过程中的厚度的。它的变换器就是电容式厚度传感器，其工作原理如图 5－23 所示。在被测带材的上下两边各置一块面积相等，与带材距离相同的极板，这样极板带材就形成两个电容器（带材也作为一个极板）。把两块极板用导线连接起来，就成为一个极板，而带材则是电容器的另一个极板，其总电容 C 为

$$C=C_1+C_2$$

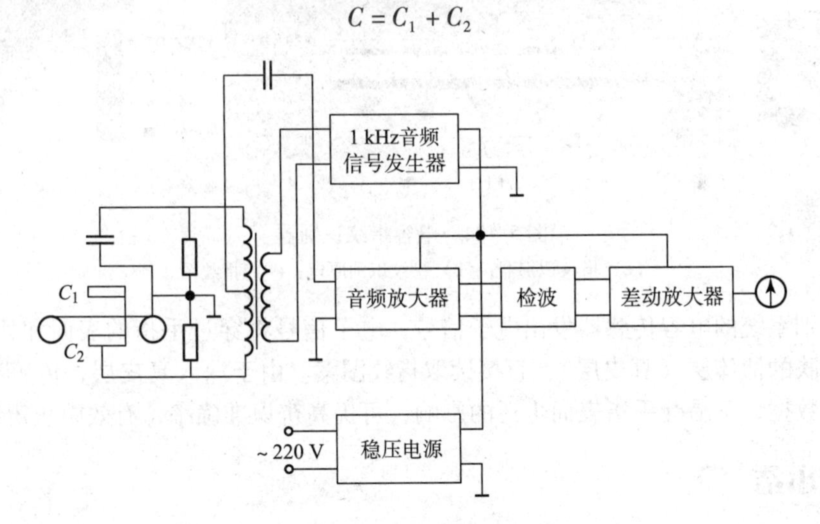

图 5－23　电容测厚仪结构示意图

金属带材在轧制过程中不断向前送进，如果带材厚度发生变化，将引起它与上下两个极板间距变化，即引起电容量的变化，如果总电容量 C 作为交流电桥的一个臂，电容变化 ΔC 引起电桥不平衡输出，经过放大、检波、再放大，最后在仪表上显示出带材的厚度。这种厚度仪的优点是带材的振动不影响测量精度。

6. 电容器指纹识别

指纹识别目前最常用的是电容传感器，也被称为第二代指纹识别系统。它的优点是体积小、成本低、成像精度高，而且耗电量很小，因此非常适合在消费类电子产品中使用。

19 世纪初，科学研究发现了指纹的两个重要特征，一是两个不同手指的指纹纹脊的式

样不同，二是指纹纹脊的式样终生不改变。这个研究成果使得指纹在犯罪鉴别中得以正式使用，1896 年阿根廷首次应用，然后是 1901 年的苏格兰，20 世纪初其他国家也相继应用到犯罪鉴别中。

指纹由多种“脊”状图形构成，类似于山脊。由于纹路不连续，脊状图形多种多样，诸如分岔、弧形、交叉、三角等。识别软件将这些脊状图形进行坐标定位，进而从坐标位置上标示出数据点，有点像初中几何画函数图的步骤。这些数据点同时具有 7 种以上的唯一性特征，由于通常情况下一枚指纹有 70 个节点，通过软件计算会产生大约 490 个数据。

硅电容指纹图像传感器是最常见的半导体指纹传感器，如图 5－24 所示，它通过电子度量来捕捉指纹。在半导体金属阵列上能结合大约 100 000 个电容传感器，其外面是绝缘的表面。传感器阵列的每一点是一个金属电极，充当电容器的一极，按在传感面上的手指头的对应点则作为另一极，传感面形成两极之间的介电层。由于指纹的脊和谷相对于另一极之间的距离不同（纹路深浅的存在），导致硅表面电容阵列的各个电容值不同，测量并记录各点的电容值，就可以获得具有灰度级的指纹图像。

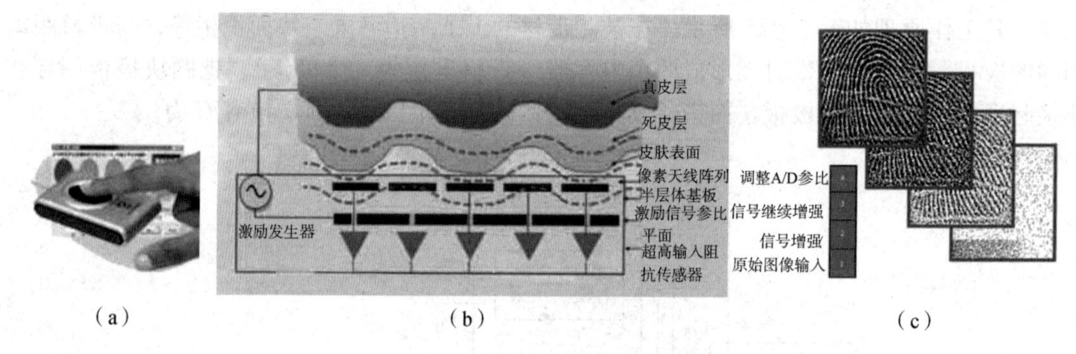

（a）　　（b）　　（c）

图 5－24　电容指纹识别器

（a）指纹识别器；（b）指纹识别原理；（c）指纹图

指纹识别系统的电容传感器发出电子信号，电子信号将穿过手指的表面和死性皮肤层，直达手指皮肤的活体层（真皮层），直接读取指纹图案。由于深入真皮层，传感器能够捕获更多的真实数据，不易受手指表面尘污的影响，可提高辨识准确率，有效防止辨识错误。

项目小结

电容传感器的应用非常广泛，通过本项目的学习主要掌握电容传感器的基本结构、工作类型及其特点，特别是电容差动结构形式的特点和应用，熟悉其转换电路的工作原理等。

（1）电容传感器是将被测量的变化转换为电容量变化的一种传感器，它具有结构简单、分辨率高、抗过载能力大、动态特性好等优点，且能在高温、辐射和强烈振动等恶劣条件下工作，其工作原理可用平板电容器表达式说明。根据这个原理，可将电容传感器分为变极距型、变面积型和变介质型 3 种。

（2）当忽略边缘效应时，变面积型和变介质型电容传感器具有线性的输出特性，变极距型电容传感器的输出特性是非线性的，为此可采用差动结构以减小非线性。

（3）电容传感器的输出电容非常小，所以需要借助测量电路将其转换为相应的电压、电流或频率等信号。常用的测量电路有运算放大器电路、电桥电路、调频电路、谐振电路以及脉冲宽度调制电路等。

（4）电子技术的发展解决了电容传感器存在的一些技术问题，从而为其应用开辟了广阔的前景，它不但广泛地用于精确测量位移、振动、角度、加速度及荷重等机械量，还可进行压力、差压力、液位、料位、湿度、成分含量等参数的测量。

项目训练

一、简答题

1. 电容传感器的工作方式可分为哪3种类型？每种类型的工作原理和特点是什么？
2. 为什么变面积型电容传感器测量位移范围大？
3. 为什么说变极距型电容传感器特性是非线性的？采取什么措施可改善其非线性特征？
4. 举例说明电容传感器在工业中的各种应用。

二、分析题

加速度传感器安装在轿车上，可以作为碰撞传感器。当测得的负加速度值超过设定值时，微处理器据此判断发生了碰撞，于是就启动轿车前部的折叠式安全气囊迅速充气而膨胀，托住驾驶员及前排乘员的胸部和头部。图5－19所示为硅微电容加速度传感器结构示意图，请简述这种加速度电容传感器的工作原理。

项目六 差动变压器位移传感器的安装与调试

项目描述

本项目要求安装与测试一台差动变压器式位移传感器。

互感型变压器传感器的工作原理是利用电磁感应中的互感现象，将被测位移量转换成线圈互感的变化。由于常采用两个次级线圈组成差动式，故又称差动变压器式传感器。差动变压器式传感器的优点是测量精度高，可达0.1 μm，线性范围大，可到±100 mm，稳定性好，使用方便。因而被广泛应用于直线位移，或可能转换为位移变化的压力、重量等参数的测量。

知识目标：

（1）学习电感式（自感式、互感式、差动式）传感器的工作原理、特点、分类和应用，认识电感传感器的外观和结构。

（2）了解电感传感器的测量转换电路的组成及其工作原理。

能力目标：

（1）会用电感传感器中的差动变压器进行位移和振动测量。

（2）了解电感传感器的应用，能够结合实际对电感传感器进行分析设计。

任务一　知识准备

电感传感器是利用电磁感应原理将被测非电量（如位移、压力、流量、振动等）转换成电感量的变化，再由测量电路转换为电压或电流的变化量输出的一种传感器。它的优点是结构简单、工作可靠、测量精度高、零点稳定、输出功率较大等，不足之处是灵敏度、线性度和测量范围相互制约，传感器自身频率响应低，不适用于快速动态测量。这种传感器能实现信息的远距离传输、记录、显示和控制，在工业自动控制系统中被广泛应用。

一、自感式传感器

自感式传感器（也叫变磁阻式电感传感器）是利用自感量随气隙变化而改变的原理制成的，可直接用来测量位移量。它主要由线圈、铁芯、衔铁等部分组成。自感式传感器的基本形式是可变磁阻式，也称为气隙型电感传感器。

（一）工作原理

自感式传感器的结构如图 6－1 所示，它主要由线圈、铁芯、衔铁等组成。工作时，衔铁通过测杆与被测物体相接触，被测物体的位移将引起线圈电感值的变化。当传感器线圈接入一定的测量电路后，电感的变化将转换成电压、电流或频率的变化，完成了非电量到电量的转换。

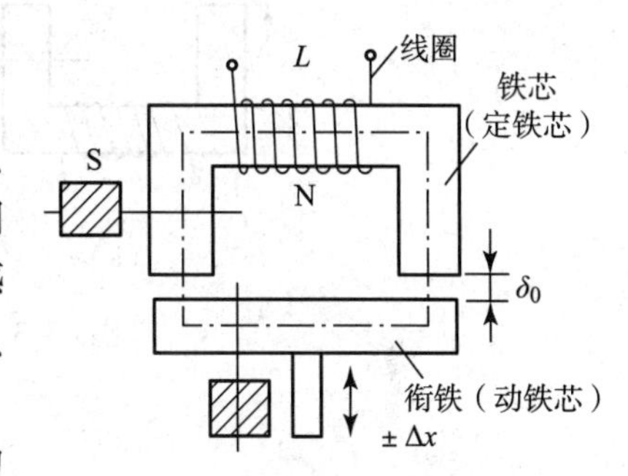

图 6－1　自感式传感器

自感式传感器是把被测量转换成线圈的自感变化的元件，自感量公式为

$$L = N\phi/I = \mu N^2 S/l = N^2/R_m \tag{6-1}$$

如把铁芯和衔铁的磁阻忽略不计，则式（6－1）可改写为

$$L = N^2/R_m \approx \frac{N^2\mu_0 S_0}{2\delta_0} \tag{6-2}$$

式中　N——线圈匝数；

μ_0——真空磁导率，$\mu_0 = 4\pi\times10^{-7}$ H/m；

R_m——磁路磁阻；

S_0——气隙的等效截面积。

自感式传感器实质上是一个带气隙的铁芯线圈。按磁路几何参数变化，自感式传感器有变气隙式、变面积式与螺线管式 3 种，前两种属于闭磁路式，螺线管式属于开磁路式，如图 6－2 所示。

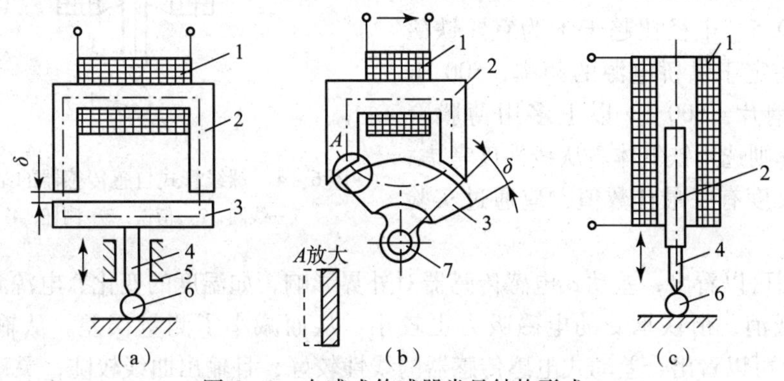

图 6－2　自感式传感器常见结构形式

（a）变气隙式；（b）变面积式；（c）螺线管式

1—线圈；2—铁芯；3—衔铁；4—测杆；5—导轨；6—工件；7—转轴

1. 变气隙式（闭磁路式）自感传感器

变气隙式自感传感器结构原理如图 6－3 所示，图 6－3（a）所示为单边式，它们由铁芯、线圈、衔铁、测杆及弹簧等组成。由公式可知，变气隙式自感传感器的线性度差、示值范围窄、自由行程小，但在小位移下灵敏度很高，常用于小位移的测量。

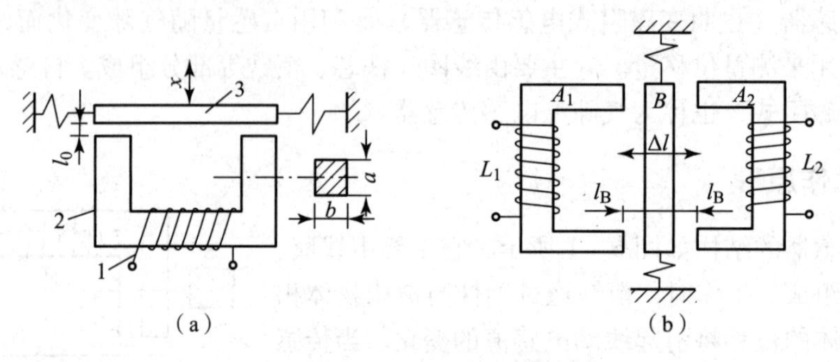

图 6－3　变气隙自感传感器的结构原理图

（a）单边式；（b）差动式

1—线圈；2—铁芯；3—衔铁

同样由公式可知，变面积式自感传感器具有良好的线性度、自由行程大、示值范围宽，但灵敏度较低，通常用来测量比较大的位移。

为了扩大示值范围和减小非线性误差，可采用差动结构，如图 6－3（b）所示。将两个线圈接在电桥的相邻臂，构成差动电桥，不仅可使灵敏度提高一倍，而且使非线性误差大为减小。如当 $\Delta x/l_0=10\%$ 时，单边式非线性误差小于 10%，而差动式非线性误差小于 1%。

2. 螺线管式（开磁路式）自感传感器

螺线管式自感传感器常采用差动式。如图 6－4 所示，它是在螺线管中插入圆柱形铁芯而构成的。其磁路是开放的，气隙磁路占很长的部分。有限长螺线管内部磁场沿轴线非均匀分布，中间强，两端弱。插入铁芯的长度不宜过短也不宜过长，一般以铁芯与线圈长度比为 0.5、半径比趋于 1 为宜。铁磁材料的选取决定于供桥电源的频率，500 Hz 以下多用硅钢片，500 Hz 以上多用薄膜合金，更高频率则选用铁氧体。从线性度考虑，匝数和铁芯长度有一最佳数值，应通过实验选定。

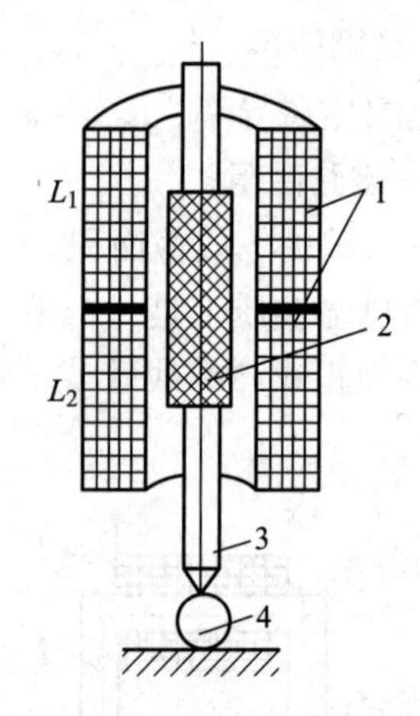

图 6－4　螺线管式自感传感器的结构原理图

1—线圈；2—衔铁；3—测杆；4—工件

从结构图可以看出，差动式电感传感器对外界影响，如温度的变化、电源频率的变化等基本上可以抵消，衔铁承受的电磁吸力也较小，从而减小了测量误差。从输出特性曲线（见图 6－5）可以看出，差动式电感传感器的线性较好，且输出曲线较陡，灵敏度约为非差动式电感传感器的两倍。

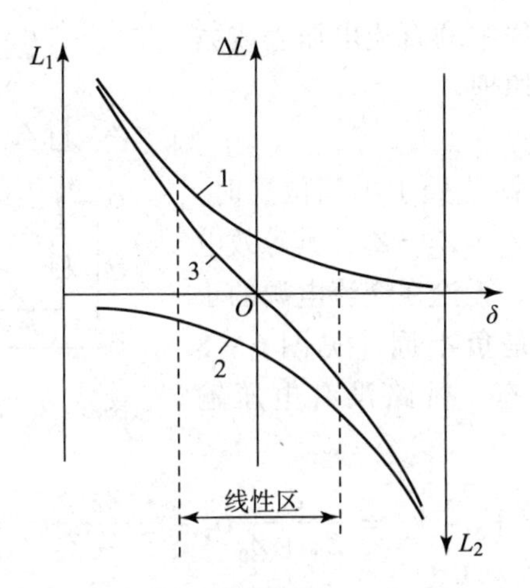

图 6－5　差动式自感传感器的输出特性

1，2—L_1、L_2 的特性；3—差动特性

（二）自感式传感器的测量电路

自感式传感器的测量电路用来将电感量的变化转换成相应的电压或电流信号，以便供放大器进行放大，然后用测量仪表显示或记录。

自感式传感器的测量电路有交流分压式、交流电桥式和谐振式等多种，常用的差动式传感器大多采用交流电桥式。交流电桥的种类很多，差动形式工作时其电桥电路常采用双臂工作方式。两个差动线圈 Z_1 和 Z_2 分别作为电桥的两个桥臂，另外两个平衡臂可以是电阻或电抗，或者是带中心抽头的变压器的两个二次绕组或紧耦合线圈等形式。

1. 变压器交流电桥

采用变压器副绕组作平衡臂的交流电桥如图 6－6 所示。因为电桥有两臂为传感器的差动线圈阻抗 Z_1 和 Z_2，所以该电路又称为差动交流电桥。

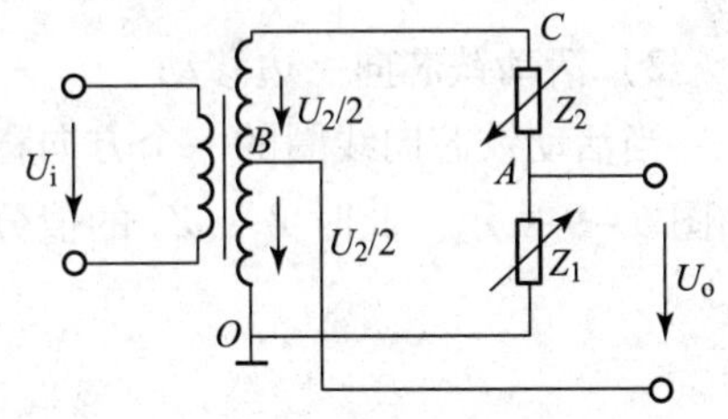

图 6－6　变压器式交流电桥电路图

设 O 点为电位参考点，根据电路的基本分析方法，可得到电桥输出电压为（推导过程略）：

$$\dot{U}_o = \pm \frac{\Delta L}{2L_0} \dot{U}_2 \qquad (6-3)$$

式（6－3）表明，差动式自感传感器采用变压器交流电桥为测量电路时，电桥输出电压既能反映被测体位移量的大小，又能反映位移量的方向，且输出电压与电感变化量呈线性关系。

2. 带相敏整流的交流电桥

在上述变压器式交流电桥中，由于采用交流电源（$U_2 = U_{2m}\sin\omega t$），则不论活动铁芯向线圈的哪个方向移动，电桥输出电压总是交流的，即无法判别位移的方向。为此，常采用带相敏检波整流的交流电桥，如图 6－7 所示。图中电桥的两个臂 Z_1、Z_2 分别为差动式传感器中的电感线圈，另两个臂为平衡阻抗 Z_3、Z_4（$Z_3 = Z_4 = Z_0$），VD_1、VD_2、VD_3、VD_4 四只二极管组成相敏整流器，输入交流电压加在 A、B 两点之间，输出直流电压 U_o 由 C、D 两点输

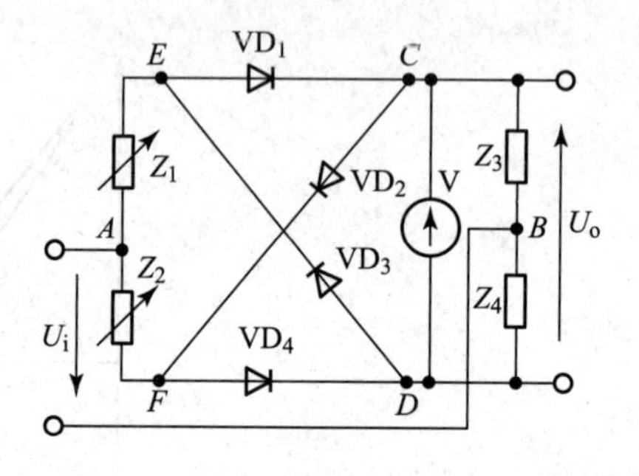

图6-7　带相敏整流的交流电桥电路

出，测量仪表可以为零刻度居中的直流电压表或数字电压表。下面分析其工作原理。

1）初始平衡位置

当差动式传感器的活动铁芯处于中间位置时，传感器两个差动线圈的阻抗 $Z_1=Z_2=Z_0$，其等效电路如图6-8所示。由图可知，无论在交流电源的正半周［见图6-8（a）］还是负半周［见图6-8（b）］，电桥均处于平衡状态，桥路没有电压输出，即

$$U_o = V_D - V_C = \frac{Z_0}{Z_0+Z_0}U_i - \frac{Z_0}{Z_0+Z_0}U_i = 0 \tag{6-4}$$

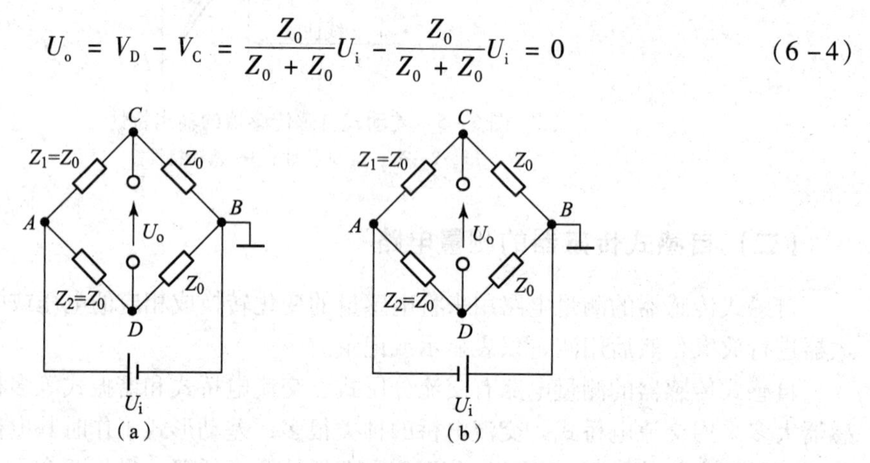

图6-8　铁芯处于初始平衡位置时的等效电路

（a）交流电正半周等效电路；（b）交流电负半周等效电路

2）活动铁芯向一边移动

当活动铁芯向线圈的一个方向移动时，传感器两个差动线圈的阻抗发生变化，等效电路如图6-9所示。此时 Z_1、Z_2 的值分别为

$$Z_1 = Z_0 + \Delta Z$$
$$Z_2 = Z_0 - \Delta Z$$

在 U_i 的正半周，由图6-9（a）可知，输出电压为

$$U_o = U_D - U_C = \frac{\Delta Z}{2Z_0}\frac{1}{1-\left(\frac{\Delta Z}{2Z_0}\right)^2}U_i \tag{6-5}$$

当 $(\Delta Z/Z_0)^2 \ll 1$ 时，式（6-5）可近似地表示为

$$U_o \approx \frac{\Delta Z}{2Z_0}U_i \tag{6-6}$$

同理，在 U_i 的负半周，由图6-9（b）可知

$$U_o = U_D - U_C = \frac{\Delta Z}{2Z_0}\frac{1}{1-\left(\frac{\Delta Z}{2Z_0}\right)^2}|U_i| \approx \frac{\Delta Z}{2Z_0}|U_i| \tag{6-7}$$

由此可知，只要活动铁芯向一方向移动，无论在交流电源的正半周还是负半周，电桥输

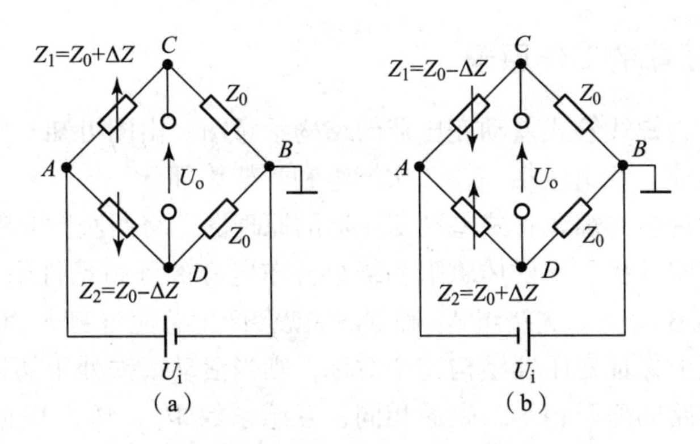

图 6－9　铁芯向线圈一个方向移动时的等效电路

（a）交流电正半周等效电路；（b）交流电负半周等效电路

出电压 U_o 均为正值。

3）活动铁芯向相反方向移动

当活动铁芯向线圈的另一个方向移动时，用上述分析方法同样可以证明，无论在 U_i 的正半周还是负半周，电桥输出电压 U_o 均为负值，即

$$U_o = -\frac{\Delta Z}{2Z_0}|U_i| \tag{6-8}$$

综上所述可知，采用带相敏整流的交流电桥，其输出电压既能反映位移量的大小，又能反映位移的方向，所以应用较为广泛。图 6－10 所示为相敏检波输出特性曲线。

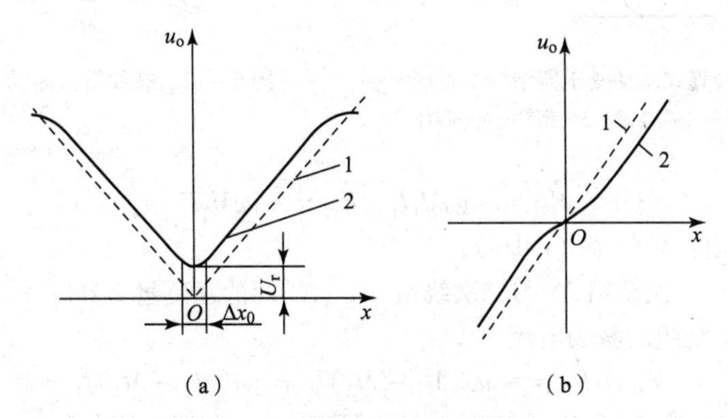

图 6－10　相敏检波输出特性曲线

（a）非相敏检波；（b）相敏检波

1—理想特性曲线；2—实际特性曲线

二、差动变压器式传感器

把被测的非电量变化转换为线圈互感变化的传感器称为互感式传感器。因这种传感器是根据变压器的基本原理制成的，并且其二次绕组都用差动形式连接，所以又叫差动变压器式传感器，简称差动变压器。它的结构形式较多，有变隙式、变面积式和螺线管式等，但其工作原理基本一样。在非电量测量中，应用最多的是螺线管式的差动变压器，它可以测量 1 ~ 100 mm 范围内的机械位移，并具有测量精度高、灵敏度高、结构简单、性能可靠等优点。

（一）差动变压器的工作原理

如图 6－11 所示为螺线管式差动变压器的结构示意图。由图可知，它主要由绕组、活动衔铁和导磁外壳等组成。绕组包括一、二次绕组和骨架等部分。

图 6－12 所示为理想的螺线管式差动变压器的原理图。将两匝数相等的二次绕组的同名端反向串联，并且忽略铁损、导磁体磁阻和绕组分布电容的理想条件下，当一次绕组 N_1 加以励磁电压 $\dot{U}_i$时，则在两个二次绕组 N_{21} 和 N_{22} 中就会产生感应电势 $\dot{E}_{21}$ 和 $\dot{E}_{22}$（二次开路时即为 $\dot{U}_{21}$、$\dot{U}_{22}$）。若工艺上保证变压器结构完全对称，则当活动衔铁处于初始平衡位置时，必然会使两二次绕组磁回路的磁阻相等，磁通相同，互感系数 $M_1 = M_2$。根据电磁感应原理，将有 $\dot{E}_{21} = \dot{E}_{22}$，由于两二次绕组反向串联，因而 $\dot{U}_o = \dot{E}_{21} - \dot{E}_{22} = 0$，即差动变压器输出电压为零，即

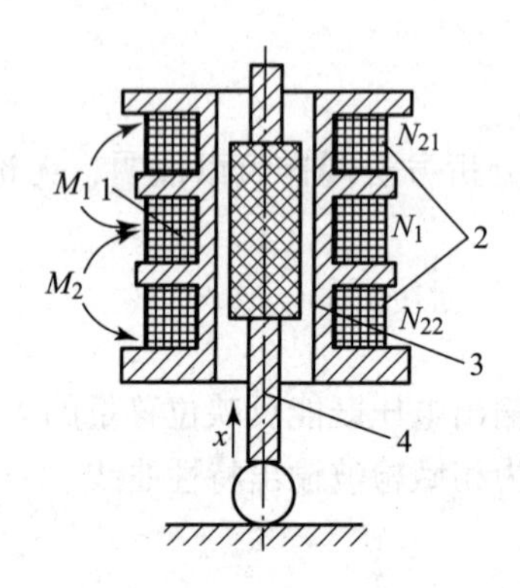

图 6－11　螺线管式差动变压器结构示意图

1—一次绕组；2—二次绕组；3—衔铁；4—测杆

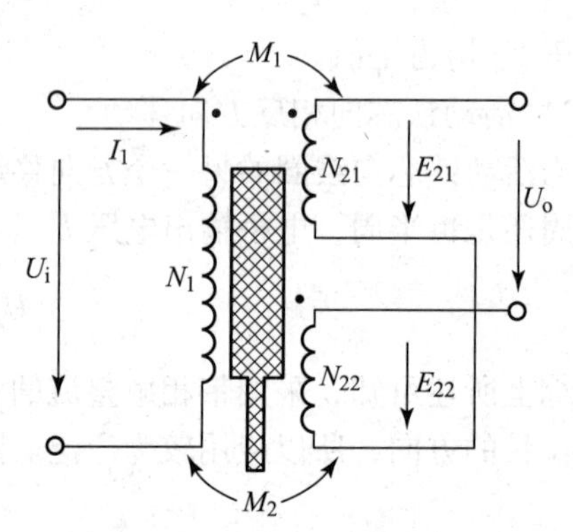

图 6－12　螺线管式差动变压器原理图

$$\dot{E}_{21} = -j\omega M_1 I_1 \quad \dot{E}_{22} = -j\omega M_2 I_1 \tag{6-9}$$

式中　ω——激励电源角频率（rad/s）；

M_1，M_2—— 一次绕组 N_1 与二次绕组 N_{21}、N_{22}间的互感量（H）；

I_1 —— 一次绕组的激励电流（A）。

$$\dot{U}_o = \dot{E}_{21} - \dot{E}_{22} = -j\omega(M_1 - M_2)I_1 = j\omega(M_2 - M_1)I_1 = 0 \tag{6-10}$$

当活动衔铁向二次绕组 N_{21} 方向（向上）移动时，由于磁阻的影响，N_{21} 中的磁通将大于 N_{22} 中的磁通，即可得 $M_1 = M_0 + \Delta M$、$M_2 = M_0 - \Delta M$，从而使 $M_1 > M_2$，因而必然会使 $\dot{E}_{21}$增加，$\dot{E}_{22}$减小。因此 $\dot{U}_o = \dot{E}_{21} - \dot{E}_{22} = -2j\omega\Delta M\, I_1$。综上分析可得

$$\dot{U}_o = \dot{E}_{21} - \dot{E}_{22} = \pm 2j\omega\Delta M\, I_1 \tag{6-11}$$

式中的正负号表示输出电压与励磁电压同相或反相。

由于在一定的范围内，互感的变化 ΔM 与位移 x 成正比，所以输出电压的变化与位移的变化成正比。特性曲线如图 6－13 所示。实际上，当衔铁位于中心位置时，差动变压器的输出电压并不等于

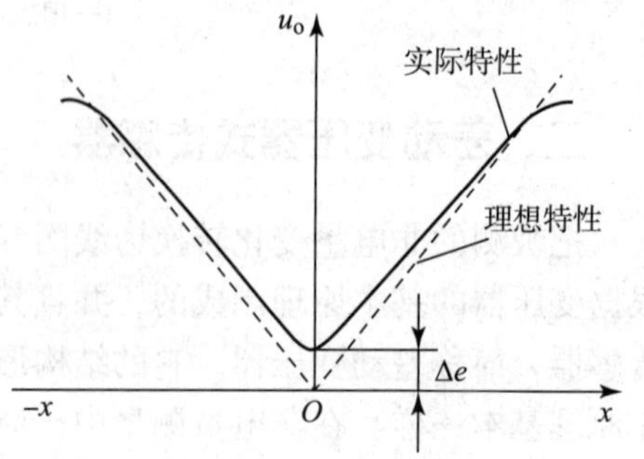

图 6－13　零点残余电势

零，通常把差动变压器在零位移时的输出电压称为零点残余电压（如图 6 - 13 所示 Δe）。它的存在使传感器的输出特性曲线不过零点，造成实际特性与理论特性不完全一致。

零点残余电势使得传感器在零点附近的输出特性不灵敏，为测量带来误差。为了减小零点残余电势，可采用以下方法。

（1）尽可能保证传感器尺寸、线圈电气参数和磁路对称。

（2）选用合适的测量电路。

（3）采用补偿线路减小零点残余电势。

（二）差动变压器测量电路

差动变压器输出的是交流电压，若用交流电压表测量，只能反映衔铁位移的大小，而不能反映移动方向。另外，其测量值中将包含零点残余电压。为了达到能辨别移动方向及消除零点残余电压的目的，实际测量时，常常采用差动整流电路和相敏检波电路。

1. *差动整流电路*

图 6 - 14 所示为几种典型电路形式，其中图（a）、（c）适用于高负载阻抗，图（b）、（d）适用于低负载阻抗。

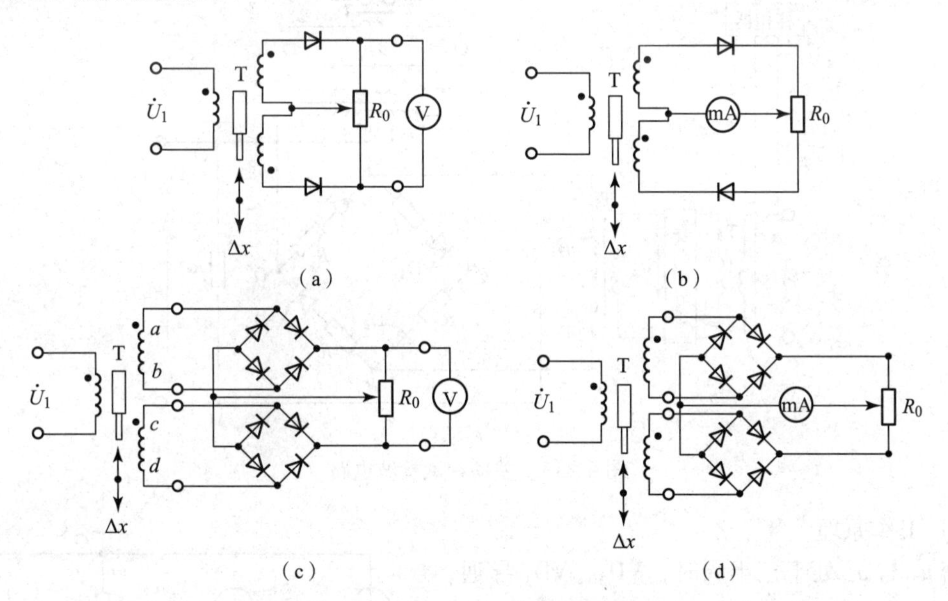

图 6 - 14　差动整流电路

（a）半波电压输出；（b）半波电流输出；（c）全波电压输出；（d）全波电流输出

电阻 R_0 用于调整零点残余电压。这种电路是把差动变压器的两个次级输出电压分别整流，然后将整流的电压或电流的差值作为输出，这样二次电压的相位和零点残余电压都不必考虑。

差动整流电路同样具有相敏检波作用，图中的两组（或两个）整流二极管分别将二次线圈中的交流电压转换为直流电，然后相加。由于这种测量电路结构简单，不需要考虑相位调整和零点残余电压的影响，且具有分布电容小和便于远距离传输等优点，因而获得广泛的应用。但是，二极管的非线性影响比较严重，而且二极管的正向饱和压降和反向漏电流对性能也会产生不利影响，只能在要求不高的场合下使用。

一般经相敏检波和差动整流后的输出信号还必须经过低通滤波器，把调制的高频信号衰减掉，只允许衔铁运动产生的有用信号通过。

2. 差动相敏检波电路

差动相敏检波电路的种类很多，但基本原理大致相同。下面以二极管环形（全波）差动相敏检波电路为例说明其工作原理。

1）电路组成

如图6-15所示，4个特性相同的二极管以同一方向串接成一个闭合的回路，组成环形电桥。差动变压器输出的调幅波 u_2 通过变压器 T_1 加入环形电桥的一个对角线，解调信号 u_o 通过变压器 T_2 加入环形电桥的另一个对角线，输出信号 u_L 从变压器 T_1 与 T_2 的中心抽头之间引出。平衡电阻 R 起限流作用，避免二极管导通时电流过大。R_L 为检波电路的负载。解调信号 u_o 的幅值要远大于 u_2 以便有效控制4个二极管的导通状态。u_o 与 u_1 由同一振荡器供电，以保证两者同频、同相（或反相）。

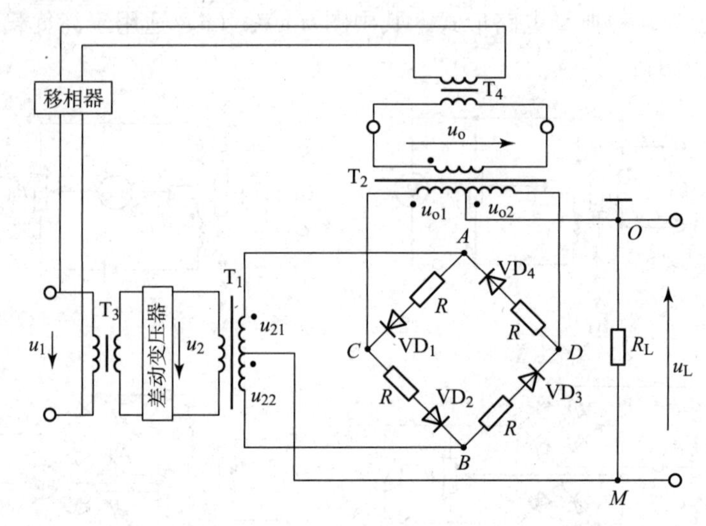

图6-15 差动相敏检波电路

2）工作原理

当 u_2 与 u_o 处于正半周时，VD_2、VD_3 导通，VD_1、VD_4 截止，形成两条电流通路，等效电路如图6-16所示。电流通路1为

$$u_{o1}^{+} \rightarrow C \rightarrow VD_2 \rightarrow B \rightarrow u_{22}^{-} \rightarrow u_{22}^{+} \rightarrow R_L \rightarrow u_{o1}^{-}$$

电流通路2为

$$u_{o2}^{+} \rightarrow R_L \rightarrow u_{22}^{+} \rightarrow u_{22}^{-} \rightarrow B \rightarrow VD_3 \rightarrow D \rightarrow u_{o2}^{-}$$

当 u_2 与 u_o 处于负半周时，VD_1、VD_4 导通，VD_2、VD_3 截止，同样有两条电流通路，等效电路如图6-17所示。

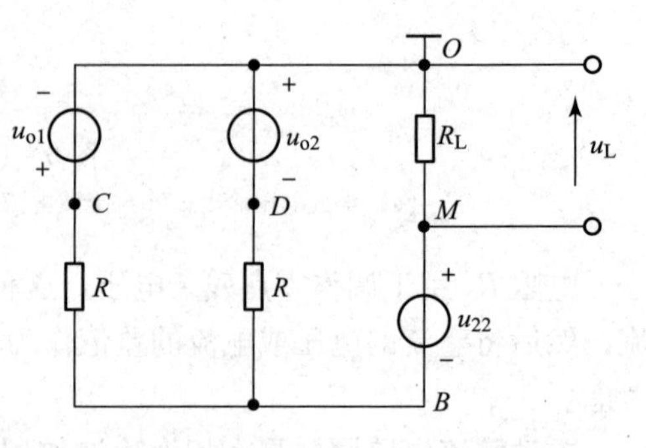

图6-16 正半周时等效电路

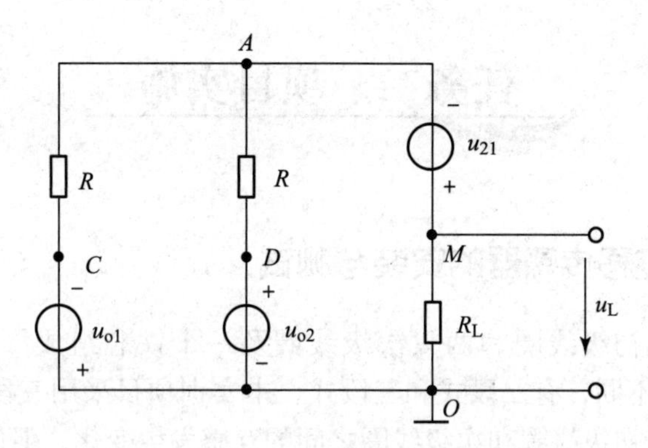

图 6-17　负半周时的等效电路

电流通路 1 为

$$u_{o1}^{+} \rightarrow R_L \rightarrow u_{21}^{+} \rightarrow u_{21}^{-} \rightarrow A \rightarrow R \rightarrow VD_1 \rightarrow C \rightarrow u_{o1}^{-}$$

电流通路 2 为

$$u_{o2}^{+} \rightarrow D \rightarrow R \rightarrow VD_4 \rightarrow A \rightarrow u_{21}^{-} \rightarrow u_{21}^{+} \rightarrow R_L \rightarrow u_{o2}^{-}$$

传感器衔铁上移

$$u_L = \frac{R_L u_2}{n_1 (R + 2R_L)} \tag{6-12}$$

传感器衔铁下移

$$u_L = -\frac{R_L u_2}{n_1 (R + 2R_L)} \tag{6-13}$$

其中，n_1 为变压器 T_1 的变比。

相敏检波电路波形图如图 6-18 所示。

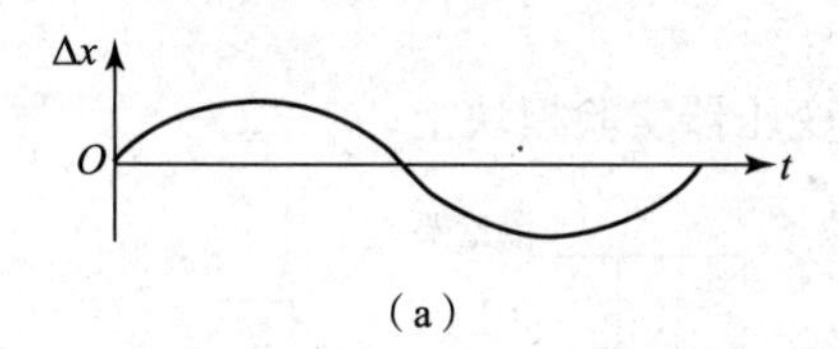

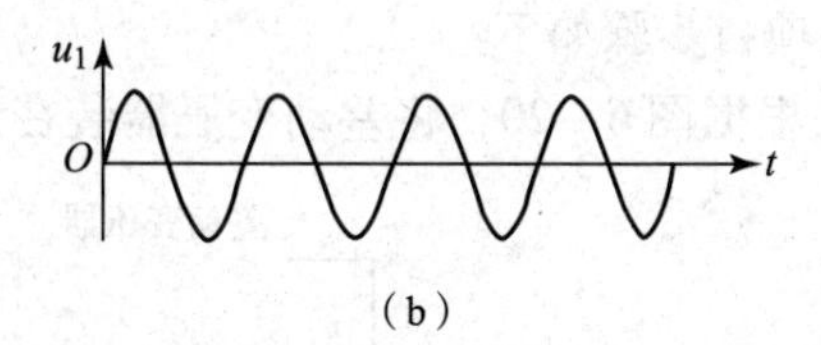

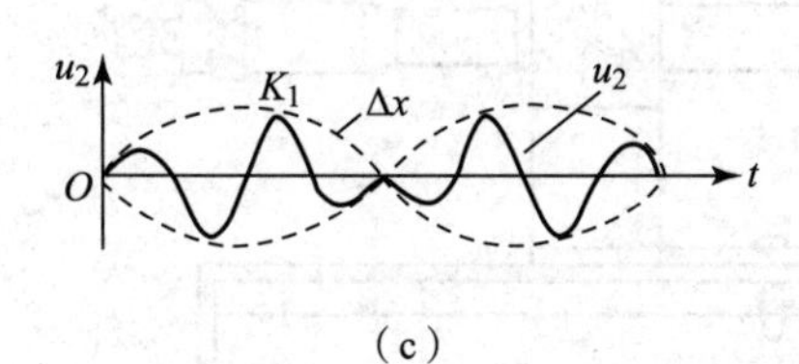

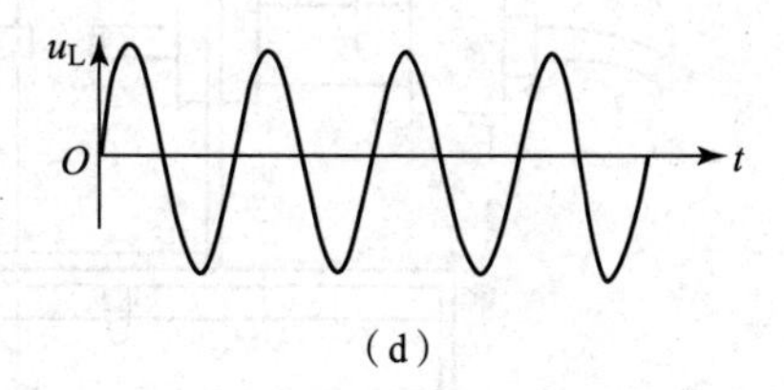

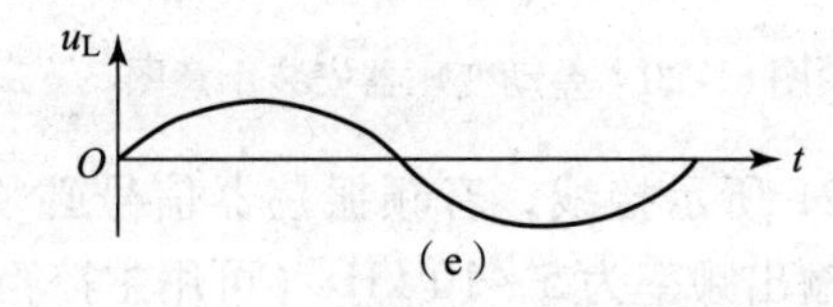

图 6-18　相敏检波电路波形图

任务二　项目实施

差动变压器式位移传感器的安装与测试

差动变压器由一只初级线圈和两只次级线圈及一个铁芯组成（铁芯在可移动杆的一端），根据内外层排列不同，有二段式和三段式，本实训项目采用三段式结构。当传感器随着被测体移动时，由于初级线圈和次级线圈之间的互感发生变化，促使初级线圈感应电势产生变化，一只次级感应电势增加，另一只感应电势则减少。将两只次级线圈反向串接（同名端连接），就引出差动输出。其输出电势反映出被测物体的移动量。

通过本实训项目的学习使大家了解差动变压器的工作原理和特性。

本实训项目需用器件与单元：差动变压器实验模块、测微头、双踪示波器、差动变压器、音频信号源（音频振荡器）、直流电源、万用表，如图 6－19 所示。

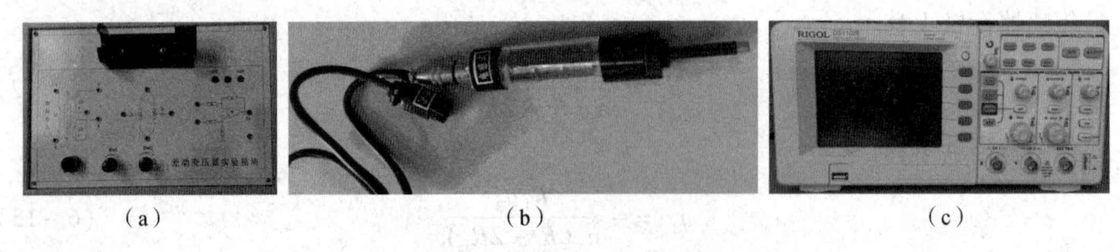

（a）　（b）　（c）

图 6－19　差动变压器实验模块、差动变压器及双踪示波器

（a）差动变压器实验模块；（b）差动变压器；（c）双踪示波器

实训项目步骤如下：

（1）根据图 6－20，将差动变压器装在差动变压器实验模块上。

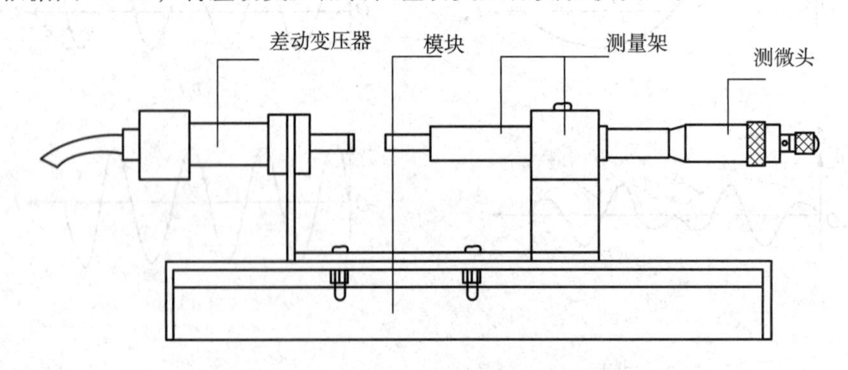

图 6－20　差动变压器安装示意图

（2）在模块上按照图 6－21 所示接线，音频振荡器信号必须从主控箱中的 L_V 端子输出，调节音频振荡器的频率，输出频率为 5～10 kHz（可用主控箱的数显表的频率挡 f_i 输入来监测，实训中可调节频率使波形不失真）。调节幅度使输出幅度为峰－峰值 U_{P-P}（可用示波器监测：X 轴为 0.2 ms/div、Y 轴 CH_1 为 1 V/div、CH_2 为 0.2 V/div）。判别初级线圈及次级线圈同名端方法如下：设任一线圈为初级线圈（1 和 2 实训插孔作为初级线圈），并设另

外两个线圈的任一端为同名端，按图 6－21 接线。当铁芯左、右移动时，观察示波器中显示的初级线圈波形、次级线圈波形，当次级线圈波形输出幅值变化很大，基本上能过零点（即 3 和 4 实训插孔），而且相位与初级线圈波形（L_V 音频信号 $U_{P-P}=2$ V 波形）比较能同相和反相变化，说明已连接的初、次级线圈及同名端是正确的，否则继续改变连接再判断直到正确为止。图中 1、2、3、4 为模块中的实训插孔。

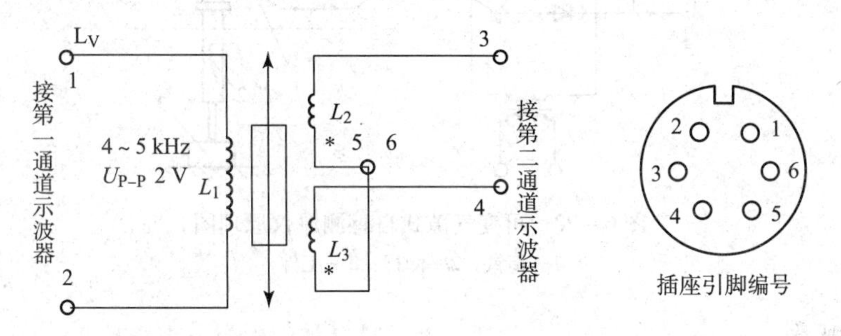

图 6－21　双踪示波器与差动变压器连接示意图

（3）旋动测微头，使示波器第二通道显示的波形峰－峰值 U_{P-P} 为最小。这时可以左、右位移，假设其中一个方向为正位移，则另一个方向位移为负。从 U_{P-P} 最小开始旋动测微头，每隔 0.5 mm 从示波器上读出输出电压 U_{P-P} 值并填入表 6－1 中。再从 U_{P-P} 最小处反向位移做操作，在操作过程中，注意左、右位移时，初、次级波形的相位关系。

表 6－1　差动变压器位移 X 与输出电压 U_{P-P} 数据表

X/mm											
U_{P-P}/mV											

（4）实训过程中注意差动变压器输出的最小值即为差动变压器的零点残余电压大小。根据表 6－1 画出 $U_{oP-P}-X$ 曲线，作出量程为 ±4 mm、±6 mm 时的灵敏度和非线性误差。

任务三　项目拓展

电感传感器的应用

（一）自感式传感器的应用

自感式传感器的应用很广泛，它不仅可直接用于测量位移，还可以用于测量振动、应变、厚度、压力、流量、液位等非电量。下面介绍几个应用实例。

1. 自感测厚仪

图 6－22 所示为自感测厚仪，它采用差动结构，其测量电路为带相敏整流的交流电桥。当被测物的厚度发生变化时，引起测杆上下移动，带动可动铁芯产生位移，从而改变了气隙的厚度，使线圈的电感量发生相应的变化。此电感变化量经过带相敏整流的交流电桥测量

后，送测量仪表显示，其大小与被测物的厚度成正比。

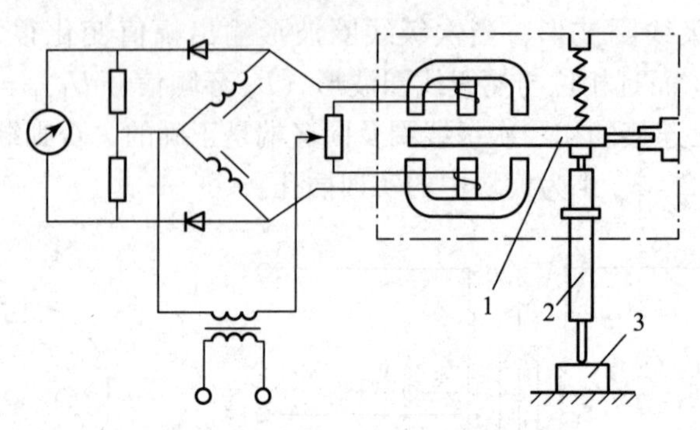

图 6－22　可变气隙式自感测厚仪原理图

1—衔铁；2—测杆；3—工件

2. 位移测量

图 6－23（a）所示为轴向式测试头的结构示意图，图 6－23（b）所示为电感测微仪的原理框图。测量时测头的测端与被测件接触，被测件的微小位移使衔铁在差动线圈中移动，线圈的电感值将产生变化，这一变化量通过引线接到交流电桥，电桥的输出电压就反映被测件的位移变化量。

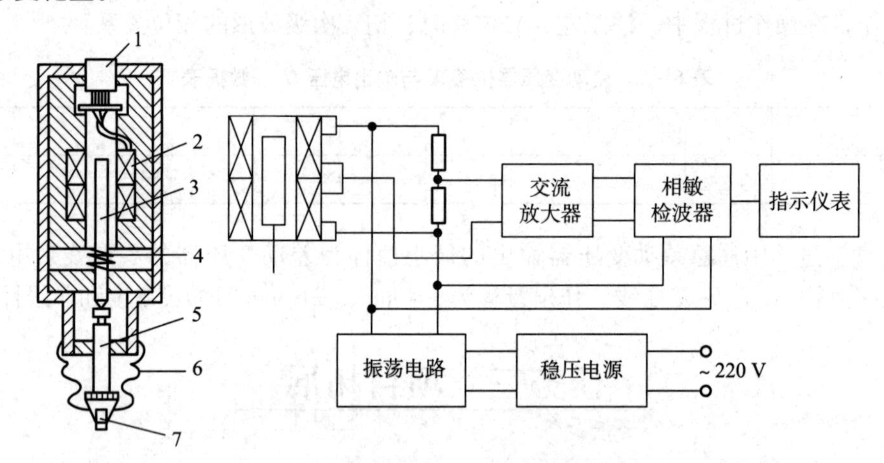

图 6－23　电感测微仪及其测量电路框图

（a）轴向式测试头；（b）电感测微仪的原理框图

1—引线；2—线圈；3—衔铁；4—测力弹簧；5—导杆；6—密封罩；7—测头

（二）差动变压器式传感器的应用

差动变压器式传感器不仅可以直接用于位移测量，而且还可以测量与位移有关的任何机械量，如振动、加速度、应变、压力、张力、比重和厚度等。

1. 振动和加速度的测量

图 6－24 所示为测量振动与加速度的电感传感器结构图，它由悬臂梁和差动变压器构成。测量时，将悬臂梁底座及差动变压器的线圈骨架固定，而将衔铁的 A 端与被测振动体相连，此时传感器作为加速度测量中的惯性元件，它的位移与被测加速度成正比，使加速度

的测量转变为位移的测量。当被测体带动衔铁以 $\Delta X(t)$ 振动时，导致差动变压器的输出电压也按相同规律变化。

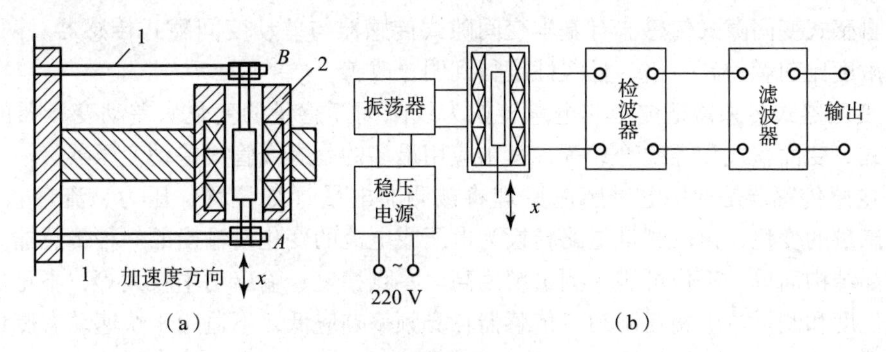

图 6－24　振动传感器及其测量电路

（a）振动传感器结构示意图；（b）测量电路

1—弹性支承；2—差动变压器

2. 力和压力的测量

图 6－25 所示为差动变压器式力传感器。当力作用于传感器时，弹性元件产生变形，从而导致衔铁相对线圈移动。线圈电感量的变化通过测量电路转换为输出电压，其大小反映了受力的大小。

差动变压器和膜片、膜盒和弹簧管等相结合，可以组成压力传感器。图 6－26 所示为微压力传感器的结构示意图。在无压力作用时，膜盒在初始状态，与膜盒连接的衔铁位于差动变压器线圈的中心部。当压力输入膜盒后，膜盒的自由端产生位移并带动衔铁移动，差动变压器产生一正比于压力的输出电压。

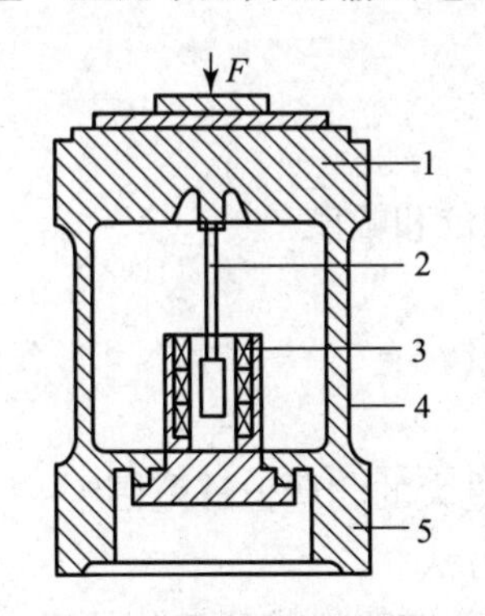

图 6－25　差动变压器式力传感器

1—上部；2—衔铁；

3—线圈；4—变形部；5—下部

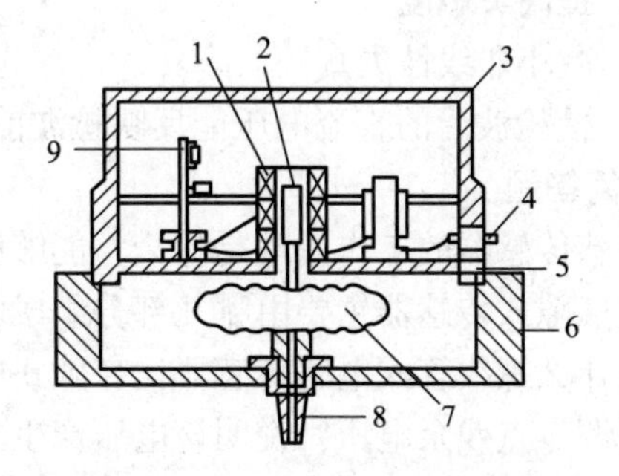

图 6－26　电感式微压力传感器

1—差动变压器；2—衔铁；3—罩壳；4—插头；

5—通孔；6—底座；7—膜盒；8—接头；9—线路板

项目小结

电感传感器利用电磁感应原理将被测非电量转换成线圈自感量或互感量的变化，进而由测量电路转换为电压或电流的变化量。电感传感器种类很多，本项目主要介绍了自感式和变压器式（互感式）两种。

（1）自感式传感器实质上是一个带气隙的铁芯线圈。按磁路几何参数变化，自感式传感器有变气隙式、变面积式与螺线管式三种，前两种属于闭磁路式，螺线管式属于开磁路式。其中自感式变间隙式传感器有基本变间隙式传感器与差动变间隙式传感器。两者相比，后者的灵敏度比前者的高一倍，且线性度得到明显改善。

（2）变压器式传感器把被测非电量转换为线圈间互感量的变化。差动变压器的结构形式有变隙式、变面积式和螺线管式等，其中应用最多的是螺线管式差动变压器。

（3）电感传感器是利用电磁感应原理将被测非电量（如位移、压力、流量、振动等）转换成电感量的变化，再由测量电路转换为电压或电流的变化量输出的一种传感器。它的优点很多，如结构简单、工作可靠、测量精度高、零点稳定、输出功率较大等，不足之处是灵敏度、线性度和测量范围相互制约，传感器自身频率响应低，不适用于快速动态测量。这种传感器能实现信息的远距离传输、记录、显示和控制，在工业自动控制系统中被广泛采用。

项目训练

一、选择题

1. 下列不是电感传感器的是（　　）。

A. 变磁阻式自感传感器　　B. 电涡流式传感器

C. 变压器式互感传感器　　D. 霍尔式传感器

2. 下列传感器中不能做成差动结构的是（　　）。

A. 电阻应变式　B. 自感式　C. 电容式　D. 电涡流式

3. 自感式传感器或差动变压器式传感器采用相敏检波电路最重要的目的是为了（　　）。

A. 将输出的交流信号转换成直流信号

B. 提高灵敏度

C. 减小非线性失真

D. 使检波后的直流电压能反映检波前交流信号的相位和幅度

二、简答题

1. 电感传感器的工作原理是什么？能够测量哪些物理量？

2. 变气隙式传感器主要由哪几部分组成？有什么特点？

3. 为什么螺线管式电感传感器比变隙式电感传感器有更大的测量位移范围？

4. 何谓零点残余电压？说明该电压产生的原因和消除方法。

5. 差动变压器式传感器的测量电路有几种类型？说明它们的组成和工作原理。为什么这类电路能消除零点残余电压？

6. 比较差动式自感传感器和差动变压器式传感器在结构及工作原理上的异同之处。

7. 在电感传感器中常采用相敏检波整流电路，其作用是什么？

项目七 电涡流位移传感器的安装与测试

项目描述

本项目要求安装并测试一台电涡流位移传感器。

电涡流传感器是利用电涡流效应进行工作的。由于结构简单、灵敏度高、频响范围宽、不受油污等介质的影响，并能进行非接触测量，因此应用极其广泛，可用来测量位移、厚度、转速、温度、硬度等参数，也可用于无损探伤领域。

知识目标：

(1) 掌握电涡流效应的概念。
(2) 掌握电涡流传感器的基本结构和工作方式。

能力目标：

能正确选择、安装、测试和应用电涡流传感器。

任务一 知识准备

电涡流传感器的基本结构和工作原理

(一) 电涡流传感器的工作原理

1. 涡流效应

根据法拉第电磁感应原理，块状金属导体置于变化的磁场中或在磁场中做切割磁力线运动时，导体内将产生呈涡旋状的感应电流，该感应电流被称为电涡流或涡流，这种现象被称为涡流效应。

根据电涡流效应制成的传感器称为电涡流传感器。按照电涡流在导体内的贯穿情况，此传感器可分为高频反射式和低频透射式两类，但从基本工作原理上来说仍是相似的。电涡流传感器最大的特点是能对位移、厚度、表面温度、速度、应力、材料损伤等进行非接触式连续测量，另外还具有体积小、灵敏度高、频率响应宽等特点，应用极其广泛。

2. 电涡流传感器的工作原理

图7－1所示为电涡流传感器的原理图，该图由传感器线圈和被测导体组成线圈—导体系统。根据法拉第定律，当传感器线圈通以正弦交变电流 $\dot{I}_1$ 时，线圈周围空间必然产生正弦交变磁场 $\dot{H}_1$，使置于此磁场中的金属导体中感应电涡流 $\dot{I}_2$，$\dot{I}_2$ 又产生新的交变磁场 $\dot{H}_2$。根据楞次定律，$\dot{H}_2$ 的作用将反抗原磁场 $\dot{H}_1$，导致传感器线圈的等效阻抗发生变化。由上可知，线圈阻抗的变化完全取决于被测金属导体的电涡流效应。而电涡流效应既与被测体的电阻率 ρ、磁导率 μ 以及几何形状有关，又与线圈几何参数、线圈中励磁电流频率 ω 有关，还与线圈与导体间的距离 x 有关。因此，传感器线圈受电涡流影响时的等效阻抗 Z 的函数关系式为

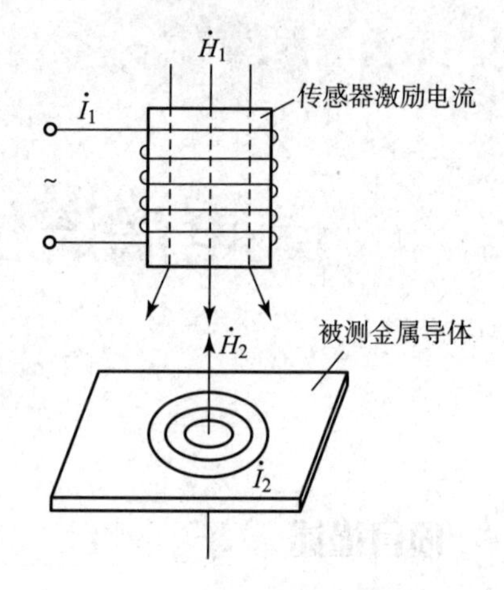

图7－1　电涡流传感器原理图

$$Z = F(\rho,\mu,R,\omega,x) \tag{7-1}$$

式中　R——线圈与被测体的尺寸因子。

如果保持上式中其他参数不变，而只改变其中一个参数，传感器线圈阻抗 Z 就仅仅是这个参数的单值函数。通过与传感器配用的测量电路测出阻抗 Z 的变化量，即可实现对该参数的测量。

若把导体等效成一个短路线圈，可画出等效电路图如图7－2所示。图中 R_2 为电涡流短路环等效电阻。根据基尔霍夫第二定律，可列出如下方程：

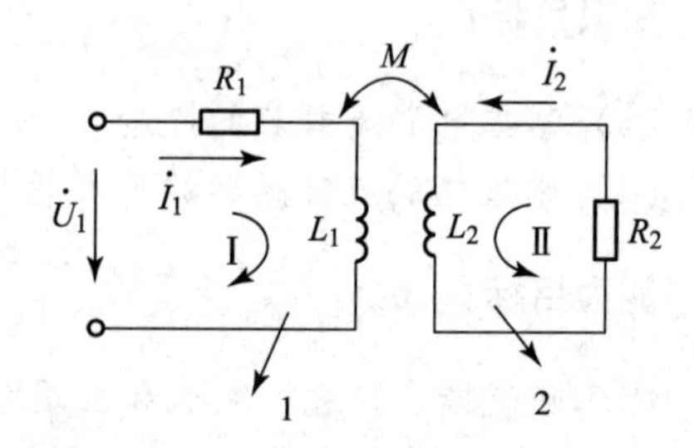

图7－2　电涡流传感器等效电路图

1—传感器线圈；2—电涡流短路环

$$R_1 \dot{I}_1 + j\omega L_1 \dot{I}_1 - j\omega M \dot{I}_2 = \dot{U}_1 \tag{7-2}$$

$$-j\omega M \dot{I}_1 + R_2 \dot{I}_2 + j\omega L_2 \dot{I}_2 = 0 \tag{7-3}$$

式中　ω——线圈励磁电流角频率；

R_1，L_1——线圈电阻和电感；

L_2，R_2—短路环等效电感和等效电阻。

由式（7－2）和式（7－3）解得等效阻抗 Z 的表达式为

$$Z = \frac{\dot{U}_1}{\dot{I}_1} = R_1 + \frac{\omega^2 M^2}{R_2^2 + (\omega L_2)^2} R_2 + j\omega\left[L_1 - \frac{\omega_2 M_2}{R_2^2 + (\omega \cdot L_2)^2} L_2\right] = R_{eq} + j\omega L_{eq} \tag{7-4}$$

式中　R_{eq}——线圈受电涡流影响后的等效电阻；

L_{eq}——线圈受电涡流影响后的等效电感。

线圈的等效品质因数 Q 值为

$$Q=\frac{\omega L_{eq}}{R_{eq}} \tag{7-5}$$

（二）电涡流传感器的基本结构和类型

1. 电涡流传感器的基本结构

电涡流式传感器的基本结构主要由线圈和框架组成。根据线圈在框架上的安置方法，传感器的结构可分为两种形式：一种是单独绕成一只无框架的扁平圆形线圈，由胶水将此线圈粘接于框架的顶部，如图 7－3 所示的 CZF3 型电涡流传感器；另一种是在框架的接近端面处开一条细槽，用导线在槽中绕成一只线圈，如图 7－4 所示的 CZF1 型电涡流传感器。

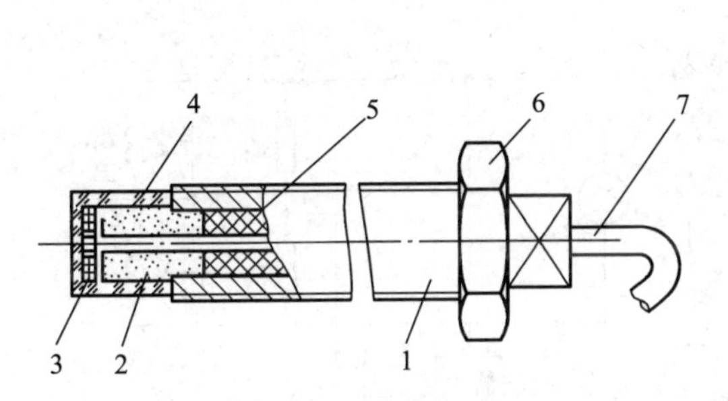

图 7－3　CZF3 型电涡流传感器

1—壳体；2—框架；3—线圈；4—保护套；5—填料；6—螺母；7—电缆

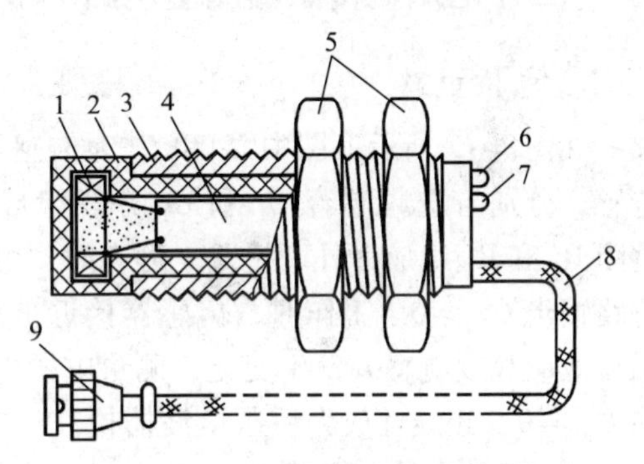

图 7－4　CZF1 型电涡流传感器

1—电涡流线圈；2—前端壳体；3—位置调节螺纹；4—信号处理电路；5—夹持螺母；6—电源指示灯；7—阈值指示灯；8—输出屏蔽电缆线；9—电缆插头

2. 电涡流传感器的基本类型

电涡流在金属导体内的渗透深度与传感器线圈的激励信号频率有关，故电涡流传感器可分为高频反射式和低频透射式两类。目前高频反射式电涡流传感器应用较广泛。

1）高频反射式

高频（>1 MHz）激励电流产生的高频磁场作用于金属板的表面，由于集肤效应，在金属板表面将形成电涡流。与此同时，该涡流产生的交变磁场又反作用于线圈，引起线圈自感 L 或阻抗 Z_L 的变化。线圈自感 L 或阻抗 Z_L 的变化与金属板距离 h、金属板的电阻率 ρ、磁导率 μ、激励电流 i 及角频率 ω 等有关，若只改变距离 h 而保持其他参数不变，则可将位移的变化转换为线圈自感的变化，通过测量电路转换为电压输出。高频反射式电涡流传感器多用于位移测量，如图 7－5 所示。

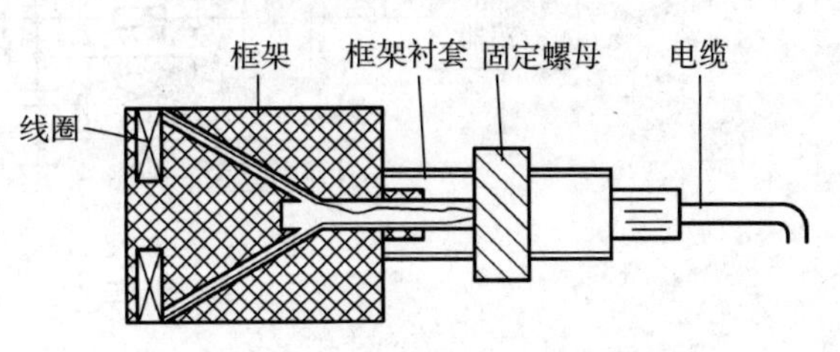

图 7－5　高频反射式电涡流传感器

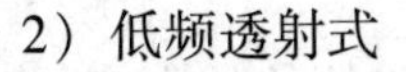
2）低频透射式

如图 7-6 所示，发射线圈 L_1 和接收线圈 L_2 分别置于被测金属板的上下方，由于低频磁场集肤效应小，渗透深，当低频（音频范围）电压 u_1 加到线圈 L_1 的两端后，所产生磁力线的一部分透过金属板，使线圈 L_2 产生感应电势 u_2。但由于涡流消耗部分磁场能量，使感应电势 u_2 减少，当金属板越厚时，损耗的能量越大，输出电势 u_2 越小。因此 u_2 的大小与金属板的厚度及材料的性质有关。实验表明 u_2 随材料厚度 h 的增加按负指数规律减少，因此，若金属板材料的性质一定，则利用 u_2 的变化即可测厚度。

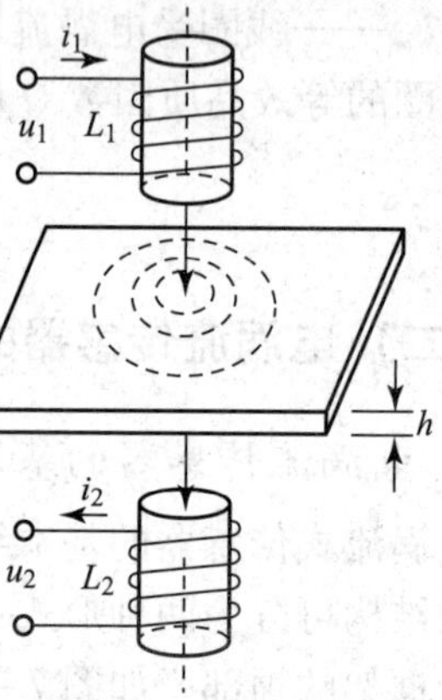

图 7-6　低频透射式电涡流传感器

（三）电涡流传感器测量电路

1. 电桥电路

如图 7-7 所示，图中 L_1 和 L_2 为传感器两线圈电感，分别与选频电容 C_1 和 C_2 并联组成两桥臂，电阻 R_1 和 R_2 组成另外两桥臂。静态时，电桥平衡，桥路输出 $U_{AB}=0$。工作时，传感器接近被测体，电涡流效应等效电感 L 发生变化，测量电桥失去平衡，即 $U_{AB}\neq0$，经线性放大后送检波器检波后输出直流电压 U。显然此输出电压 U 的大小正比于传感器线圈的移动量，以实现对位移量的测量。

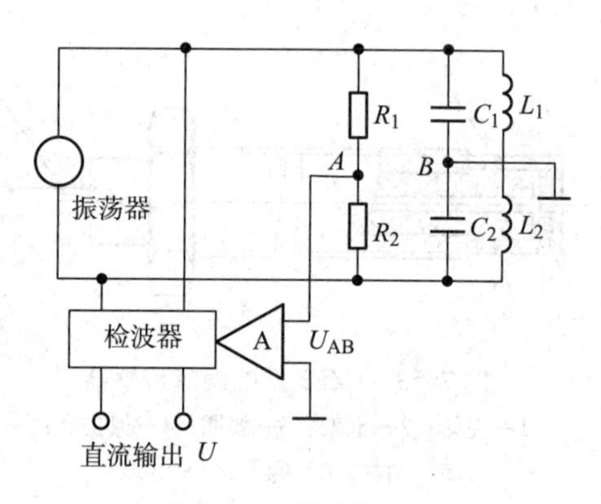

图 7-7　电桥电路

2. 调幅（AM）电路

由传感器线圈 L_x、电容器 C_0 和石英晶体组成的石英晶体振荡电路如图 7-8 所示，石英振荡器产生稳频、稳幅高频振荡电压（100 kHz～1 MHz）用于激励电涡流线圈。当金属导体远离或去掉时，LC 并联谐振回路谐振频率即为石英振荡频率 f_0，回路呈现的阻抗最大，谐振回路上的输出电压也最大；当金属导体靠近传感器线圈时，线圈的等效电感 L 发生变化，导致回路失谐，从而使输出电压降低，L 的数值随距离 x 的变化而变化。因此，输出电压也随 x 而变化。输出电压经放大、检波后，由指示仪表直接显示出 x 的大小。

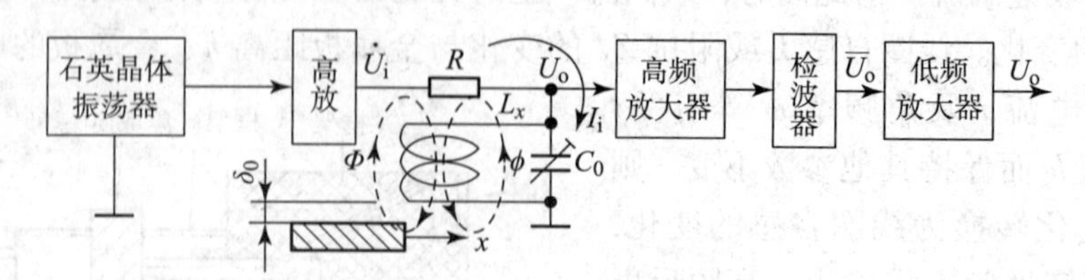

图 7-8　调幅电路

3. 调频（FM）电路（100 kHz～1 MHz）

如图 7-9 所示，传感器线圈接入 LC 振荡回路，当电涡流线圈与被测体的距离 x 改变时，电涡流线圈的电感量 L 也随之改变，引起 LC 振荡器的输出频率变化，此频率可直接用计算机测量。如果要用模拟仪表进行显示或记录时，必须使用鉴频器，将 Δf 转换为电压 ΔU_o。数字频率计直接测量，或者通过 $f-V$ 变换，用数字电压表测量对应的电压。

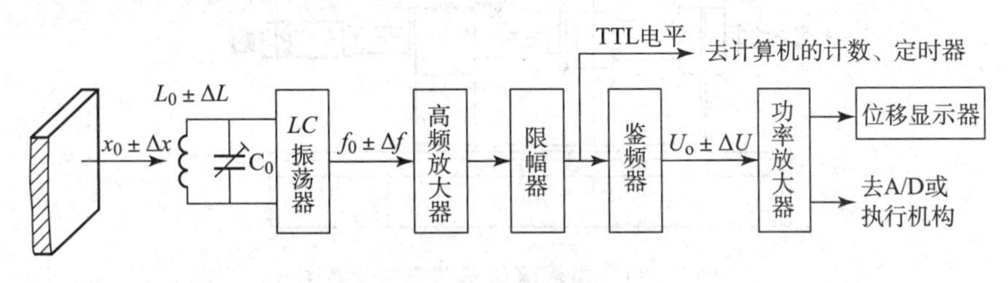

图 7－9　调频电路

任务二　项目实施

电涡流位移传感器的安装与测试

通以高频电流的线圈产生磁场，当有导电体接近时，因导电体涡流效应产生涡流损耗，而涡流损耗与导电体离线圈的距离有关，因此可以进行位移测量。

通过本实训项目的学习使大家进一步了解电涡流传感器测量位移的工作原理和特性。

本实训项目需用器件与单元：电涡流传感器实验模块、电涡流传感器、直流电源、数显单元（主控台电压表）、测微头、铁圆片，如图 7－10 所示。

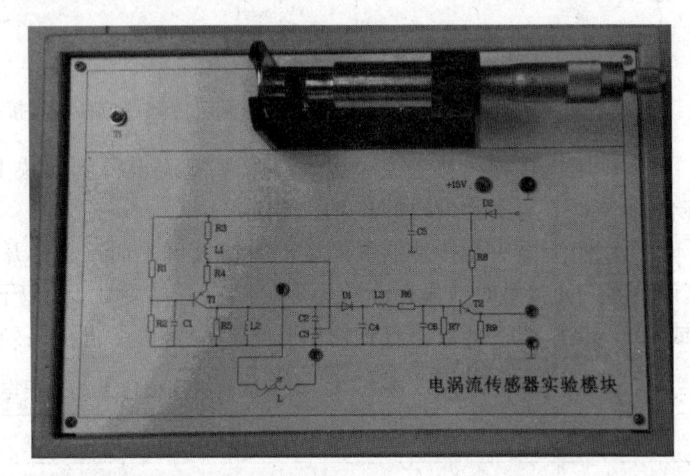

图 7－10　实训项目需用器件与单元

（a）电涡流传感器；（b）电涡流传感器实验模块

实训项目步骤如下：

（1）根据图 7－11 安装电涡流传感器。

（2）观察传感器结构，这是一个扁平绕线圈。

（3）将电涡流传感器输出线接入实验模块上标有 Ti 的插孔中，作为振荡器的一个元件。

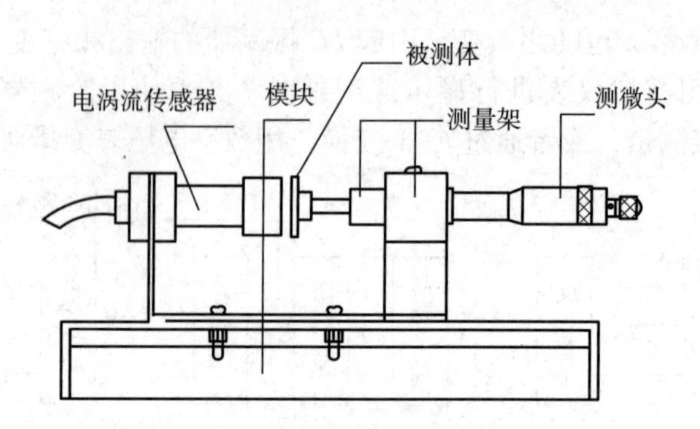

图 7-11　电涡流传感器安装示意图

（4）在测微头端部装上铁质金属圆片，作为电涡流传感器的被测体。

（5）根据图 7-12 进行接线，将实验模块输出端 U_o 与数显单元输入端 U_i 相接。数显表量程切换开关选择电压 20 V 挡。

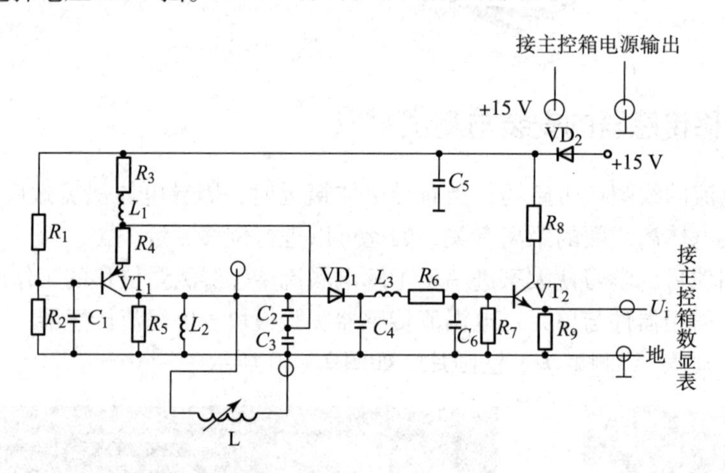

图 7-12　电涡流传感器位移实训接线图

（6）用连接导线从主控台接入 +15 V 直流电源到模块上标有 +15 V 的插孔中，同时主控台的“地”与实验模块的“地”相连。

（7）使测微头与传感器线圈端部有机玻璃平面接触，开启主控箱电源开关（数显表读数能调到零的使接触时数显表读数为零且刚要开始变化），记下数显表读数，然后每隔 0.2 mm（或 0.5 mm）读一个数，直到输出几乎不变为止。将结果列入表 7-1 中。

表 7-1　电涡流传感器位移 X 与输出电压数据

X/mm								
U/V								

（8）根据表 7-1 中的数据，画出 $U-X$ 曲线，根据曲线找出线性区域及进行正、负位移测量时的最佳工作点，试计算量程为 1 mm、3 mm、5 mm 时的灵敏度和线性度（可以用端基法或其他拟合直线）。

任务三　项目拓展

电涡流传感器的应用

电涡流传感器的特点是结构简单，易于进行非接触的连续测量，灵敏度较高，实用性强，因此得到了广泛的应用。它的变换量可以是位移 x，也可以是被测材料的性质（ρ 或 μ），其应用大致有下列 4 个方面：

①利用位移 x 作为变换量，可以做成测量位移、厚度、振幅、振摆、转速等的传感器，也可以做成接近开关、计数器等。

②利用材料电阻率 ρ 作为变换量，可以做成测量温度、材质判别等的传感器。

③利用磁导率 μ 作为变换量，可以做成测量应力、硬度等的传感器。

④利用变换量 x、ρ、μ 等的综合影响，可以做成探伤装置。

下面举几例做以简介。

1. 测量转速

图 7－13 所示为电涡流式转速传感器工作原理图。在软磁材料制成的输入轴上加工一键槽（或装上一个齿轮状的零件），在距输入轴表面 d_0 处设置电涡流传感器，输入轴与被测旋转轴相连。当旋转体转动时，输出轴的距离发生 $d_0+\Delta d$ 的变化。由于电涡流效应，这种变化将导致振荡谐振回路的品质因数变化，使传感器线圈电感随 Δd 的变化也发生变化，它们将直接影响振荡器的电压幅值和振荡频率。因此，随着输入轴的旋转，从振荡器输出的信号中包含有与转数成正比的脉冲频率信号。该信号由检波器检出电压幅值的变化量，然后经整形电路输出脉冲频率信号 f，该信号经电路处理便可得到被测转速。

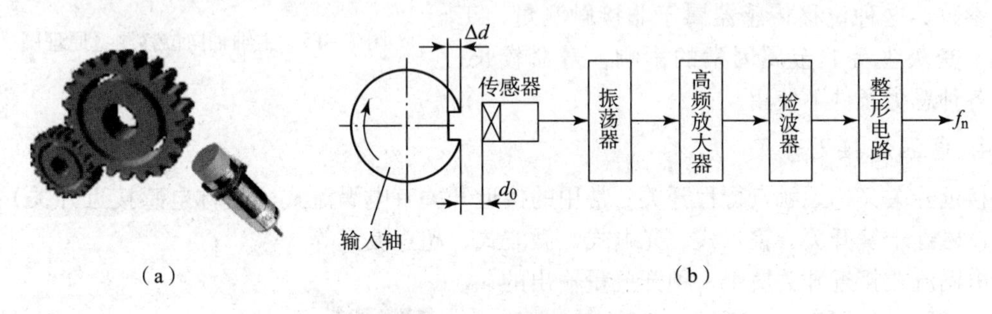

图 7－13　转速测量

（a）实物图；（b）转换原理框图

2. 低频透射式涡流厚度传感器

图 7－14 所示为低频透射式涡流厚度传感器的结构原理图。在被测金属板的上方设有发射传感器线圈 L_1，在被测金属板下方设有接收传感器线圈 L_2。当在线圈 L_1 上加低频电压 U_1 时，线圈 L_1 上产生交变磁通 ϕ_1，若两线圈间无金属板，则交变磁通直接耦合至线圈 L_2 中，线圈 L_2 产生感应电压 U_2。如果将被测金属板放入两线圈之间，则线圈 L_1 产生的磁场将导致

在金属板中产生电涡流，并将贯穿金属板，此时磁场能量受到损耗，使到达线圈 L_2 的磁通减弱为 ϕ_1'，从而使线圈 L_2 产生的感应电压 U_2 下降。金属板越厚，涡流损耗就越大，电压 U_2 就越小。因此，可根据 U_2 电压的大小得知被测金属板的厚度。透射式涡流厚度传感器的检测范围可达 1 ~ 100 mm，分辨率为 0.1 μm，线性度为 1%。

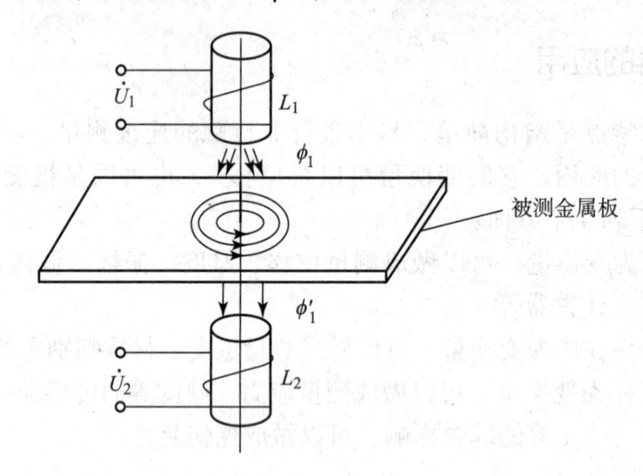

图 7 – 14　低频透射式涡流厚度传感器原理图

3. 测位移

图 7 – 15 所示为主轴轴向位移测量原理图。接通电源后，在涡流探头的有效面（感应工作面）将产生一个交变磁场。当金属物体接近此感应面时，金属表面将吸取电涡流探头中的高频振荡能量，使振荡器的输出幅度线性地衰减，根据衰减量的变化，可计算出与被检物体的距离、振动等参数。这种位移传感器属于非接触测量，工作时不受灰尘等非金属因素的影响，寿命较长，可在各种恶劣条件下使用。

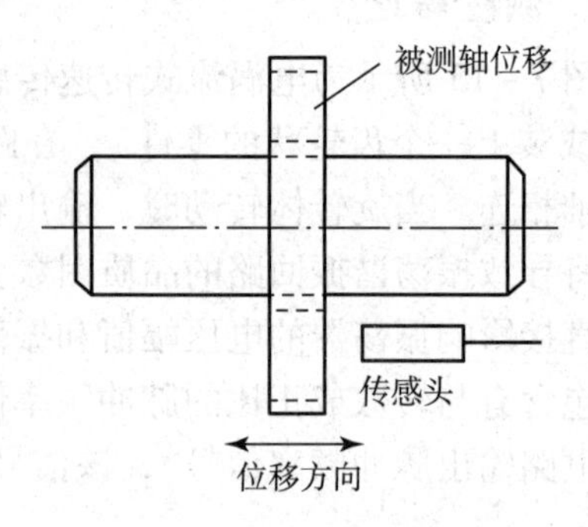

图 7 – 15　主轴轴向位移测量原理图

4. 电涡流接近开关

接近开关又称无触点行程开关。常用的接近开关有电涡流式（俗称电感接近开关）、电容式、磁性干簧开关、霍尔式、光电式、微波式、超声波式等。

电涡流式接近开关属于一种开关量输出的位置传感器，如图 7 – 16 所示。它能在一定的距离（几毫米至几十毫米）内检测有无物体靠近。当物体与其接近到设定距离时，就可以发出“动作”信号。接近开关的核心部分是“感辨头”，它对正在接近的物体有很高的感辨能力。其原理图如图 7 – 17 所示，它由 LC 高频振荡器和放大处理电路组成，金属物体在接近这个能产生交变电磁场的振荡感辨头时，使物体内部产生涡流。这个涡流反作用于接近开关，使接近开关振荡能力衰减，内部电路的参数发生变化，由此识别出有无金属物体接

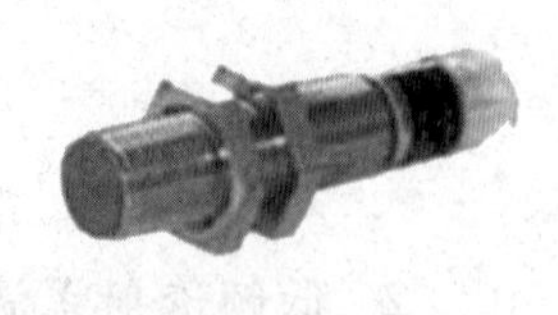

图 7 – 16　接近开关外形图

近，进而控制开关的通或断。这种接近开关所能检测的物体必须是导电性能良好的金属物体。

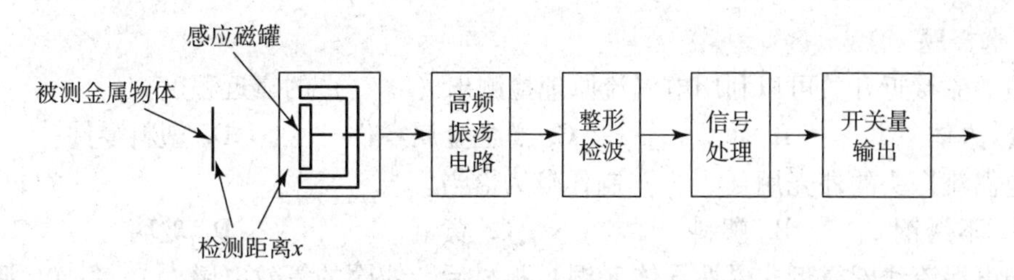

图 7－17　接近开关原理图

5. 电涡流探伤

利用电涡流传感器可以检查金属表面裂纹、热处理裂纹，以及焊接的缺陷等，实现无损探伤，如图 7－18 所示。在探伤时，传感器应与被测导体保持距离不变。检测时，由于裂纹出现，将引起导体电导率、磁导率的变化，从而引起输出电压的突变。

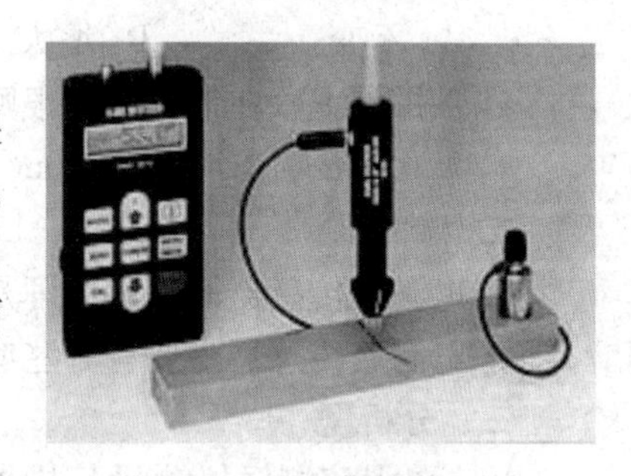

图 7－18　电涡流表面探伤

项目小结

通过本项目的学习重点掌握涡流效应的概念，电涡流传感器的基本结构、工作方式、工作特点以及应用等。

（1）块状金属导体置于变化的磁场中或在磁场中做切割磁力线运动时，导体内将产生呈涡旋状的感应电流，该感应电流被称为电涡流或涡流，这种现象被称为涡流效应。电涡流传感器就是利用电涡流效应进行工作的。由于结构简单、灵敏度高、频响范围宽、不受油污等介质的影响，并能进行非接触测量，因此应用极其广泛，可用来测量位移、厚度、转速、温度、硬度等参数，也可用于无损探伤领域。

（2）电涡流传感器的基本结构主要由线圈和框架组成。根据电涡流效应制成的传感器称为电涡流传感器。按照电涡流在导体内的贯穿情况，此传感器可分为高频反射式和低频透射式两类，但从基本工作原理上来说仍是相似的。

（3）电涡流传感器的特点是结构简单，易于进行非接触的连续测量，灵敏度较高，适用性强，因此得到了广泛的应用。它的变换量可以是位移 x，也可以是被测材料的性质（ρ 或 μ），其应用大致有下列 4 个方面：

①利用位移 x 作为变换量，可以做成测量位移、厚度、振幅、振摆、转速等的传感器，也可做成接近开关、计数器等。

②利用材料电阻率作为变换量，可以做成测量温度、材质判别等的传感器。

③利用磁导率作为变换量，可以做成测量应力、硬度等的传感器。

④利用变换量 x、ρ、μ 等的综合影响，可以做成探伤装置。

项目训练

一、选择题

1. 电涡流接近开关可以利用电涡流原理检测出（　　）的靠近程度。

A. 人体　　B. 水　　C. 黑色金属零件　　D. 塑料零件

2. 电涡流探头的外壳用（　　）制作较为恰当。

A. 不锈钢　　B. 塑料　　C. 黄铜　　D. 玻璃

3. 当电涡流线圈靠近非磁性导体（铜）板材后，线圈的等效电感 L（　　），调频转换电路的输出频率 f（　　）。

A. 不变　　B. 增大　　C. 减小

4. 欲探测埋藏在地下的金银财宝，应选择直径为（　　）左右的电涡流探头。

A. 0.1 mm　　B. 5 mm　　C. 50 mm　　D. 500 mm

二、简答题

1. 电涡流传感器的基本原理是什么？它有什么特点？

2. 电涡流传感器主要有哪些应用？请举例说明。

三、分析题

用一电涡流测振仪测量某机器主轴的轴向窜动，已知传感器的灵敏度为 2.5 mV/mm。最大线性范围（优于 1%）为 5 mm。现将传感器安装在主轴的右侧，使用高速记录仪记录下的振动波形如图 7－19 所示。

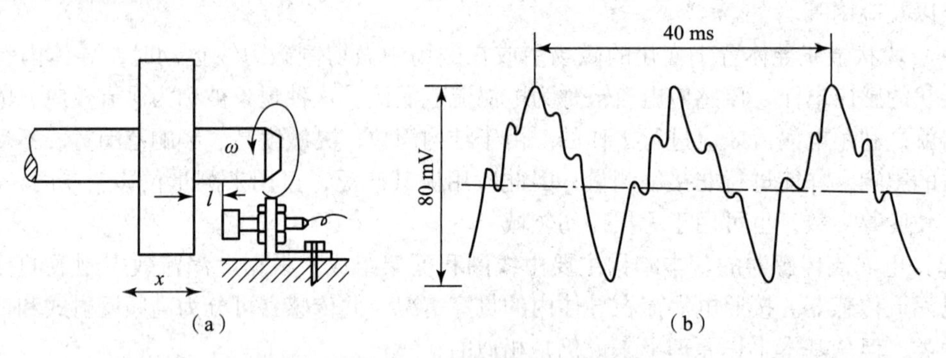

图 7－19　电涡流测振仪测量示意图

1. 轴向振动 $a_m \sin\omega t$ 的振幅 a_m 为多少？

2. 主轴振动的基频 f 是多少？

3. 为了得到较好的线性度与最大的测量范围，传感器与被测金属的安装距离 l 为多少毫米？

项目八 热电偶测温传感器的安装与测试

项目描述

本项目要求安装并测试一台热电偶测温传感器。

把温度变化转换为电势的热电式传感器称为热电偶。热电偶是工程上应用最广泛的温度传感器。它构造简单，使用方便，具有较高的准确度、稳定性及复现性，温度测量范围宽，在工业测温中得到了广泛应用。

知识目标：

（1）掌握热电效应概念及热电偶基本定律。
（2）熟悉热电偶传感器的基本结构、类型及常用热电偶。
（3）能正确熟练查找热电偶分度表。

能力目标：

（1）熟悉电偶补偿导线的作用，掌握热电偶冷端补偿方法。
（2）会用热电偶传感器进行温度的测量。

任务一　知识准备

一、熟悉热电效应

热电偶传感器工作的基本原理是热电效应及其基本定律，掌握好基本概念和基本定律是学好热电式传感器的基础。

（一）热电效应及基本概念

1. 热电效应

将两种不同成分的导体组成一个闭合回路，如图 8－1 所示，当闭合回路的两个接点分别置于不同的温度场中时，回路中将产生一个电势，这种现象称为“热电效应”。热电效应是 1821 年由 Seeback 发现的，故又称为赛贝克效应。两种导体组成的回路称为“热电偶”，这两种导体称为“热电极”，产生的电势则称为“热电势”，热电偶的两个接点，一个称为测量端（工作端或热端），另一个称为参考端（自由端或冷端）。

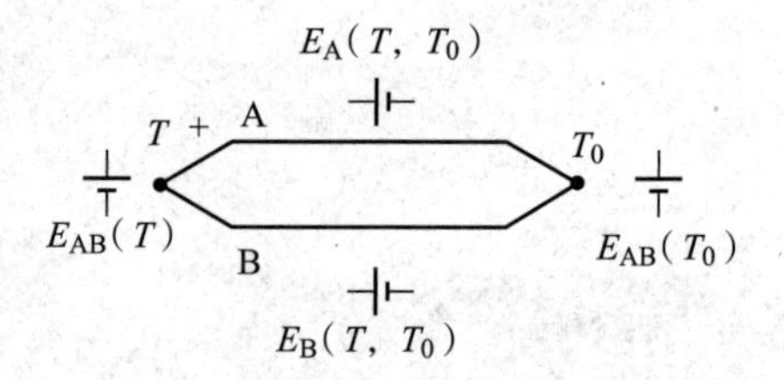

图 8－1 热电偶回路原理

热电势由两部分组成，一部分是两种导体的接触电势，另一部分是单一导体的温差电势。

2. 接触电势

当 A 和 B 两种不同材料的导体接触时，由于两者内部单位体积的自由电子数目不同（即电子密度不同），因此，电子在两个方向上扩散的速率就不一样。

假设导体 A 的自由电子密度大于导体 B 的自由电子密度，则导体 A 扩散到导体 B 的电子数要比导体 B 扩散到导体 A 的电子数大。所以导体 A 失去电子带正电荷，导体 B 得到电子带负电荷。于是，在 A、B 两导体的接触界面上便形成一个由 A 到 B 的电场，如图 8－2（a）所示。该电场的方向与扩散进行的方向相反，它将引起反方向的电子转移，阻碍扩散作用的继续进行。当扩散作用与阻碍扩散作用相等时，即自导体 A 扩散到导体 B 的自由电子数相等时，便处于一种动态平衡状态。在这种状态下，A 与 B 两导体的接触处产生了电位差，称为接触电势。接触电势的大小与导体材料、接点的温度有关，与导体的直径、长度和几何形状无关。接触电势大小为

$$E_{AB}(T) = \frac{kT}{e}\ln\frac{n_A}{n_B} \tag{8-1}$$

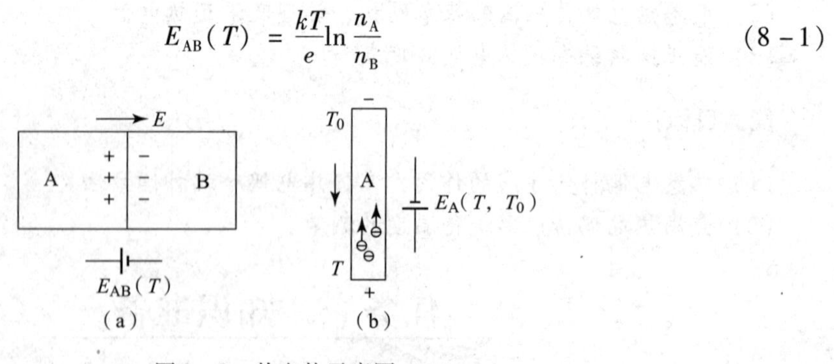

图 8－2 热电势示意图

（a）接触电势原理示意图；（b）温差电势原理示意图

式中 $E_{AB}(T)$ ——导体 A、B 在接点温度为 T 时形成的接触电势；

T——接触处的绝对温度，单位为 K；

k——玻尔兹曼常数，$k = 1.38 \times 10^{-23}$ J/K；

e——单位电荷，$e=1.6\times10^{-19}$ C；

n_A，n_B——材料 A、B 在温度为 T 时的自由电子密度。

3. 温差电势

如图 8-2（b）所示，将某一导体两端分别置于不同的温度场 T、T_0 中，在导体内部，热端自由电子具有较大的动能，向冷端移动，从而使热端失去电子带正电荷，冷端得到电子带负电荷。这样，导体两端便产生了一个由热端指向冷端的静电场，该静电场阻止电子从热端向冷端移动，最后达到动态平衡。这样，导体两端便产生了电势，称之为温差电势，即

$$E_A(T,T_0)=\int_{T_0}^{T}\sigma_A\mathrm{d}T \tag{8-2}$$

式中　$E_A(T,T_0)$——导体 A 在两端温度分别为 T 和 T_0 时的温差电势；

σ_A——导体 A 的汤姆逊系数，表示单一导体两端的温差为 1℃时所产生的温差电势。

4. 热电偶的电势

设导体 A、B 组成热电偶的两接点温度分别为 T 和 T_0，热电偶回路所产生的总电势 $E_{AB}(T,T_0)$ 包括接触电势 $E_{AB}(T)$、$E_{AB}(T_0)$；温差电势 $E_A(T,T_0)$、$E_B(T,T_0)$，取 $E_{AB}(T)$ 的方向为正，如图 8-1 所示，则

$$E_{AB}(T,T_0)=E_{AB}(T)-E_{AB}(T_0)-E_A(T,T_0)+E_B(T,T_0)$$

一般地，在热电偶回路中接触电势远远大于温差电势，所以温差电势可以忽略不计，上式可改写成

$$E_{AB}(T,T_0)=E_{AB}(T)-E_{AB}(T_0)=\frac{kT}{e}\ln\frac{n_A}{n_B}-\frac{kT_0}{e}\ln\frac{n_A}{n_B}=\frac{k}{e}(T-T_0)\ln\frac{n_A}{n_B} \tag{8-3}$$

综上所述，可以得出以下结论：

（1）如果热电偶两材料相同，则无论接点处的温度如何，总电势为 0。

（2）如果两接点处的温度相同，尽管 A、B 材料不同，总热电势为 0。

（3）热电偶热电势的大小，只与组成热电偶的材料和两接点的温度有关，而与热电偶的形状尺寸无关，当热电偶两电极材料固定后，热电势便是两接点电势差。

（4）如果使冷端温度 T_0 保持不变，则热电势便成为热端温度 T 的单一函数。可用实验方法求取这个函数关系。通常令 $T_0=0$ ℃，然后在不同的温差（$T-T_0$）情况下，精确地测定出回路总热电势，并将所测得的结果列成表格（称为热电偶分度表），供使用时查阅。

（二）热电偶基本定律

热电偶在测量温度时，需要解决一系列的实际问题，以下由实验验证的几个定律为解决这些问题提供了理论上的依据。

1. 均质导体定律

由一种均质导体组成的闭合回路中，不论导体的截面和长度如何以及各处的温度分布如何，都不能产生热电势。

这一定律说明，热电偶必须采用两种不同材料的导体组成，热电偶的热电势仅与两接点的温度有关，而与热电偶的温度分布无关。如果热电偶的热电极是非均质导体，在不均匀温

度场中测温时将造成测量误差。所以，热电极材料的均匀性是衡量热电偶质量的重要技术指标之一。

2. 中间导体定律

在热电偶中接入第 3 种均质导体，只要第 3 种导体的两接点温度相同，则热电偶的热电势不变。

如图 8－3 所示，在热电偶中接入第 3 种导体 C，设导体 A 与 B 接点处的温度为 T，A 与 C、B 与 C 两接点处的温度为 T_0，则回路中的热电势为

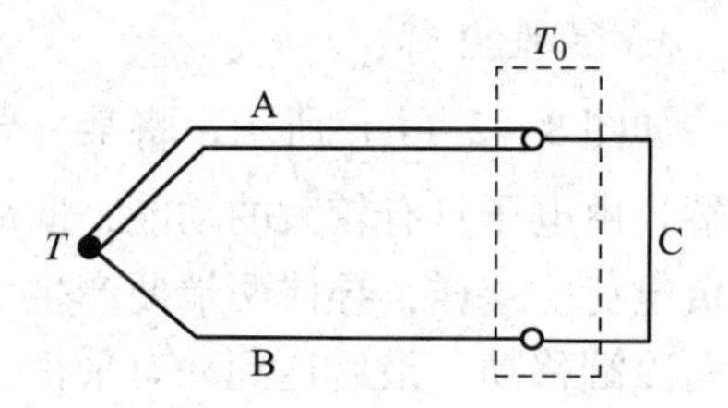

图 8－3　第 3 种导体接入热电偶回路

$$
\begin{aligned}
E_{ABC}(T,T_0) &= E_{AB}(T) + E_{BC}(T_0) + E_{CA}(T_0) \\
&= E_{AB}(T) + \left(\frac{kT_0}{e}\ln\frac{n_B}{n_C} + \frac{kT_0}{e}\ln\frac{n_C}{n_A}\right) \\
&= E_{AB}(T) - \frac{kT_0}{e}\ln\frac{n_A}{n_B} \\
&= E_{AB}(T) - E_{AB}(T_0) \\
&= E_{AB}(T,T_0)
\end{aligned}
$$

即

$$E_{ABC}(T,T_0) = E_{AB}(T,T_0) \tag{8-4}$$

热电偶的这种性质在实用上有很重要的意义，它使我们可以方便地在回路中直接接入各种类型的显示仪表或调节器，也可以将热电偶的两端不焊接而直接插入液态金属中或直接焊在金属表面测量。

推论：在热电偶中接入第 4、5……种导体，只要保证插入导体的两接点温度相同，且是均质导体，则热电偶的热电势仍不变。

3. 标准电极定律（参考电极定律）

如图 8－4 所示，已知热电极 A、B 分别与标准电极 C 组成热电偶，在接点温度为（T，T_0）时的热电势分别为 $E_{AC}(T,T_0)$ 和 $E_{BC}(T,T_0)$，则在相同温度下，由 A、B 两种热电极配对后的热电势为

$$E_{AB}(T,T_0) = E_{AC}(T,T_0) - E_{BC}(T,T_0) \tag{8-5}$$

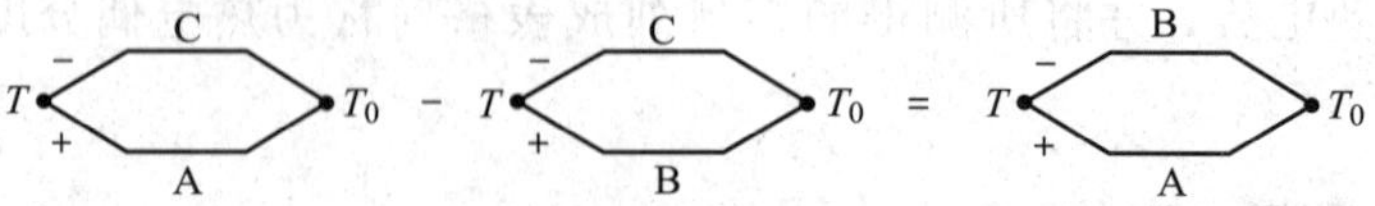

图 8－4　三种导体分别组成的热电偶

参考电极定律大大简化了热电偶的选配工作。只要获得有关热电极与参考电极配对的热电势，那么任何两种热电极配对时的热电势均可利用该定律计算，而不需要逐个进行测定。在实际应用中，由于纯铂丝的物理化学性能稳定、熔点高、易提纯，所以目前常用纯铂丝作为标准电极。

例 8－1　已知铂铑$_{30}$—铂热电偶的 $E_{AC}(1\,084.5,\ 0)=13.937$（mV），铂铑$_6$—铂热电偶的 $E_{BC}(1\,084.5,\ 0)=8.354$（mV）。求铂铑$_{30}$—铂铑$_6$ 在相同温度条件下的热电势。

解：由标准电极定律可知，$E_{AB}(T,T_0) = E_{AC}(T,T_0) - E_{BC}(T,T_0)$，所以

$E_{AB}(1\ 084.5,0) = E_{AC}(1\ 084.5,0) - E_{BC}(1\ 084.5,0) = 13.937 - 8.354 = 5.583\ (mV)$

表 8－1 所示为铂铑$_{30}$—铂铑$_{6}$ 热电偶（B 型）分度表。

表 8－1 铂铑$_{30}$—铂铑$_{6}$ 热电偶（B 型）分度表（测温范围 0 ℃～1 700 ℃）

参考温度/℃	0	10	20	30	40	50	60	70	80	90
温度/℃	热电势/mV									
0	0	－0.002	－0.003	－0.002	0	0.002	0.006	0.011	0.017	0.025
100	0.033	0.043	0.005 3	0.065	0.078	0.092	0.107	0.123	0.14	0.159
200	0.178	0.199	0.22	0.243	0.266	0.291	0.317	0.344	0.372	0.401
300	0.431	0.462	0.494	0.527	0.561	0.596	0.632	0.669	0.707	0.746
400	0.786	0.827	0.87	0.913	0.975	1.002	1.348	1.095	1.543	1.192
500	1.241	1.292	1.344	1.397	1.45	1.505	1.56	1.617	1.674	1.732
600	1.791	1.851	1.912	1.974	2.036	2.1	2.164	2.23	2.296	2.363
700	2.43	2.499	2.569	2.639	2.71	2.782	2.855	2.928	3.003	3.078
800	3.154	3.231	3.308	3.387	3.466	3.546	3.626	3.708	3.79	3.873
900	3.957	4.041	4.126	4.212	4.298	4.386	4.474	4.562	4.652	4.742
1 000	4.833	4.924	5.016	5.109	5.202	5.297	5.391	5.487	5.583	5.68
1 100	5.777	5.875	5.973	6.073	6.172	6.273	6.374	6.475	6.577	6.68
1 200	6.783	6.887	6.991	7.096	7.202	7.308	7.414	7.521	7.628	7.736
1 300	7.845	7.953	8.063	8.192	8.283	8.393	8.504	8.616	8.727	8.839
1 400	8.952	9.065	9.178	9.291	9.405	9.519	9.634	9.748	9.863	9.979
1 500	10.094	10.21	10.325	10.441	10.558	10.674	10.79	10.907	11.024	11.141
1 600	11.257	11.374	11.491	11.608	11.725	11.842	11.959	12.076	12.193	12.31
1 700	12.426	12.543	12.659	12.776	12.892	13.008	13.124	13.239	13.354	13.47
1 800	13.585	13.699	13.814	—	—	—	—	—	—	—

4. 中间温度定律

热电偶在两接点温度分别为 T、T_0 时的热电势等于该热电偶在接点温度为 T、T_n 和 T_n、T_0 相应热电势的代数和，即

$$E_{AB}(T,T_0) = E_{AB}(T,T_n) + E_2(T_n,T_0) \tag{8-6}$$

中间温度定律为在工业测量温度中使用补偿导线提供了理论基础：只要选配与热电偶热电特性相同的补偿导线，便可使热电偶的参考端延长，使之远离热源到达一个温度相对稳定的地方而不会影响测温的准确性。

该定律是参考端温度计算修正法的理论依据，其等效示意图如图 8－5 所示。

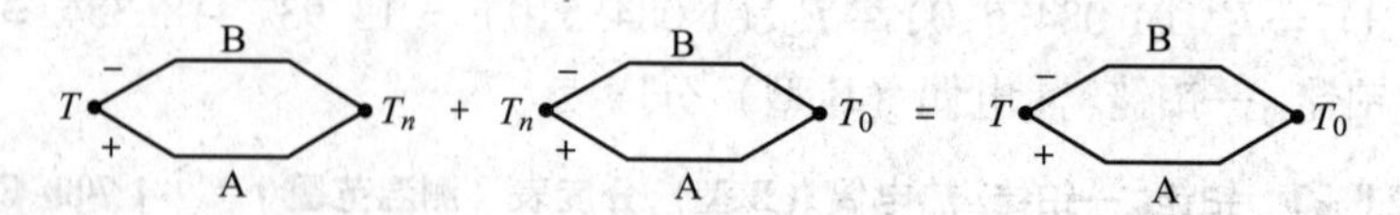

图 8-5　热电偶中间温度定律示意图

在实际热电偶测温回路中，利用热电偶这一性质，可对参考端温度不为 0 ℃的热电势进行修正。

例 8-2　镍铬—镍硅热电偶工作时其自由端温度为 30 ℃，测得热电势为 39.17 mV，求被测介质的实际温度。

解： 由 $T_0=0$ ℃，查镍铬—镍硅热电偶分度表，$E(30, 0)=1.2$ mV，又知 $E(T, 30)=39.17$ mV，所以 $E(T, 0)=E(30, 0)+E(T, 30)=1.2\ \text{mV}+39.17\ \text{mV}=40.37$ mV。

再用 40.37 mV 反查分度表（表 8-2）得 977 ℃，即被测介质的实际温度。

表 8-2　镍铬—镍硅（K 型）热电偶分度表（测温范围 -200 ℃～1 250 ℃）

参考温度/℃	0	10	20	30	40	50	60	70	80	90
温度/℃	热电势/mV									
0	0	0.397	0.798	1.203	1.611	2.022	2.436	2.85	3.266	3.681
100	4.059	4.508	4.919	5.327	5.733	6.137	6.539	6.939	7.388	7.737
200	8.137	8.537	8.938	9.341	9.745	10.151	10.56	10.969	11.381	11.739
300	12.207	12.623	13.039	13.456	13.874	14.292	14.712	15.132	15.552	15.974
400	16.395	16.828	17.241	17.664	18.088	18.513	18.938	19.363	19.788	20.244
500	20.64	21.066	21.493	21.919	22.346	22.772	23.198	23.624	24.05	24.476
600	24.902	25.327	25.751	26.176	26.599	27.022	27.445	27.867	28.288	29.709
700	29.128	29.547	29.965	30.383	30.799	31.214	31.629	32.042	32.455	32.866
800	33.277	33.686	34.095	34.502	34.909	35.314	35.718	36.121	36.524	36.925
900	37.325	37.724	38.122	38.519	38.915	39.31	39.703	40.096	40.488	40.789
1 000	41.269	41.657	42.045	42.432	42.817	43.202	43.585	43.968	44.349	44.729
1 100	45.108	45.486	45.863	46.238	46.612	46.985	47.356	47.726	48.095	48.462
1 200	48.828	49.192	49.555	49.916	50.276	50.633	50.99	51.344	51.697	52.049
1 300	52.398	52.747	53.093	53.439	53.782	54.466	54.466	54.807	—	—

二、认识热电偶的基本结构

为了适应不同生产对象的测温要求和条件，热电偶的结构形式有普通型热电偶、铠装型热电偶和薄膜热电偶等。热电偶的种类虽然很多，但通常由金属热电极、绝缘子、保护套管及接线装置等部分组成。

(一) 热电偶基本结构类型

1. 普通型热电偶

普通型热电偶工业上使用最多，它一般由热电极、绝缘套管、保护管和接线盒组成，其结构如图 8－6 所示。普通型热电偶按其安装时的连接形式可分为固定螺纹连接、固定法兰连接、活动法兰连接、无固定装置等多种形式。

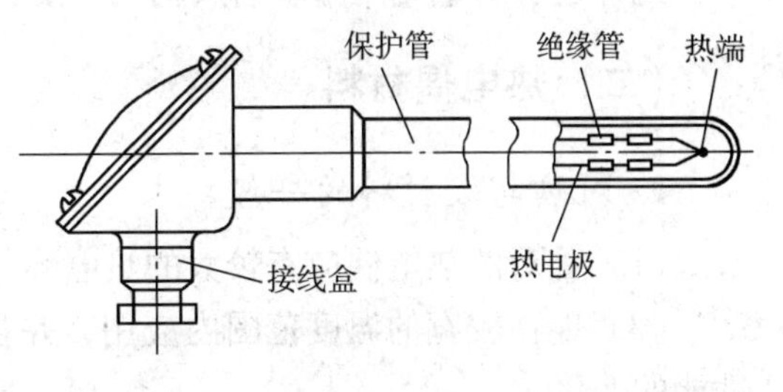

图 8－6　普通型热电偶结构图

2. 铠装型热电偶

铠装型热电偶又称套管热电偶。它是由热电偶丝、绝缘材料和金属套管三者经拉伸加工而成的坚实组合体，如图 8－7 所示。它可以做得很细很长，使用中随需要能任意弯曲。铠装型热电偶的主要优点是测温端热容量小、动态响应快、机械强度高、挠性好，可安装在结构复杂的装置上，因此被广泛用在许多工业部门中。

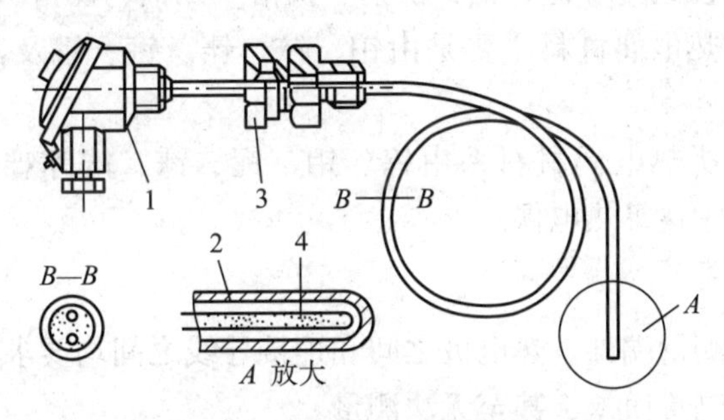

图 8－7　铠装型热电偶结构

1—接线盒；2—金属套管；3—固定装置；4—热电极

3. 薄膜热电偶

用真空蒸镀（或真空溅射）、化学涂层等工艺，将热电极材料沉积在绝缘基板上形成的一层金属薄膜。薄膜热电偶测量端既小又薄（厚度可达 0.01～0.1 μm），因而热惯性小，反应快，可用于测量瞬变的表面温度和微小面积上的温度，如图 8－8 所示。薄膜热电偶的结构有片状、针状和把热电极材料直接蒸镀在被测表面上等 3 种，所用的电极类型有铁—康铜、铁—镍、铜—康铜、镍铬—镍硅等，测温范围为 －200 ℃ ～ ＋300 ℃。

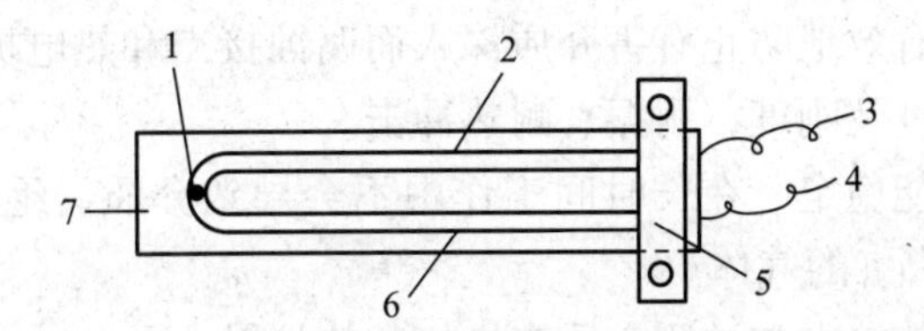

图 8－8　铁—镍薄膜热电偶结构

1—测量接点；2—铁膜；3—铁丝；4—镍丝；5—接头夹具；6—镍膜；7—衬架

4. 表面热电偶

表面热电偶是用来测量各种状态的固体表面温度的，如测量轧辊、金属块、炉壁、橡胶筒和涡轮叶片等表面温度。

此外还有测量气流温度的热电偶、浸入式热电偶等。

（二）热电偶材料

1. 对热电极材料的一般要求

（1）配对的热电偶应有较大的热电势，并且热电势对温度尽可能有良好的线性关系。

（2）能在较宽的温度范围内应用，并且在长时间工作后，不会发生明显的化学及物理性能的变化。

（3）电阻温度系数小，电导率高。

（4）易于复制，工艺性与互换性好，便于制定统一的分度表，材料要有一定的韧性，焊接性能好，以利于制作。

2. 电极材料的分类

（1）一般金属：如镍铬—镍硅、铜—镍铜、镍铬—镍铝、镍铬—考铜等。

（2）贵金属：这类热电偶材料主要是由铂、铱、铑、钌、锇及其合金组成，如铂铑—铂、铱铑—铱等。

（3）难熔金属：这类热电偶材料系由钨、钼、铌、铼、锆等难熔金属及其合金组成，如钨铼—钨铼、铂铑—铂铑等热电偶。

3. 绝缘材料

热电偶测温时，除测量端外，热电极之间和连接导线之间均要求有良好的电绝缘，否则会有热电势损耗而产生测量误差，甚至无法测量。

（1）有机绝缘材料：这类材料具有良好的电气性能、物理及化学性能，以及工艺性，但耐高温、高频和稳定性较差。

（2）无机绝缘材料：其有较好的耐热性，常制成圆形或椭圆形的绝缘管，有单孔、双孔、四孔及其他特殊规格。其材料有陶瓷、石英、氧化铝和氧化镁等。除管材外，还可以将无机绝缘材料直接涂覆在热电极表面，或者把粉状材料经加压后烧结在热电极和保护管之间。

4. 保护管材料

对保护材料的要求如下：

（1）气密性好，可有效地防止有害介质深入而腐蚀接点和热电极。

（2）应有足够的强度及刚度，耐振、耐热冲击。

（3）物理、化学性能稳定，在长时间工作中不会导致介质、绝缘材料和热电极互相作用，也不产生对热电极有害的气体。

（4）导热性能好，使接点与被测介质有良好的热接触。

（三）常用热电偶

热电偶可分为标准型热电偶和非标准型热电偶两种类型。标准型热电偶是指国家已经定型批量生产的热电偶；非标准型热电偶是指特殊用途试生产的热电偶，包括铂铑系、铱铑系及钨铼系热电偶等。目前工业上常用的有4种标准型热电偶，即铂铑$_{30}$—铂铑$_{6}$，铂铑$_{10}$—铂，镍铬—镍硅和镍铬—铜镍（我国通常称为镍铬—康铜）热电偶。下面简要介绍其性能。

1. 标准型热电偶

从1988年1月1日起，我国热电偶和热电阻的生产全部按国际电工委员会（IEC）的标准，并指定S、B、E、K、R、J、T 7种标准型热电偶为我国统一设计型热电偶。但其中的R型（铂铑$_{13}$—铂）热电偶，因其温度范围与S型（铂铑$_{10}$—铂）重合，我国没有生产和使用。

（1）铂铑$_{30}$—铂铑$_{6}$：型号为WRR，分度号是B（旧的分度号是LL－2）。测温范围是0 ℃～1 800 ℃，100 ℃时的热电势是0.033 mV。主要特点有：使用温度高、性能稳定、精度高，易在氧化和中性介质中使用，但价格贵、热电势小、灵敏度低。

（2）铂铑$_{10}$—铂：型号为WRP，分度号是S（旧的分度号是LB－3）。测温范围是0 ℃～1 600 ℃，100 ℃时的热电势是0.645 mV。主要特点有：使用温度范围广、性能稳定、精度高、复现性好，但热电势较小，高温下铑易升华、污染铂极，价格贵，一般用于较精密的测温中。

（3）镍铬—镍硅：型号为WRN，分度号是K（旧的分度号是EU－2）。测温范围是－200 ℃～＋1 300 ℃，100 ℃时的热电势是4.095 mV。其特点有：热电势大、线性好、价廉，但材料较脆，焊接性能及抗辐射性能较差。

（4）镍铬—康铜：型号为WRK，分度号是EA－2，测温范围是0 ℃～800 ℃，100 ℃时的热电势是6.95 mV。其特点有：热电势大、线性好、价廉，但测温范围小，康铜易受氧化而变质。

2. 非标准型热电偶

（1）铱和铱合金热电偶：如铱$_{50}$铑—铱$_{10}$钌、铱铑$_{40}$—铱、铱铑$_{60}$—铱热电偶，能在氧化环境中测量高达2 100 ℃的高温，且热电势与温度关系线性好。

（2）钨铼热电偶：它是20世纪60年代发展起来的，是目前一种较好的高温热电偶，可使用在真空惰性气体介质或氢气介质中，但高温抗氧化能力差。

（3）金铁—镍铬热电偶：主要用在低温测量，可在2～273 K范围内使用，灵敏度约为10 μV/℃。

（4）钯—铂铱$_{15}$热电偶：这是一种高输出性能的热电偶，在1 398 ℃时的热电势为47.255 mV，比铂铑$_{10}$—铂热电偶在同样温度下的热电势高出3倍，因而可配用灵敏度较低的指示仪表，常应用于航空工业。

3. 热电偶安装注意事项

热电偶主要用于工业生产中集中显示、记录和控制用的温度检测。在现场安装时要注意以下问题：

（1）插入深度要求。安装时热电偶的测量端应有足够的插入深度，管道上安装时应使保护套管的测量端超过管道中心线5～10 mm。

（2）注意保温。为防止传导散热产生测温附加误差，保护套管露在设备外部的长度应尽量短，并加保温层。

（3）防止变形。为防止高温下保护套管变形，应尽量垂直安装。在有流速的管道中必须倾斜安装，如有条件应尽量在管道的弯管处安装，并且安装的测量端要迎向流速方向。若需水平安装时，则应有支架支撑。

三、热电偶实用测温线路和温度补偿

热电偶在实际测温线路中有多种测温形式，为了减小误差、提高精度，还要对测温线路进行温度补偿。

（一）热电偶实用测温线路

热电偶测温时，它可以直接与显示仪表（如电子电位差计、数字表等）配套使用，也可与温度变送器配套，转换成标准电流信号。合理安排热电偶测温线路，对提高测温精度和维修等方面都具有十分重要的意义。

1. 测量某点温度的基本电路

基本测量电路包括热电偶、补偿导线、冷端补偿器、连接用铜线、动圈式显示仪表。图8-9所示为一支热电偶配一台仪表的测量线路。显示仪表如果是电位差计，则不必考虑线路电阻对测温精度的影响；如果是动圈式仪表，就必须考虑测量线路电阻对测温精度的影响。

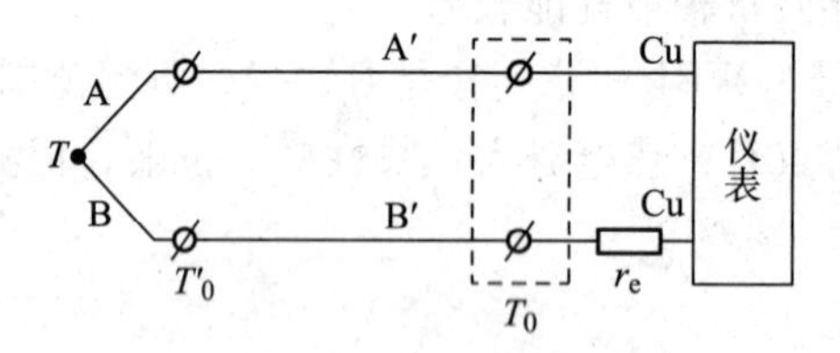

图8-9　热电偶基本测量电路

2. 测量温度之和——热电偶串联测量线路

将 N 支相同型号的热电偶正负极依次相连接，如图8-10所示。若 N 支热电偶的各热电势分别为 E_1、E_2、E_3、…、E_N，则总电势为

$$E_{串}=E_1+E_2+E_3+\cdots+E_N=NE \tag{8-7}$$

式中，E——N 支热电偶的平均热电势。

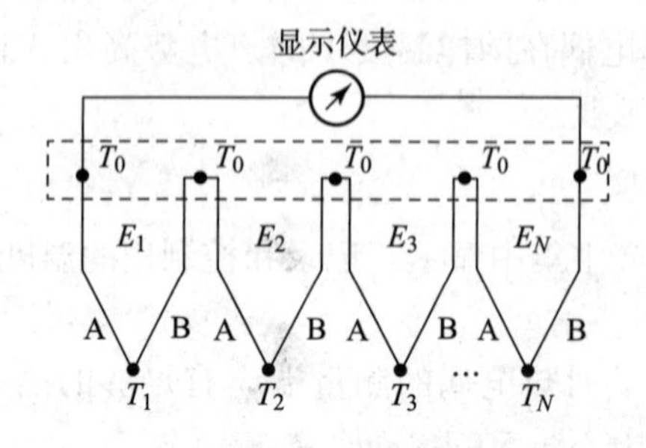

图8-10　热电偶串联测量线路

串联线路的总热电势为 E 的 N 倍，所对应的温度可由 $E_{串}-T$ 关系求得，也可根据平均热电势 E 在相应的分度表上查对。串联线路的主要优点是热电势大，精度比单支高；主要

缺点是只要有一支热电偶断开，整个线路就不能工作，个别短路会引起示值显著偏低。

3. 测量平均温度——热电偶并联测量线路

将 N 支相同型号热电偶的正负极分别连在一起，如图 8－11 所示。

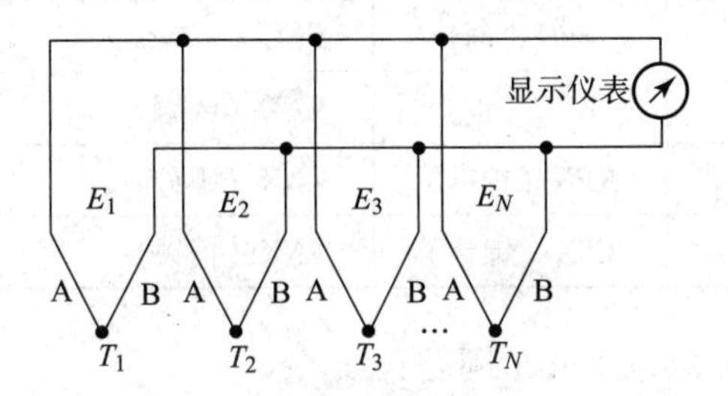

图 8－11　热电偶并联测量线路

如果 N 支热电偶的电阻值相等，则并联电路总热电势等于 N 支热电偶的平均值，即

$$E_{并} = (E_1 + E_2 + E_3 + \cdots + E_N)/N \tag{8-8}$$

4. 测量两点之间的温度差

实际工作中常需要测量两处的温差，可选用两种方法测温差，一种是将两支热电偶分别测量两处的温度，然后求算温差；另一种是将两支同型号的热电偶反串联接，直接测量温差电势，然后求算温差，如图 8－12 所示。前一种测量较后一种测量精度差，对于要求精确的小温差测量，应采用后一种测量方法。

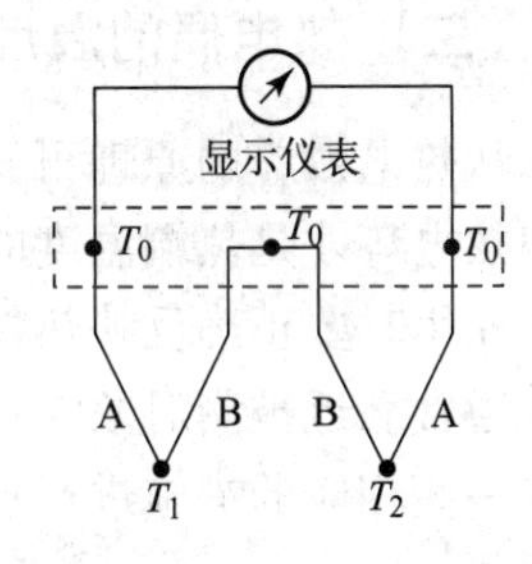

图 8－12　温差测量线路

（二）热电偶的冷端迁移

实际测温时，由于热电偶长度有限，自由端温度将直接受到被测物温度和周围环境温度的影响。例如，热电偶安装在电炉壁上，而自由端放在接线盒内，电炉壁周围温度不稳定，波及接线盒内的自由端，造成测量误差。虽然可以将热电偶做得很长，但这将提高测量系统的成本，是很不经济的。工业中一般采用补偿导线来延长热电偶的冷端，使之远离高温区。将热电偶的冷端延长到温度相对稳定的地方。

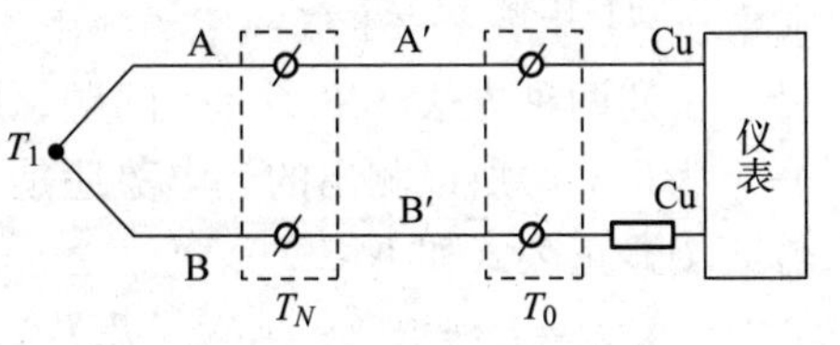

图 8－13　补偿导线连接示意图

由于热电偶一般都是较贵重的金属，为了节省材料，采用与相应热电偶的热电特性相近的材料做成的补偿导线连接热电偶，将信号送到控制室，如图 8－13 所示（其中 A′、B′为补偿导线）。它通常由两种不同性质的廉价金属导线制成，而且在 0 ℃～100 ℃温度范围内，要求补偿导线和所配热电偶具有相同的热电特性。所谓补偿导线，实际上是一对材料化学成分不同的导线，在 0 ℃～150 ℃温度范围内与配接的热电偶有一致的热电特性，价格相对要便宜。由此可知，我们不能用一般的铜导线传送热电偶信号，同时对不同分度号的热电偶采用的补偿导线也不同。常用热电偶的补偿导线如表 8－3 所示。根据中间温度定律，只要热电偶和补偿导线的两个接点温度一致，是不会影响热电势输出的。

表 8 - 3 常用补偿导线

补偿导线型号	配用热电偶型号	补偿导线		绝缘层颜色	
		正极	负极	正极	负极
SC	S	SPC（铜）	SNC（铜镍）	红	绿
KC	K	KPC（铜）	KNC（康铜）	红	蓝
KX	K	KPX（镍硅）	KNX（镍硅）	红	黑
EX	E	EPX（镍铬）	ENX（铜镍）	红	棕

使用补偿导线时必须注意以下几个问题：

（1）两根补偿导线与两个热电极的接点必须具有相同的温度。

（2）只能与相应型号的热电偶配用，而且必须满足工作范围。

（3）极性切勿接反。

（三）热电偶的温度补偿

从热电效应的原理可知，热电偶产生的热电势与两端温度有关。只有将冷端的温度恒定，热电势才是热端温度的单值函数。由于热电偶分度表是以冷端温度为 0 ℃时作出的，因此在使用时要正确反映热端温度，要设法使冷端温度恒为 0 ℃。但在实际应用中，热电偶的冷端通常靠近被测对象，且受到周围环境温度的影响，其温度不是恒定不变的。为此，必须采取一些相应的措施进行补偿或修正，常用的方法有以下几种。

1. 冷端恒温法

（1）0 ℃恒温法：在实验室及精密测量中，通常把参考端放入装满冰水混合物的容器中，以便参考端温度保持 0 ℃，这种方法又称冰浴法。

（2）其他恒温法：将热电偶的冷端置于各种恒温器内，使之保持恒定温度，避免由于环境温度的波动而引入误差。这类恒温器可以是盛有变压器油的容器，利用变压器油的热惰性恒温，也可以是电加热的恒温器，这类恒温器的温度不为 0 ℃，故最后还需对热电偶进行冷端修正。

2. 计算修正法

上述两种方法解决了一个问题，即设法使热电偶的冷端温度恒定。但是，冷端温度并非一定为 0 ℃，所以测出的热电势还是不能正确反映热端的实际温度。为此，必须对温度进行修正，修正公式如下

$$E_{AB}(T,T_0) = E_{AB}(T,T_1) + E_{AB}(T_1,T_0) \tag{8-9}$$

式中 $E_{AB}(T,T_0)$——热电偶热端温度为 T，冷端温度为 0 ℃时的热电势；

$E_{AB}(T,T_1)$——热电偶热端温度为 T，冷端温度为 T_1 时的热电势；

$E_{AB}(T_1,T_0)$——热电偶热端温度为 T_1，冷端温度为 0 ℃时的热电势。

例 8－3 用镍铬—镍硅热电偶测某一水池内水的温度，测出的热电势为 2.436 mV。再用温度计测出环境温度为 30 ℃（且恒定），求池水的真实温度。

解：由镍铬—镍硅热电偶分度表查出 $E(30,\ 0) = 1.203$ mV，所以

$$E(T,\ 0) = E(T,\ 30) + E(30,\ 0)$$

$$=2.436\ \text{mV}+1.203\ \text{mV}=3.639\ \text{mV}$$

查分度表知其对应的实际温度为 $T=88$ ℃，即池水的真实温度是 88 ℃。

3. 电桥补偿法

计算修正法虽然很精确，但不适合连续测温，为此，有些仪表的测温线路中带有补偿电桥，利用不平衡电桥产生的电势补偿热电偶因冷端温度波动引起的热电势的变化，如图 8－14 所示。

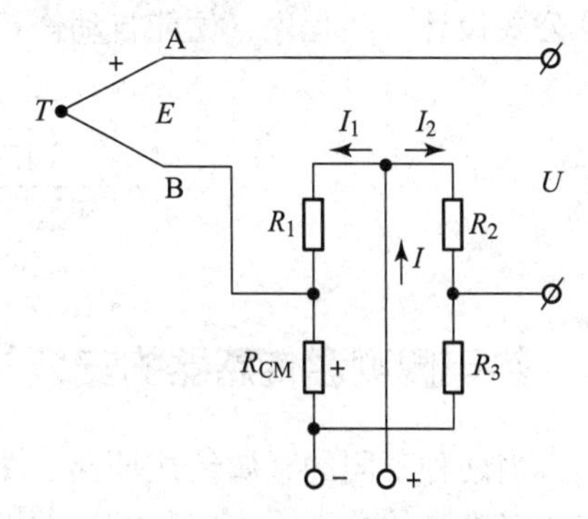

图 8－14　电桥补偿电路

图 8－14 中，E 为热电偶产生的热电势，U 为回路的输出电压。回路中串接了一个补偿电桥。$R_1 \sim R_3$ 及 R_{CM} 均为桥臂电阻。R_{CM} 是用漆包线铜丝绕制成的，它和热电偶的冷端感受同一温度。$R_1 \sim R_3$ 均用温度系数小的锰铜丝绕成，阻值稳定。在桥路设计时，使 $R_1=R_2$，并且 R_1、R_2 的阻值要比桥路中其他电阻大得多。这样，即使电桥中其他电阻的阻值发生变化，左右两桥臂中的电流却差不多保持不变，从而认为其具有恒流特性。回路输出电压 U 为热电偶的热电势 E、桥臂电阻 R_{CM} 的压降 U_{RCM} 及另一桥臂电阻 R_3 的压降 U_{R3} 三者的代数和，即

$$U = E + U_{RCM} - U_{R3} \tag{8-10}$$

当热电偶的热端温度一定，冷端温度升高时，热电势将会减小。与此同时，铜热电阻 R_{CM} 的阻值将增大，从而使 U_{RCM} 增大，由此达到了补偿的目的。

自动补偿的条件应为

$$\Delta e = I_1 R_{CM} \alpha \Delta T \tag{8-11}$$

式中　Δe——热电偶冷端温度变化引起的热电势的变化，它随所用的热电偶材料不同而异；

I_1——流过 R_{CM} 的电流；

α——铜热电阻 R_{CM} 的温度系数，一般取 0.003 91/℃；

ΔT——热电偶冷端温度的变化范围。

通过上式，可得

$$R_{CM} = \frac{1}{\alpha I_1}\frac{\Delta e}{\Delta T} \tag{8-12}$$

需要说明的是，热电偶所产生的热电势与温度之间的关系是非线性的，每变化 1 ℃所产生的毫伏数并非都相同，但补偿电阻的阻值变化却与温度变化呈线性关系。因此，这种补偿方法是近似的。在实际使用时，由于热电偶冷端温度变化范围不会太大，这种补偿方法常被采用。

4. 显示仪表零位调整法

当热电偶通过补偿导线连接显示仪表时，如果热电偶冷端温度已知且恒定时，可预先将有零位调整器的显示仪表的指针从刻度的初始值调至已知的冷端温度值上，这时显示仪表的示值即为被测量的实际值。

5. 软件处理法

对于计算机系统，不必全靠硬件进行热电偶冷端处理。例如，冷端温度恒定但不为 0 ℃

的情况，只需在采样后加一个与冷端温度对应的常数即可。

对于 T_0 经常波动的情况，可利用热敏电阻或其他传感器把 T_0 信号输入计算机，按照运算公式设计一些程序，便能自动修正。

任务二　项目实施

热电偶测温传感器的安装与测试

当两种不同的金属组成回路，如两个接点有温度差，就会产生热电势，这就是热电效应。温度高的接点称为工作端，将其置于被测温度场，以相应电路就可间接测得被测温度值；温度低的接点称为冷端（也称自由端），冷端可以是室温值或经补偿后的0 ℃、25 ℃。

通过学习本项目，进一步了解热电偶测量温度的性能与应用范围。

本实训项目需用器件与单元：E 型热电偶、专用温度源、数显单元（主控台电压表）、直流稳压电源 ±15 V，如图 8－15 所示。

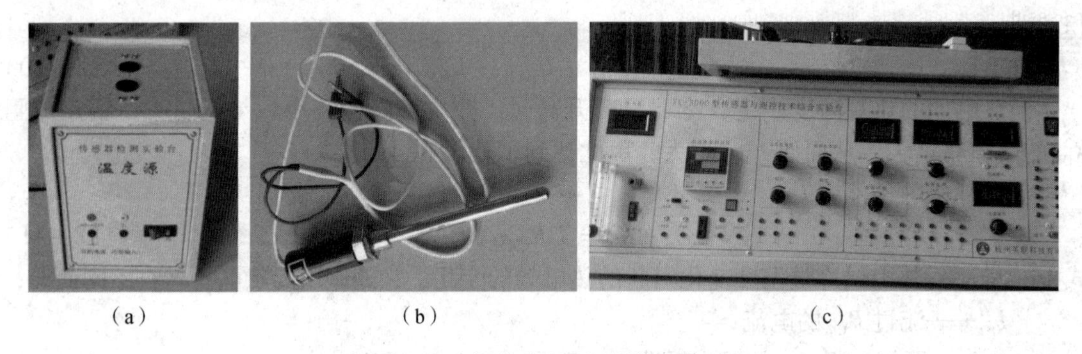

（a）　　（b）　　（c）

图 8－15　实训项目需用器件与单元

（a）专用温度源；（b）E 型热电偶；（c）主控台

实训项目步骤如下：

（1）在温度控制单元上选择加热和冷却方式均为“内控”方式，将 K、E 型热电偶插到温度测量控制仪的插孔中，K 型的自由端接到温度控制单元标有传感器字样的插孔中（此时传感器选择类型为热电偶类型）。

（2）温度源中的“冷却输入”与主控箱中的“冷却开关”连接，同时“风机电源”和主控箱中“+2～+24 V”电源输出连接（此时电源旋钮打到最大值位置），同时打开温度源开关。

（3）从主控箱上将 ±15 V 电压、地接到温度模块上，并将 R_5、R_6 两端短接同时接地，打开主控箱电源开关，将模块上的 U_{o2} 与主控箱数显表单元上的 U_i 相接。将 R_{P2} 旋至中间位置，调节 R_{P3} 使数显表显示为零。设定温度测量控制仪上的温度仪表控制温度 $T=40$ ℃。

（4）去掉 R_5、R_6 接地线及连线，将 E 型热电偶的自由端与温度模块的放大器 R_5、R_6 相接，同时 E 型热电偶的蓝色接线端子接地。观察温控仪表的温度值，当温度控制在 40 ℃时，调节 R_{P2}，对照分度表将 U_{o2} 输出调至和分度表 10 倍数值相当（分度表见表 8－4）。

表 8－4　E 型热电偶分度表

参考温度/℃	0	10	20	30	40	50	60	70	80	90
温度/℃	热电势/mV									
0	0	0.591	1.192	1.801	2.419	3.047	3.683	4.329	4.983	5.646
100	6.317	6.996	7.683	8.377	9.078	9.787	10.501	11.222	11.949	12.681
200	13.419	14.161	14.909	15.661	16.417	17.178	17.942	18.71	19.481	20.256
300	21.033	21.814	22.597	23.383	24.171	24.961	25.754	28.549	27.345	28.143
400	28.943	29.744	30.546	31.35	32.155	32.96	33.767	34.574	35.382	36.19
500	36.999	37.808	38.617	39.426	40.236	41.045	41.853	42.662	43.47	44.278
600	45.085	45.819	46.697	47.502	48.306	49.109	49.911	50.713	51.513	52.312
700	53.11	53.907	54.703	55.498	56.291	57.083	57.873	58.663	59.451	60.237
800	61.022	61.806	62.588	63.368	64.147	64.294	65.7	66.473	67.245	68.015
900	68.783	69.549	70.313	71.075	71.835	72.593	73.35	74.104	74.857	75.608
1 000	76.358	—	—	—	—	—	—	—	—	—

（5）调节温度仪表的温度值 $T=50$ ℃，等温度稳定后对照分度表观察数显表的电压值，若电压值超过分度表的 10 倍数值时，调节放大倍数 R_{P2}，使 U_{o2} 输出与分度表 10 倍数值相当。

（6）重新将温度设定值设为 $T=40$ ℃，等温度稳定后对照分度表观察数显表的电压值，此时 U_{o2} 输出值是否与 10 倍分度表值相当，再次调节放大倍数 R_{P2}，使其与分度表 10 倍数值接近。

（7）重复步骤（4）、（5）以确定放大倍数为 10 倍关系。记录当 $T=50$ ℃时数显表的电压值。重新设定温度值为 40 ℃ $+n\Delta T$，建议 $\Delta T=5$ ℃，$n=1$，…，7，每隔 $1n$ 读出数显表输出电压值与温度值，并记入表 8－5 中。

表 8－5　E 型热电偶电势（经放大）与温度数据

$T+n\Delta T$								
U/mV								

任务三　项目拓展

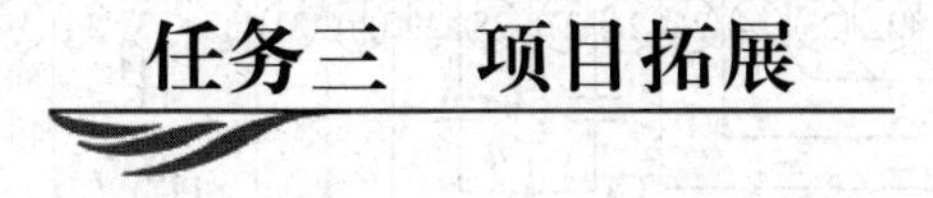

热电偶传感器的应用

1. 热电偶测量炉温

图 8－16 所示为常用炉温测量采用的热电偶测量系统图。图中由毫伏表定值器给出设定温度的相应毫伏值，如热电偶的热电势与定值器的输出值有偏差，则说明炉温偏离给定，此偏差经放大器送入调节器，再经过晶闸管触发器去推动晶闸管执行器，从而调整炉丝的加热功率，消除偏差，达到控温的目的。

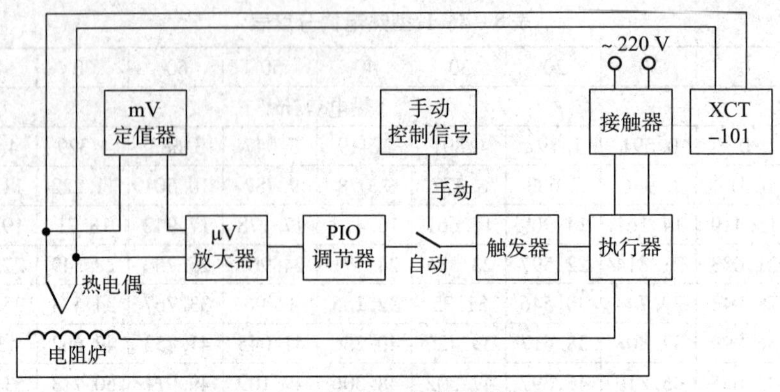

图 8－16　热电偶测量系统图

2. 由热电偶放大器 AD594 构成的热电偶温度计

图 8－17 所示为由热电偶放大器 AD594 构成的热电偶温度计电路，该电路适用于电镀工艺流水线以及温度测量范围在 0 ℃～150 ℃内的各种场合。

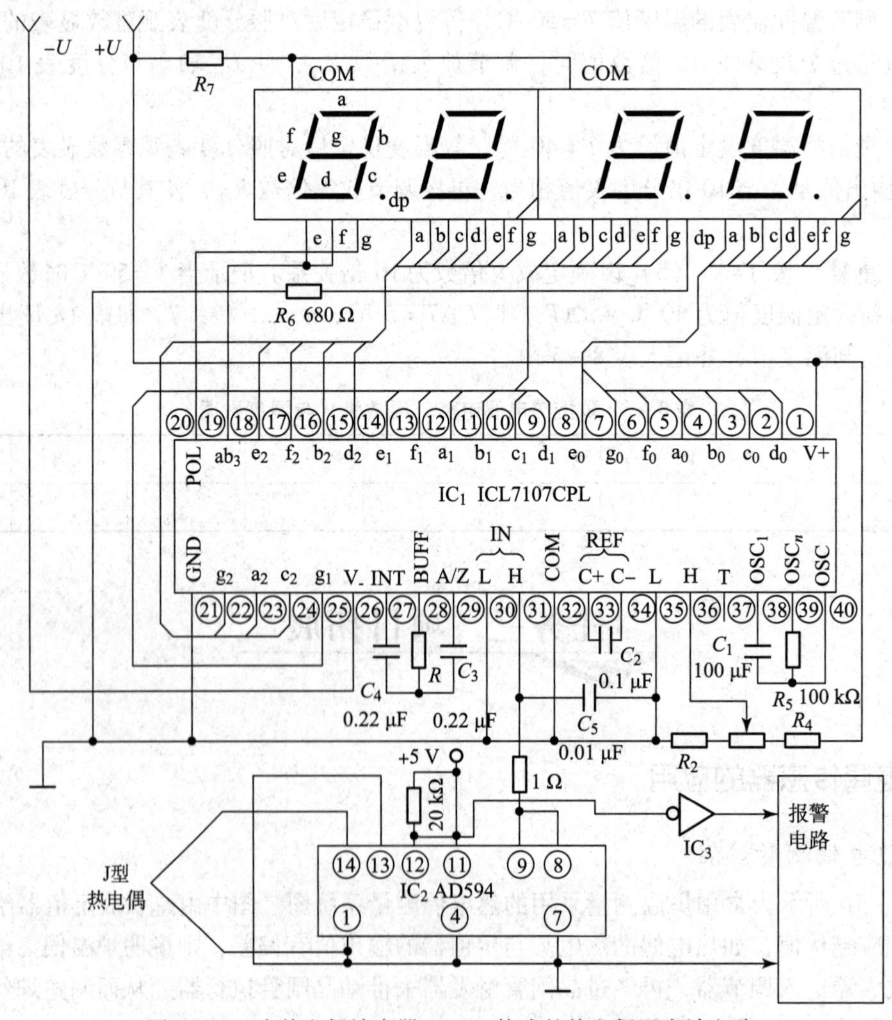

图 8－17　由热电偶放大器 AD594 构成的热电偶温度计电路

1）AD594

AD594 是美国 Analog Devices 公司生产的具有基准点补偿功能的热电偶放大集成电路，适用于各种型号的热电偶。

AD594 集成块内部电路框图如图 8－18 所示，主要由两个差动放大器、一个高增益主放大器和基准点补偿器以及热电偶断线检测电路等组成。该 IC 采用 14 脚双列式封装，其各引脚功能如表 8－6 所示。

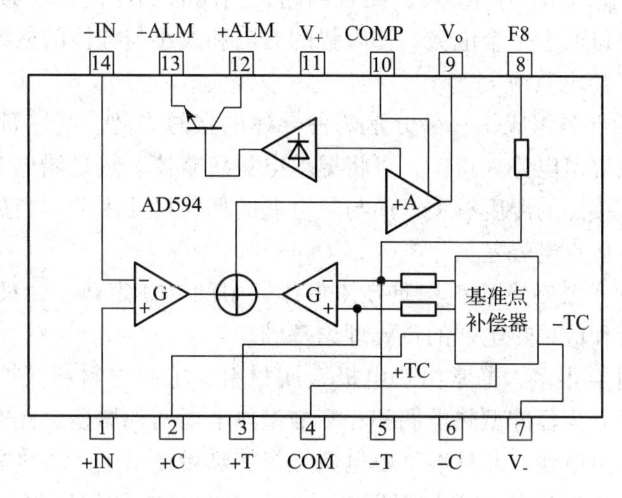

图 8－18　AD594 内部结构框图

表 8－6　AD594 集成块各引脚功能

引脚	功能说明	引脚	功能说明
1	温度检测信号放大器同相输入端	8	反馈元件引出脚端（属输入端）
2	基准点补偿器外接元件	9	主放大器信号输出端
3	放大器同相信号输入端	10	主放大器电路公共端
4	基准点补偿器公共端	11	正电源电压输入端
5	放大器反相信号输入端	12	热电偶断线检测端偏置电压输入端
6	未使用	13	热电偶断线检测端
7	负电源端（接地线）	14	温度检测信号放大器反相输入端

2）工作原理

图 8－17 中，J 型热电偶的一对导线末端点作为热电偶的连接点，它是 AD594 进行补偿的接点。此点必须与 AD594 保持相同的温度，AD594 外壳和印制板在 1 脚和 14 脚用铜箔进行热接触，热电偶的引线接到它的外壳引线上，从而保持均温。

当热电偶的一条或两条引线断开时，AD594 的 12 脚变为低电平，TTL 门电路 IC_3 就会控制报警电路发出报警声，提示用户热电偶出现了断线故障。

热电偶的温度每变化 1 ℃，AD594 集成电路的 9 脚就有 10 mV 的电压输出，该电压经 1Ω 电阻加至数字显示电路 ICL7107CPL 的 31 脚。

ICL7107CPL 是一块显示器驱动控制专用数字显示集成电路，其 31 脚输入的模拟量转换成数字量，经译码后输出驱动控制信号，驱动 LED 显示器以显示当前检测到的温度。

项目小结

通过本项目的学习重点掌握热电效应的概念、热电势的组成、热电偶基本定律、热电偶的结构和类型以及热电偶的温度补偿方法等，应熟练掌握热电偶基本定律的应用。

（1）将两种不同成分的导体组成一闭合回路，当闭合回路的两个接点分别置于不同的温度场中时，回路中将产生一个电势，该电势的方向和大小与导体的材料及两接点的温度有关，这种现象称为“热电效应”。

（2）热电势由两部分组成，一部分是两种导体的接触电势，另一部分是单一导体的温差电势。接触电势比温差电势大得多，可将温差电势忽略掉。热电偶热电势的大小，只与组成热电偶的材料和两接点的温度有关，而与热电偶的形状尺寸无关，当热电偶两电极材料固定后，热电势便是两接点电势差。

（3）热电偶有 4 个基本定律：均质导体定律、中间导体定律、标准电极定律和中间温度定律。它们是分析和应用热电偶的重要理论基础。

（4）热电偶的种类很多，通常由热电极金属材料、绝缘材料、保护材料及接线装置等部分组成。热电偶可分为标准型热电偶和非标准型热电偶两种类型。标准型热电偶是指国家已经定型批量生产的热电偶，非标准型热电偶是指特殊用途试生产的热电偶。

（5）热电偶产生的热电势与两端温度有关。只有将冷端的温度恒定，热电势才是热端温度的单值函数。但实际应用中，热电偶的冷端通常靠近被测对象，且受到周围环境温度的影响，其温度不是恒定不变的。为此，必须采取一些相应的措施进行补偿或修正，常用的方法有冷端恒温法、计算修正法、电桥补偿法、显示仪表零位调整法和软件处理法等。

项目训练

一、选择题

1. 热电偶可以测量（　　）。

   A. 压力　　B. 电压　　C. 温度　　D. 热电势

2. 下列关于热电偶传感器的说法中，（　　）是错误的。

   A. 热电偶必须由两种不同性质的均质材料构成

   B. 计算热电偶的热电势时，可以不考虑接触电势

   C. 在工业标准中，热电偶参考端温度规定为 0 ℃

   D. 接入第 3 种导体时，只要其两端温度相同，对总热电势没有影响

3. 热电偶的基本组成部分是（　　）。

   A. 热电极　　B. 保护管　　C. 绝缘管　　D. 接线盒

4. 为了减小热电偶测温时的测量误差，需要进行的冷端温度补偿方法不包括（　　）。

   A. 补偿导线法　　B. 电桥补偿法　　C. 冷端恒温法　　D. 差动放大法

5. 热电偶测量温度时（　　）。

   A. 需加正向电压　　B. 需加反向电压

   C. 加正向、反向电压都可以　　D. 不需加电压

6. 热电偶中热电势包括（　　）。

A. 感应电势　　B. 补偿电势　　C. 接触电势　　D. 切割电势

7. 一支热电偶产生的热电势为 E_0，当打开其冷端串接与两热电极材料不同的第 3 根金属导体时，若保证已打开的冷端两点的温度与未打开时相同，则回路中热电势（　　）。

A. 增加　　B. 减小

C. 增加或减小不能确定　　D. 不变

8. 热电偶中产生热电势的条件有（　　）。

A. 两热电极材料相同　　B. 两热电极材料不同

C. 两热电极的几何尺寸不同　　D. 两热电极的两端点温度相同

9. 利用热电偶测温时，只有在（　　）条件下才能进行。

A. 分别保持热电偶两端温度恒定　　B. 保持热电偶两端温差恒定

C. 保持热电偶冷端温度恒定　　D. 保持热电偶热端温度恒定

10. 实用热电偶的热电极材料中，用得较多的是（　　）。

A. 纯金属　　B. 非金属　　C. 半导体　　D. 合金

11. 在实际的热电偶测温应用中，引用测量仪表而不影响测量结果是利用了热电偶的（　　）基本定律。

A. 中间导体定律　　B. 中间温度定律

C. 标准电极定律　　D. 均质导体定律

12. 对于热电偶冷端温度不等于（　　），但能保持恒定不变的情况，可采用修正法。

A. 20 ℃　　B. 0 ℃　　C. 10 ℃　　D. 5 ℃

13. 采用热电偶测温与其他感温元件一样，是通过热电偶与被测介质之间的（　　）实现。

A. 热量交换　　B. 温度交换　　C. 电流传递　　D. 电压传递

二、简答题

1. 什么是金属导体的热电效应？产生热电效应的条件有哪些？
2. 热电偶产生的热电势由哪几种电势组成？起主要作用的是哪种电势？
3. 什么是补偿导线？热电偶测温为什么要采用补偿导线？目前的补偿导线有哪几种类型？
4. 热电偶的参考端温度处理方法有哪几种？
5. 试论述热电偶中间导体定律内容，该定律在热电偶实际测温中有什么作用？
6. 试论述热电偶标准电极定律内容，该定律在热电偶实际测温中有什么作用？
7. 试论述热电偶中间温度定律内容，该定律在热电偶实际测温中有什么作用？

三、分析题

1. 试分析金属导体中产生接触电势的原因，其大小与哪些因素有关？
2. 试分析金属导体中产生温差电势的原因，其大小与哪些因素有关？

四、计算题

1. 用铂铑$_{10}$—铂（S 型）热电偶测量某一温度，若参比端温度 $T_0 = 30$ ℃，测得的热电势 $E(T, T_n) = 7.5$ mV，求测量端实际温度 T。

2. 用镍铬—镍硅（K 型）热电偶测温度，已知冷端温度为 40 ℃，用高精度毫伏表测得这时的热电势为 29.188 mV，求被测点温度。

项目九 压电式振动传感器的安装与测试

项目描述

本项目要求安装并测试一台压电式振动传感器。

压电传感器的工作原理是基于某些介质材料的压电效应，是典型的有源传感器。当材料受力作用而变形时，其表面会有电荷产生，从而实现非电量测量。压电传感器具有灵敏度高、频带宽、质量轻、体积小、工作可靠等优点，随着电子技术的发展，与之配套的二次仪表以及低噪声、小电容、高绝缘电阻电缆的出现，使压电传感器在各种动态力、机械冲击与振动的测量，以及声学、医学、力学、宇航等方面都得到了非常广泛的应用。

知识目标：

（1）掌握压电效应和逆压电效应的概念。

（2）熟悉常用的压电材料及其特性。

（3）熟悉压电元件的连接方式。

（4）了解压电传感器的性能、特点、应用及前置放大器的特性。

能力目标：

（1）能分析由压电传感器组成检测系统的工作原理，正确安装和调试压电传感器。

（2）会对实验数据进行分析。

任务一　知识准备

一、认识压电效应及压电材料

（一）压电效应

1. 压电效应的概念

某些电介质，当沿着一定方向对其施力而使它变形时，其内部就产生极化现象，同时在它的两个表面上产生符号相反的电荷，当外力去掉后，其又重新恢复到不带电状态，这种现象称为压电效应。相反，当在电介质极化方向施加电场，这些电介质也会产生变形，这种现象称为“逆压电效应”（电致伸缩效应）。具有压电效应的材料称为压电材料，压电材料能实现机—电能量的相互转换，如图 9－1 所示。

机械量　压电元件　电量

图 9－1　压电效应可逆性

2. 压电效应原理

具有压电效应的物质很多，如石英晶体、压电陶瓷、高分子压电材料等。现以石英晶体为例，简要说明压电效应的机理。

石英晶体是一种应用广泛的压电晶体。它是二氧化硅单晶体，属于六角晶系。图 9－2（a）所示为天然晶体的外形图，它为规则的六角棱柱体。石英晶体有 3 个晶轴：x 轴、y 轴和 z 轴，如图 9－2（b）所示。z 轴又称光轴，它与晶体的纵轴线方向一致；x 轴又称电轴，它通过六面体相对的两个棱线并垂直于光轴；y 轴又称为机械轴，它垂直于两个相对的晶柱棱面。

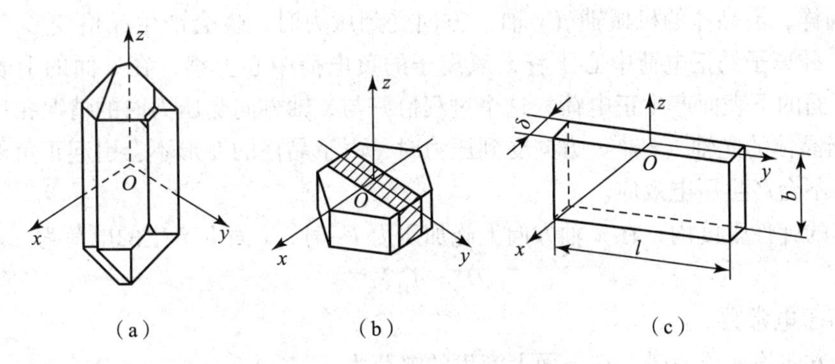

图 9－2　石英晶体及切片

（a）完整的石英晶体；（b）石英晶片的切割；（c）石英晶片

从晶体上沿 x、y、z 轴线切下的一片平行六面体的薄片称为晶体切片。它的 6 个面分别垂直于光轴、电轴和机械轴。通常把垂直于 x 轴的上下两个面称为 x 面，把垂直于 y 轴的面称为 y 面，如图 9－2（c）所示。当沿着 x 轴对晶片施加力时，将在 x 面上产生电荷，这种现象称为纵向压电效应。沿着 y 轴施加力的作用时，电荷仍出现在 x 面上，这称之为横向压电效应。当沿着 z 轴方向受力时不产生压电效应。

石英晶体的压电效应与其内部结构有关，产生极化现象的机理可用图 9－3 来说明。石英晶体的化学式为 SiO_2，它的每个晶胞中有 3 个硅离子和 6 个氧离子，一个硅离子和两个氧离子交替排列（氧离子是成对出现的）。沿光轴看去，可以等效地认为有图 9－3（a）所示的正六边形排列结构。

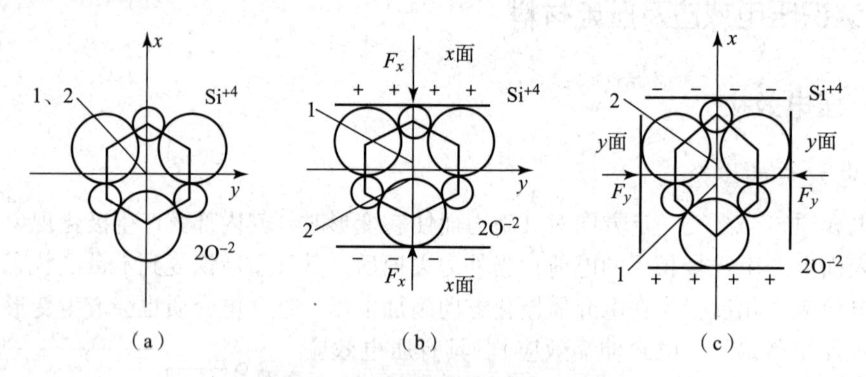

图 9－3　石英晶体的压电效应机理

（a）未受力的石英晶体；（b）受 x 向压力时的石英晶体；（c）受 y 向压力时的石英晶体

1—正电荷等效中心；2—负电荷等效中心

（1）在无外力作用时，硅离子所带正电荷的等效中心与氧离子所带负电荷的等效中心是重合的，整个晶胞不呈现带电现象，如图 9－3（a）所示。

（2）当晶体沿电轴（x 轴）方向受到压力时，晶格产生变形，如图 9－3（b）所示。硅离子的正电荷中心上移，氧离子的负电荷中心下移，正负电荷中心分离，在晶体的 x 面的上表面产生正电荷，下表面产生负电荷而形成电场。反之，如果受到拉力作用时，情况恰好相反，x 面的上表面产生负电荷，下表面产生正电荷。如果受到的是交变力，则在 x 面的上下表面间将产生交变电场。如果在 x 上下表面镀上银电极，就能测出所产生电荷的大小。

（3）同样，当晶体的机械轴（y 轴）方向受到压力时，也会产生晶格变形，如图 9－3（c）所示。硅离子的正电荷中心下移，氧离子的负电荷中心上移，在 x 面的上表面产生负电荷，在 x 面的下表面产生正电荷，这个过程恰好与 x 轴方向受压力时的情况相反。

（4）当晶体的光轴（z 轴）方向受到压力时，由于晶格的变形不会引起正负电荷中心的分离，所以不会产生压电效应。

在晶体的弹性限度内，在 x 轴方向上施加压力 F_x 时，x 面上产生的电荷为

$$Q = d_{11} F_x \tag{9-1}$$

式中，d_{11} 为压电常数。

在 y 轴方向施加压力时，在 x 面上产生的电荷为

$$Q = d_{12} \frac{l}{\delta} F_y = -d_{11} \frac{l}{\delta} F_y \tag{9-2}$$

式中，l、δ 分别为石英晶片的长度与厚度。

从式（9－2）可见沿机械轴方向的力作用在晶体上时，产生的电荷与晶体切面的几何尺寸有关，式中的负号说明沿机械轴的压力引起的电荷极性与沿电轴的压力引起的电荷极性恰好相反。

(二) 压电材料

1. 压电材料的主要特性参数

压电材料的主要特性参数有如下几个。

(1) 压电常数：压电常数是衡量材料压电效应强弱的参数，它直接关系到压电输出的灵敏度。

(2) 弹性常数：压电材料的弹性常数、刚度决定着压电器件的固有频率和动态特性。

(3) 介电常数：对于一定形状、尺寸的压电元件，其固有电容与介电常数有关；而固有电容又影响着压电传感器的频率下限。

(4) 机械耦合系数：在压电效应中，其值等于转换输出能量（如电能）与输入能量（如机械能）之比的平方根；它是衡量压电材料机电能量转换效率的一个重要参数。

(5) 绝缘电阻：电阻压电材料的绝缘电阻能减少电荷泄漏，从而改善压电传感器的低频特性。

(6) 居里点：压电材料开始丧失压电特性的温度称为居里点。

2. 常用压电材料

在自然界中大多数晶体具有压电效应，但压电效应十分微弱。随着对材料的深入研究，发现石英晶体、钛酸钡、锆钛酸铅等材料是性能优良的压电材料。应用于压电传感器中的压电元件材料一般有3类：压电晶体、经过极化处理的压电陶瓷和高分子压电材料。

1) 石英晶体

石英晶体是一种性能良好的压电晶体，如图9－4所示。它的突出优点是性能非常稳定，介电常数与压电系数的温度稳定性特别好，且居里点高，达到575 ℃（即到575 ℃时，石英晶体将完全丧失压电性质）。此外，它还具有很大的机械强度和稳定的机械性能、绝缘性能好、动态响应快、线性范围宽、迟滞小等优点。但石英晶体的压电常数小（$d_{11}=2.31\times10^{-12}$ C/N），灵敏度低，且价格较贵，所以只在标准传感器、高精度传感器或高温环境下工作的传感器中作为压电元件使用。石英晶体分为天然晶体与人造晶体两种。天然石英晶体性能优于人造石英晶体，但天然石英晶体价格较贵。

(a)

(b)

(c)

图9－4　石英晶体

(a) 天然石英晶体；(b) 石英晶体切片；(c) 封装的石英晶片

2) 压电陶瓷

压电陶瓷是人工制造的多晶体压电材料，如图9－5所示。与石英晶体相比，压电陶瓷的压电系数很高，具有烧制方便、耐湿、耐高温、易于成形等特点，制造成本很低。因此，在实际应用中的压电传感器，大多采用压电陶瓷材料。压电陶瓷的弱点是，居里点较石英晶体要低 200 ℃ ~400 ℃，性能没有石英晶体稳定。但随着材料科学的发展，压电陶瓷的性能正在逐步提高。常用的压电陶瓷材料有以下几种：

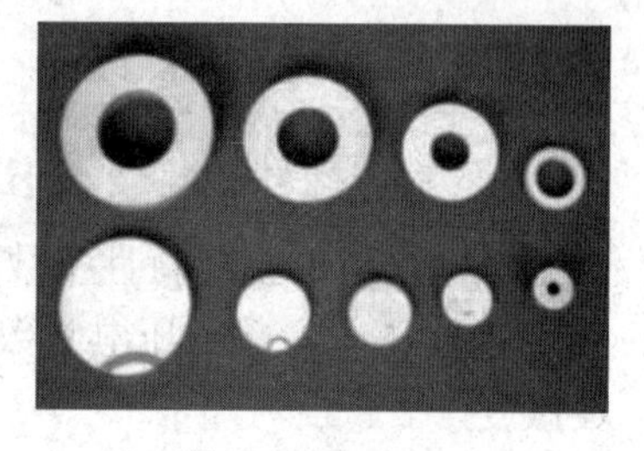

图 9－5　压电陶瓷

（1）钛酸钡压电陶瓷（$BaTiO_3$）。钛酸钡是 $BaCO_3$ 和 TiO_2 在高温下合成的，具有较高的压电常数（$d_{11}=190\times10^{-12}$ C/N）和相对介电常数，但居里点较低（约为 120 ℃），机械强度也不如石英晶体，目前使用较少。

（2）锆钛酸铅系列压电陶瓷（PZT）。锆钛酸铅压电陶瓷是钛酸铅和锆酸铅材料组成的固熔体。它有较高的压电常数［$d_{11}=(200\sim500)\times10^{-12}$ C/N］和居里点（300 ℃以上），工作温度可达 250 ℃，是目前经常采用的一种压电材料。在上述材料中掺入微量的镧（La）、铌（Nb）或锑（Sb）等，可以得到不同性能的材料。PZT 是工业中应用较多的压电材料。

（3）铌酸盐系列压电陶瓷。铌酸钡具有很高的居里点和较低的介电常数。铌酸钡的居里点为 435 ℃，常用于水声传感器。铌酸盐具有很高的居里点，可作为高温压电传感器。

（4）铌镁酸铅压电陶瓷（PMN）。铌镁酸铅具有较高的压电常数［$d_{11}=(800\sim900)\times10^{-12}$ C/N］和居里点（260 ℃），它能在压力为 70 MPa 时正常工作，因此可作为高压下的力传感器。

3）高分子压电材料

某些合成高分子聚合物薄膜经延展拉伸和电场极化后，具有一定的压电性能，这类薄膜称为高分子压电薄膜，如图 9－6 所示。目前出现的压电薄膜有聚二氟乙烯（PVF_2）、聚氟乙烯（PVF）、聚氯乙烯（PVC）等。这些都是柔软的压电材料，不易破碎，可以大量生产和制成较大的面积。

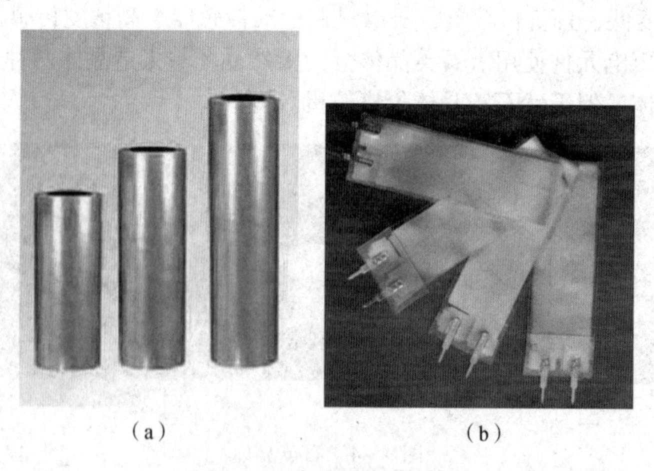

（a）　　（b）

图 9－6　高分子压电材料

（a）压电薄膜；（b）压电薄膜传感器

如果将压电陶瓷粉末加入到高分子压电化合物中，制成高分子压电陶瓷薄膜，这种复合材料既保持了高分子压电材料薄膜的柔韧性，又具有压电陶瓷材料的优点，是一种很有发展前途的材料。在选用压电材料时应考虑其转换特性、机械特性、电气特性、温度特性等几方面的问题，以便获得最好的效果。

二、压电传感器测量电路

（一）压电传感器的等效电路

将压电晶片产生电荷的两个晶面封装上金属电极后，就构成了压电元件。当压电元件受力时，就会在两个电极上产生电荷，因此，压电元件相当于一个电荷源；两个电极之间是绝缘的压电介质，因此它又相当于一个以压电材料为介质的电容器，其电容值为

$$C_a = \varepsilon_r \varepsilon_0 A/\delta \tag{9-3}$$

式中　A——压电元件电极面面积；

δ——压电元件厚度；

ε_r——压电材料的相对介电常数；

ε_0——真空的介电常数。

因此，可以把压电元件等效为一个与电容相并联的电荷源，也可以等效为一个与电容相串联的电压源，如图 9－7 所示。

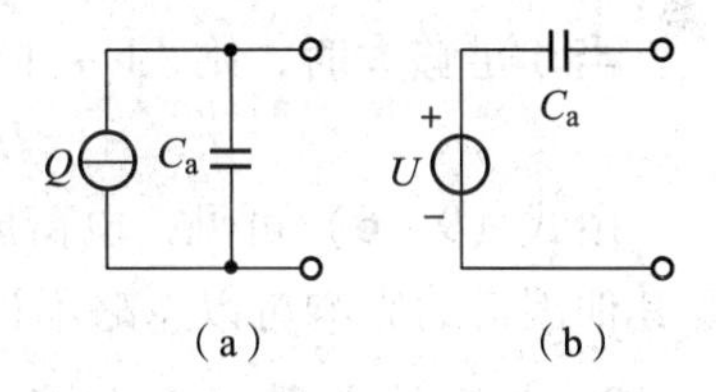

图 9－7　压电元件的等效电路

（a）电荷源；（b）电压源

压电传感器与检测仪表连接时，还必须考虑电缆电容 C_c，放大器的输入电阻 R_i 和输入电容 C_i，以及传感器的泄漏电阻 R_a，图 9－8 所示为压电传感器实际等效电路。由于外力作用在压电传感元件上所产生的电荷只有在无泄漏的情况下才能保存，即需要测量回路具有无限大的内阻抗，这实际上是达不到的，所以压电传感器不能用于静态测量。压电元件只有在交变力的作用下，电荷才能源源不断地产生，可以供给测量回路以一定的电流，故只适用于动态测量。

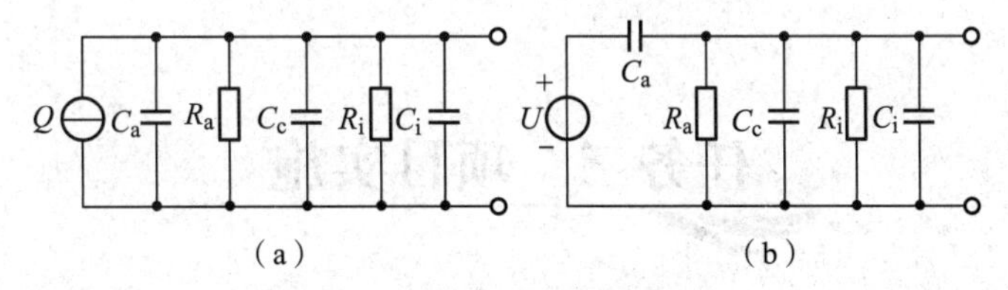

图 9－8　压电元件实际的等效电路图

（a）电荷源的实际等效电路图；（b）电压源的实际等效电路图

（二）压电传感器测量电路

压电传感器的内阻很高，而输出的信号微弱，因此一般不能直接显示和记录。它要求与高输入阻抗的前置放大电路配合，然后再与一般的放大、检波、显示、记录电路连接，这样，才能防止电荷的迅速泄漏而使测量误差减少。

压电传感器前置放大器的作用有两个：一是把传感器的高阻抗输出变为低阻抗输出；二是把传感器的微弱信号进行放大。

根据压电传感器的工作原理及等效电路，它的输出可以是电荷信号，也可以是电压信号，因此与之配套的前置放大器也有电荷放大器和电压放大器两种形式。由于电压前置放大器的输出电压与电缆电容有关，故目前多采用电荷放大器。

1. 电荷放大器

并联输出型压电元件可以等效为电荷源。电荷放大器实际上是一个具有反馈电容 C_f 的高增益运算放大器电路，如图 9-9 所示。当放大器开环增益 A 和输入电阻 R_i、反馈电阻 R_f（用于防止放大器直流饱和）相当大时，在计算中，可以把输入电阻 R_i、反馈电阻 R_f 忽略，放大器的输出电压 U_o 正比于输入电荷 Q。

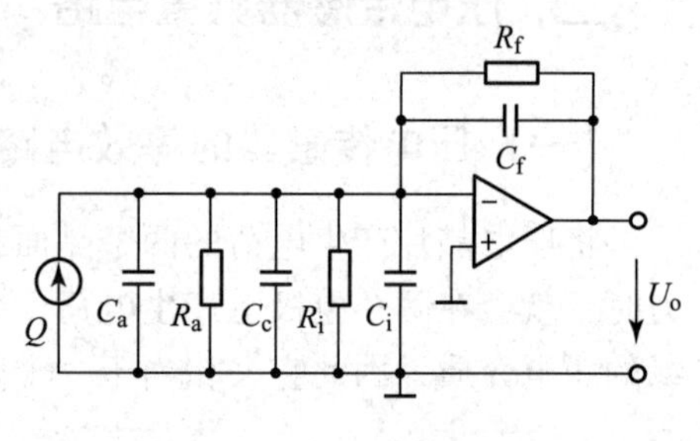

图 9-9　电荷放大器原理图

设 C 为总电容，则有

$$U_o = -AU_i = -AQ/C \tag{9-4}$$

根据密勒定理，反馈电容 C_f 折算到放大器输入端的等效电容为 $(1+A)C_f$，则

$$U_o = -AQ/[C_a + C_c + C_i + (1+A)C_f] \tag{9-5}$$

当 A 足够大时，则 $(1+A)C_f \gg (C_a + C_c + C_i)$，这样式（9-5）可写成

$$U_o \approx -AQ/(1+A)C_f \approx -Q/C_f \tag{9-6}$$

由式（9-6）可见，电荷放大器的输出电压仅与输入电荷和反馈电容有关，电缆电容等其他因素的影响可以忽略不计。

2. 电压放大器（阻抗变换器）

串联输出型压电元件可以等效为电压源，但由于压电效应引起的电容量 C_a 很小，因而其电压源等效内阻很大，在接成电压输出型测量电路时，要求前置放大器不仅有足够的放大倍数，而且应具有很高的输入阻抗。图 9-10 所示为电压源测量原理电路图。

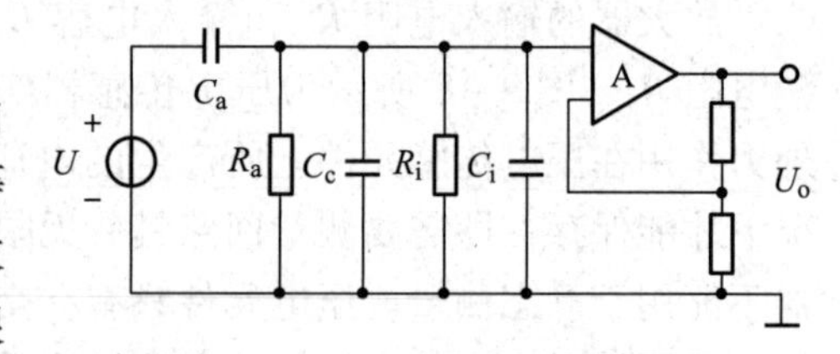

图 9-10　电压放大器原理图

任务二　项目实施

压电式振动传感器的安装与测试

压电传感器由惯性质量块和受压的压电陶瓷片等组成，（观察实训用压电加速度计结构）工作时传感器感受与试件相同频率的振动，质量块便有正比于加速度的交变力作用在压电陶瓷片上，由于压电效应，压电陶瓷片上产生正比于运动加速度的表面电荷。

通过本实训项目学习使大家进一步了解压电传感器测量振动的原理和方法。

本实训项目需用器件与单元：振动源模块、压电传感器、移相/相敏检波/低通滤波器模块、压电传感器实验模块、双踪示波器，如图 9-11 所示。

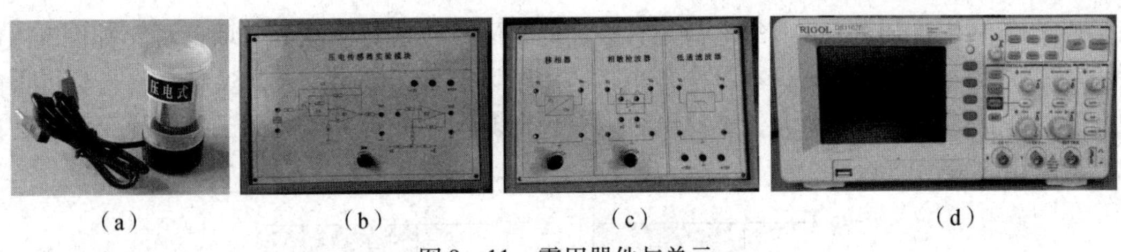

（a）　（b）　（c）　（d）

图 9－11　需用器件与单元

（a）压电传感器；（b）压电传感器实验模块；（c）移相/相敏检波/低通滤波模块；（d）双踪示波器

本实训项目步骤如下：

（1）首先将压电传感器装在振动源模块上，压电传感器底部装有磁钢，可和振动盘中心的磁钢相吸。

（2）将低频振荡器信号接入振动源的低频输入源插孔。

（3）将压电传感器输出两端插入压电传感器实验模块两输入端，按图 9－12 连接好实训电路，压电传感器黑色端子接地。将压电传感器实验模块电路输出端 U_{o1}（如增益不够大，则 U_{o1} 接入 IC_2，U_{o2} 接入低通滤波器）接入低通滤波器输入端 U_i，低通滤波器输出 U_o 与示波器相连。

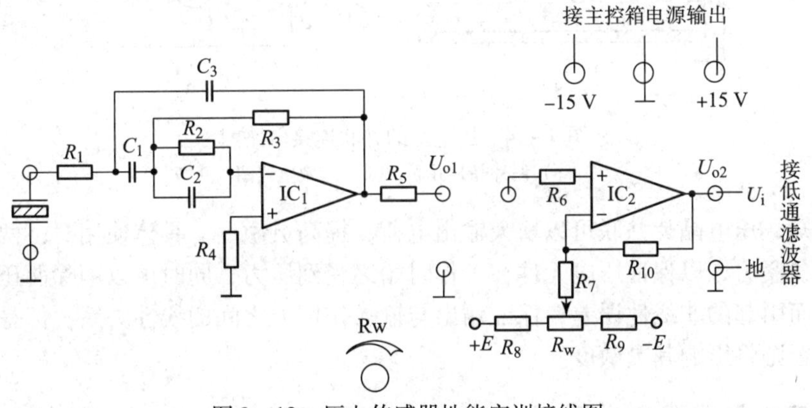

图 9－12　压电传感器性能实训接线图

（4）合上主控箱电源开关，调节低频振荡器的频率与幅度旋钮使振动台振动，观察示波器波形。

（5）改变低频振荡器频率，观察输出波形的变化。

（6）用示波器的两个通道同时观察低通滤波器输入端和输出端波形。

任务三　项目拓展

压电传感器的应用

（一）压电传感器的基本连接

在压电传感器中，为了提高灵敏度，往往采用多片压电晶片粘结在一起。其中最常用的是两片结构。由于压电元件上的电荷是有极性的，因此接法有串联和并联两种，如图9－13所示。串联接法输出电压高，本身电容小，适用于以电压为输出量及测量电路输入阻抗很高的场合；并联接法输出电荷大，本身电容大，因此时间常数也大，适用于测量缓变信号，并以电荷量作为输出的场合。

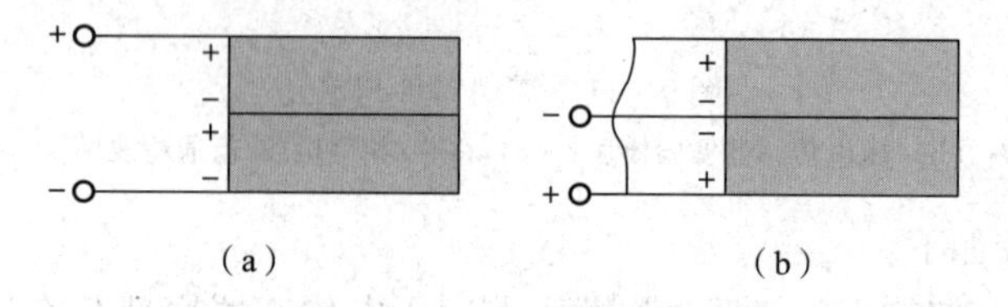

图9－13 压电元件的串联和并联接法

（a）串联接法；（b）并联接法

一般是并联接法，如图9－14（a）所示。图9－14（b）所示为等效电路图。其总面积及输出电容 C 是单片电容的两倍，但输出电压仍等于单片电压。

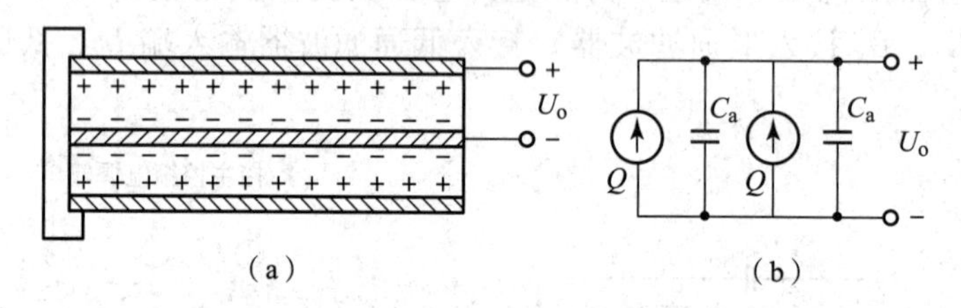

图9－14 压电片的并联连接电路图

（a）两片晶片并联；（b）等效电路图

由上可知，压电晶片并联可以增大输出电荷，提高灵敏度。具体使用时，两片晶片上必须有一定的预紧力，以保证压电元件在工作时始终受到压力，同时可以消除两压电晶片之间因接触不良而引起的非线性误差，保证输出与输入作用力之间的线性关系。但是这个预紧力不能太大，否则将影响其灵敏度。

（二）压电传感器的应用

压电传感器主要用于动态作用力、压力、加速度的测量。

1. 压电式力传感器

压电式力传感器是以压电元件为转换元件，输出电荷与作用力成正比的力—电转换装置。常用的形式为荷重垫圈式，它由基座、盖板、石英晶片、电极以及引出插座等组成，图9－15所示为YDS－78型压电式单向动态力传感器的结构，它主要用于变化频率不太高的动态力的测量。测力范围达几十千牛以上，非线性误差小于1%，固有频率可达数十千赫兹。

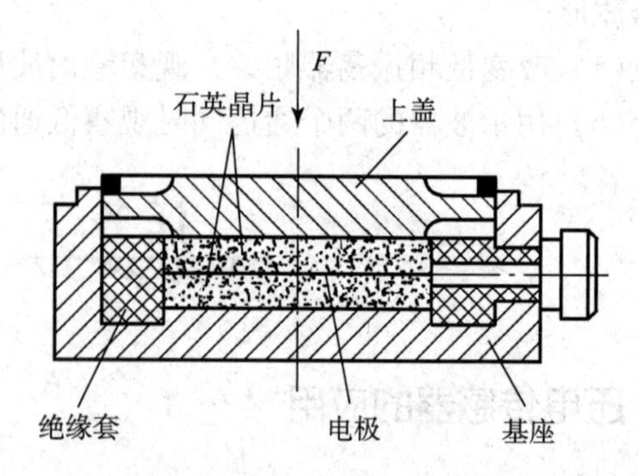

图9－15 YDS－78型压电式单向动态力传感器

被测力通过传力上盖使压电元件受压力作用而产生电荷。由于传力上盖的弹性形变部分的厚度很薄，只有 0.1 ~ 0.5 mm，因此灵敏度很高。这种力传感器的体积小，重量轻（10 kg 左右），分辨力可达 10^{-3} g，固有频率为 50 ~ 60 kHz，主要用于频率变化小于 20 kHz 的动态力测量。其典型应用有：在车床动态切削力的测试、表面粗糙度测量或求轴承支座反力时作力传感器。使用时，压电元件装配时必须施加较大的预紧力，以消除各部件与压电元件之间、压电元件与压电元件之间因接触不良而引起的非线性误差，使传感器工作在线性范围。

2. 压电式加速度传感器

图 9－16 所示为一种压电式加速度传感器的外形图和结构图。它主要由压电元件、质量块、预压弹簧、基座及外壳等组成。整个部件装在外壳内，并用螺栓加以固定。当加速度传感器和被测物一起受到冲击振动时，压电元件受质量块惯性力的作用，根据牛顿第二定律，此惯性力是加速度的函数，惯性力 $\boldsymbol{F}$ 作用于压电元件上，因而产生电荷 Q，当传感器选定后，传感器输出电荷与加速度 a 成正比。因此，测得加速度传感器输出的电荷便可知加速度的大小。

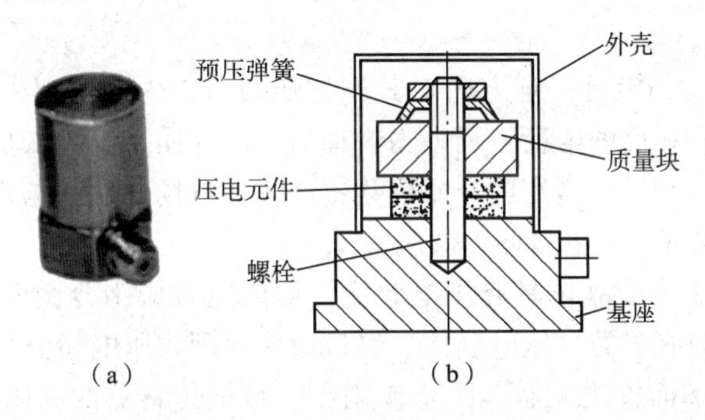

图 9－16　压电式加速度传感器

(a) YD 系列压电式加速度传感器实物图；(b) 压电式加速度传感器内部结构示意图

3. 声振动报警器

由压电晶体 HTD－27 声传感器构成的声振动报警电路如图 9－17 所示。它广泛应用于各种场合下的振动报警，如脚步声、敲打声、喊叫声、车辆行驶路面引起的振动声等。凡是利用振动传感器报警的场合均可使用。

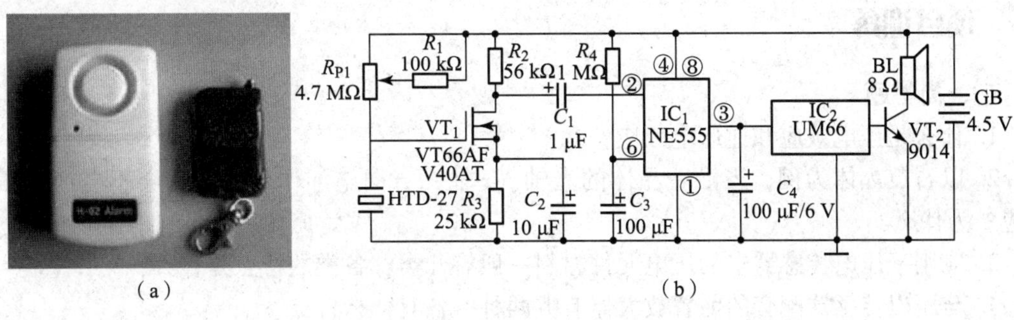

图 9－17　声振动报警电路

(a) 声振动报警器实物；(b) 声振动报警器电路

该电路主要由 IC_1（NE555）、IC_2（UM66）及声传感器 HTD 等组成。其中 HTD 与场效应管 VT_1 构成声振动传感接收与放大电路；R_{P1} 为声控灵敏度调节电位器，IC_1 与 R_4、C_3 组成单稳态触发延时电路；IC_2 及其外围元件构成报警电路。

当 HTD 未接收到声振动信号时，电路处于守候状态，场效应管 VT_1 截止。此时 C_3 经 R_4 充电为高电平，故 IC_1 的 3 脚输出低电平，IC_2 报警音乐电路不会工作；当 HTD 接收到声振动信号后，将转换的电信号加到 VT_1 栅极，经放大后加到 IC_1 的 2 脚（经电容器 C_1），使 IC_1 的状态翻转，3 脚输出高电平加到 IC_2 上，IC_2 被触发，从而驱动扬声器发出音乐声。经过 2 min 左右，由于电容 C_3 的充电使 IC_1 的 6 脚为高电平，电路翻转，3 脚输出低电平，IC_2 报警电路随之停止报警。但若 HTD 有连续不断的触发信号，则报警声会连续不断，直到 HTD 无振动信号 2 min 后，报警声才会停止。

项目小结

本项目主要介绍了压电效应和逆压电效应的概念、常用的压电材料以及压电传感器的应用。

（1）某些电介质，当沿着一定方向对其施加压力时，内部就产生极化现象，同时在它的两个表面上产生符号相反的电荷；当外力去掉后，电介质又重新恢复为不带电状态，这种现象被称为压电效应。相反，当在电介质极化方向施加电场，这些电介质也会产生变形，这种现象称为“逆压电效应”（电致伸缩效应）。

（2）在自然界中大多数晶体具有压电效应，但压电效应十分微弱。应用于压电传感器中的压电元件材料一般有 3 类：压电晶体、经过极化处理的压电陶瓷和高分子压电材料。

（3）压电传感器的前置放大器有两个作用：一是把传感器的高阻抗输出转换为低阻抗输出；二是把传感器的微弱信号进行放大。前置放大器也有两种形式：电压放大器和电荷放大器。

（4）在压电传感器中，为了提高灵敏度，往往采用多片压电晶片粘结在一起。其中最常用的是两片结构。由于压电元件上的电荷是有极性的，因此接法有串联和并联两种，串联接法输出电压高，本身电容小；并联接法输出电荷大，本身电容大，因此时间常数也大，适用于测量缓变信号，并以电荷量作为输出的场合。

项目训练

一、简答题

1. 什么是压电效应和逆压电效应？

2. 以石英晶体为例，当沿着晶体的光轴（z 轴）方向施加作用力时，会不会产生压电效应？为什么？

3. 应用于压电传感器中的压电元件材料一般有几类？各类的特点是什么？

4. 与压电传感器配套的前置放大器有哪两种？各有什么特点？

5. 为什么压电传感器只能应用于动态测量而不能用于静态测量？

二、分析题

如图 9－18 所示，将两根高分子压电电缆相距若干米，平行埋设于柏油公路的路面下约

5 cm，可以用来测量车速及汽车的载重量，并根据存储在计算机内部的档案数据，判定汽车的车型。请分析其过程。

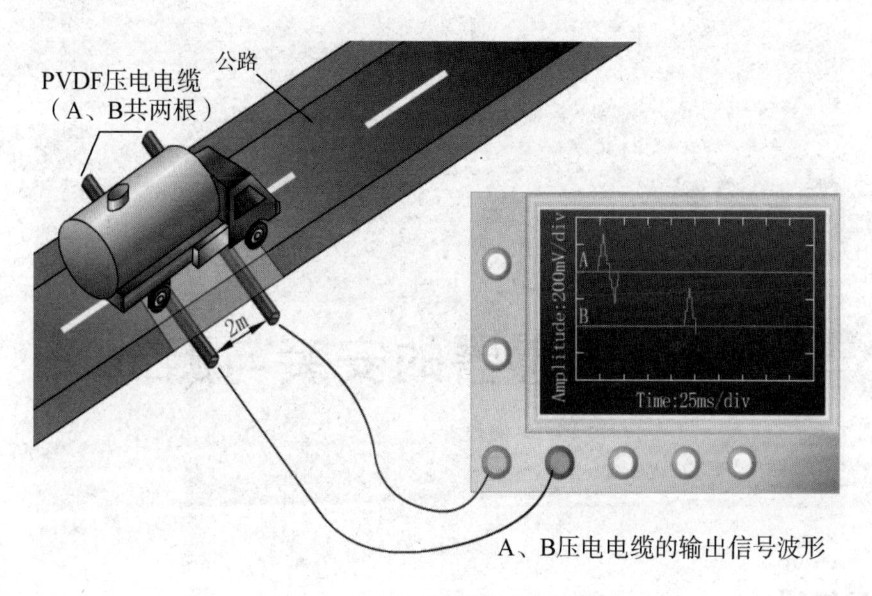

图 9－18 压电电缆的交通监测

项目描述

本项目要求安装与测试一台光电传感器。

光电传感器是以光电元件作为转换元件，可以将被测的非电量通过光量的变化再转换成电量的传感器。

光电传感器一般由光源、光学元件和光电元件 3 部分组成。

光电元件是构成光电传感器最主要的部件。

光电器件响应快、结构简单、使用方便，而且有较高的可靠性，因此在自动检测、计算机和控制系统中，应用非常广泛。

光电传感器的物理基础是光电效应。

知识目标：

(1) 掌握光电效应的概念及分类。

(2) 掌握光电传感器的工作原理。

(3) 了解光电传感器的基本结构、工作类型及它们各自的特点。

能力目标：

(1) 能根据不同测量物理量选择合适的传感器。

(2) 掌握光电传感器的应用场合，能够完成传感器与外电路的接线及调试。

(3) 能分析和处理使用过程中的常见故障。

任务一　知识准备

认识光电效应及光电元器件

图 10－1 所示为常见的光电传感器。

图 10－1　常见的光电传感器

（一）光源与光辐射体

1. 光的特性

光是电磁波谱中的一员，不同波长光的分布如图 10－2 所示，这些光的频率（波长）各不相同，但都具有反射、折射、散射、衍射、干涉和吸收等性质。使用光电式传感器时，光照射到光电元件单位面积上的光通量（即光照度）越大，光电效应越明显。

2. 光源与光辐射体

光电检测中遇到的光，可以由各种发光器件产生，也可以是物体的辐射光。下面简要介绍各种发光器件及物体的红外辐射。

1）白炽光源

白炽灯又称钨丝灯、灯泡，是将灯丝通电加热到白炽状态，利用热辐射发出可见光的电光源。白炽光源产生的光，谱线较丰富，包含可见光与红外光。使用时，常加用滤色片来获得不同窄带频率的光。

2）气体放电光源

气体放电光源是利用气体放电发光原理制成的。外界电场加速放电管中的电子，通过气体（包括某些金属蒸气）放电而导致原子发光的光谱，如日光灯、汞灯、钠灯、金属卤化物等。气体放电有弧光放电和辉光放电两种，放电电压有低气压、高气压和超高气压 3 种。当放电电流很小时，放电处于辉光放电阶段；放电电流增大到一定程度时，气体放电呈低电压大电流放电，这就是弧光放电。

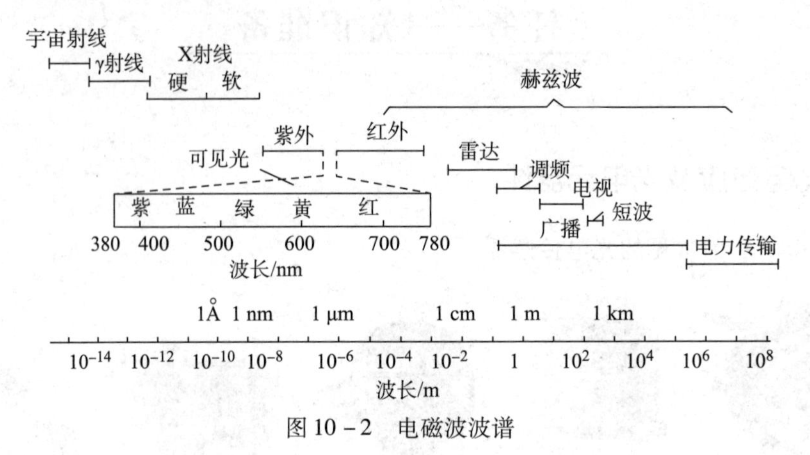

图 10－2　电磁波波谱

气体放电光源光辐射的持续，不仅要维持其温度，而且有赖于气体的原子或分子的激发过程。原子辐射光谱呈现许多分离的明线条，称为线光谱。分子辐射光谱是一段段的带，称为带光谱。线光谱和带光谱的结构与气体成分有关。

气体放电光源目前常用的有碳弧、低压水银弧、高压水银弧、钠弧、氙弧灯等。高低压水银弧灯的光色近于日光；钠弧灯发出的光呈黄色，发光效率特别高（200 lm/W）；氙弧灯功率最大，光色也与日光相近。

3）发光二极管

发光二极管（LED）是由镓（Ga）与砷（As）、磷（P）的化合物制成的二极管，当电子与空穴复合时能辐射出可见光，因而可以用来制成发光二极管。由于它是一种电致发光的半导体器件，它与钨丝白炽灯相比具有体积小、功耗低、寿命长、响应快、便于与集成电路相匹配等优点，因此得到广泛应用。

发光二极管的种类很多，其发光波长如表 10－1 所示，GaAs1－xPx、GaP、SiC 发出的是可见光，而 GaAs、Si、Ge 为红外光。

表 10－1　发光二极管光波峰值波长

材料	Ge	Si	GaAs	GaAs1－xPx	GaP	SiC
λ/mm	1850	1110	867	867～550	550	435

一般情况下（在几十毫安电流范围内），LED 单位时间发射的光子数与单位时间内注入二极管导带中的电子数成正比，即输出光强与输入电流成正比。电流的进一步增加会使 LED 输出产生非线性，甚至导致器件损坏。

4）激光器

激光是新颖的高亮度光，它是由各类气体、固体或半导体激光器产生的频率单纯的光。在正常分布状态下，原子多处于稳定的低能级 E_1，如无外界的作用，原子可长期保持此状态。但在外界光子作用下，赋予原子一定的能量 ε，原子就从低能级 E_1 跃迁到高能级 E_2，这个过程称为光的受激吸收。光子能量与原子能级跃迁的关系为

$$\varepsilon = h\lambda \approx E_2 - E_1 \tag{10-1}$$

处在高能级 E_2 的原子在外来光的诱发下，跃迁至低能级 E_1 而发光，这个过程称为光的

受激辐射。受激辐射发出的光子与外来光子具有完全相同的频率、传播方向、偏振方向。一个外来光子诱发出一个光子，在激光器中得到两个光子，这两个光子又可诱发出两个光子，得到4个光子，这些光子进一步诱发出其他光子，这个过程称为光放大。

如果通过光的受激吸收，使介质中处于高能级的粒子数比处于低能级的多——粒子数反转，则光放大作用大于光吸收作用。这时受激辐射占优势，光在这种工作物质内被增强，这种工作物质就称为增益介质。若增益介质通过提供能量的激励源装置形成粒子数反转状态，这时大量处于低能级的原子在外来能量作用下将跃迁到高能级。

激光的形成必须具备以下3个条件：

（1）具有能形成粒子数反转状态的工作物质——增益介质。

（2）具有供给能量的激励源。

（3）具有提供反复进行受激辐射场所的光学谐振腔。

激光具有方向性强、亮度高、单色性好、相干性好的特点，广泛用在光电检测系统中。

（二）光电效应及分类

光电传感器的工作原理是基于不同形式的光电效应。根据光的波粒二象性，我们可以认为光是一种以光速运动的粒子流，这种粒子称为光子。每个光子具有的能量 $h\nu$ 正比于光的频率 ν（h 普朗克常数）。每个光子具有的能量为

$$E = h\nu \tag{10-2}$$

式中　h——普朗克常数，$h = 6.63 \times 10^{-34}\ \mathrm{J \cdot s}$。

由此可见，对不同频率的光，其光子能量是不相同的，频率越高，光子能量越大。用光照射某一物体，可以看作物体受到一连串能量为 $h\nu$ 的光子所轰击，组成这物体的材料吸收光子能量而发生相应电效应的物理现象称为光电效应。光电效应通常分为以下三类。

1. 外光电效应

在光线作用下能使电子逸出物体表面的现象称为外光电效应。当物体在光线照射下，一个电子吸收了一个光子的能量后，其中的一部分能量消耗于电子由物体内逸出表面时所作的逸出功，另一部分则转化为逸出电子的动能。根据能量守恒定律，可得

$$h\nu = A_0 + \frac{1}{2}mv_0^2 \tag{10-3}$$

式中　A_0——电子逸出物体表面所需的功；

m——电子的质量，$m = 9.109 \times 10^{-31}\ \mathrm{kg}$；

v_0——电子逸出物体表面时的初速度。

式（10-3）即为著名的爱因斯坦光电方程式，它阐明了光电效应的基本规律。

（1）光电子能否产生，取决于光电子的能量是否大于该物体的表面电子逸出功 A_0。不同的物质具有不同的逸出功，即每一个物体都有一个对应的光频阈值，称为红限频率或波长限。光线频率低于红限频率，光子能量不足以使物体内的电子逸出，因而小于红限频率的入射光，光强再大也不会产生光电子发射；反之，入射光频率高于红限频率，即使光线微弱，也会有光电子射出。

（2）如果产生了光电发射，在入射光频率不变的情况下，逸出的电子数目与光强成正比。光强越强意味着入射的光子数目越多，受轰击逸出的电子数目就越多。基于外光电效应

的光电元件有光电管、光电倍增管等。

2. 光电导效应（内光电效应）

在光线作用下，对于半导体材料吸收了入射光子能量，若光子能量大于或等于半导体材料的禁带宽度，就激发出电子—空穴对，使载流子浓度增加，半导体的导电性增加，阻值减低，这种现象称为光电导效应。根据光电导效应制成的光电元器件有光敏电阻、光敏二极管、光敏三极管和光敏晶闸管等。

3. 光生伏特效应

在光线作用下，物体产生一定方向电动势的现象称为光生伏特效应。光生伏特效应可分为两类：势垒光电效应和侧向光电效应。

（1）势垒光电效应（结光电效应）。以 PN 结为例，当光照射 PN 结时，若光子能量大于半导体材料的禁带宽度 E_g，则使价带的电子跃迁到导带，产生自由电子—空穴对。在 PN 结阻挡层内电场的作用下，被激发的电子移向 N 区的外侧，被激发的空穴移向 P 区的外侧，从而使 P 区带正电，N 区带负电，形成光电动势。

（2）侧向光电效应。当半导体光电器件受光照不均匀时，出现载流子浓度梯度，将会产生侧向光电效应。当光照部分吸收入射光子的能量产生电子—空穴对时，光照部分载流子浓度比未受光照部分的载流子浓度大，就出现了载流子浓度梯度，因而载流子就要扩散。如果电子迁移率比空穴大，那么空穴的扩散不明显，则电子向未被光照部分扩散，就造成光照射的部分带正电，未被光照射的部分带负电，光照部分与未被光照部分产生光电动势。基于光生伏特效应的光电元件有光电池、光敏二极管、光敏三极管、光敏晶闸管等。

第一类光电元件属于真空管元件，第二、三类属于半导体元件。

在以下光电元件的论述中将要应用到流明（lm）和勒克斯（lx）两个光学单位。所谓流明是光通量的单位，所有的灯都以流明表征输出光通量的大小。勒克斯是照度的单位，它表征受照物体被照程度的物理量。

（三）光电管及基本测量电路

1. 结构与工作原理

光电管有真空管和充气光电管两类，二者结构相似，都是由一个涂有光电材料的阴极 K 和一个阳极 A 封装在玻璃壳内构成，如图 10－3（a）所示。当入射光照射在阴极上时，阴极就会发射电子，由于阳极的电位高于阴极，在电场力的作用下，阳极便收集到由阴极发射

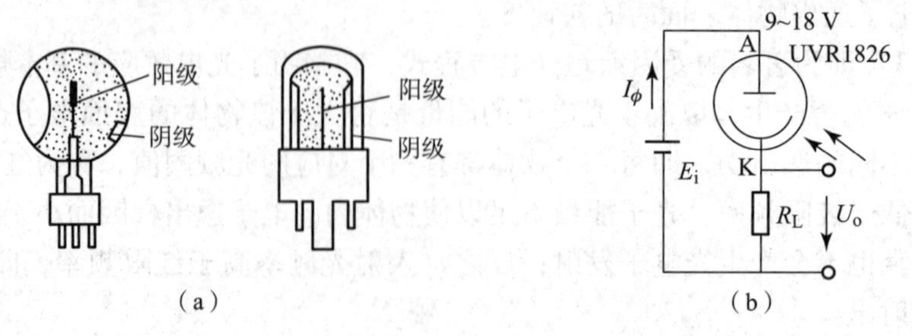

图 10－3　光电管的结构、符号及测量电路

（a）光电管的结构；（b）光电管符号及测量电路

出来的电子，因此，在光电管组成的回路中形成了光电流 I_ϕ，并在负载电阻 R_L 上输出电压 U_o，如图 10－3（b）所示。在入射光的频谱成分和光电管电压不变的条件下，输出电压 U_o 与入射光通量成正比。

2. 光电管特性

光电管的性能指标主要有光电特性、伏安特性、光谱特性、响应特性、响应时间、峰值探测率和温度特性等。下面仅对其中的主要指标做简单介绍。

1）光电特性

光电特性表示当阳极电压一定时，阳极电流 I 与入射在光电管阴极上的光通量 ϕ 之间的关系，如图 10－4 所示。光电特性的斜率（光电流与入射光光通量之比）称为光电管的灵敏度。

2）伏安特性

当入射光的频谱及光通量一定时，阳极电流与阳极电压之间的关系叫伏安特性，如图 10－5 所示。当阳极电压比较低时，阴极所发射的电子只有一部分到达阳极，其余部分受光电子在真空中运动时所形成的负电场作用回到光电阴极。随着阳极电压的增高，光电流随之增大。当阴极发射的电子全部到达阳极时，阳极电流便很稳定，称为饱和状态。当达到饱和时，阳极电压再升高，光电流 I 也不会增加。

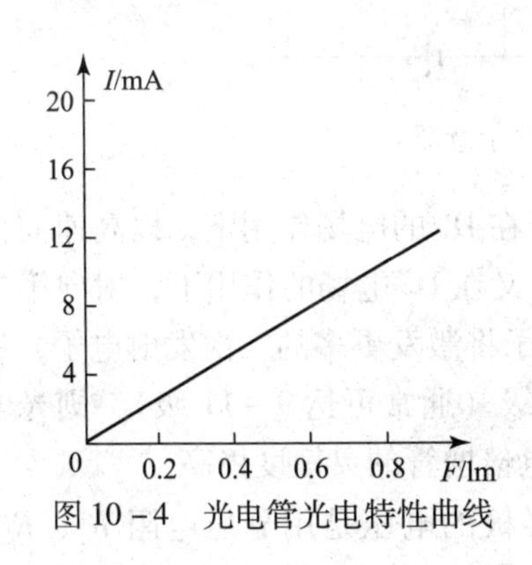

图 10－4　光电管光电特性曲线

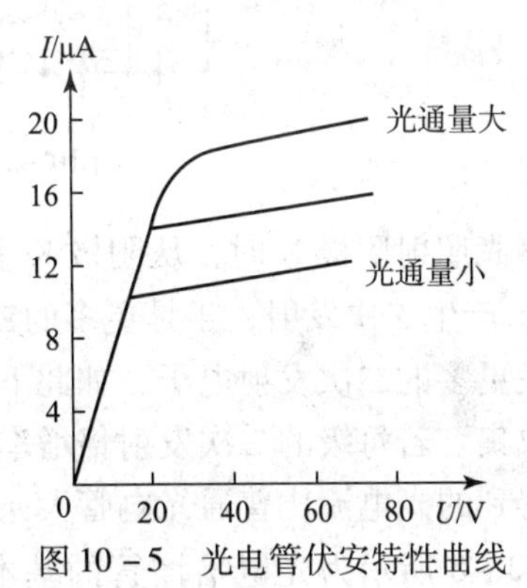

图 10－5　光电管伏安特性曲线

3）光谱特性

光电管的光谱特性通常是指阳极和阴极之间所加电压不变时，入射光的波长（或频率）与其相对灵敏度的关系。它主要取决于阴极材料，不同阴极材料的光电管适用于不同的光谱范围。另外，不同光电管对于不同频率（即使光强度相同）的入射光，其灵敏度也不同，图 10－6 中曲线Ⅰ、Ⅱ为常用的银氧铯光电阴极和锑铯光电阴极。此外，光电管还有温度特性、疲劳特性、惯性特性、暗电流和衰老特性等，使用时应根据产品说明书和有关手册合理选用。

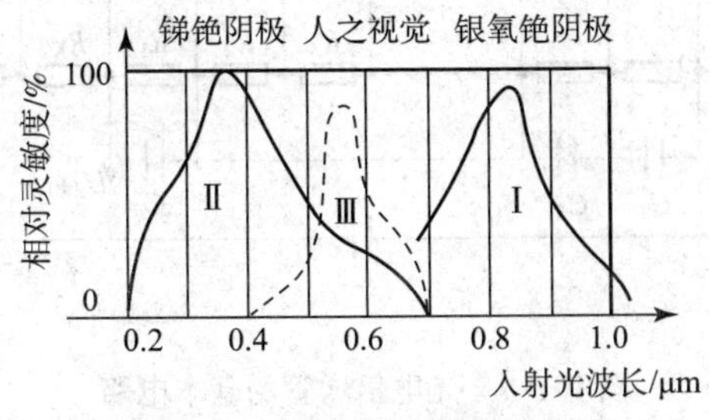

图 10－6　光电管光谱特性曲线

（四）光电倍增管及基本测量电路

1. 结构与工作原理

光电倍增管是把微弱的光输入转换成电子，并使电子获得倍增的电真空器件。

它有放大光电流的作用，灵敏度非常高，信噪比大，线性好，多用于微光测量。光电倍增管由两个主要部分构成：阴极室和若干光电倍增极；它们组成二次发射倍增系统，其结构示意图如图 10－7 所示。从图中可以看到光电倍增管也有一个阴极 K、一个阳极 A。与光电管不同的是，在它的阴极与阳极之间设置许多二次倍增极 D_1、D_2、D_3…它们又称为第一倍增极、第二倍增极……相邻电极之间通常加上 100 V 左右的电压，其电位逐级提高，阴极电位最低，阳极电位最高，两者之差一般在 600～1 200 V。

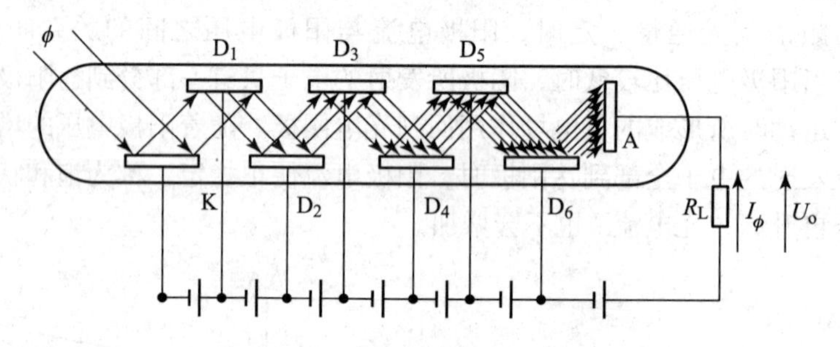

图 10－7　光电倍增管结构示意图

当微光照射阴极 K 时，从阴极 K 上逸出的光电子在 D_1 的电场作用下，以高速向倍增极 D_1 射去，产生二次发射，于是更多的二次发射的电子又在 D_2 电场的作用下，射向第二倍增极，激发更多的二次发射电子，如此下去，一个光电子将激发更多的二次发射电子，最后被阳极所收集。若每级的二次发射倍增率为 m，共有 n 级（通常可达 9～11 级），则光电倍增管阳极得到的光电流比普通光电管大 m^n 倍，因此光电倍增管的灵敏度极高。

图 10－8 所示为光电倍增管的基本电路。各倍增极的电压是用分压电阻 R_1、R_2、…、R_n 获得的，阳极电流流经电阻 R_L 得到输出电压 U_o。当用于测量稳定的辐射通量时，图中虚线连接的电容 C_1、C_2、…、C_n 和输出隔离电容 C_0 都可以省去。这时电路往往将电源正端接地，并且输出可以直接与放大器输入端相连接。当入射光通量为脉冲量时，则应将电源的负

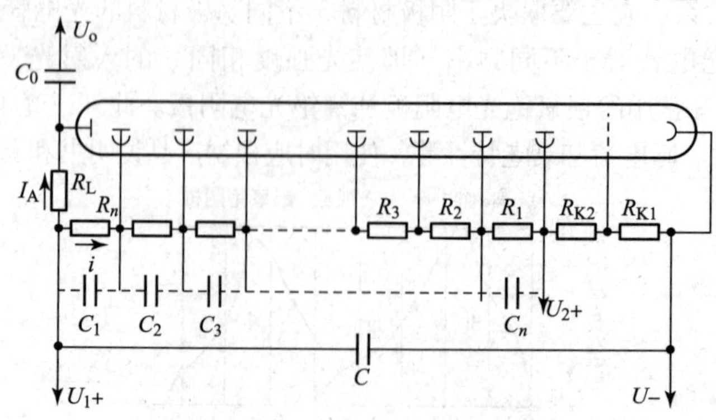

图 10－8　光电倍增管的基本电路

端接地，因为光电倍增管的阴极接地比阳极接地有更低的噪声，此时输出端应接入隔离电容，同时各倍增极的并联电容亦应接入，以稳定脉冲工作时的各级工作电压，稳定增益并防止饱和。

2. 光电倍增管的主要参数和特性

(1) 光电倍增管的倍增系数 M 与工作电压的关系。倍增系数 M 等于 n 个倍增电极的二次电子发射系数 δ 的乘积。如果 n 个倍增电极的 δ 都相同，则 $M=\delta^n$。因此，阳极电流 I 为

$$I=i\cdot\delta^n \tag{10-4}$$

式中　i——光电阴极的光电流。

光电倍增系数 M 与工作电压 U 的关系是光电倍增管的重要特性。随着工作电压的增加，倍增系数也相应增加，如图 10－9 所示。M 与所加电压有关，M 在 $10^5\sim10^8$ 之间，稳定性为1%左右，加速电压稳定性要在0.1%以内。如果有波动，倍增系数也要波动，因此 M 具有一定的统计涨落。一般阳极和阴极之间的电压为 1 000～2 500 V，两个相邻的倍增电极的电位差为50～100 V。对所加电压越稳越好，这样可以减小统计涨落，从而减小测量误差。

(2) 光电倍增管的伏安特性。光电倍增管的伏安特性也叫阳极特性，它是指阴极与各倍增极之间电压保持恒定条件下，阳极电流 I_A（光电流）与最后一级倍增极和阳极间电压 U_{AD} 的关系，典型光电倍增管伏安特性如图 10－10 所示。它是在不同光通量下的一组曲线族。像光电管一样，光电倍增管的伏安特性曲线也有饱和区，照射在光电阴极上的光通量越大，饱和阳极电压越高，当阳极电压非常大时，由于阳极电位过高，使倒数第二级倍增极发出的电子直接奔向阳极，造成最后一级倍增极的入射电子数减少，影响了光电倍增管的倍增系数，因此，伏安特性曲线过饱和区段后略有降低。

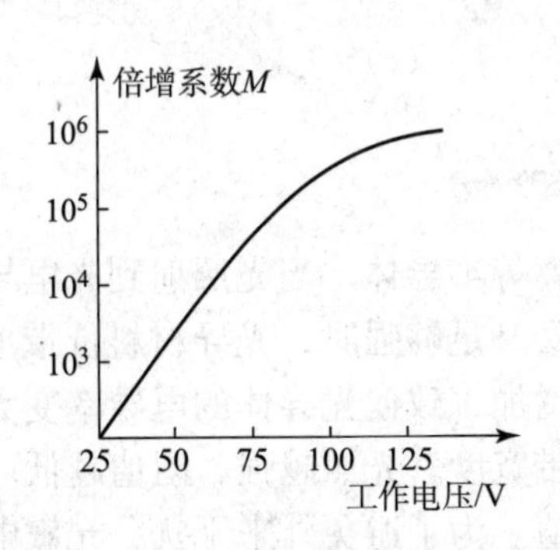

图 10－9　光电倍增管的特性曲线

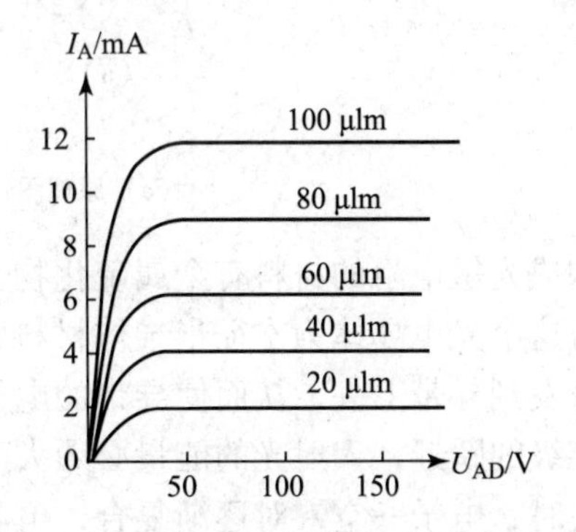

图 10－10　光电倍增管的伏安特性曲线

(3) 光电倍增管的光电特性。光电倍增管的光电特性是指阳极电流（光电流）与光电阴极接收到的光通量之间的关系。典型光电倍增管的光电特性如图 10－11 所示。从图 10－11 可以看出，当光通量在 $10^{-13}\sim10^{-4}$ lm（流明）之间时，光电特性曲线具有较好的线性关系，当光通量超过 10^{-4} lm 时，曲线就明显向下弯曲，其主要原因是强光照射下，较大的光电流使后几级倍增极疲劳，灵敏度下降，因此，使用时光电流不要超过 1 mA。

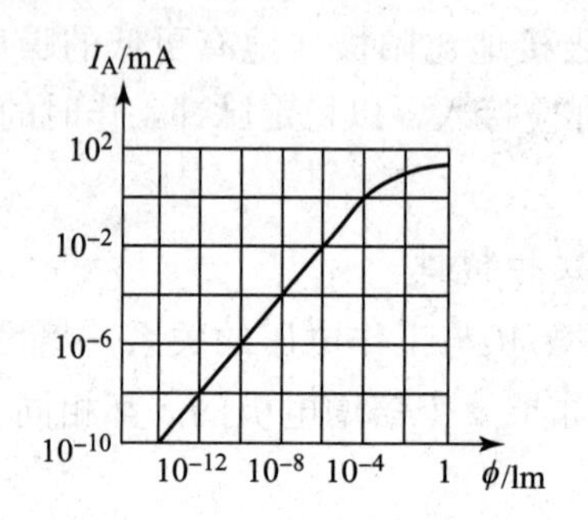

图 10－11　光电倍增管的光电特性

（五）光敏电阻及基本测量电路

光敏电阻又称光导管，是一种均质半导体光电元件。它具有灵敏度高、光谱响应范围宽、体积小、重量轻、机械强度高、耐冲击、耐振动、抗过载能力强和寿命长等特点。

1. 光敏电阻的工作原理和结构

光敏电阻的工作原理是基于内光电效应。在半导体光敏材料两端装上电极引线，将其封装在带透明窗的管壳内就构成光敏电阻，如图 10－12（a）所示。为了增加灵敏度，常将两电极做成梳状，如图 10－12（b）所示。光敏电阻的图形符号如图 10－12（c）所示。

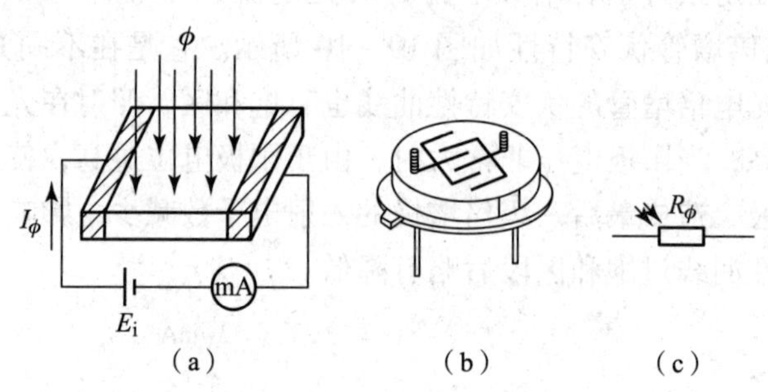

图 10－12　光敏电阻

（a）原理图；（b）外形图；（c）图形符号

构成光敏电阻的材料有金属硫化物、硒化物、碲化物等半导体。当光照射到光电导体上时，若这个光电导体为本征半导体材料，而且光辐射能量又足够强时，光导材料价带上的电子将激发到导带上去，从而使导带的电子和价带的空穴增加，致使光导体的电导率变大。为实现能级的跃迁，入射光的能量必须大于光导材料的禁带宽度。光照越强，阻值越低。入射光消失时，电子—空穴对逐渐复合，电阻也逐渐恢复原值。为了避免外来干扰，光敏电阻外壳的入射孔用一种能透过所要求光谱范围的透明保护窗（如玻璃），有时用专门的滤光片作保护窗。为了避免灵敏度受潮湿的影响，因此将电导体严密封装在壳体中。

2. 光敏电阻的基本特性和主要参数

（1）暗电阻和暗电流。置于室温、全暗条件下测得的稳定电阻值称为暗电阻，此时流过电阻的电流称为暗电流。这些是光敏电阻的重要特性指标。

（2）亮电阻和亮电流。置于室温、在一定光照条件下测得的稳定电阻值称为亮电阻，此时流过电阻的电流称为亮电流。

（3）伏安特性。光照度不变时，光敏电阻两端所加电压和流过电阻的光电流的关系称为光敏电阻的伏安特性，如图 10－13 所示。从图中可知，伏安特性近似直线，但使用时应限制光敏电阻两端的电压，以免超过虚线所示的功耗区。因为光敏电阻都有最大额定功率、最高工作电压和最大额定电流，超过额定值可能导致光敏电阻的永久性损坏。

（4）光电特性。在光敏电阻两级间电压固定不变时，光照度与亮电流间的关系称为光电特性，如图 10－14 所示。光敏电阻的光电特性呈非线性，这是光敏电阻的主要缺点之一。

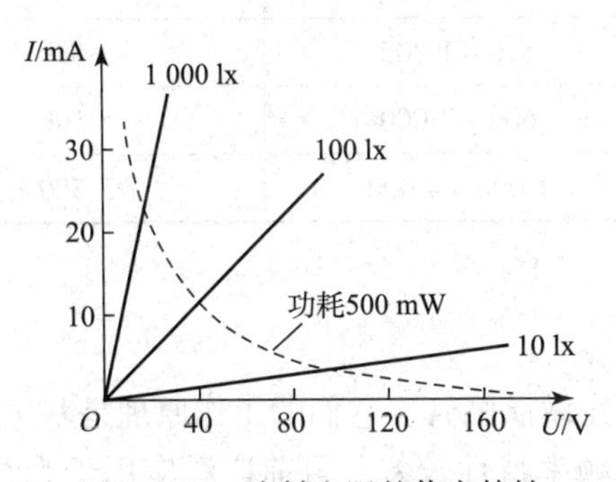

图 10－13 光敏电阻的伏安特性

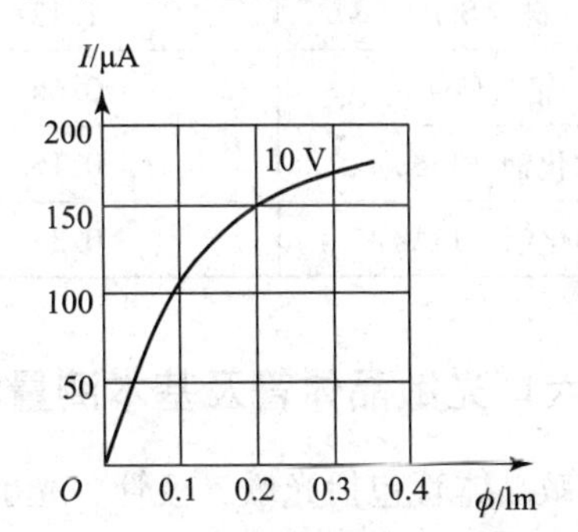

图 10－14 硒光敏电阻的光电特性

（5）光谱特性。如图 10－15 所示，光敏电阻对不同波长的入射光，其对应光谱灵敏度不相同，而且各种光敏电阻的光谱响应峰值波长也不相同，所以在选用光敏电阻时，把元件和入射光的光谱特性结合起来考虑，才能得到比较满意的效果。

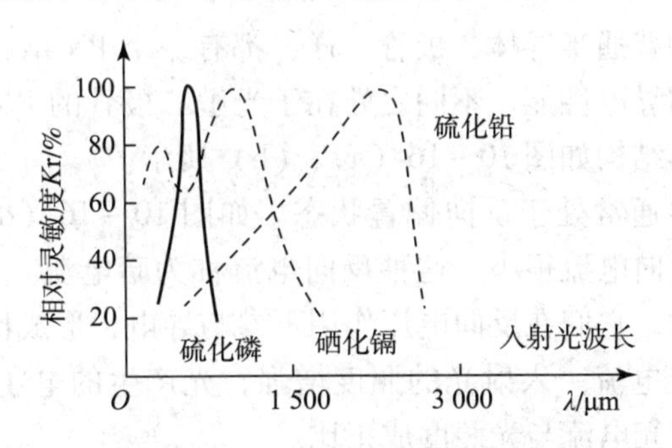

图 10－15 光敏电阻的光谱特性

（6）响应时间。光敏电阻受光照后，光电流并不立刻升到最大值，而要经历一段时间（上升时间）才能达到最大值。同样，光照停止后，光电流也需要经过一段时间（下降时间）才能恢复到其暗电流值，这段时间称为响应时间。光敏电阻的上升响应时间和下降响应时间为 $10^{-3} \sim 10^{-1}$ s，故光敏电阻不能适用于要求快速响应的场合。

（7）温度特性。光敏电阻和其他半导体器件一样，受温度影响较大。随着温度的上升，它的暗电阻和灵敏度都下降。常用光电导材料如表 10－2 所示。

表 10－2 常用光电导材料

光电导器件材料	禁带宽度/eV	光谱响应范围/nm	峰值波长/nm
硫化镉（CdS）	2.45	400～800	515～550
硒化镉（CdSe）	1.74	680～750	720～730

续表

光电导器件材料	禁带宽度/eV	光谱响应范围/nm	峰值波长/nm
硫化铅（PbS）	0. 40	500 ~ 3 000	2 000
碲化铅（PbTe）	0. 31	600 ~ 4 500	2 200
硒化铅（PbSe）	0. 25	700 ~ 5 800	4 000
硅（Si）	1. 12	450 ~ 1 100	850
锗（Ge）	0. 66	550 ~ 1 800	1 540
锑化铟（InSb）	0. 16	600 ~ 7 000	5 500
砷化铟（InAs）	0. 33	1 000 ~ 4 000	3 500

（六）光敏晶体管及基本测量电路

光敏晶体管包括光敏二极管、光敏三极管、光敏晶闸管，它们的工作原理是基于内光电效应。光敏三极管的灵敏度比光敏二极管高，但频率特性较差，目前广泛应用于光纤通信、红外线遥控器、光电耦合器、控制伺服电动机转速的检测、光电读出装置等场合。光敏晶闸管主要应用于光控开关电路。

1. 光敏晶体管的结构与工作原理

1）光敏二极管

光敏二极管的结构和普通半导体二极管一样，都有一个 PN 结、两根电极引线，而且都是非线性器件，具有单向导电性能。不同之处在于光敏二极管的 PN 结装在管壳的顶部，可以直接受到光的照射。其结构如图 10 - 16（a）、（b）所示。

光敏二极管在电路中通常处于反向偏置状态。如图 10 - 16（d）所示，当没有光照射时，其反向电阻很大，反向电流很小，这种反向电流称为暗电流。当有光照射时，PN 结及其附近产生电子—空穴对，它们在反向电压作用下参与导电，形成比无光照射时大得多的反向电流，这种电流称为光电流。入射光的照度增强，光产生的电子—空穴对数量也随之增加，光电流也相应增大，光电流与光照度成正比。

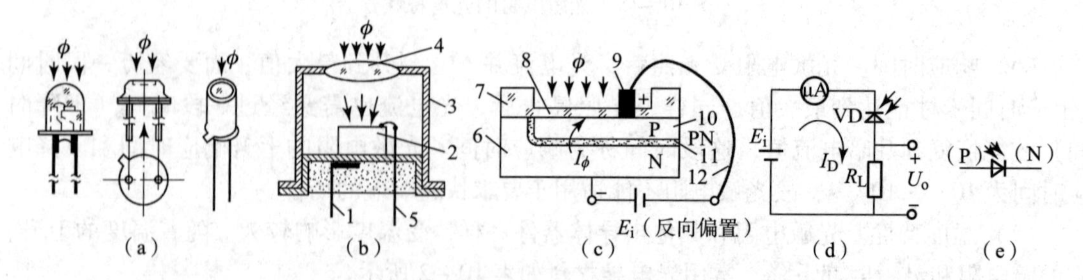

图 10 - 16　光敏二极管

（a）外形图；（b）内部组成；（c）管芯结构；（d）光敏二极管的反向偏置接法（e）图形符号

1—负极引脚；2—管芯；3—外壳；4—玻璃聚光镜；5—正极引脚；6—N 型衬底；7—SiO_2 保护圈；

8—SiO_2 透明保护层；9—铝引出电极；10—P 型扩散层；11—PN 结；12—金属引出线

目前还研制出一种雪崩式光敏二极管（APD）。由于利用了二极管 PN 结的雪崩效应

（工作电压达100 V左右），所以灵敏度极高，响应速度极快，可达数百兆赫，可用于光纤通信及微光测量。

2）光敏三极管

光敏三极管有两个PN结，从而可以获得电流增益。具有比光敏二极管更高的灵敏度，其结构、等效电路、图形符号及应用电路如图10－17所示，光线通过透明窗口照射在集电结上。当电路按图10－17（d）所示连接时，集电结反偏，发射结正偏。与光敏二极管相似，入射光使集电结附近产生电子—空穴对，电子受集电结电场吸引流向集电区，基区留下的空穴形成“纯正电荷”，使基区电压提高，致使电子从发射区流向基区，由于基区很薄，所以只有一小部分从发射区来的电子与基区空穴结合，而大部分电子穿过基区流向集电区，这一过程与普通三极管的放大作用相类似。集电极电流是原始光电电流的β倍。因此，光敏三极管比光敏二极管的灵敏度高许多倍。

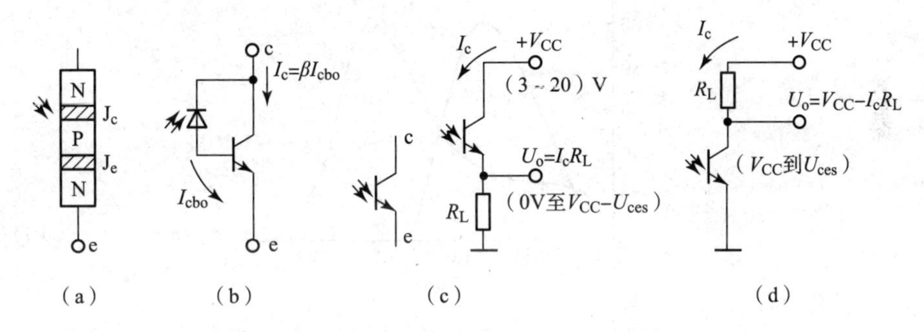

图10－17　光敏三极管

（a）结构；（b）等效电路；（c）图形符号；（d）应用电路

3）光敏晶闸管

光敏晶闸管（LCR）又称为光控晶闸管，如图10－18所示。它有3个引出电极，即阳极A、阴极K和控制极G。有3个PN结，即J_1、J_2、J_3。与普通晶闸管不同之处是，光敏晶闸管的顶部有一个透明玻璃透镜，能把光线集中照射到J_2上。图10－18（b）所示为光敏晶闸管的典型应用电路，光敏晶闸管的阳极接正极，阴极接负极，控制极通过电阻R_G与阴极相接。这时，J_1、J_3正偏，J_2反偏，晶闸管处于正向阻断状态。当有一定照度的入射光通过玻璃透镜照射到J_2上时，在光能的激发下，J_2附近产生大量的电子—空穴对，它们在外电压的作用下，穿过J_2阻挡层，产生控制电流，从而使光敏晶闸管从阻断状态变为导通状态。电阻R_G为光敏晶闸管的灵敏度调节电阻，调节R_G的大小，可以使晶闸管在设定的照度下导通。

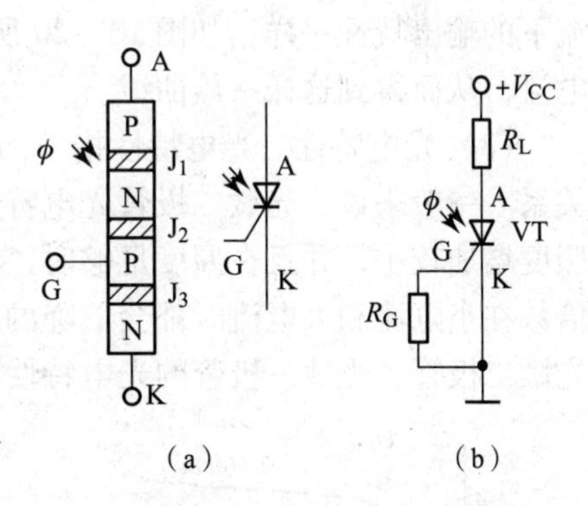

图10－18　光敏晶闸管

（a）结构及图形符号；（b）应用电路

晶闸管的特点是工作电压很高，有的可达数百伏，导通电流比光敏三极管大得多，因此输出功率很大，在自动检测控制和日常生活中应用会越来越广泛。

2. 光敏晶体管的基本特性

光敏晶体管的基本特性包括光谱特性、伏安特性、光电特性、温度特性、频率特性和响应时间等。

（1）光谱特性。光敏晶体管在入射光照度一定时输出的光电流（或相对灵敏度）随光波波长的变化而变化。一种晶体管只对一定波长的入射光敏感，这就是它的光谱特性，如图 10 - 19 所示。从图 10 - 19 中可以看出，不管是硅管还是锗管当入射光波长超过一定值时，波长增加，相对灵敏度下降。这是因为光子能量太小，不足以激发电子—空穴对，当入射光波长太短时，由于光波穿透能力下降，光子只在晶体管表面激发电子—空穴对，而不能到达 PN 结，因此相对灵敏度下降。从曲线还可以看出，不同材料的光敏晶体管，其光谱响应峰值波长也不相同。硅管的峰值波长为 1.0 μm 左右，锗管为 1.5 μm 左右，由此可以确定光源与光电器件的最佳配合。由于锗管的暗电流比硅管大，因此锗管性能较差。故在探测可见光或炽热物体时，都用硅管，而在对红外线进行探测时，采用锗管较为合适。

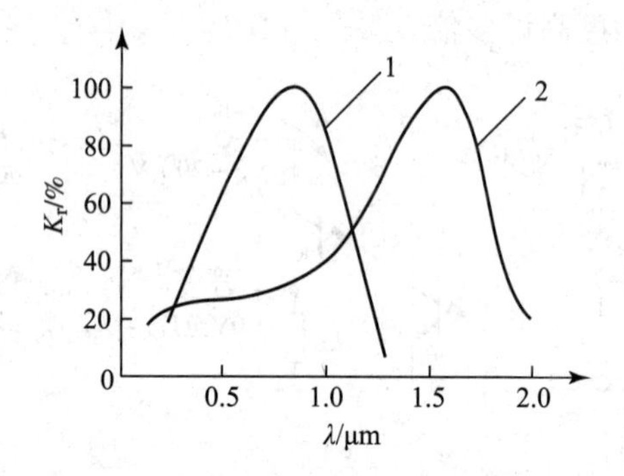

图 10 - 19　光敏晶体管的光谱特性

1—硅管的光谱特性；2—锗管的光谱特性

（2）伏安特性。光敏三极管在不同照度下的伏安特性，就像普通三极管在不同基极电流下的输出特性一样，如图 10 - 20 所示。在这里改变光照就相当于改变普通三极管的基极电流，从而得到这样一族曲线。

（3）光电特性。光电特性指外加偏置电压一定时，光敏晶体管的输出电流和光照度的关系。一般来说，光敏二极管光电特性的线性较好，而光敏三极管在照度较小时，光电流随照度增加较小，并且在照度足够时，输出电流有饱和现象。这是由于光敏三极管的电流放大倍数在小电流和大电流时都会下降的缘故。图 10 - 21 中曲线 1、曲线 2 分别是某种型号的光敏二极管、光敏三极管的光电特性。

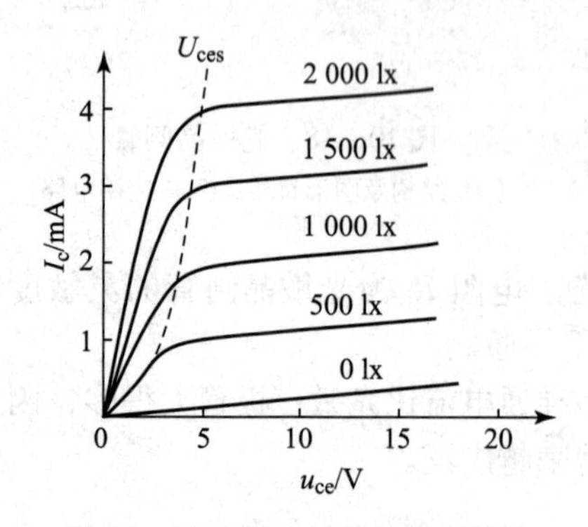

图 10 - 20 光敏三极管的伏安特性

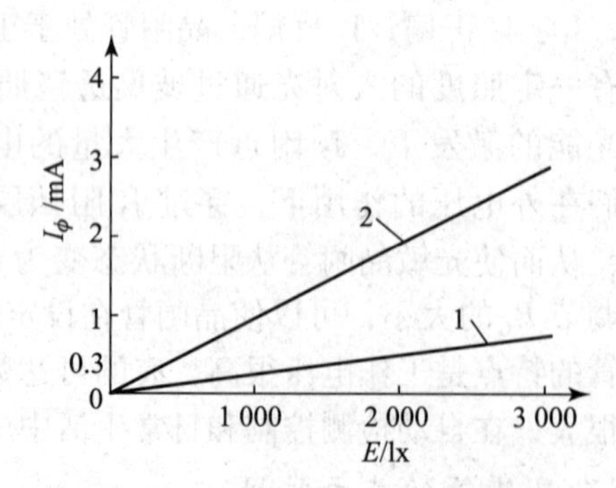

图 10 - 21　光敏晶体管的光电特性

1—光敏二极管的光电特性；2—光敏三极管的光电特性

（4）温度特性。温度变化对亮电流的影响较小，但对暗电流的影响相当大，并且是非线性的，这将给微光测量带来误差，如图 10－22 所示。为此，在外电路中可以采取温度补偿方法，如果采用调制光信号交流放大，由于隔直电容的作用，可使暗电流隔断，消除温度影响。

（5）频率特性。光敏晶体管受调制光照射时，相对灵敏度与调制频率的关系称为频率特性，如图 10－23 所示。减少负载电阻能提高相应频率，但输出降低。一般来说，光敏三极管的频率响应比光敏二极管差得多，锗光敏三极管的频率响应比硅管小一个数量级。

（6）响应时间。工业用的硅光敏二极管的响应时间为 $10^{-7} \sim 10^{-5}$ s，光敏三极管的响应时间比相应的二极管约慢一个数量级，因此在要求快速响应或入射光调制频率比较高时应选用硅光敏二极管。

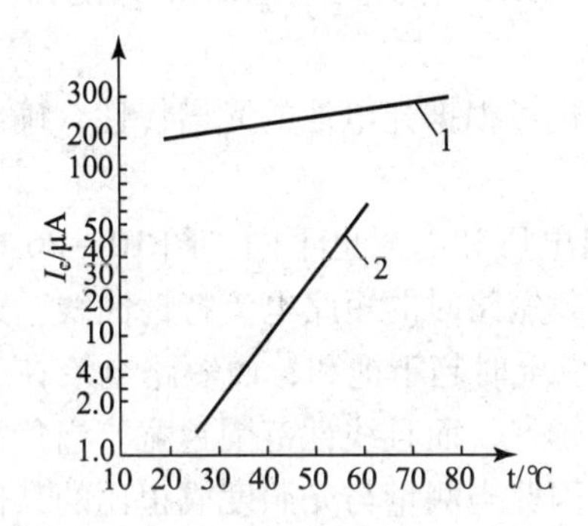

图 10－22　光敏晶体管的温度特性

1—输出电流；2—暗电流

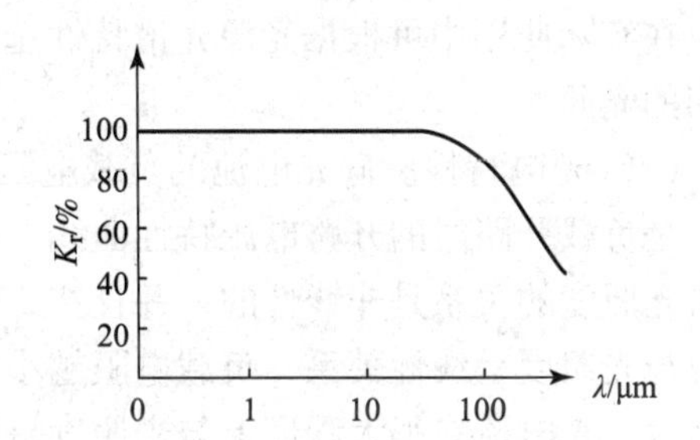

图 10－23　光敏晶体管的频率特性

（七）光电池及基本测量电路

光电池的工作原理是基于光生伏特效应，当光照射到光电池上时，可以直接输出光电流。常用的光电池有两种，一种是金属—半导体型；另一种是 PN 结型，如硒光电池、硅光电池、锗光电池等，如图 10－24（a）所示。下面以硅光电池为例说明光电池的结构及工作原理。

1. 光电池的结构及工作原理

图 10－24（b）、（c）所示为光电池结构示意图与图形符号。通常是在 N 型衬底上渗入 P 型杂质形成一个大面积的 PN 结作为光照敏感面。当入射光子的能量足够大时，即光子能

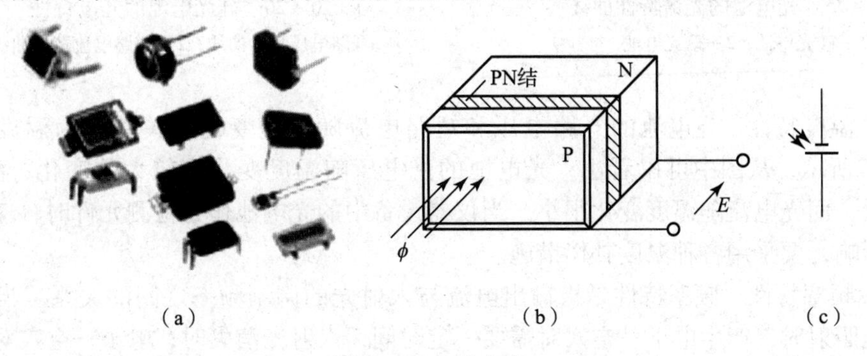

图 10－24　光电池

（a）常见硅光电池；（b）结构示意图；（c）图形符号

量 $h\nu$ 大于硅的禁带宽度，P 型区每吸收一个光子就产生一对光生电子—空穴对，光生电子—空穴对的浓度从表面向内部迅速下降，形成由表及里扩散的自然趋势。由于 PN 结内电场的方向是由 N 区指向 P 区，它使扩散到 PN 结附近的电子—空穴对分离，光生电子被推向 N 区，光生空穴被留在 P 区，从而使 N 区带负电，P 区带正电，形成光生电动势。若用导线连接 P 区和 N 区，电路中就有电流流过。

2. 光电池的基本特性

（1）光谱特性。光电池对不同波长的光有不同的灵敏度。图 10－25 所示为硅光电池和硒光电池的光谱特性。从图 10－25 中可知，不同材料光电池的光波灵敏度不同。硅光电池的适用范围宽，对应的入射光波长 λ 可在 0.45～1.1 μm，而硒光电池的 λ 只能在 0.34～0.57 μm 的波长范围，它适用于可见光检测。

在实际使用中可根据光源光谱特性选择光电池，也可根据光电池的光谱特性，确定应该使用的光源。

（2）光电特性。硅光电池的负载电阻不同，输出电压和电流也不同。图 10－26 中的曲线 1 是负载开路时的开路电压特性曲线，曲线 2 是负载短路时的短路电流特性曲线。开路电压与光照度的关系是非线性的，并且在 2 000 lx 照度以上时趋于饱和，而短路电流在很大范围内与光照度呈线性关系，负载电阻越小，线性关系越好，而且线性范围越宽。当负载电阻短路时，光电流在很大程度上与光照度呈线性关系，因此当测量与光照度成正比的其他非电量时，应把光电池作为电流源来使用，当被测非电量是开关量时，可以把光电池作为电压源来使用。

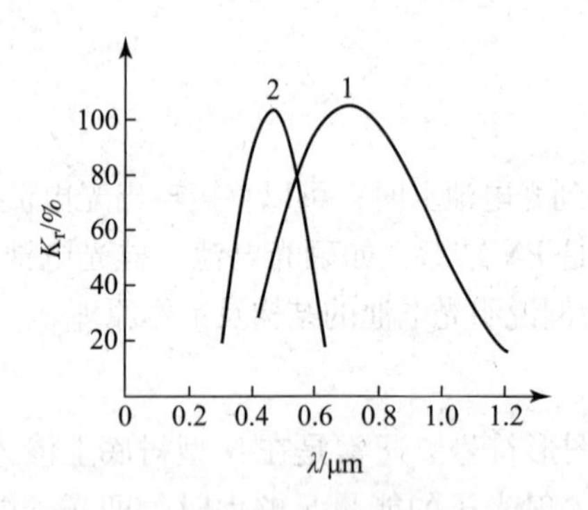

图 10－25 光电池的光谱特性曲线

1—硅光电池；2—硒光电池

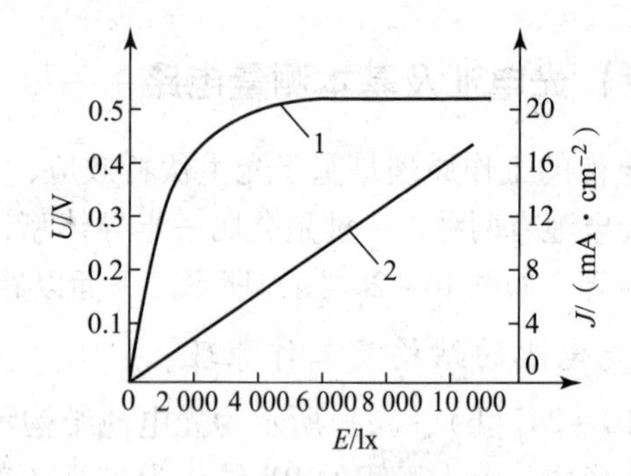

图 10－26 硅光电池的光电特性

1—开路电压特性曲线；2—短路电流特性曲线

（3）温度特性。光电池的开路电压和短路电流随温度变化的关系称为温度特性，如图 10－27所示，从图中可以看出，光电池的光电压随温度变化有较大的变化，温度越高，电压越低，而光电流随温度变化很小。当仪器设备中的光电池作为检测元件时，应考虑温度漂移的影响，要采用各种温度补偿措施。

（4）频率特性。频率特性是指输出电流与入射光的调制频率之间的关系。当光电池受到入射光照射时，产生电子—空穴对需要一定时间，入射光消失时，电子—空穴对的复合也需要一定时间，因此，当入射光的调制频率太高时，光电池的输出光电流将下降。如图 10－28 所示，硅光电池的频率特性较好，工作调制频率可达数十千赫至数兆赫。而硒光电池的频率特性较差，目前已很少使用。

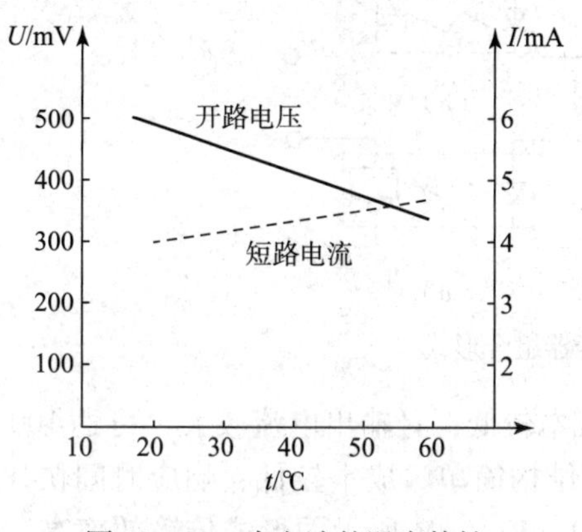

图 10－27 光电池的温度特性

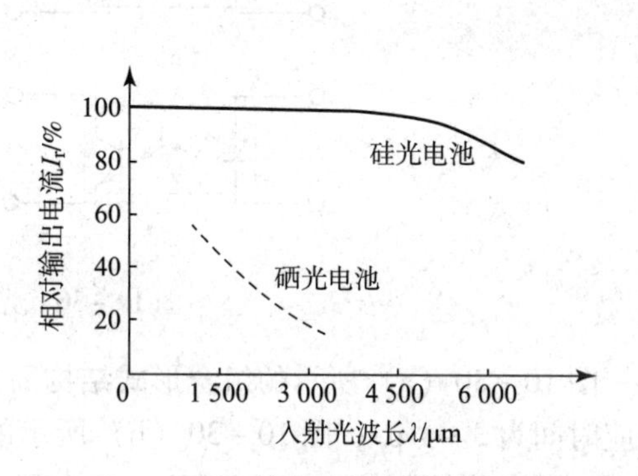

图 10－28 光电池的频率特性

3. 短路电流的测量

在光电特性中谈到，光电流与照度呈线性关系，当负载电阻短路时，线性关系最好，线性范围更宽。一般测量仪器很难做到负载为零，而采用集成运算电路较好地解决了这个问题。图 10－29 所示为光电池短路电流的测量电路。由于运算放大器的开环放大倍数 $A_{ud}\to\infty$，所以 $U_{AB}\to 0$，A 点为 0 电位（虚地）。从光电池的角度来看，相当于 A 点对地短路，所以光电池的负载电阻值为 0，产生的光电流为短路电流。根据运算放大器的“虚断”性质，则输出电压 U_o 为

$$U_o = -U_{Rf} = I_\phi R_f \tag{10-5}$$

从式（10－5）可知，该电路的输出电压 U_o 与光电流 I_ϕ 成正比，从而实现电流/电压转换关系。

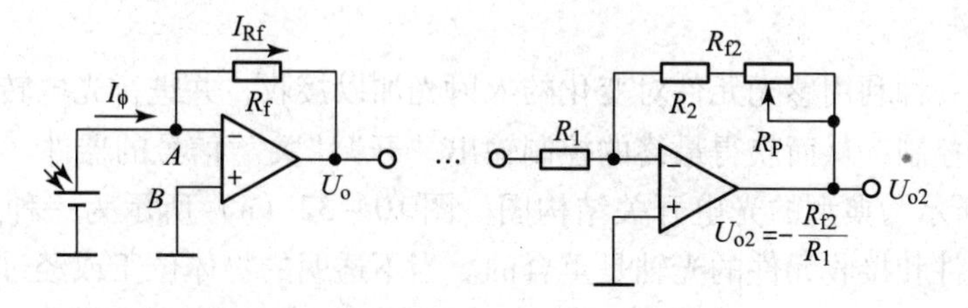

图 10－29 光电池短路电流测量电路

（八）光电耦合器件及基本测量电路

光电耦合器件是由发光元件（如发光二极管）和光电接收元件合并使用，以光作为媒介传递信号的光电器件。光电耦合器件中的发光元件通常是半导体的发光二极管，光电接收元件有光敏电阻、光敏二极管、光敏三极管或光可控硅等。根据其结构和用途不同，光电耦合器又可分为用于实现电隔离的光电耦合器和用于检测有无物体的光电开关。

1. 光电耦合器

光电耦合器的发光和接收元件都封装在一个外壳内，一般有金属封装和塑料封装两种。光电耦合器常见的组合形式如图 10－30 所示。

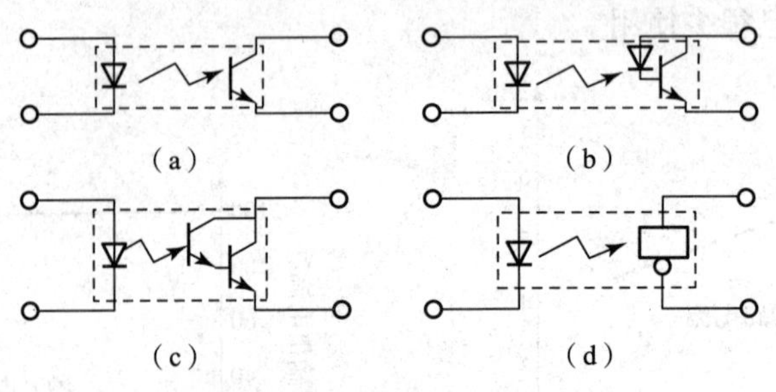

图 10－30　光电耦合器组合形式

图 10－30（a）所示的组合形式结构简单、成本较低，且输出电流较大，可达 100 mA，响应时间为 3～4 μs；图 10－30（b）所示的形式结构简单、成本较低、响应时间快，约为 1 μs，但输出电流小，在 50～300 μA 之间；图 10－30（c）所示的形式传输效率高，但适用于较低频率的装置中；图 10－30（d）所示为一种高速、高传输效率的新颖器件。无论何种形式，为保证其有较佳的灵敏度，都考虑了发光与接收波长的匹配。

图 10－31 所示为 4N28 光电耦合器件的外形结构和常用符号，它的外形结构为双列直插式，其中 3 脚为空脚，6 脚为三极管的基极引线，但在实际应用中很少使用。

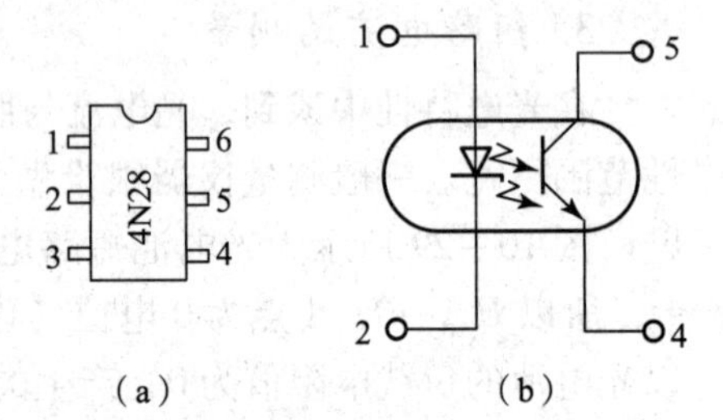

图 10－31　4N28 光电耦合器
（a）外形图；（b）常用符号

光电耦合器实际上是一个电量隔离转换器，它具有抗干扰性能和单向信号传输功能，广泛应用在电路隔离、电平转换、噪声抑制、无触点开关及固态继电器等场合。

2. 光电开关

光电开关是一种利用感光元件对变化的入射光加以接收，并进行光电转换，同时加以某种形式的放大和控制，从而获得最终的控制输出“开”“关”信号的器件。

图 10－32 所示为典型的光电开关结构图。图 10－32（a）所示为一种透射式的光电开关，它的发光元件和接收元件的光轴是重合的。当不透明的物体位于或经过它们之间时，会

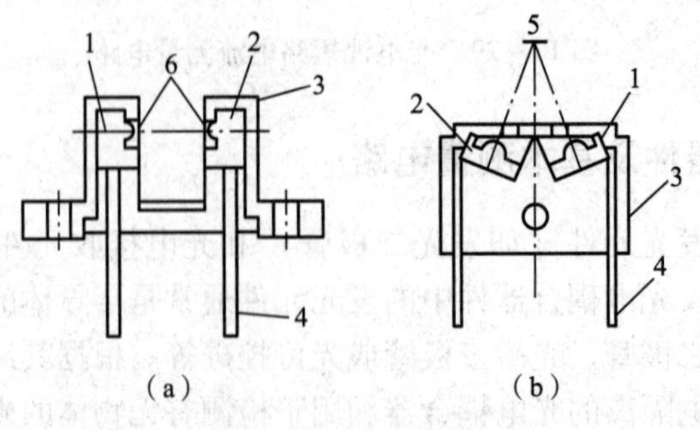

图 10－32　光电开关的结构
（a）透射式；（b）反射式
1—发光元件；2—接收元件；3—壳体；
4—导线；5—反射物；6—窗体

阻断光路，使接收元件接收不到来自发光元件的光，这样起到检测作用。图 10－32（b）所示为一种反射式的光电开关，它的发光元件和接收元件的光轴在同一平面且以某一角度相交，交点一般即为待测物所在处。当有物体经过时，接收元件将接收到从物体表面反射的光，没有物体时则接收不到反射光。光电开关的特点是小型、高速、非接触，而且与 TTL、MOS 等电路容易结合。

用光电开关检测物体时，大部分只要求其输出信号有“高—低”（1－0）之分即可。图 10－33所示为基本电路的示例。图 10－33（a）、（b）表示负载为 CMOS 比较器等高输入阻抗电路时的情况，图 10－33（c）表示用晶体管放大光电流的情况。

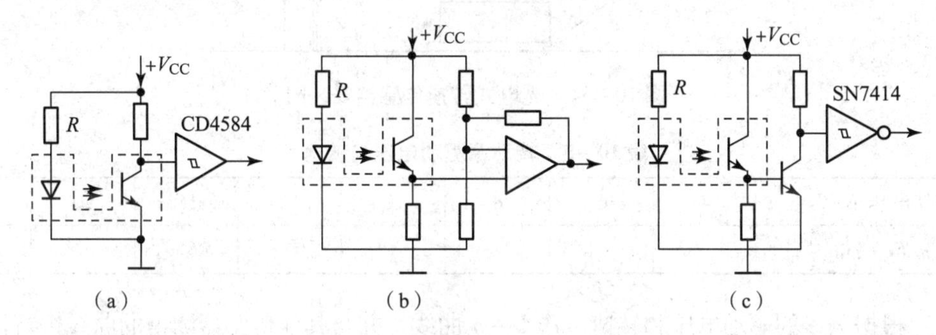

图 10－33　光电开关的基本电路

光电开关广泛应用于工业控制、自动化包装线及安全装置中作光控制和光探测装置。可在自控系统中用作物体检测、产品计数、料位检测、尺寸控制、安全报警及计算机输入接口等用途。

任务二　项目实施

光电式转速传感器的安装与测试

通过本实训项目使大家了解光电传感器的特性，掌握光电式转速传感器测量转速的原理及方法。

本实训项目需用器件与单元：主控台、转动源、光电传感器、直流稳压电源、频率/转速表、示波器。

光电式转速传感器有反射型和透射型二种，本项目实验装置是透射型的，传感器端部有发光管和光电池，发光管发出的光源通过转盘上的孔透射到光电管上，并转换成电信号，由于转盘上有等间距的 6 个透射孔，转动时将获得与转速及透射孔数有关的脉冲，将电脉冲计数处理即可得到转速值。

实训项目步骤如下：

（1）光电传感器已安装在转动源上，如图 10－34 所示。+5 V 电源接到三源板“光电”输出的电源端，光电输出接到频率/转速表的“fin”。

（2）打开实验台电源开关，用不同的电源驱动转动源转动，记录不同驱动电压对应的转速，填入表 10 - 3，同时可通过示波器观察光电传感器的输出波形。

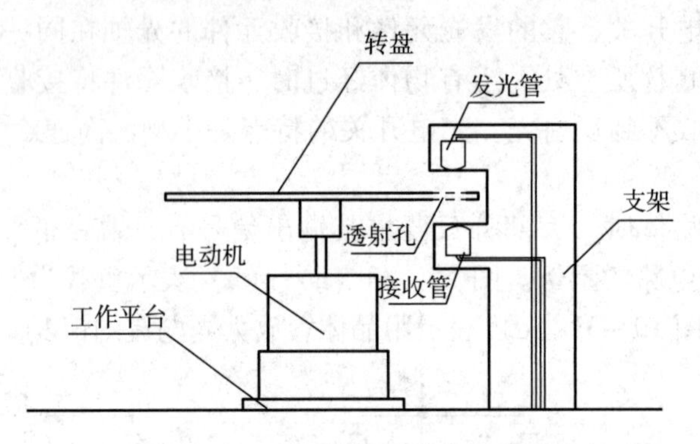

图 10 - 34　光电式转速传感器安装图

表 10 - 3　转动源驱动电压与转速

驱动电压 U/V	4	6	8	10	12	16	20	24
转速 n/(r · min^{-1})								

（3）根据测得的驱动电压和转速，作 $U-n$ 曲线，并与其他传感器测得的曲线进行比较。

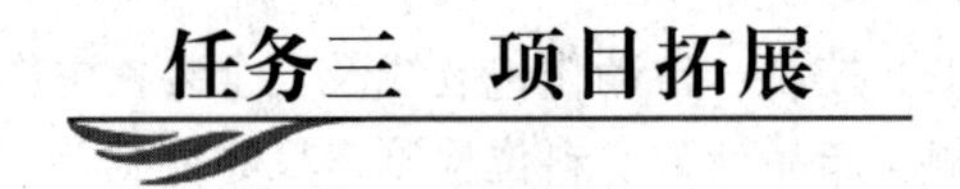

任务三　项目拓展

光电传感器的应用

光电传感器属于非接触式测量，它通常由光源、光学通路和光电元件 3 部分组成。按照被测物、光源、光电元件三者之间的关系，通常有 4 种类型，如图 10 - 35 所示。

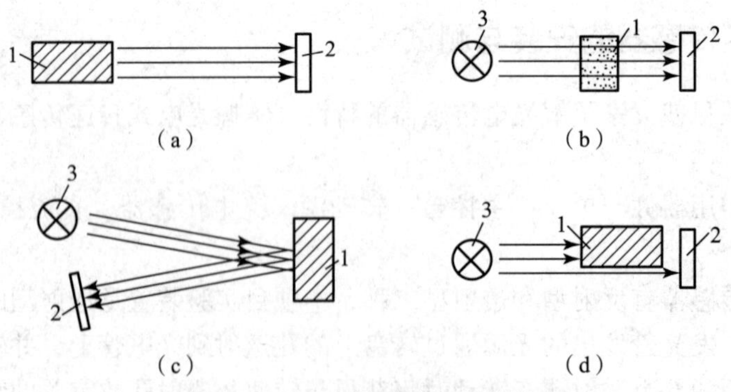

图 10 - 35　光电传感器的几种形式

（a）被测物是光源；（b）被测物吸收光通量；

（c）被测物是有反射能力的表面；（d）被测物遮蔽光通量

1—被测物；2—光电元件；3—恒定光源

（1）光源本身是被测物。被测物发出的光投射到光电元件上，光电元件的输出反映了某些物理参数，如图 10 - 35（a）所示。光电高温比色温度计、照相机照度测量装置、光照度表等运用了这种原理。

（2）恒定光源发出的光通量穿过被测物。其中一部分被吸收，另一部分投射到光电元件上，吸收量取决于被测物的某些参数，如图 10－35（b）所示。透明度、浑浊度的测量即运用了这种原理。

（3）恒定光源发出的光通量投射到被测物上，然后从被测物反射到光电元件上。反射光的强弱取决于被测物表面的性质和形状，如图 10－35（c）所示。这种原理应用在测量纸张的粗糙度、纸张的白度等方面。

（4）被测物处在恒定光源与光电元件的中间。被测物阻挡住一部分光通量，从而使光电元件的输出反映了被测物的尺寸或位置，如图 10－35（d）所示。这种原理可用于检测工件尺寸大小、工件的位置、振动等场合。

1. 高温比色温度仪

根据有关的辐射定律，物体在两个特定波长 λ_1、λ_2 上的辐射强度 $I_{\lambda1}$、$I_{\lambda2}$ 之比与该物体的温度成指数关系，即

$$I_{\lambda1}/I_{\lambda2} = K_1 e^{-K_2/T} \tag{10-6}$$

式中，K_1、K_2 是与 λ_1、λ_2 及物体的温度有关的常数。

因此，我们只要测出 $I_{\lambda1}$ 与 $I_{\lambda2}$ 之比，就可根据式（10－6）算出物体的温度 T。由此原理可以使用光电池制作非接触测温的高温比色温度仪。图 10－36 所示为高温比色温度仪的原理图。

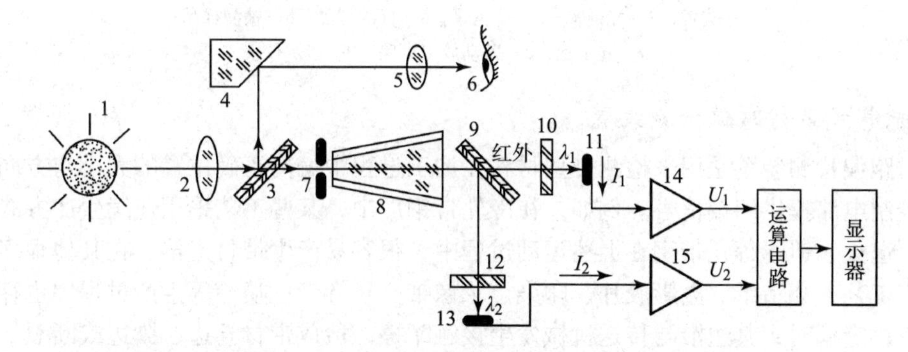

图 10－36　高温比色温度仪的原理图

1—高温物体；2—物镜；3—半反半透镜；4—反射镜；5—目镜；6—观察者眼睛；7—光阑；8—光导棒；9—分光镜；10，12—滤光片；11，13—硅光电池；14，15—电流/电压转换器

测温对象发出的光线经物镜 2 投射到半反半透镜 3 上，它将光线分为两路，一路光线经反射镜 4、目镜 5 到达观察者的眼睛，以便对测温对象进行瞄准；另一路光线穿过半反半透镜成像于光阑（成像小孔）7，通过光导棒 8 混合均匀后投射到分光镜 9，分光镜可以使红外光通过，可见光反射。红外光透过分光镜到达滤光片 10，滤光片的功能是进一步起到滤波作用，只让红外线某一特定频率 λ_1 的光线通过，最后被硅光电池 11 吸收，转换为与 $I_{\lambda1}$ 成正比的光电流 I_1。滤光片 12 的作用是使可见光某一特定频率 λ_2 的光线穿过，最后被硅光电池 13 吸收，产生与 $I_{\lambda2}$ 成正比的光电流 I_2。电流/电压转换器 14、15 分别把光电流 I_1、I_2 转换为电压 U_1、U_2，再经过运算电路算出被测物体的温度 T，由显示器显示出来。

2. 光电比色计

这是一种化学分析的仪器，如图 10－37 所示，光源 1 发出的光分为左右两束相等强度的光线。其中一束穿过光透镜 2，经滤色镜 3 把光线提纯，再通过标准样品 4 投射到光电池 7 上；另一束光线经过同样方式穿过被测样品 5 达到光电池 6 上。两光电池产生的电信号同时输送给差动放大器 8，放大器输出端的放大信号经指示仪表 9 指示出两样品的差值。由于被测样品在颜色、成分或浑浊度等某一方面与标准样品的不同，导致两光电池接收到的透射光强度不等，从而使光电池转换出来的电信号大小不同，经放大器放大后，用指示仪表显示出来，由此被测样品的某项指标即可被检测出来。

由于使用公共光源，不管光线强弱如何，光源光通量不稳定带来的变化可以被抵消，故其测量精度高。但两光电池的性能不可能完全一样，由此会带来一定误差。

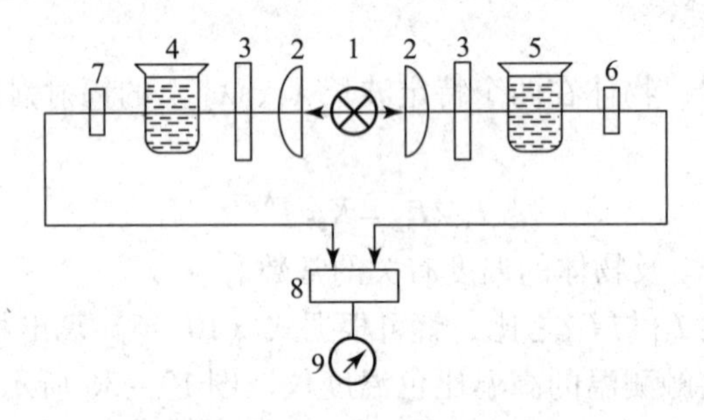

图 10－37　光电比色仪原理图

1—光源；2—光透镜；3—滤色镜；4—标准样品；5—被测样品；
6，7—光电池；8—差动放大电路；9—指示仪表

3. 光电式带材跑偏检测装置

带材跑偏检测装置是用来检测带型材料在加工过程中偏离正确位置的大小与方向，从而为纠偏控制电路提供纠偏信号。例如，在冷轧带钢厂中，某些工艺采用连续生产方式，如连续酸洗、退火、镀锡等，带钢在上述运动过程中，很容易产生带材走偏。在其他很多工业部门的生产工艺，如造纸、电影胶片、印染、录像带、录音带、喷绘等生产过程中也存在类似情况。带材走偏时，其边沿与传送机械发生接触摩擦，造成带材卷边、撕边或断裂，出现废品，同时也可能损坏传送机械。因此，在生产过程中必须有带材跑偏纠正装置。光电带材跑偏检测装置由光电式边沿位置传感器、测量电桥和放大电路组成。

如图 10－38（a）所示，光电式边沿位置传感器的光源（白炽灯）2 发出的光线经光透镜 3 会聚为平行光线投射到光透镜 4，由光透镜 4 会聚到光敏电阻 5（R_1）上。在平行光线投射的路径中，有部分光线被带材遮挡一半，从而使光敏电阻接收到的光通量减少一半。如果带材发生了左（或右）跑偏，则光敏电阻接收到的光通量将增加（或减少）。图 10－38（b）所示为测量电路简图。R_1、R_2 为同型号的光敏电阻，R_1 作为测量元件安置在带材边沿的下方，R_2 用遮光罩罩住，起温度补偿作用。带材处于中间位置时，由 R_1、R_2、R_3、R_4 组成的电桥平衡，放大器输出电压 U_o 为零。当带材左偏时，遮光面积减少，光敏电阻 R_1 的阻值随之减少，电桥失去平衡，放大器将这一不平衡电压加以放大，输出负值电压 U_o，反映出带材跑偏的大小与方向。反之，带材右偏，放大器输出正值电压 U_o。输出电压可以用显示器显示偏移方向和大小，同时可以供给执行机构，纠正带材跑偏的偏移量。R_P 为微调电

桥的平衡电阻。

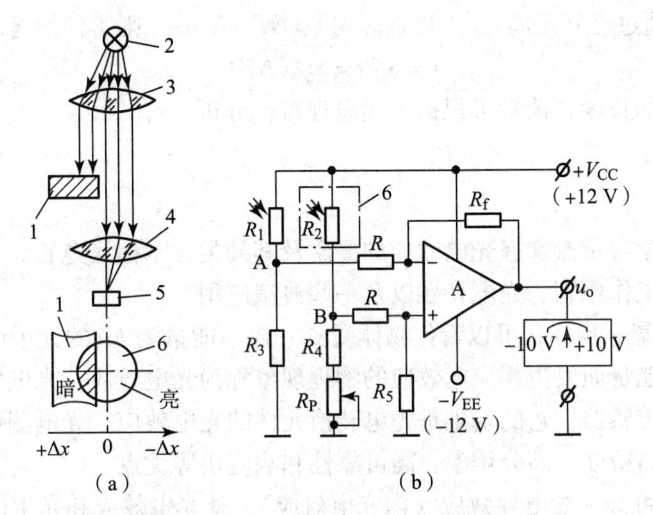

图 10 - 38　光电式边沿位置检测装置

（a）光电检测装置；（b）测量电路

1—被测带材；2—光源；3，4—光透镜；5—光敏电阻；6—遮光罩

4. 物体长度及运动速度的检测

在实际工作中，经常要检测工件的运动速度或长度，图 10 - 39 所示就是利用光电元件检测运动物体的速度。

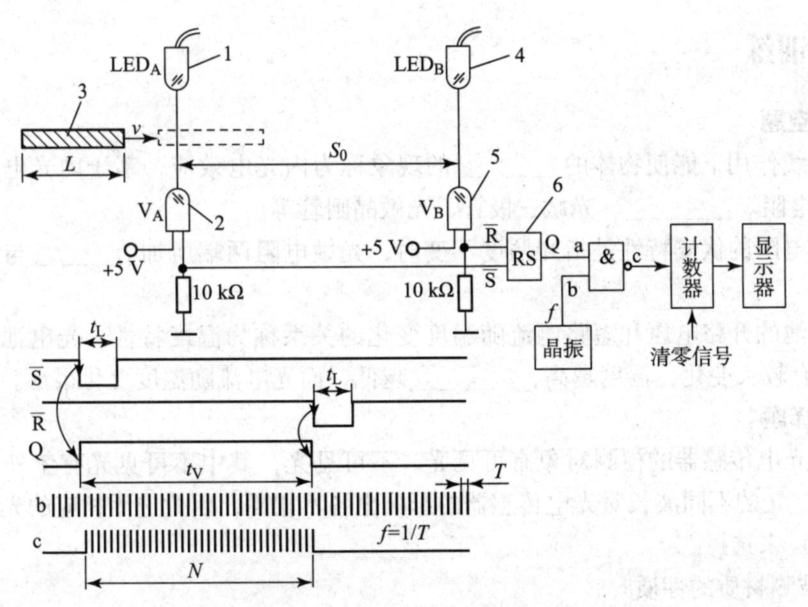

图 10 - 39　光电检测运动物体的速度（长度）示意图

1—光源 A；2—光敏元件 V_A；3—运动物体；4—光源 B；5—光敏元件 V_B；6—RS 触发器

当工件自左向右运动时，光源 A 的光线首先被遮断，光敏元件 V_A 输出低电平，触发 RS 触发器，使其置“1”，与非门打开，高频脉冲可以通过，计数器开始计数。当工件经过设定的 S_0 距离而遮断光源 B 时，光敏元件 V_B 输出低电平，RS 触发器置“0”，与非门关

断，计数器停止计数。若高频脉冲的频率 $f=1\ \text{MHz}$，周期 $T=1\ \mu\text{s}$，计数器所计脉冲数为 N，则可得出工件通过已知距离 S_0 所耗时间为 $t=NT=N\ \mu\text{s}$，则工件的运动平均速度为

$$v=S_0/t=S_0/(NT)$$

要测出该工件的长度，读者可根据上述原理自行分析。

项目小结

通过本项目的学习重点掌握光电效应的概念及其分类，掌握光电管、光敏电阻、光电池等常用光电元件的工作原理、光电特性以及一些典型应用。

（1）用光照射某一物体，可以看作物体受到一连串能量为 $h\nu$ 的光子所轰击，组成这物体的材料吸收光子能量而发生相应电效应的物理现象称为光电效应。光电传感器是将光通量转换为电量的一种传感器，它的基础是光电转换元件的光电效应。光电测量方法一般具有结构简单、非接触、高精度、高分辨率、高可靠性和响应快等优点。

（2）光电效应可分为光电导效应（内光电效应）、外光电效应和光生伏特效应等。本项目还详细介绍了光电管、光敏电阻、光电池等光电元件的工作原理、基本特性以及一些典型应用。

（3）光电传感器属于非接触式测量，它通常由光源、光学通路和光电元件三部分组成。按照被测物、光源、光电元件三者之间的关系，通常有以下 4 种类型：光源本身是被测物、恒定光源发出的光通量穿过被测物、恒定光源发出的光通量投射到被测物上和被测物处在恒定光源与光电元件的中间。

项目训练

一、填空题

1. 在光线作用下能使物体的________的现象称为内光电效应，基于内光电效应的光电元件有光敏电阻、________、光敏三极管、光敏晶闸管等。

2. 光敏电阻的伏安特性是指光照度不变时，光敏电阻两端所加________与流过电阻的关系。

3. 光电池的开路电压和短路电流随温度变化的关系称为温度特性。光电池的________随温度变化有较大变化，温度越高，________越低，而光电流随温度变化很小。

二、选择题

1. 作为光电传感器的检测对象有可见光、不可见光，其中不可见光有紫外线、近红外线等。另外，光的不同波长对光电传感器的影响也各不相同，因此选用相应的光电传感器要根据（　　）来选择。

A. 被测材质的性质

B. 光的波长和响应速度

C. 检测对象是可见光、不可见光

D. 光的不同波长

2. 光敏电阻又称光导管，是一种均质半导体光电元件。它具有灵敏度高、光谱响应范围宽、体积小、重量轻、机械强度高、耐冲击、耐振动、抗过载能力强和寿命长等特点。光

敏电阻的工作原理是基于（　　）。

A. 外光电效应　B. 光生伏特效应　C. 内光电效应　D. 压电效应

3. 为了避免外来干扰，光敏电阻外壳的入射孔用一种能透过所要求光谱范围的透明保护窗（例如玻璃），有时用专门的滤光片作保护窗。为了避免灵敏度受潮湿的影响，因此将电导体严密封装在壳体中。该透明保护窗应该让所要求光谱范围的入射光（　　）。

A. 尽可能多通过　B. 全部通过

C. 尽可能少通过

4. 在光线作用下，半导体的电导率增加的现象属于（　　）。

A. 外光电效应　B. 内光电效应　C. 光电发射　D. 光导效应

5. 当一定波长入射光照射物体时，反映该物体光电灵敏度的物理量是（　　）。

A . 红限　B. 量子效率　C. 逸出功　D. 普朗克常数

6. 光敏三极管的结构，可以看成普通三极管的（　　）用光敏三极管替代的结果。

A. 集电极　B. 发射极　C. 集电结　D. 发射结

7. 单色光的波长越短，它的（　　）。

A. 频率越高，其光子能量越大　B. 频率越低，其光子能量越大

C. 频率越高，其光子能量越小　D. 频率越低，其光子能量越小

8. 光电管和光电倍增管的特性主要取决于（　　）。

A . 阴极材料　B. 阳极材料　C. 纯金属阴极材料　D. 玻璃壳材料

9. 用光敏二极管或光敏三极管测量某光源的光通量时，是根据它们的（　　）实现的。

A . 光谱特性　B. 伏安特性　C. 频率特性　D. 光电特性

三、简答题

1. 什么是外光电效应？根据爱因斯坦光电效应方程式得出的两个基本概念是什么？

2. 什么是内光电效应？什么是内光电导效应和光生伏特效应？

四、分析题

图 10－40 所示为路灯自动点熄电路，其中 CdS（硫化镉）为光敏电阻。

电阻 R、电容 C 和二极管 VD 组成什么电路？有何作用？

CdS（硫化镉）光敏电阻和继电器 J 组成光控继电器，请简述其工作原理。

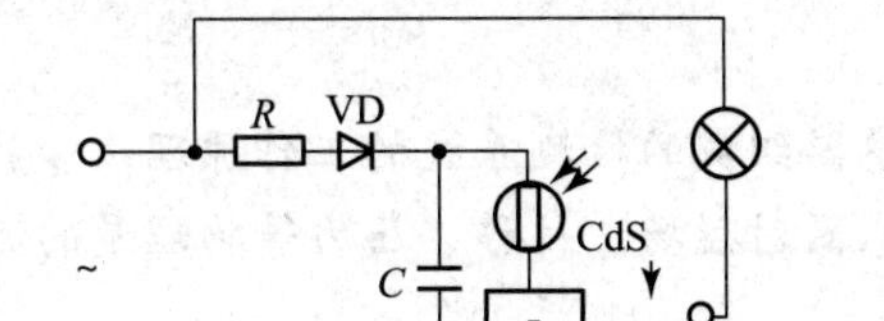

图 10－40　路灯自动点熄电路

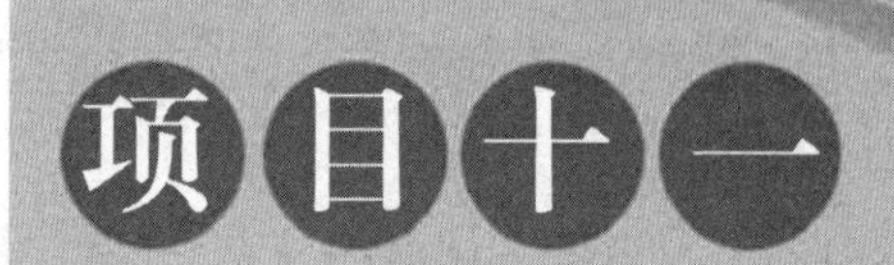

霍尔式位移传感器的安装与测试

项目描述

本项目要求安装并测试一台霍尔式位移传感器。

霍尔传感器是一种基于霍尔效应的磁敏传感器，它是把磁学物理量转换成电信号的装置，广泛应用于自动控制、信息传递、电磁测量、生物医学等各个领域。它的最大特点是非接触测量。

知识目标：

（1）掌握霍尔效应、磁阻效应原理。
（2）熟悉集成霍尔传感器的特性及应用。
（3）霍尔元件主要参数及误差补偿措施。

能力目标：

（1）能分析由霍尔传感器组成的检测系统的工作原理。
（2）熟练应用霍尔传感器对磁场、位移、压力等物理量的测量。

任务一　知识准备

一、熟悉霍尔效应及霍尔元件

早在 1879 年，美国物理学家霍尔（E. H. Hall）就在金属材料中发现了霍尔效应，但是由于这种效应在金属材料中非常微弱，当时并没有引起人们的重视。1848 年以后，由于半导体技术迅速发展，人们找到了霍尔效应比较明显的半导体材料，并开发了多种霍尔元件。我国从20世纪70年代开始研究霍尔元件，目前已能生产各种性能的霍尔元件。

1. 霍尔效应

将金属或半导体薄片置于磁感应强度为 B 的磁场（磁场方向垂直于薄片）中，如图11-1所示，当有电流 I 通过时，在垂直于电流和磁场的方向上将产生电势 U_H，这种物理现象称为霍尔效应。该电势 U_H 称为霍尔电势。

假设薄片为N型半导体，磁感应强度为 B 的磁场方向垂直于薄片（见图11-1）。在薄片左右两端通以控制电流 I，那么半导体中的载流子（电子）将沿着与电流 I 相反的方向运动。由于外磁场 B 的作用，使电子受到磁场力 $\boldsymbol{F}_L$（洛伦兹力）而发生偏转，结果在半导体的前端面上电子积累带负电，而后端面缺少电子带正电，在前后端面间形成电场。该电场产生的电场力 $\boldsymbol{F}_E$ 阻止电子继续偏转。当 $\boldsymbol{F}_L$ 和 $\boldsymbol{F}_E$ 相等时，电子积累达到动态平衡。这时在半导体前后两端面之间（即垂直于电流和磁场方向）建立电场，称为霍尔电场 E_H，相应的电势 U_H 称为霍尔电势。

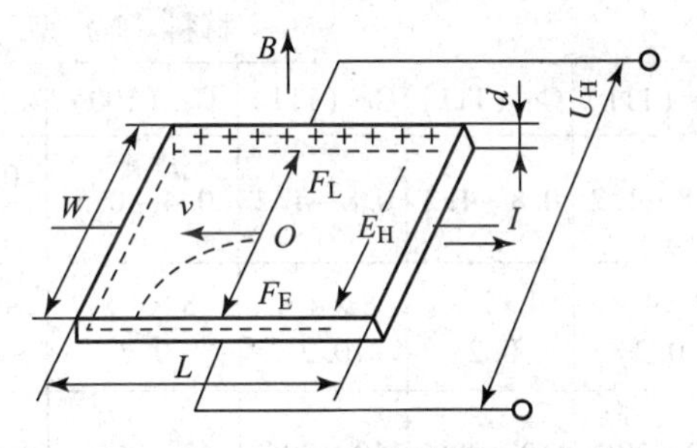

图11-1 霍尔效应原理图

如图11-1所示，一块长为 L、宽为 W、厚为 d 的N型半导体薄片，位于磁感应强度为 B 的磁场中，B 垂直于 $L-W$ 平面，沿 L 通电流 I，N型半导体的载流子（电子）将受到 B 产生的洛仑兹力 $\boldsymbol{F}_L$ 的作用

$$F_L = evB \tag{11-1}$$

式中 e——电子的电量，$e=1.602\times10^{-19}$ C；

v——半导体中电子的运动速度，其方向与外电路 I 的方向相反，在讨论霍尔效应时，假设所有电子载流子的运动速度相同。

在力 $\boldsymbol{F}_L$ 的作用下，电子向半导体片的一个侧面偏转，在该侧面上形成电子的积累，而在相对的另一侧面上因缺少电子而出现等量的正电荷。在这两个侧面上产生霍尔电场 E_H。该电场使运动电子受有电场力 $\boldsymbol{F}_E$

$$F_E = eE_H \tag{11-2}$$

电场力阻止电子继续向原侧面积累，当电子所受电场力和洛伦兹力相等时，电荷的积累达到动态平衡，由于存在 E_H，半导体片两侧面间出现电位差 U_H，称为霍尔电势，即

$$U_H = \frac{R_H}{d}IB = K_H IB \tag{11-3}$$

式中 R_H——霍尔系数；

K_H——霍尔元件的灵敏度。

由式（11－3）可见，霍尔电势正比于激励电流及磁感应强度，其灵敏度与霍尔系数 R_H 成正比而与霍尔片厚度 d 成反比。为了提高灵敏度，霍尔元件常制成薄片形状。

如果磁场与薄片法线夹角为 θ，那么

$$U_H = K_H IB\cos\theta \tag{11-4}$$

又因 $R_H = \mu\rho$，即霍尔系数等于霍尔片材料的电阻率 ρ 与电子迁移率 μ 的乘积。一般金属材料载流子迁移率很高，电阻率很小；而绝缘材料电阻率极高，载流子迁移率极低。故只有半导体材料适于制造霍尔片。目前常用的霍尔元件材料有锗、硅、砷化铟、锑化铟等半导体材料。其中 N 型锗容易加工制造，其霍尔系数、温度性能和线性度都较好。N 型硅的线性度最好，其霍尔系数、温度性能同 N 型锗相近。锑化铟对温度最敏感，尤其在低温范围内温度系数大，但在室温时其霍尔系数较大。砷化铟的霍尔系数较小，温度系数也较小，输出特性线性度好。表 11－1 所示为常用国产霍尔元件的技术参数。

表 11－1　常用国产霍尔元件的技术参数

参数名称	符号	单位	HZ－1 型	HZ－2 型	HZ－3 型	HZ－4 型	HT－1 型	HT－2 型	HS－1 型
			材料（N）型						
			Ge（111）	Ge（111）	Ge（111）	Ge（100）	InSb	InSb	InAS
电阻率	ρ	Ω·cm	0.8～1.2	0.8～1.2	0.8～1.2	0.4～0.5	0.003～0.01	0.003～0.05	0.01
几何尺寸	$L\times b\times d$	mm^3	8×4×0.2	4×2×0.2	8×4×0.2	8×4×0.2	6×3×0.2	8×4×0.2	8×4×0.2
输入电阻	R_i	Ω	110±20%	110±20%	110±20%	45±20%	0.8±20%	0.8±20%	1.2±20%
输出电阻	R_o	Ω	100±20%	100±20%	100±20%	40±20%	0.5±20%	0.5±20%	1±20%
灵敏度	K_H	mV/(mA·T)	>12	>12	>12	>4	1.8±20%	1.8±20%	1±20%
不等位电阻	r_o	Ω	<0.07	<0.05	<0.07	<0.02	<0.005	<0.005	<0.003

2. 霍尔元件

霍尔元件的结构很简单，它由霍尔片、引线和壳体组成，如图 11－2（a）所示。霍尔片是一块矩形半导体单晶薄片（一般为 4 mm×2 mm×0.1 mm），引出 4 个引线，它的长度方向两端面上焊有 1、1′两根引线，通常用红色导线，其焊接处称为控制电极；在它的另两侧端面的中间以点的形式对称地焊有 2、2′两根霍尔输出引线，通常用绿色导线，其焊接处称为霍尔电极，如图 11－2（b）所示。霍尔元件壳体由非导磁金属、陶瓷或环氧树脂封装而成。图 11－2（c）所示为霍尔元件的图形符号。

3. 霍尔元件测量电路

（1）基本测量电路。霍尔元件的基本测量电路如图 11－3 所示。激励电流由电压源 E 供给，其大小可由变电阻来调节。

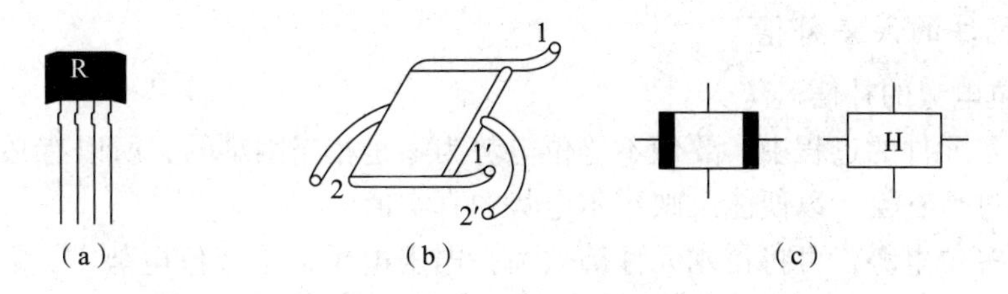

图 11－2　霍尔元件

(a) 霍尔元件实物图；(b) 外形结构示意图；(c) 图形符号

(2) 霍尔元件的输出电路。在实际应用中，要根据不同的使用要求采用不同的连接电路方式。如在直流激励电流情况下，为了获得较大的霍尔电压，可将几块霍尔元件的输出电压串联，如图 11－4 (a) 所示。在交流激励电流情况下，几块霍尔元件的输出可通过变压器接成如图 11－4 (b) 所示的形式，以增加霍尔电压或输出功率。

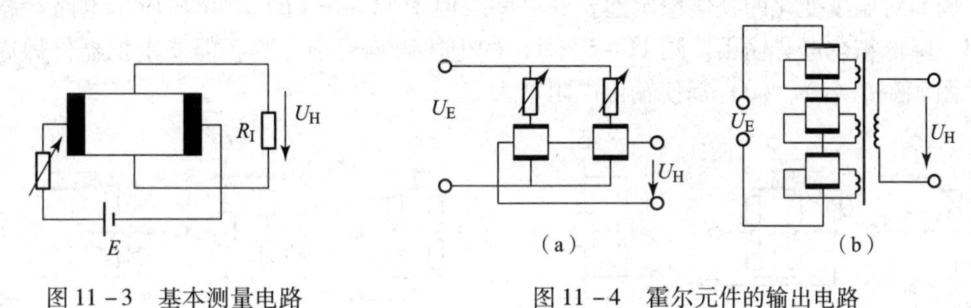

图 11－3　基本测量电路

图 11－4　霍尔元件的输出电路

(a) 直流激励；(b) 交流激励

4. 霍尔元件的主要特性参数

(1) 乘积灵敏度 K_H。在单位控制电流和单位磁感应强度作用下，霍尔器件输出端的开路电压，称为霍尔灵敏度系数 K_H，霍尔灵敏度系数 K_H 的单位为 V/ (A · T)。

(2) 额定激励电流 I_N 和最大允许激励电流 I_{max}。霍尔元件在空气中产生的温升为 10 ℃时，所对应的激励电流称为额定激励电流 I_N。以元件允许的最大温升为限制，所对应的激励电流称为最大允许激励电流 I_{max}。

(3) 输入电阻 R_i、输出电阻 R_o。R_i 为霍尔元件两个激励电极之间的电阻，R_o 为两个霍尔电极之间的电阻。

(4) 不等位电势 U_o 和不等位电阻 r_o。当霍尔元件的激励电流为额定值 I_N 时，若元件所处位置的磁感应强度为零，则它的霍尔电势应该为零，但实际不为零，这时测得的空载霍尔电势称为不等位电势。不等位电势主要由霍尔电极安装不对称造成的，由于半导体材料的电阻率不均匀、基片的厚度和宽度不一致、霍尔电极与基片的接触不良 (部分接触) 等原因，即使霍尔电极的装配绝对对称，也会产生不等位电势。

不等位电阻定义为 $r_o = U_o/I_N$，r_o 越小越好。

(5) 寄生直流电势 U_{OD}。当不加磁场，器件通以交流控制电流，这时器件输出端除出现交流不等位电势外，如果还有直流电势，则此直流电势称为寄生直流电势 U_{OD}。

(6) 霍尔电势温度系数 α。在一定磁感应强度和激励电流下，温度每变化 1℃时，霍尔电势变化的百分率，称为霍尔电势温度系数 α，α 越小越好。

5. 霍尔元件的误差补偿

1）不等位电势的补偿

在制造霍尔元件的过程中，要使不等位电势为零是相当困难的，所以有必要利用外电路对不等位电势进行补偿，以便能反映霍尔电势的真实值。

为分析不等位电势，可将霍尔元件等效为一电阻电桥，不等位电势 U_o 就相当于电桥的不平衡输出。因此，所有能使电桥平衡的外电路都可用来补偿不等位电势。但应指出，因 U_o 随温度变化，在一定温度下进行补偿后，当温度变化时，原来的补偿效果会变差。

图 11－5 所示为常用的不等位电势的补偿电路，图 11－5（a）所示是不对称补偿电路，在不加磁场时，可调节 R_P 使 U_o 为零。但 R_P 与霍尔元件的等效电桥臂电阻的电阻温度系数不相同，所以当温度变化时，原来的补偿关系被破坏。但这种方法简单，在 U_o 不大时，对器件的输入、输出信号的削弱也不大。图 11－5（b）、（c）、（d）所示 3 种电路为对称补偿电路，因而对温度变化的补偿稳定性要好一些。但图 11－5（b）、（c）所示电路会减小输入电阻，降低霍尔电势输出。图 11－5（d）的上述影响要小一些，但要求把器件做成五端电极。图 11－5（c）、（d）都使输出电阻增大。

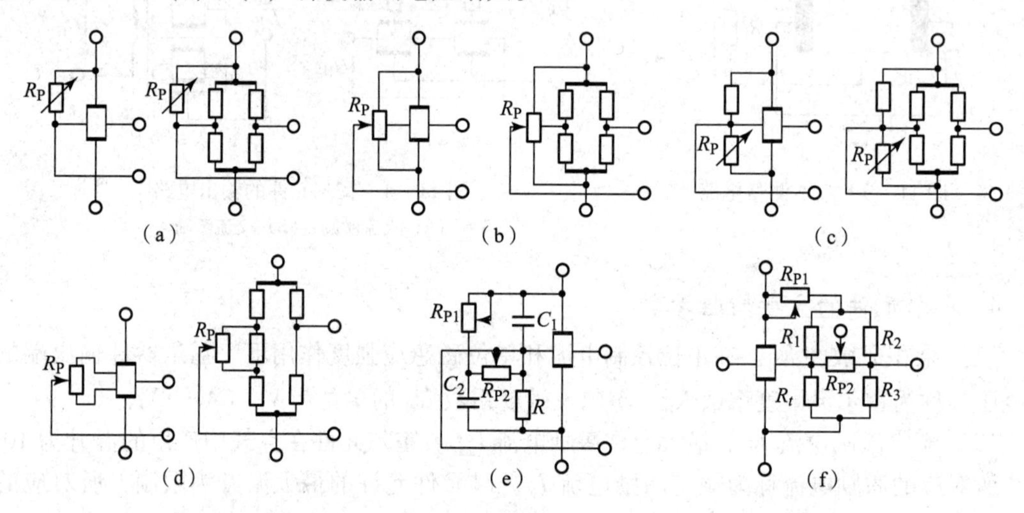

图 11－5　不等位电势的补偿电路

当控制电流为交流时，可用图 11－5（e）的补偿电路，这时不仅要进行幅值补偿，还要进行相位补偿。图 11－5（f）中不等位电势 U_o 分成恒定部分 U_{oL} 和随温度变化部分 ΔU_o 分别进行补偿。U_{oL} 相当于允许工作温度下限 t_L 时的不等位电势。电桥的一个桥臂接入热敏电阻 R_t。设温度为 t_L 时电桥已平衡，调节 R_{P1} 可补偿不平衡电势 U_{oL}。当工作温度为上限 t_H 时，不等位电势增加 ΔU_o，可调节 R_{P2} 进行补偿。适当选择热敏电阻 R_t，可使从 t_L 到 t_H 之间各温度下也能得到较好的补偿。当 R_t 与霍尔元件的材料相同时，则可以达到相当高的补偿精度。

2）温度补偿

霍尔元件温度补偿的方法很多，下面介绍 3 种常用的方法。

（1）恒流源供电，输入端并联电阻；或恒压源供电，输入端串联电阻，如图 11－6、图 11－7 所示。

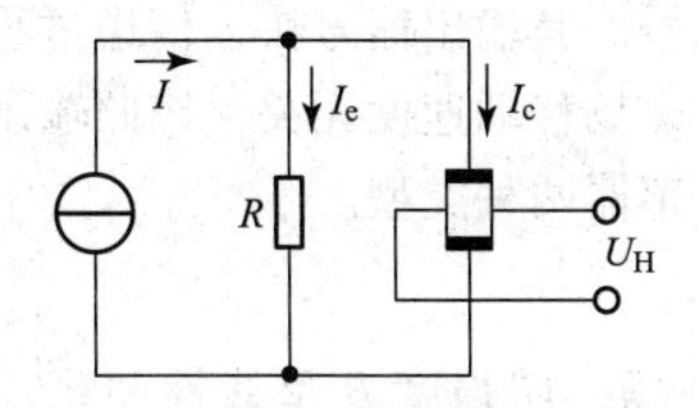

图 11-6　输入端并联电阻补偿

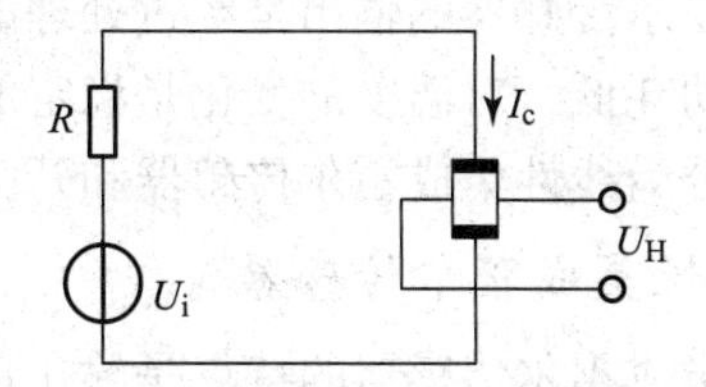

图 11-7　输入端串联电阻补偿

(2) 合理选择负载电阻。霍尔电势的负载通常是放大器、显示器或记录仪的输入电阻，其值一定，可用串、并联电阻的方法使输出负载电压不变，但此时灵敏度将相应有所降低。

(3) 采用热敏元件。这是最常采用的补偿方法。图 11-8 所示为几种补偿电路的例子，其中图 11-8（a）、(b)、(c) 所示为恒压源输入，R_i 为恒压源内阻；R_t 和 R_t'为热敏电阻，其温度系数的正、负数值要与 U_H 的温度系数匹配选用。例如，对于图 11-8（b）的情况，如果 U_H 的温度系数为负值，随着温度上升，U_H 要下降，则选用电阻温度系数为负的热敏电阻 R_t。当温度上升时，R_t 变小，流过器件的控制电流变大，使 U_H 回升。当阻值 R_t 选用适当，就可使 U_H 在精度允许范围内保持不变。经过简单计算，不难预先估算出所需 R_t。

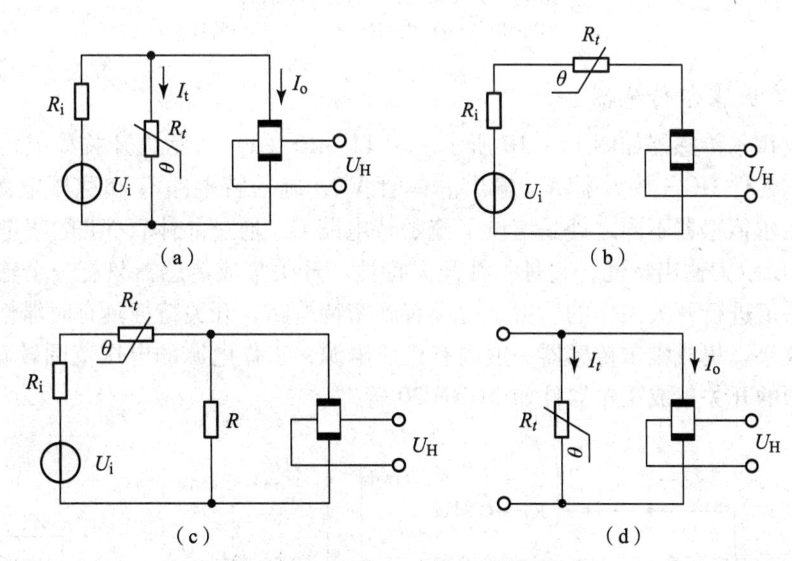

图 11-8　采用热敏元件的温度误差补偿电路

(a) 并联补偿电路；(b) 串联补偿电路；(c) 串、并联补偿电路；(d) 电流源的补偿电路

二、集成霍尔传感器

集成霍尔传感器是利用硅集成电路工艺将霍尔元件、放大器、施密特触发器以及输出电路等集成在一起的一种传感器。它取消了传感器和测量电路之间的界限，实现了材料、元件、电路三位一体。集成霍尔传感器与分立的相比，由于减少了焊点，因此显著地提高了可靠性。

集成霍尔传感器的输出是经过处理的霍尔输出信号。其输出信号快，传送过程中无抖动现象，且功耗低，对温度的变化是稳定的，灵敏度与磁场移动速度无关。按照输出信号的形式，可以分为线性集成霍尔传感器和开关集成霍尔传感器两种类型。

1. 线性集成霍尔传感器

线性集成霍尔传感器的特点是输出电压与外加磁场感应强度 B 呈线性关系，内部框图和输出特性如图 11－9 所示，由霍尔元件 HG、放大器 A、差动输出电路 D 和稳压电源 R 等组成。图 11－9（c）所示为其输出特性，在一定范围内输出特性为线性，线性中的平衡点相当于 N 和 S 磁极的平衡点。较典型的线性型霍尔器件如 UGN3501 等。

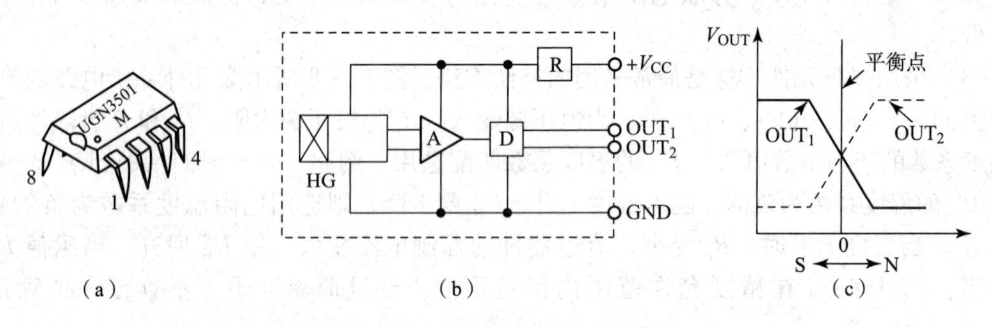

图 11－9　线性集成霍尔传感器

（a）UGN3501；（b）内部框图；（c）输出特性

2. 开关集成霍尔传感器

开关集成霍尔传感器如图 11－10 所示。图 11－10（a）所示为开关集成传感器的内部框图。由霍尔元件 HG、放大器 A、输出晶体管 VT、施密特电路 C 和稳压电源 R 等组成，与线性集成霍尔传感器不同之处是增设了施密特电路 C，通过晶体管 VT 的集电极输出。图 11－10（b）所示为输出特性，它是一种开关特性。开关集成传感器只有一个输出端，是以一定磁场电平值进行开关工作的。由于内设有施密特电路，开关特性具有时滞性，因此有较好的抗噪声效果。集成霍尔传感器一般内有稳压电源，工作电源的电压范围较宽，可为 3 ~ 16 V。较典型的开关集成霍尔器件如 UGN3020 等。

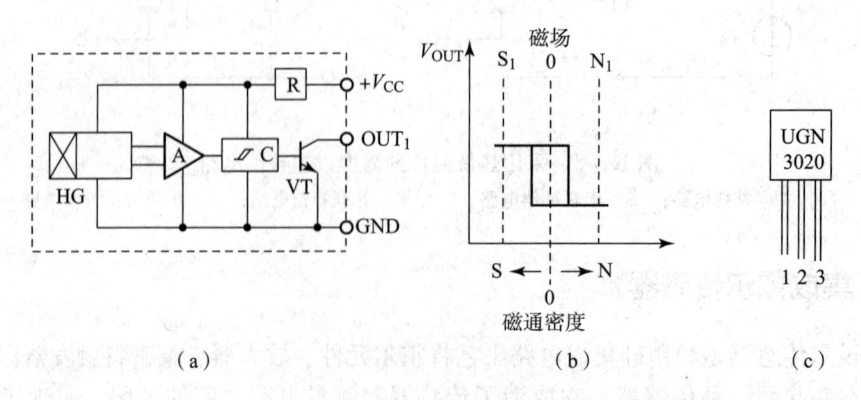

图 11－10　开关集成霍尔传感器

（a）内部框图；（b）输出特性；（c）UGN3020 外形

任务二　项目实施

霍尔式位移传感器的安装与调试

本实训项目的基本原理是霍尔效应、霍尔电势 $U_H = K_H IB$，当霍尔元件处在梯度磁场中运动时，它就可以进行位移测量。

通过本实训项目使大家进一步了解霍尔传感器的原理与应用。

本实训项目需用器件与单元：霍尔传感器实验模块、霍尔传感器、直流源 ±4 V、±15 V、测微头、数显单元，如图 11 – 11 所示。

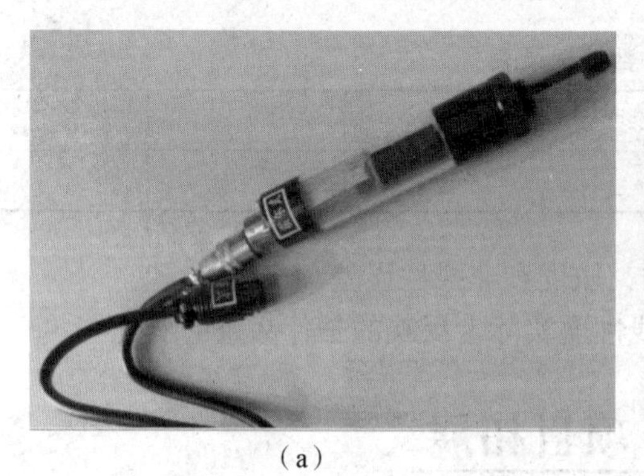

（a）

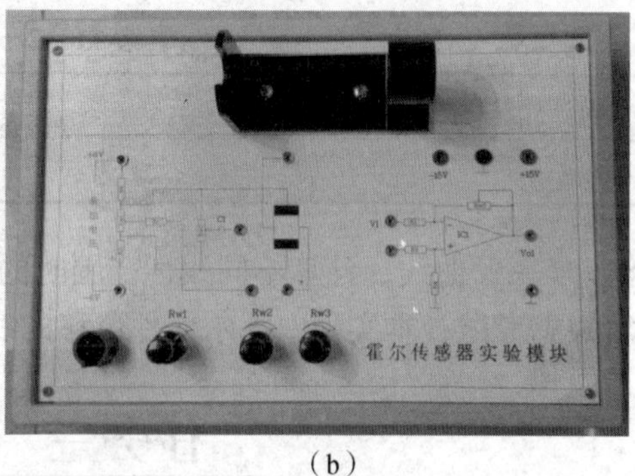

（b）

图 11 – 11　需用器件与单元

（a）霍尔传感器；（b）霍尔传感器实验模块

实训项目步骤如下：

（1）将霍尔传感器按图 11 – 12 安装。霍尔传感器与实验模块的连接按图 11 – 13 进行。1、3 为电源 ±4V，2、4 为输出。

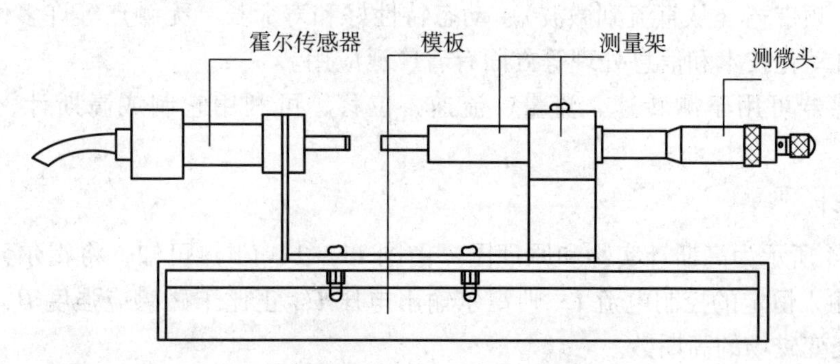

图 11 – 12　霍尔传感器安装示意图

（2）开启电源，调节测微头使霍尔片在磁钢中间位置，再调节 R_{w1}（R_{w3}处于中间位置）使数显表指示为零。

（3）旋转测微头向轴向方向推进，每转动 0.2 mm 记下一个读数，直到读数近似不变，将读数填入表 11 – 2。

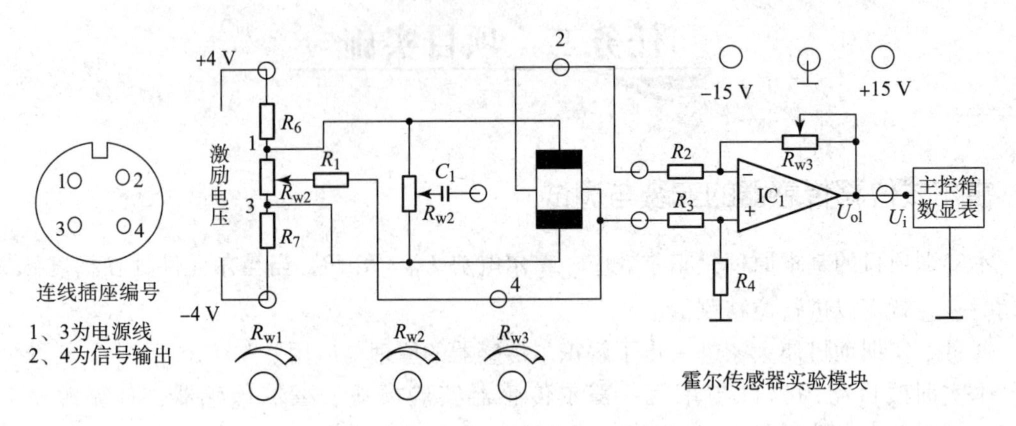

图 11－13 霍尔传感器位移直流激励接线图

表 11－2 数据记录表

X/mm						
U/mV						

作出 $U-X$ 曲线，计算不同线性范围时的灵敏度和非线性误差。

（4）思考题：本实训中霍尔元件位移的线性度实际上反映的是什么量的变化？

任务三 项目拓展

一、霍尔传感器的应用

由于霍尔传感器具有在静态状态下感受磁场的独特能力，而且它具有结构简单、体积小、重量轻、频带宽（从直流到微波）、动态特性好和寿命长、无触点等许多优点，因此在测量技术、自动化技术和信息处理等方面有着广泛应用。

霍尔传感器可用于测转速、流量、流速、位移，可利用它制成高斯计、电流计和转速计。

1. 高斯计

图 11－14 所示为高斯计实物和原理图。由图 11－14（b）可知，将霍尔元件垂直置于磁场 B 中，输入恒定的控制电流 I，则霍尔输出电压 U_H 正比于磁感应强度 B，此方法可以测量恒定或交变磁场的高斯数。

使用高斯计在测量空间磁感应强度时，应将霍尔传感器的有效作用点垂直于被测量空间位置的磁力线方向。在测量材料表面磁感应强度时，应将霍尔传感器的有效作用点垂直于材料的磁力线方向且紧密接触被测材料表面，高斯计的数字显示值即为被测材料表面磁场的大小。

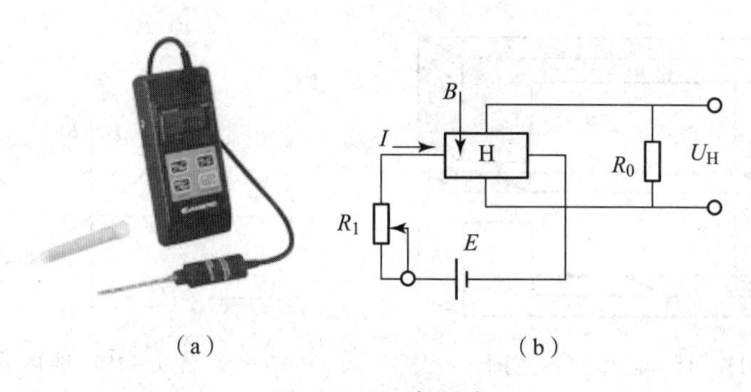

图 11－14　高斯计

（a）高斯计实物图；（b）高斯计原理图

2. 电流计

图 11－15 为电流计示意图，将霍尔元件垂直置于磁环开口气隙中，让载流导体穿过磁环，由于磁环气隙的磁感应强度 B 与待测电流 I 成正比，当霍尔元件控制电流 I_H 一定时，霍尔输出电压 U_H 就正比于待测电流 I，这种非接触检测安全简便，适用于高压线电流检测。

3. 转速计

图 11－16 所示为转速计示意图，将霍尔元件放在旋转盘的下边，让转盘上磁铁形成的磁力线垂直穿过霍尔元件；当控制电流 I 一定时，霍尔输出电压 U_H 决定于磁铁的磁场，通过计数电路，确定其单位时间脉冲个数，就可得到转速。

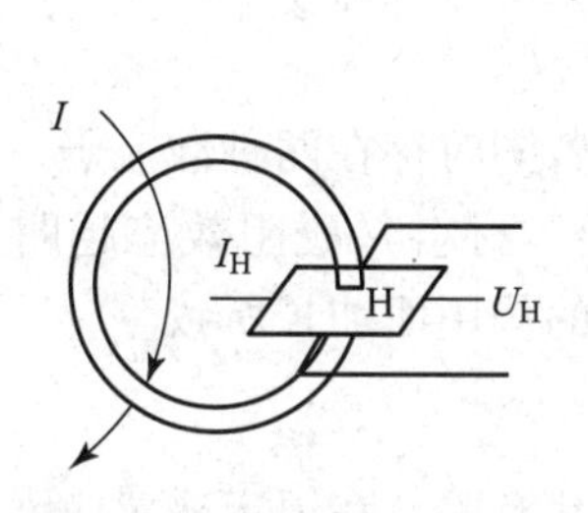

图 11－15　电流计示意图

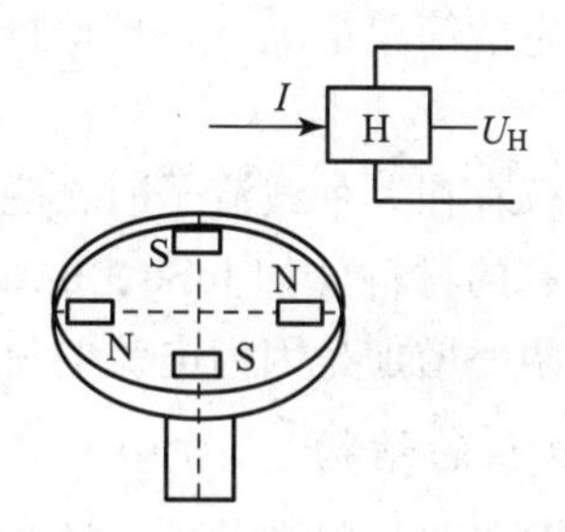

图 11－16　转速计示意图

4. 霍尔式位移传感器

图 11－17 所示为霍尔式位移传感器，图 11－18 所示为霍尔传感器测位移示意图。当被测量物体在一定范围内移动时，若保持霍尔元件的控制电流恒定，而使霍尔元件在一个均匀梯度的磁场中移动，则霍尔输出电压 U_H 与位移量呈线性关系，即 $U_H = kX$，如图 11－19 所示。这种传感器的磁场梯度越大，灵敏度越高；磁场梯度越均匀，输出线性度就越好。为了得到均匀的磁场梯度，往往将磁钢的磁极片设计成特殊形状。霍尔式位移传感器可用来测量 ±0.5 mm 的小位移，特别适用于微位移、机械振动等测量。

图 11－17　霍尔式位移传感器

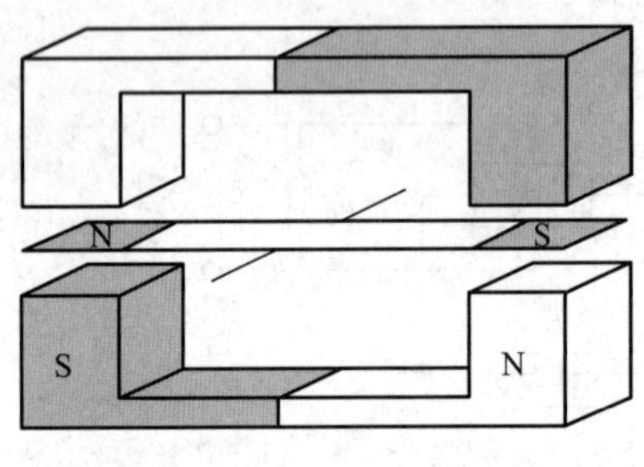

图 11-18　测位移示意图

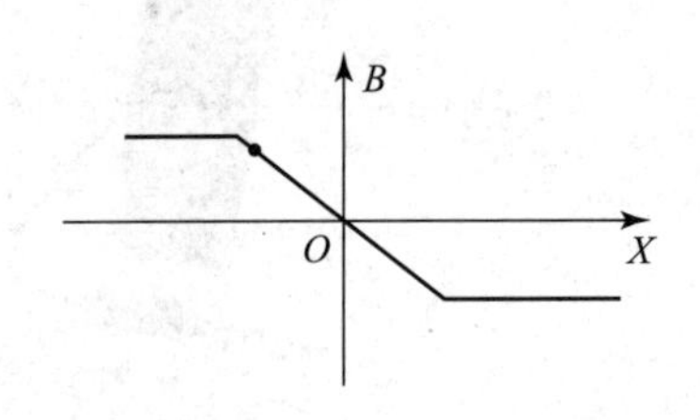

图 1-19　线性关系

二、其他磁敏传感器

(一) 磁敏电阻器

1. 磁阻效应

将一个载流导体位于外加磁场中，除了会产生霍尔效应以外，其电阻值也会随着磁场而变化，这种现象称为磁电阻效应，简称为磁阻效应。磁阻效应是伴随着霍尔效应同时发生的一种物理效应，磁敏电阻就是利用磁阻效应制作成的一种磁敏元件。

当温度恒定时，在弱磁场范围内，磁阻与磁感应强度 B 的平方成正比。如果器件在只有电子参与导电的简单情况下，理论推导出来的磁阻效应方程为

$$\rho_B = \rho_0 (1 + 0.273\mu^2) B^2 \tag{11-5}$$

半导体中仅存在一种载流子时，磁阻效应很弱。若同时存在两种载流子，则磁阻效应很强。迁移率越高的材料（如 InSb、InAs、NiSb 等半导体材料）磁阻效应越明显。从微观上讲，材料的电阻率增加是因为电流的流动路径因磁场的作用而加长所致。

2. 磁敏电阻的结构

磁阻效应除了与材料有关外，还与磁敏电阻的形状有关。在恒定磁感应强度下，磁敏电阻的长度 l 与宽度 b 的比越小，电阻率的相对变化越大。长方形磁阻器件只有在 $l<b$ 的条件下，才表现出较高的灵敏度。在实际制作磁阻器件时，需在 $l>b$ 的长方形磁阻材料上面制作许多平行等间距的金属条（即短路栅格），以短路霍尔电势。圆盘形的磁阻最大，故大多做成圆盘结构，如图 11-20 所示。

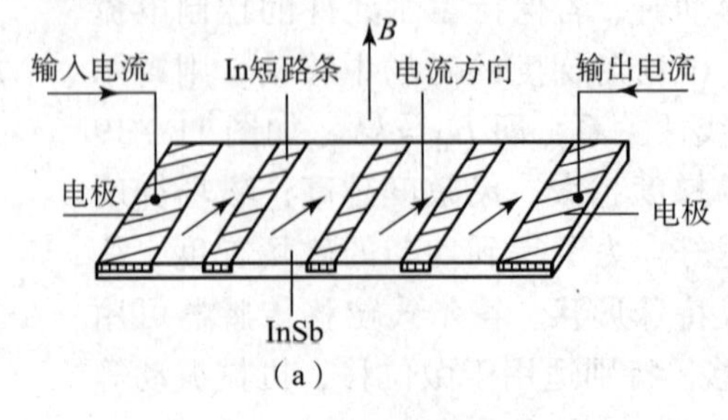

图 11-20　常见磁敏电阻结构

(a) 矩形栅格型磁阻元件

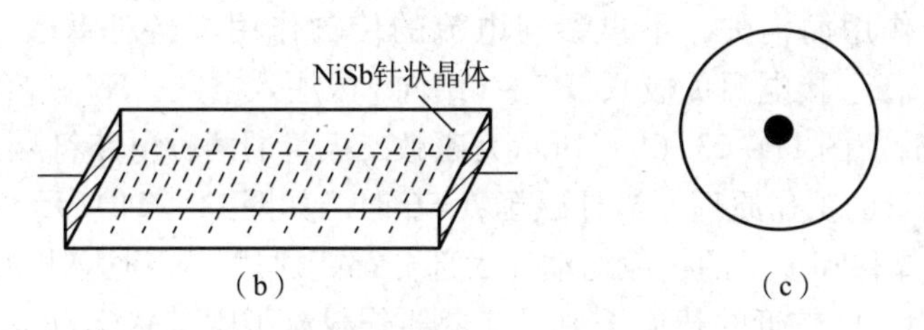

图 11－20　常见磁敏电阻结构（续）

(b) InSb－NiSb 共晶磁阻元件；(c) 圆盘形磁阻器

3. 磁敏电阻的应用

由于磁阻元件具有阻抗低、阻值随磁场变化率大、非接触式测量、频率响应好、动态范围广及噪声小等特点，可广泛用于许多场合，如无触点开关、压力开关、旋转编码器、角度传感器、转速传感器等，如图 11－21、图 11－22 所示。

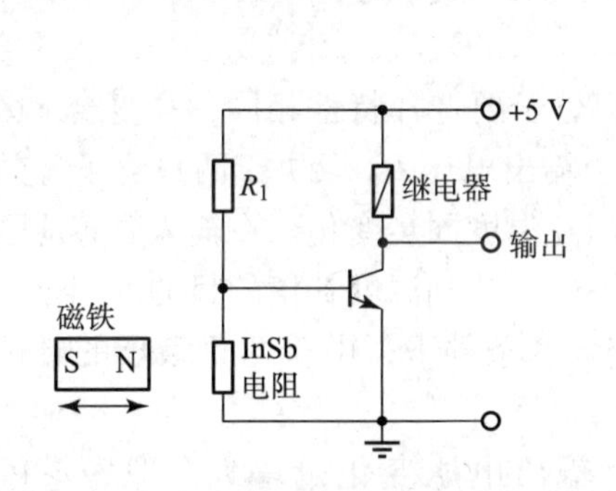

图 11－21　InSb 磁敏电阻无触点开关

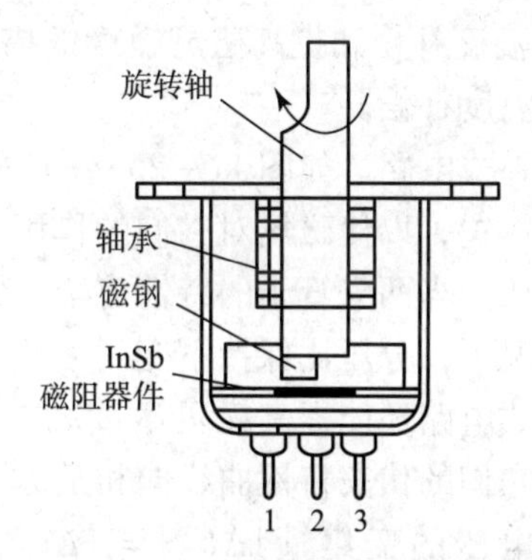

图 11－22　InSb 磁敏无接触角度传感器

1—输出端；2—输入端；3—接地

（二）磁敏晶体管

1. 磁敏二极管

（1）磁敏二极管的结构。磁敏二极管为 P^+-i-N^+ 结构，如图 11－23（a）所示。本征（i 型）或接近本征半导体（即高电阻率半导体）i 的两端分别制作成一个 P^+-i 结和一个 N^+-i 结，并在 i 区的一个侧面制备一个载流子的高复合区，记为 r 区。凡进入 r 区的载

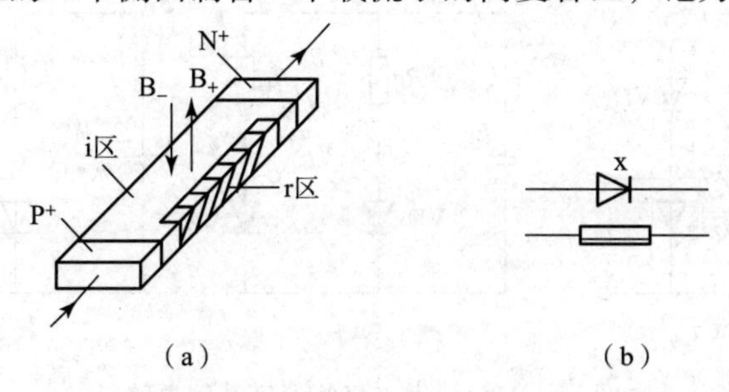

图 11－23　磁敏二极管

(a) 磁敏二极管的结构示意图；(b) 磁敏二极管电路符号

流子，都将因复合作用而消失，不再参与电流的传输作用。当对磁敏二极管加正向偏压（即 P^+ 接电源正极，N^+ 接电源负极），P^+ – i 结向 i 区注入空穴，N^+ – i 结向 i 区注入电子，有电流 I 流过二极管。图 11 – 23（b）所示为磁敏二极管的两种电路符号。

（2）磁敏二极管的工作原理。当外磁场 $B=0$ 时，如图 11 – 24 所示。注入 i 区的空穴和电子，通过少子的漂移和多子的扩散运动，大部分都能通过 i 区到达对面的电极，形成电流 I_0，只有离高复合区 r 区较近的载流子中，有少部分载流子因其热运动而进入 r 区被复合而消失。

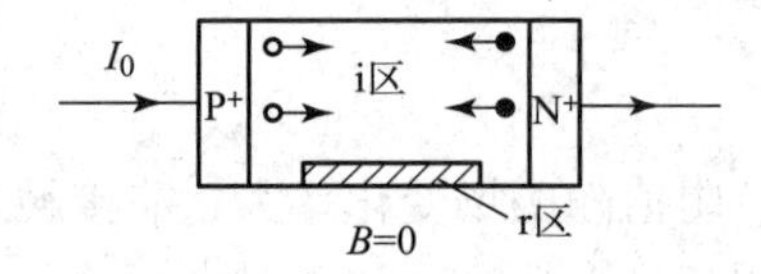

图 11 – 24　磁敏二极管的工作原理

（3）温度补偿和提高磁灵敏度的措施。磁敏二极管的特性受温度影响较大，所以应进行必要的温度补偿。

①互补式电路。如图 11 – 25（a）所示，其中两只管子要选择特性相同，高复合 r 区相向或背向放置，以使磁场对它们的作用为磁极性相反。输出电压 U_B 取决于两只管子等效电阻的分压比。当两只管子的特性完全一致，则等效电阻随温度同步变化。在输入磁感应强度不变的情况下，分压比保持不变，因此输出电压保持不变。达到温度补偿的目的。

互补式电路还能提高磁灵敏度。在一定的磁感应强度条件下，由于两只管子的磁性相反，因此它们的伏安特性曲线向相反方向移动。

输出电压的变化量 $|\Delta U_B| = |\Delta U_{1+}| + |\Delta U_{2-}|$，输出电压变化量增大，即磁灵敏度提高。

磁敏二极管的工作点不能选在大电流区，这样不仅磁灵敏度小，而且电流变化太大，易烧坏管子。有负阻特性的管子不能用互补电路。

②差分式电路。如图 11 – 25（b）所示，两只特性相同的管子的磁性仍然相反配置，磁灵敏度仍为两只管子磁灵敏度之和，温度影响互相抵消，而且对有负阻特性的管子也适用。

③热敏电阻补偿。如图 11 – 25（c）所示，选用适当的热敏电阻 R_t，使得温度变化时，热敏电阻的阻值与磁敏二极管等效电阻的阻值同步变化，以维持分压比不变，输出电压将不随温度变化而变化。但此电路不能提高磁灵敏度。

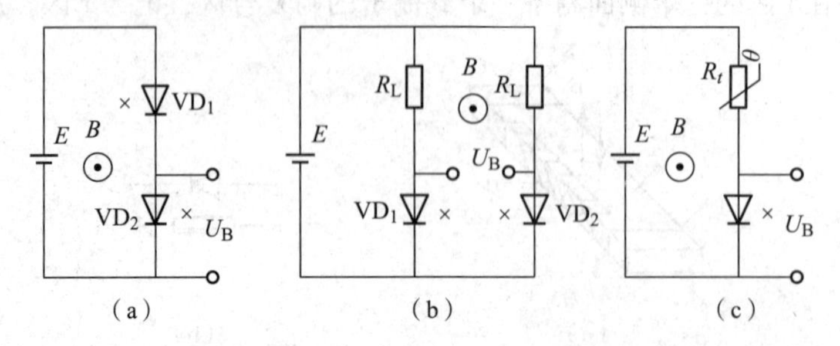

图 11 – 25　磁敏二极管温度补偿电路

（a）互补式电路；（b）差分式电路；（c）热敏电阻补偿

2. 磁敏三极管

现以 NPN 型磁敏三极管为例介绍磁敏三极管的结构和工作原理。

(1) 磁敏三极管的结构。图 11－26 (a) 所示为磁敏三极管的结构示意图。将磁敏二极管 N^+ 区的一端，改成在一端的上、下两侧各做一个 N^+ 区。与高复合面同侧的 N^+ 区为反射区，并引出发射结 e；对面一侧的 N^+ 区为集电区，并引出集电极 c；P^+ 为基极 b。图 11－26 (b) 所示为磁敏三极管的两种电路符号。

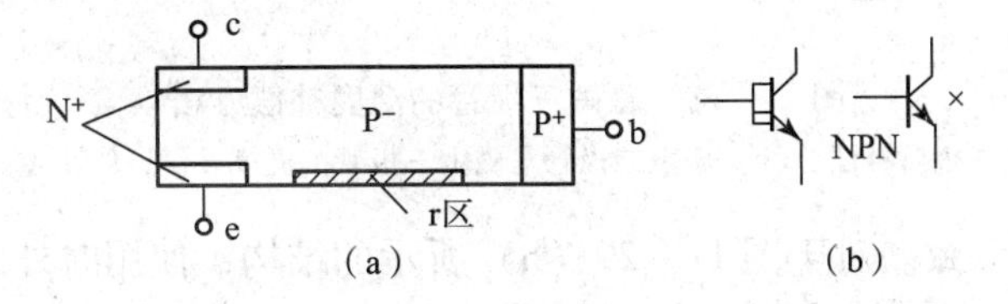

图 11－26　磁敏三极管

(a) 磁敏三极管的结构示意图；(b) 磁敏三极管的两种电路符号

(2) 磁敏三极管的工作原理。当无磁场作用时，由于基区宽度（两个 N^+ 区的间距）大于载流子的有效扩散长度，只有少部分从 e 区注入基区的载流子（电子）能到达 c 区，大部分流向基极，如图 11－27 (a) 所示，$I_b > I_c$，电流放大系数 $\beta = I_c/I_b < 1$。当施加正向磁场 B_+ 时，如图 11－27 (b) 所示，由于洛伦兹力的作用，e 区注入基区的电子偏离 c 极，使 I_c 比 $B=0$ 时明显下降。当施加反向磁场 B_- 时，如图 11－27 (c) 所示，注入基区的电子在 B_- 洛伦兹力的作用下向 c 极偏转，I_c 比 $B=0$ 时明显增大。通过对电流的测定，即可测定磁场 B。

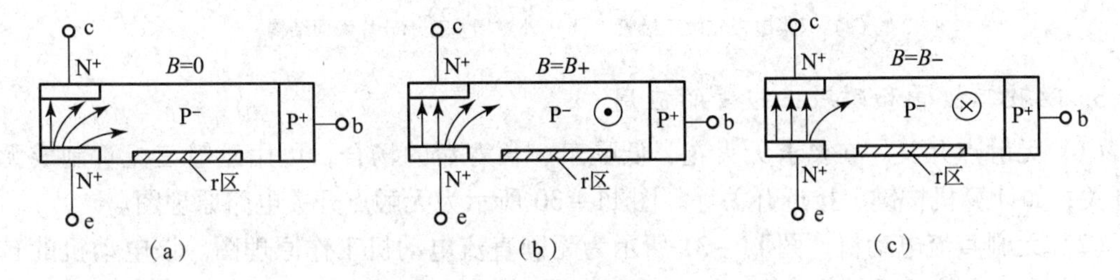

图 11－27　磁敏三极管工作原理

(a) 无磁场作用；(b) 施加正向磁场 B_+；(c) 施加反向磁场 B_-

(3) 磁敏三极管的温度补偿和提高灵敏度的措施。硅磁敏三极管的 I_c 具有负温度系数，可用 I_c 具有正温度系数的普通非磁敏硅三极管对它进行补偿，如图 11－28 (a) 所示。图 11－28 (b) 所示为用磁敏二极管对磁敏三极管输出电压 U_o 的温度补偿。图 11－28 (c) 所示为差分补偿电路，选两只特性一致的磁敏三极管，并使它们对磁场的极性相反放置在一起。这种电路输出电压的磁灵敏度为单管的正、负向磁灵敏度之和。该电路既进行了温度补偿，又提高了磁灵敏度。

由于挑选两只特性一致的磁敏三极管非常困难，采用图 11－29 (a) 所示的双集电极磁敏三极管就容易得多。这种双集电极磁敏三极管实际上就是做在一块芯片上的差分对管，它只有一个共用的基区。由于发射极电流放大系数小于 1，功耗主要消耗在共用基区上，使基区的热效应对两只管子的影响相同。另外，两只管子容易做得对称，使特性更一致，它们对

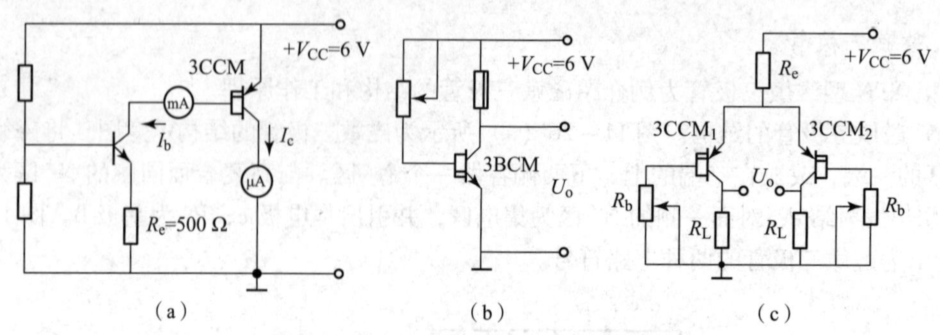

图 11－28　磁敏三极管的温度补偿方法

（a）普通硅三极管补偿；（b）磁敏二极管对磁敏三极管的温度补偿；（c）差分补偿电路

外界的温度影响也更一致。对于图 11－29（b）所示的结构，使用时外磁场是垂直于硅片表面的，这极大地方便了用户。

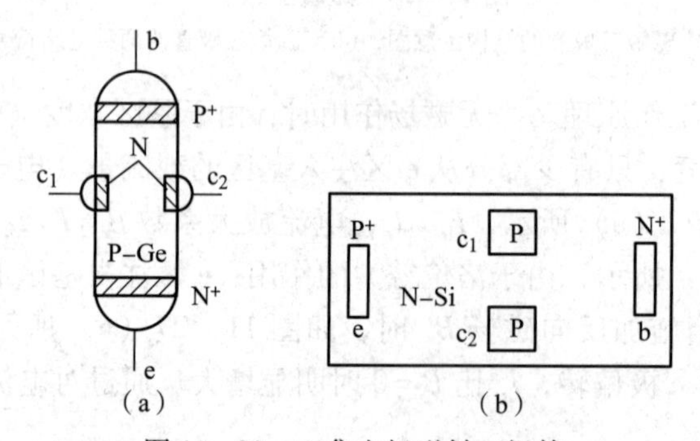

图 11－29　双集电极磁敏三极管

（a）双集电极磁敏三极管；（b）外磁场垂直于硅片表面结构

3. *磁敏二极管和磁敏三极管的应用*

（1）无触点开关。在要求无火花、低噪声、长寿命的场合，可用磁敏三极管制成无触点开关，如计算机按键、接近开关等。图 11－30 所示为无触点开关电路原理图。

（2）无刷直流电动机。图 11－31 所示为无刷直流电动机工作原理图。该电动机的转子为永久磁铁，当接通磁敏管的电源后，受到转子磁场作用的磁敏管就输出一个信号给控制电路。控制电路先接通定子上靠近转子磁极的电磁铁的线圈，电磁铁产生的磁场吸引或排斥转子的磁极，使转子旋转。当转子磁场按照顺序作用于各磁敏管，磁敏管信号就顺序接通各定子线圈，定子线圈就产生旋转磁场，使转子不停地旋转。

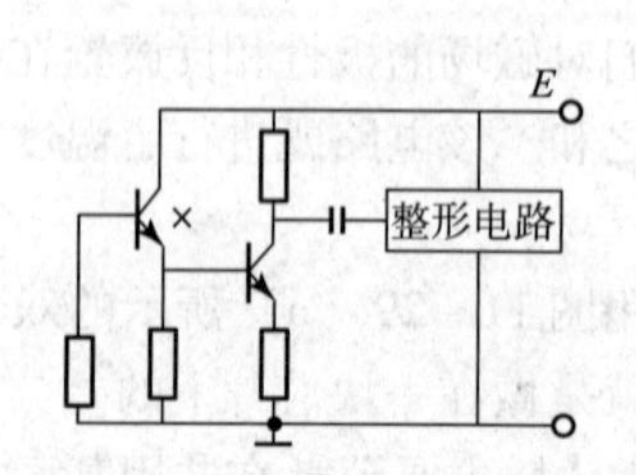

图 11－30　无触点开关电路原理图

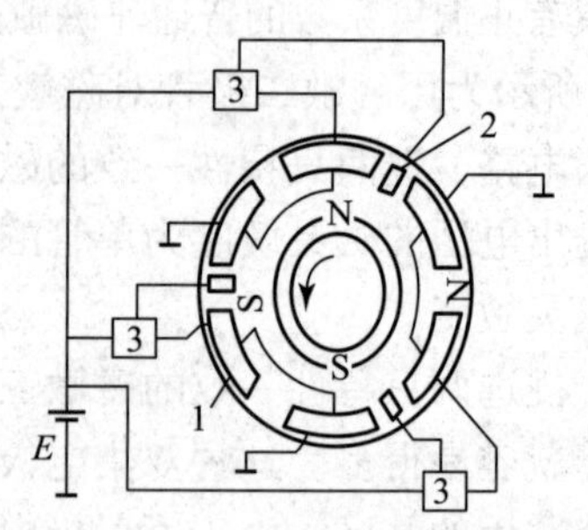

图 11－31　无刷直流电机工作原理图

1—永久磁铁；2—磁敏管；3—控制电路

（3）测量电流。通电导线在其周围空间产生磁场，所产生的磁场大小与导线中的电流有关，用磁敏管测量这个磁场就可知通电导线中的电流。图 11－32 所示为测量电流的原理图。使载流导线穿过软铁磁环，磁环开有一窄缝隙，磁敏管置此缝隙中，这缝隙中的磁感应强度与载流导线中的电流有关，因此这个电流与磁敏管的输出有关。

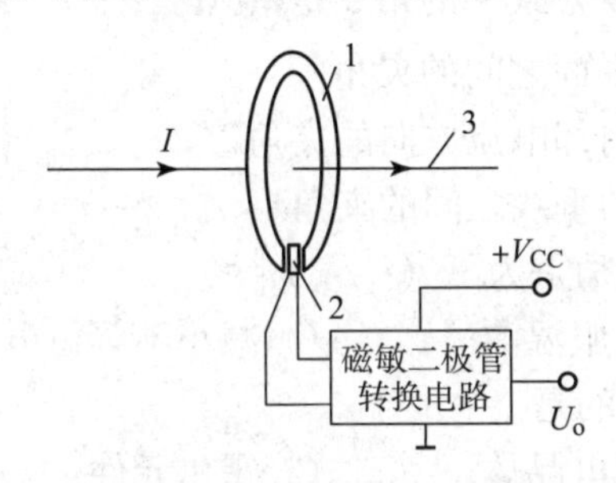

图 11－32　磁敏二极管测量电流工作原理图

1—软铁磁环；2—磁敏管；3—载流导线

项目小结

本项目主要给大家介绍了霍尔效应和磁阻效应的概念、霍尔传感器的类型、霍尔元件的不等位电势的补偿以及霍尔传感器的用途。

（1）位于磁场中的静止载流导体，当电流 I 的方向与磁场强度 B 的方向垂直时，则在载流导体中平行于 B、I 的两侧面之间将产生电势，这个电势称为霍尔电势，这种物理现象称为霍尔效应。利用霍尔效应原理制成的传感器称为霍尔传感器。

（2）霍尔传感器有分立元件式（简称霍尔元件）和集成式（简称集成霍尔传感器）两种。霍尔元件由霍尔片、引线和壳体组成；集成霍尔传感器是将霍尔元件、放大器、施密特触发器以及输出电路等集成在一起的一种传感器。按照输出信号的形式，可以分为开关型集成霍尔传感器和线性集成霍尔传感器两种类型。

（3）由于在制造工艺方面的原因存在一个不等位电势 U_0，从而对测量结果造成误差。为解决这一问题，可采用具有温度补偿的桥式补偿电路。为了减小霍尔电势温度系数 α，需要对基本测量电路进行温度补偿的改进，常用方法有：采用恒流源提供控制电流；选择合理的负载电阻进行补偿；在输入回路或输出回路中加入热敏电阻进行温度误差的补偿。

（4）霍尔传感器有三个方面的用途：①当控制电流不变时，使传感器处于非均匀磁场中，则传感器的霍尔电势正比于磁感应强度。②当控制电流与磁感应强度皆为变量时，传感器的输出与这两者乘积成正比。③若保持磁感应强度恒定不变，则利用霍尔电压与控制电流成正比的关系，可以组成回转器、隔离器和环行器等控制装置。

（5）磁阻效应。将一个载流导体位于外磁场中，除了会产生霍尔效应以外，其电阻值也会随着磁场而变化，这种现象称为磁电阻效应，简称为磁阻效应。磁阻效应是伴随着霍尔效应同时发生的一种物理效应，磁敏电阻就是利用磁阻效应制作成的一种磁敏元件。磁敏二极管、硅磁敏三极管都是利用半导体材料中的自由电子或空穴随磁场改变其运动方向这一特性而制成的一种磁敏传感器。

项目训练

一、选择题

1. 霍尔电势 $U_H = K_H IB\cos\theta$ 公式中的角 θ 是指（　　）。

   A. 磁力线与霍尔薄片平面之间的夹角

   B. 磁力线与霍尔元件内部电流方向的夹角

   C. 磁力线与霍尔薄片的垂线之间的夹角

2. 霍尔元件采用恒流源激励是为了（　　）。

   A. 提高灵敏度　B. 克服温漂　C. 减小不等位电势

3. 下列元件属于四端元件的是（　　）。

   A. 应变片　B. 压电晶体　C. 霍尔元件　D. 热敏电阻

4. 与现行集成传感器不同，开关霍尔传感器增设了施密特电路，目的是（　　）。

   A. 增加灵敏度　B. 减小温漂　C. 提高抗噪能力

二、简答题

1. 什么是霍尔效应？写出霍尔电势的表达式。
2. 什么是磁阻效应？
3. 为什么有些导体材料和绝缘材料均不宜做成霍尔元件？
4. 试说明霍尔元件产生电势误差的原因，常用误差补偿方法有哪些？
5. 集成霍尔传感器分为几种类型？各有什么特点？
6. 磁敏二极管的特性受温度影响较大，常用哪些温度补偿措施？
7. 磁敏三极管的温度补偿方法有哪些？

三、分析题

图 11－33 所示为霍尔式电流传感器（钳形电流表），请分析其工作原理。

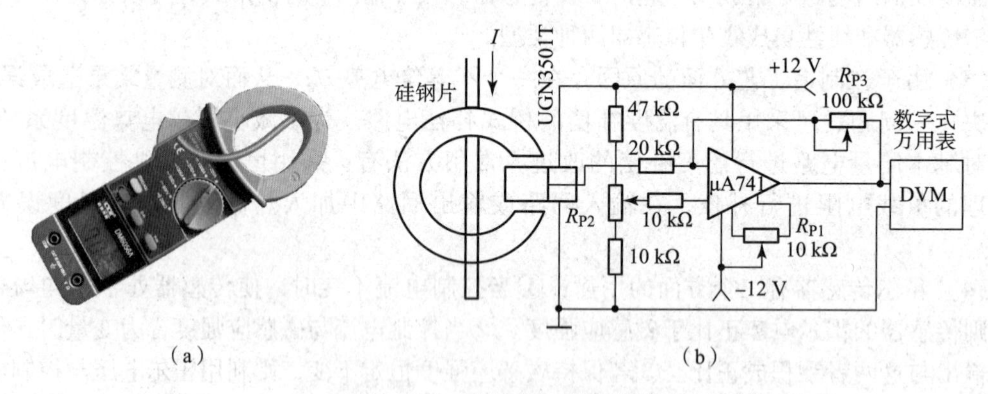

图 11－33　霍尔式电流传感器

(a) 实物图；(b) 由 UGN3501T 构成的数字式钳形电流表电路

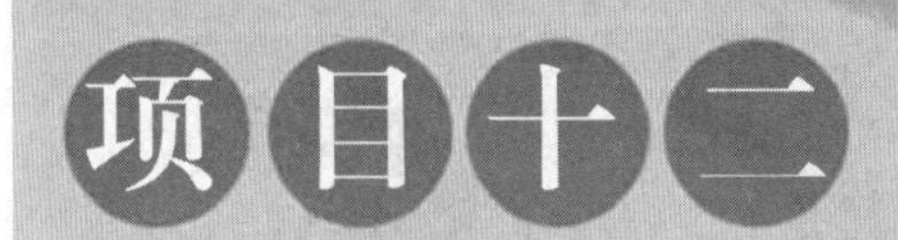

项目十二

光纤位移传感器的安装与调试

项目描述

本项目要求安装与调试一台光纤位移传感器。

近年来，由于低损耗光导纤维的问世以及检测用特殊光纤的开发，在光纤应用领域继光纤通信技术之后又出现了一门崭新的光纤传感器工程技术。

知识目标：

（1）了解光纤的基本结构和传输原理。
（2）掌握光纤传感器的工作原理及其特点。
（3）掌握光纤传感器的测量电路。
（4）熟悉光纤传感器的分类及其应用。

能力目标：

（1）能够按照电路要求对光纤传感器进行正确接线，并且会使用万用表检测电路。
（2）会利用系统软件或示波器进行波形观察。

任务一　知识准备

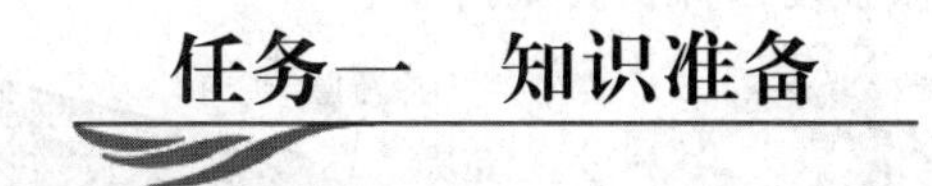

光纤传感器的结构和原理

1. 光纤传感器的特点

光纤传感器是 20 世纪 70 年代中期发展起来的一种基于光导纤维的新型传感器。它是光纤和光通信技术迅速发展的产物，它与以电为基础的传感器有本质区别。光纤传感器用光作为敏感信息的载体，用光纤作为传递敏感信息的媒质。光纤传感器是利用光导纤维的传光特性，把被测量转换为光特性（强度、相位、偏振态、频率、波长）改变的传感器。它广泛应用在机械工程、航空科技、飞行控制、导航、显示、控制和记录系统中，主要对温度、压力、应变、位移、速度、加速度、磁、电、声和 pH 值等各种物理量进行测量。图 12－1 所示为常见的几种光纤传感器。

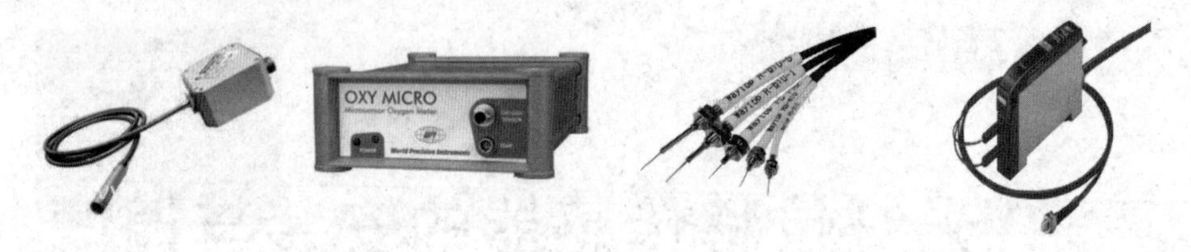

图 12－1　常见的几种光纤传感器

2. 光纤传感器的结构类型

光纤传感器可以分为两大类：一类是功能型（传感型）传感器；另一类是非功能型（传光型）传感器。功能型传感器是利用光纤本身的特性把光纤作为敏感元件，被测量对光纤内传输的光进行调制，使传输的光的强度、相位、频率或偏振态等特性发生变化，再通过对被调制过的信号进行解调，从而得出被测信号。非功能型传感器是利用其他敏感元件感受被测量的变化，光纤仅作为信息的传输介质。

光纤传感器所用光纤有单模光纤和多模光纤。单模光纤的纤芯直径通常为 2～12 μm，很细的纤芯半径接近于光源波长的长度，仅能维持一种模式传播，一般相位调制型和偏振调制型的光纤传感器采用单模光纤；光强度调制型或传光型光纤传感器多采用多模光纤。

为了满足特殊要求，出现了保偏光纤、低双折射光纤、高双折射光纤等。所以采用新材料研制特殊结构的专用光纤是光纤传感技术发展的方向。

3. 光纤的结构

光导纤维简称为光纤，光纤是用光透射率高的电介质（如石英、玻璃、塑料等）构成的光通路。光纤的结构如图 12－2 所示，光纤呈圆柱形，它由玻璃纤维芯（纤芯）和玻璃包皮（包层）两个同心圆柱的双层结构组成。纤芯位于光纤的中心部位，光主要在这里传输。纤芯折射率 n_1 比包层折射率 n_2 稍大些，两层之间形成良好的光学界面，光线在这个界面上反射传播。在包层外面还常有一层保护套，多为尼龙材料。光纤的导光能力取决于纤芯和包层的性质，而光纤的机械强度由保护套维持。

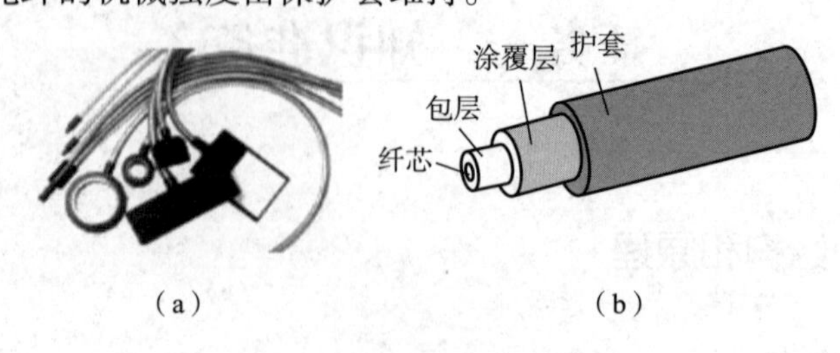

图 12－2　光纤的外形和结构

（a）光纤实物；（b）光纤外形

4. 光纤的传输原理

众所周知，光在空间是直线传播的。在光纤中，光的传输限制在光纤中，并随光纤能传送到很远的距离，光纤的传输是基于光的全内反射。

当光纤的直径比光的波长大很多时，可以用几何光学的方法来说明光在光纤内的传播。设有一段圆柱形光纤，纤芯的折射率为 n_1，包层的折射率为 n_2，如图 12－3 所示，它的两个端面均为光滑的平面。当光线射入一个端面并与圆柱的轴线成 θ 角时，根据斯涅尔光的折射定律，在光纤内折射成 θ'，然后以 φ 角入射至纤芯与包层的界面。若要在界面上发生全反射，则纤芯与界面的光线入射角 φ 应大于临界角 φ_c，即

$$\varphi \geqslant \varphi_c = \arcsin \frac{n_2}{n_1} \tag{12-1}$$

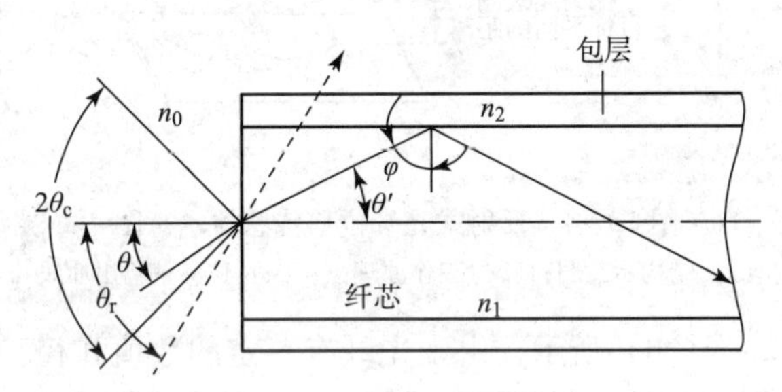

图 12－3　光纤的传光原理

并在光纤内部以同样的角度反复逐次反射，直至传播到另一端面。

为满足光在光纤内的全内反射，光入射到光纤端面的临界入射角 θ_c 应满足

$$n_1 \sin\theta' = n_1 \sin\left(\frac{\pi}{2} - \varphi_c\right) = n_1 \cos\varphi_c$$

$$= n_1 \sqrt{1 - \sin^2\varphi_c} = \sqrt{n_1^2 - n_2^2} \tag{12-2}$$

所以

$$n_0 \sin\theta_c = \sqrt{n_1^2 - n_2^2} \tag{12-3}$$

实际工作时需要光纤弯曲，但只要满足全反射条件，光线仍继续前进。可见这里的光线“转弯”实际上是由光的全反射形成的。

一般光纤所处环境为空气，则 $n_0 = 1$。这样在界面上产生全反射，在光纤端面上的光线入射角为

$$\theta \leqslant \theta_c = \arcsin \sqrt{n_1^2 - n_2^2}$$

光纤集光本领的术语叫数值孔径 NA，即

$$NA = \sin\theta_c = \sqrt{n_1^2 - n_2^2} \tag{12-4}$$

数值孔径反映纤芯接收光量的多少。其意义是：无论光源发射功率有多大，只有入射光处于 $2\theta_c$ 的光锥内，光纤才能导光。如入射角过大，如图 12－3 所示的角 θ_r，经折射后不能满足式（12－4）的要求，光线便从包层逸出而产生漏光。所以 NA 是光纤的一个重要参数。一般希望有大的数值孔径，这有利于耦合效率的提高，但数值孔径过大，会造成光信号畸变，所以要适当选择数值孔径的数值。

5. 反射式光纤位移传感器结构及其工作原理

反射式光纤位移传感器结构简单，设计灵活，性能稳定，造价低廉，能适应恶劣环境，在实际工作中得到了广泛应用。反射式光纤位移传感器结构示意图如图 12－4（a）所示。由光源发出的光经发射光纤束传输入射到被测目标表面，目标表面的反射光由与发射光纤束扎在一起的接收光纤束传输至光敏元件。根据被测目标表面光反射至接收光纤束的光强度的变化来测量被测表面距离的变化。

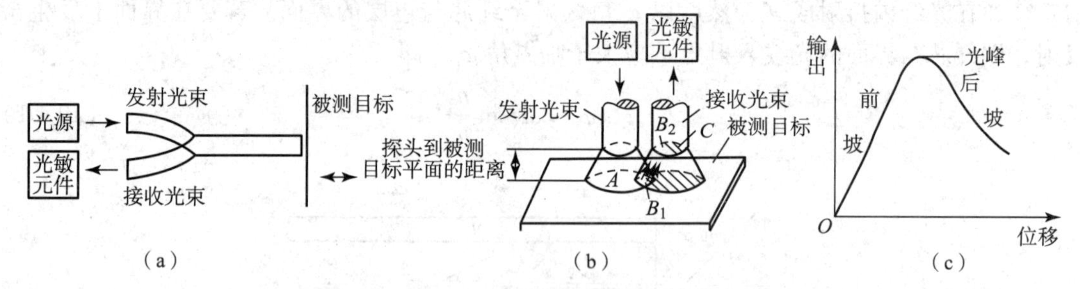

图 12－4　反射式光纤位移传感器示意图

（a）结构示意图；（b）工作原理图；（c）位移—输出曲线

其工作原理如图 12－4（b）所示，由于光纤有一定的数值孔径，当光纤探头端部紧贴被测件时，发射光纤中的光不能反射到接收光纤中去，接收光纤中无光信号；当被测表面逐渐远离光纤探头时，发射光纤照亮被测表面的面积越来越大，于是相应的发射光锥和接收光锥重合面积越来越大，因而接收光纤端面上被照亮的 B_2 区也越来越大，有一个线性增长的输出信号；当整个接收光纤被全部照亮时，输出信号就达到了位移—输出信号曲线上的“光峰点”，光峰点以前的这段曲线叫前坡区；当被测表面继续远离时，由于被反射光照亮的 B_2 面积大于 C，即有部分反射光没有反射进接收光纤，还由于接收光纤更加远离被测表面，接收到的光强逐渐减小，光敏输出器的输出信号逐渐减弱，进入曲线的后坡区，如图 12－4（c）所示。在位移—输出曲线的前坡区，输出信号的强度增加得非常快，这一区域可以用来进行微米级的位移测量。在后坡区，信号的减弱约与探头和被测表面之间的距离平方成反比，可用于距离较远而灵敏度、线性度和精度要求不高的测量。在光峰区，信号达到最大值，其大小取决于被测表面的状态。所以这个区域可用于对表面状态进行光学测量。

任务二　项目实施

光纤位移传感器的安装与调试

本实训项目采用的是导光型多模光纤，它由两束光纤混合组成 Y 型光纤，探头为半圆分布，其原理如图 12－6 所示。反射式光纤位移传感器是一种传输型光纤传感器。光纤采用 Y 型结构，两束光纤一端合并在一起组成光纤探头，另一端分为两支，分别作为光源光纤和接收光纤。光从光源耦合到光源光纤，通过光纤传输，射向反射面，再被反射到接收光纤，最后由光电转换器接收，转换器接收到的光源与反射体表面的性质及反射体到光纤探头的距离有关。当反射表面位置确定后，接收到的反射光光强随光纤探头到反射体的距离的变化而变化。显然，当光纤探头紧贴反射面时，接收器接收到的光强为零。随着光纤探头离反射面距离的增加，接收到的光强逐渐增加，到达最大值点后又随两者的距离增加而减小。反射式光纤位移传感器是一种非接触式测量，具有探头小，响应速度快，测量线性化（在小位移范围内）等优点，可在小位移范围内进行高速位移检测。

通过本实训项目使大家了解光纤位移传感器的工作原理和性能。

本实训项目需用器件与单元：光纤传感器、光纤传感器实验模块、数显单元（主控台电压表）、测微头、±15 V 直流源、反射面，如图 12－5 所示。

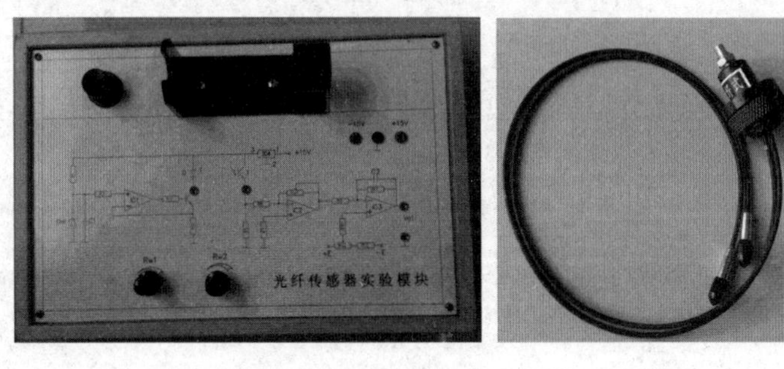

图 12－5　需用器件与单元

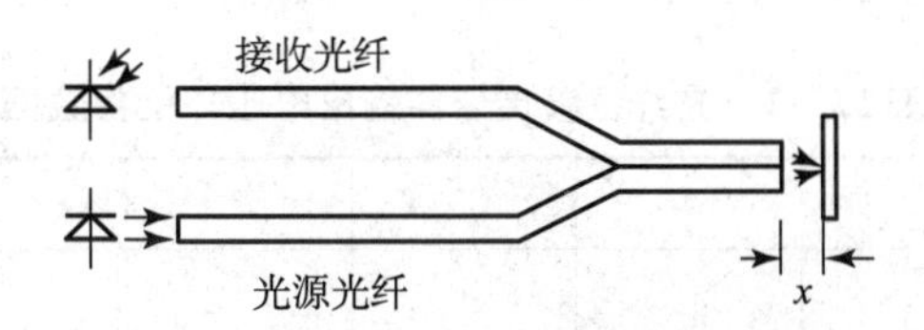

图 12－6　反射式光纤位移传感器原理

实训项目步骤如下：

（1）根据图 12－7 安装光纤传感器，光纤传感器有分叉的两束插入实验板上的光电变换座孔内。其内部已和发光管 D 及光电转换管 T 相接。

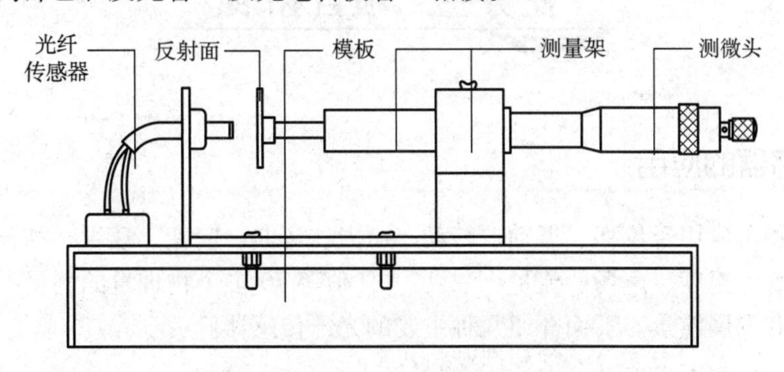

图 12－7　光纤位移传感器安装示意图

（2）将光纤传感器实验模块输出端 U_{o1} 与数显单元（电压挡位打在 20 V）相连，如图 12－8 所示。

（3）调节测微头，使探头与反射平板轻微接触。

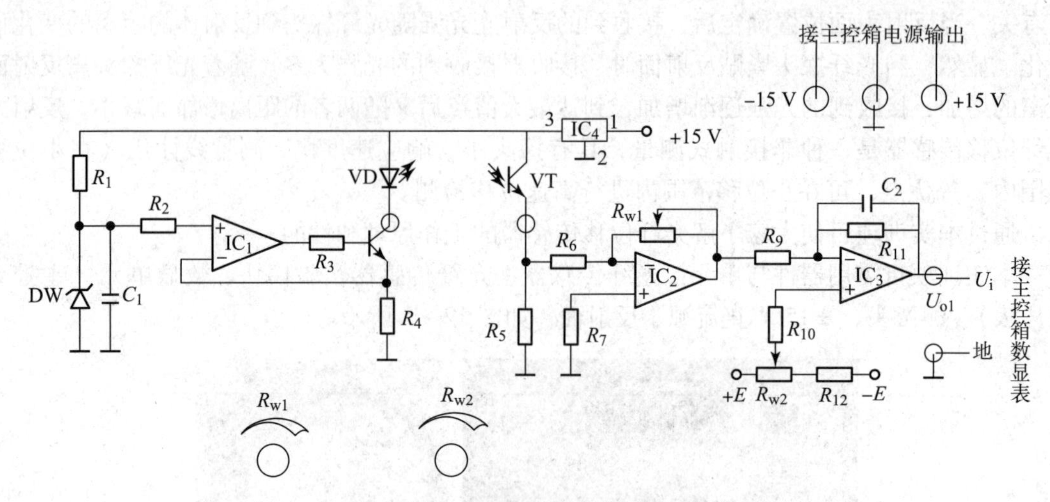

图 12－8　光纤传感器位移实验模块

（4）实验模块接入 ±15 V 电源，合上主控箱电源开关，调节 R_{w1} 到中间位置，调节 R_{w2} 使数显表显示为零。

（5）旋转测微头，被测体离开探头，每隔 0.1 mm（0.2 mm）读出数显表值，将其填入表 12－1。

表 12－1　光纤位移传感器输出电压与位移数据

X/mm								
U/V								

（6）根据表 12－1 中的数据，分析光纤位移传感器的位移特性，计算在量程为 1 mm 时的灵敏度和非线性误差。

任务三　项目拓展

光纤传感器的应用

光纤传感器可应用于位移、振动、转动、压力、弯曲、应变、速度、加速度、电流、磁场、电压、湿度、温度、声场、流量、浓度、pH 值等 70 多个物理量的测量，且具有十分广泛的应用潜力和发展前景。下面介绍几种主要的光纤传感器。

1. 光纤加速度传感器

光纤加速度传感器的结构组成如图 12－9 所示，它是一种简谐振子的结构形式。激光束通过分光板后分为两束光，透射光作为参考光束，反射光作为测量光束。当传感器感受加速度时，由于质量块 M 对光纤的作用，从而使光纤被拉伸，引起光程差的改变。相位改变的激光束由单模光纤射出后与参考光束会合产生干涉效应。激光干涉仪干涉条纹的移动可由光电接收装置转换为电信号，经过处理电路处理后便可正确地测出加速度值。

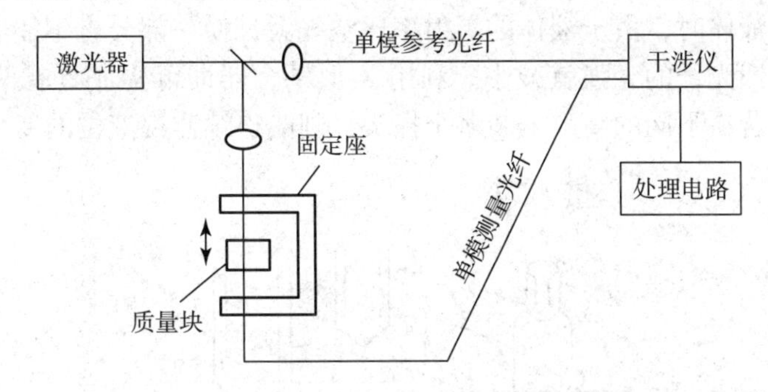

图 12－9　光纤加速度传感器组成结构简图

2. 液位的检测技术

（1）球面光纤液位传感器。如图 12－10 所示，光由光纤的一端导入，在球状对折端部一部分光透射出去，而另一部分光反射回来，由光纤的另一端导向探测器。反射光强的大小取决于被测介质的折射率。被测介质的折射率与光纤折射率越接近，反射光强度越小。显然，传感器处于空气中时比处于液体中时的反射光强要大。因此，该传感器可用于液位报警。若以探头在空气中时的反光强度为基准，则当接触水时反射光强变化 －7～－6 dB，接触油时变化 －30～－25 dB。

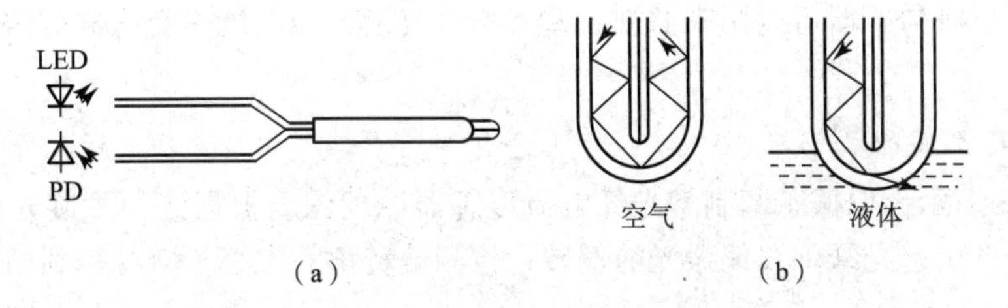

图 12－10　球面光纤液位传感器

（a）探头结构图；（b）检测原理图

（2）斜端面光纤液位传感器。图 12－11 所示为反射式斜端面光纤液位传感器的结构。同样，当传感器接触液面时，将引起反射回另一根光纤的光强减小。这种形式的探头在空气中和水中时，反射光强度差在 20 dB 以上。

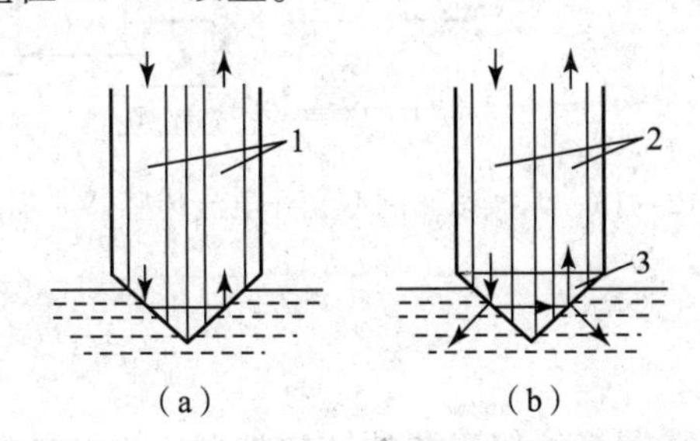

图 12－11　斜端面反射式光纤液位传感器

1，2—光纤；3—棱镜

（3）单光纤液位传感器。单光纤液位传感器的结构如图 12－12 所示，将光纤的端部抛光成45°的圆锥面。当光纤处于空气中时，入射光大部分能在端部满足全反射条件而返回光纤。当传感器接触液体时，由于液体的折射率比空气大，使一部分光不能满足全反射条件而折射入液体中，返回光纤的光强就减小。利用X形耦合器即可构成具有两个探头的液位报警传感器。同样，若在不同的高度安装多个探头，则能连续监视液位的变化。

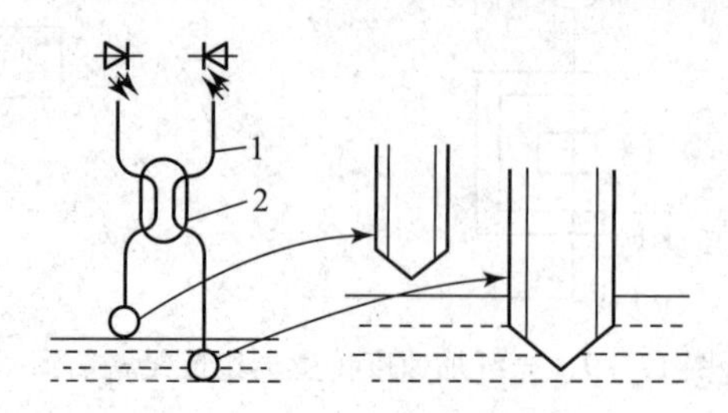

图12－12 单光纤液位传感器结构

1—光纤；2—X形耦合器

3. 热辐射光纤温度传感器

热辐射光纤温度传感器是利用光纤内产生的热辐射来传感温度的一种器件。它是以光纤纤芯中的热点本身所产生的黑体辐射现象为基础。这种传感器非常类似于传统的高温计，只不过这种装置不是探测来自炽热的不透明物体表面的辐射，而是把光纤本身作为一个待测温度的黑体腔。利用这种方法可确定光纤上任何位置热点的温度。由于它只探测热辐射，故无须任何光源。这种传感器可以用来监视一些大型电气设备如电机、变压器等内部热点的变化情况。

4. 光纤电流传感器

图12－13所示为偏振态调制型光纤电流传感器原理图。根据法拉第旋光效应，由电流所形成的磁场会引起光纤中线偏振光的偏转；检测偏转角的大小，就可得到相应的电流值。

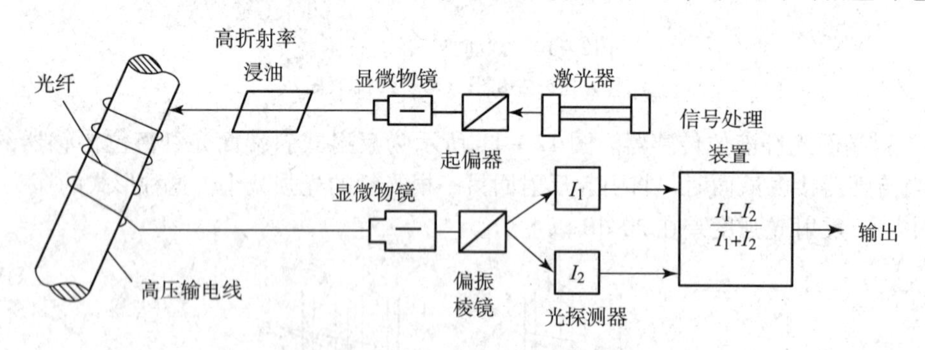

图12－13 偏振态调制型光纤电流传感器原理图

项目小结

通过本项目的学习主要掌握光纤传感器的结构类型、光纤的结构和传光原理，重点掌握反射式光纤位移传感器的应用。

(1) 光导纤维简称为光纤，其导光原理是基于光的全内反射。光纤的导光能力取决于纤芯和包层的性质，而光纤的机械强度由保护套维持。

（2）光纤传感器可以分为两大类：一类是功能型（传感型）传感器；另一类是非功能型（传光型）传感器。功能型传感器是利用光纤本身的特性把光纤作为敏感元件，被测量对光纤内传输的光进行调制，使传输的光的强度、相位、频率或偏振态等特性发生变化，再通过对被调制过的信号进行解调，从而得出被测信号。非功能型传感器是利用其他敏感元件感受被测量的变化，光纤仅作为信息的传输介质。本项目要求重点掌握非功能型光纤传感器。

（3）反射式光纤位移传感器。由光源发出的光经发射光纤束传输入射到被测目标表面，目标表面的反射光由与发射光纤束扎在一起的接收光纤束传输至光敏元件。根据被测目标表面光反射至接收光纤束的光强度的变化来测量被测表面距离的变化。反射式光纤位移传感器结构简单，设计灵活，性能稳定，造价低廉，能适应恶劣环境，在实际工作中得到了广泛应用。

项目训练

1. 光纤传感器可以分为哪两大类？并说明每类光纤传感器的特点。
2. 简述光纤传光的工作原理。
3. 简述光导纤维的结构组成。

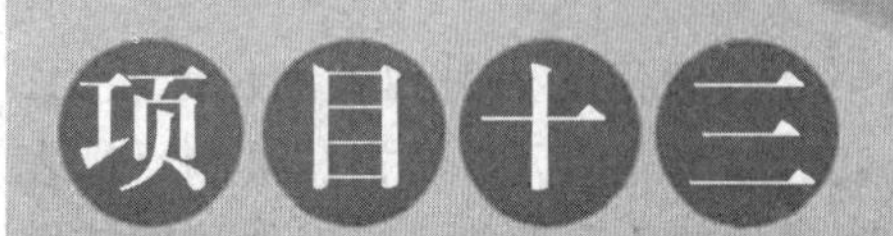

远红外传感器的安装与测试

项目描述

本项目要求安装并测试一台热释电远红外传感器。

热释电红外（PIR）传感器，亦称为热红外传感器，是一种能检测人体发射的红外线的新型高灵敏度红外探测元件。它能以非接触形式检测出人体辐射的红外线能量的变化，并将其转换成电压信号输出。将输出的电压信号加以放大，便可驱动各种控制电路。由于红外线是不可见光，有很强的隐蔽性和保密性，热释电人体红外线传感器不受白天黑夜的影响，可昼夜不停地用于监测，广泛地用于防盗报警。

知识目标：

（1）了解红外辐射的基本物理特性。

（2）掌握热释电红外探测器的结构和工作原理。

（3）熟悉红外探测器的种类和特点。

能力目标：

能正确安装、调试和应用热释电红外探测器。

任务一　知识准备

红外传感器

红外技术是最近几十年发展起来的一门新兴技术。它已在科技、国防和工农业生产等领域获得了广泛的应用。红外传感器按其应用可分为以下几方面。

（1）红外辐射计，用于辐射和光谱辐射测量。

（2）搜索和跟踪系统，用于搜索和跟踪红外目标，确定其空间位置并对它的运动进行跟踪。

（3）热成像系统，可产生整个红外辐射的分布图像，如红外图像仪、多光谱扫描仪等。

（4）红外测距和通信系统。

（5）混合系统，是指以上各类系统中的两个或多个的组合。

（一）红外辐射

红外辐射俗称红外线，它是一种不可见光，由于是位于可见光中红色光以外的光线，故称为红外线。它的波长范围为0.76～1 000 μm，红外线在电磁波谱中的位置如图13－1所示。工程上又把红外线所占据的波段分为4部分，即近红外、中红外、远红外和极远红外。

红外辐射的物理本质是热辐射。一个炽热物体向外辐射的能量大部分是通过红外线辐射出来的。物体的温度越高，辐射出来的红外线越多，辐射的能量就越强。而且红外线被物体吸收时，可以显著地转变为热能。

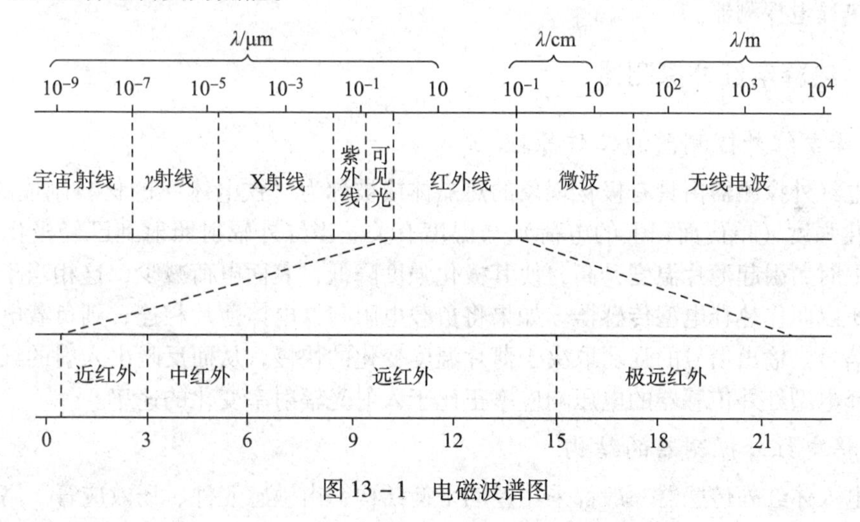

图13－1　电磁波谱图

红外辐射和所有电磁波一样，是以波的形式在空间直线传播的。它在大气中传播时，大气层对不同波长的红外线存在不同的吸收带，红外线气体分析器就是利用该特性工作的，空气中对称的双原子气体，如N_2、O_2、H_2等不吸收红外线。而红外线在通过大气层时，有3个波段透过率高，它们是2～2.6 μm、3～5 μm和8～14 μm，统统称它们为“大气窗口”。这3个波段对红外探测技术特别重要，因为红外探测器一般都工作在这3个波段之内。

（二）红外探测器的类型

红外传感器一般由光学系统、探测器、信号调理电路及显示系统等组成。红外探测器是红外传感器的核心。红外探测器种类很多，常见的有两大类：光子探测器和热探测器。

1. 光子探测器

光子探测器（又称光电探测器）利用入射红外辐射的光子流与探测器材料中电子的相互作用来改变电子的能量状态，引起各种电学现象。这种现象称光子效应。通过测量材料电子性质的变化，可以知道红外辐射的强弱。利用光子效应制成的红外探测器，统称光子探测器。光子探测器主要有内光电探测器和外光电探测器两种，外光电探测器分为光电导、光生伏特和光磁电探测器 3 种类型。光子探测器的主要特点是灵敏度高，响应速度快，具有较高的响应频率，但探测波段较窄，一般需在低温下工作。

2. 热探测器

热探测器是利用红外辐射的热效应，探测器的敏感元件吸收辐射能后引起温度升高，进而使有关物理参数发生相应变化，通过测量物理参数的变化，便可确定探测器所吸收的红外辐射。与光子探测器相比，热探测器的探测率比光子探测器的峰值探测率低，响应时间长。但热探测器的主要优点是响应波段宽，响应范围可扩展到整个红外区域，可以在室温下工作，使用方便，应用仍相当广泛。

热探测器的主要类型有热释电型、热敏电阻型、热电偶型和气体型探测器。而热释电探测器在热探测器中探测率最高，频率响应最宽，所以这种探测器倍受重视，发展很快。这里主要介绍热释电探测器。

（三）热释电红外探测器

1. 热释电红外探测器的工作原理

热释电红外探测器由具有极化现象的热晶体或被称为“铁电体”的材料制成的。“铁电体”的极化强度（单位面积上的电荷）与温度有关。当红外辐射照射到已经极化的铁电体薄片表面上时，引起薄片温度升高，使其极化强度降低，表面电荷减少，这相当于释放一部分电荷，所以叫作热释电型传感器。如果将负载电阻与铁电体薄片相连，则负载电阻上便产生一个电信号。输出信号的强弱取决于薄片温度变化的快慢，从而反映出入射的红外辐射的强弱，热释电型红外传感器的电压响应率正比于入射光辐射率变化的速率。

2. 热释电红外探测器的结构

热释电人体红外传感器一般都采用差动平衡结构，由敏感元件、场效应管、高值电阻等组成，如图 13 – 2（b）所示。

1）敏感元件

敏感元件是用热释电人体红外材料（通常是锆钛酸铅）制成的，先把热释电材料制成很小的薄片，再在薄片两面镀上电极，构成两个串联的有极性的小电容器。将极性相反的两个敏感元件做在同一晶片上，是为了抑制由于环境与自身温度变化而产生热释电信号的干扰，如图 13 – 2（c）所示。为了提高探测器的探测灵敏度以增大探测距离，热释电人体红外传感器在实际使用时，前面要安装透镜，通过透镜的外来红外辐射只会聚在一个敏感元件上，以增强接收信号。热释电人体红外传感器的特点是它只在由于外界的辐射而引起它本身温度变化时，才会给出一个相应的电信号，当温度的变化趋于稳定后就再也没有信号输出，所以说热释电信号与它本身温度的变化率成正比，或者说热释电红外传感器只对运动的人体敏感，应用于当今探测人体移动报警电路中。

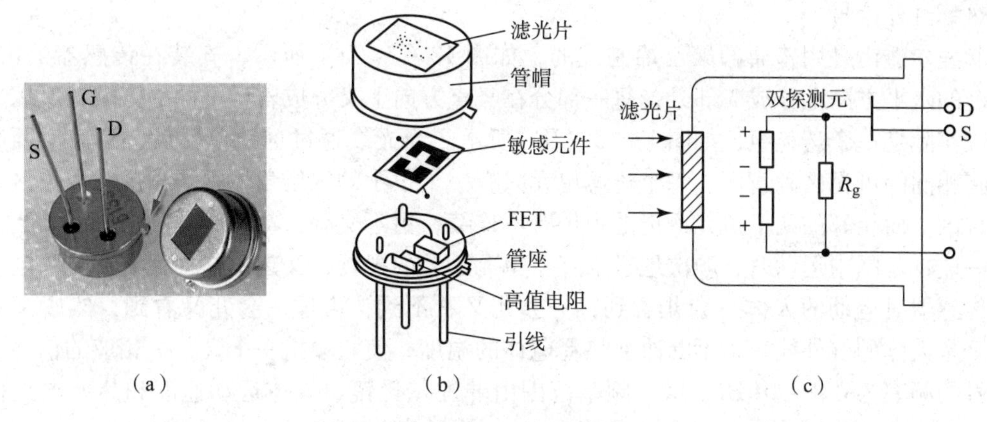

图 13-2　热释电红外探测器的结构

(a) 热释电红外探测器实物图；(b) 内部结构图；(c) 内部电气连接图

2）场效应管和高值电阻 R_g

通常敏感元件材料阻值高达 $10^3\ \Omega$，因此，要用场效应管进行阻抗变换，场效应管常用 2SK303V3、2SK94X3 等来构成源极跟随器，高值电阻 R_g 的作用是释放栅极电荷，使场效应管正常工作。一般在源极输出接法下，源极电压为 0.4 ~ 1.0 V。通过场效应管，传感器输出信号就能用普通放大器进行处理。

3）滤光窗

热释电人体红外传感器中的敏感元件是一种广谱材料，能探测各种波长的辐射。为了使传感器对人体最敏感，而对太阳、电灯光等有抗干扰性，传感器采用了滤光片作窗口，即滤光窗。滤光片是在 S 基板上镀多层膜做成的。每个物体都发出红外辐射，其辐射最强的波长满足维恩位移定律：

$$\lambda_m \cdot T = 2\ 989\ (\mu m \cdot K)$$

式中　λ_m——最大波长；

　　T——绝对温度。

人体温度为 36 ℃ ~ 37 ℃，即 309 ~ 310 K，其辐射的红外波长 $\lambda_m = 2989/(309 \sim 310) \approx 9.67 \sim 9.64\ \mu m$。可见，人体辐射的红外线最强的波长正好在滤光片的响应波长 7.5 ~ 14 μm 的中心处。故滤光窗能有效地让人体辐射的红外线通过，而阻止太阳光、灯光等可见光中的红外线通过，免除干扰。所以，热释电人体红外传感器只对人体和近似人体体温的动物有敏感作用。

4）菲涅尔透镜

菲涅尔镜片是红外线探头的“眼镜”，它就像人的眼镜一样，配用得当与否直接影响到使用的功效，若配用不当会产生误动作和漏动作，致使用户或者开发者对其失去信心。若配用得当则能充分发挥人体感应的作用，使其应用领域不断扩大。

菲涅尔透镜的作用有两个：一是聚焦作用，即将探测空间的红外线有效地集中到传感器上。不使用菲涅尔透镜时传感器的探测半径不足 2 m，只有配合菲涅尔透镜使用才能发挥最大作用。配上菲涅尔透镜时传感器的探测半径可达到 10 m。二是将探测区域内分为若干个明区和暗区，使进入探测区域的移动物体能以温度变化的形式在敏感元件（PIR）上产生变化的热释红外信号。

菲涅尔透镜是用普通的聚乙烯制成的，如图 13－3（a）所示，安装在传感器的前面。在透镜的水平方向上分成 3 部分，每一部分在竖直方向上又分成若干不同的区域，所以菲涅尔透镜实际是一个透镜组，如图 13－3（b）所示。当光线通过透镜单元后，在其反面则形成明暗相间的可见区和盲区。每个透镜单元只有一个很小的视场角，视场角内为可见区，之外为盲区。而相邻的两个单元透镜的视场既不连续，更不交叠，却都相隔一个盲区。当人体在这一监视范围中运动时，顺次地进入某一单元透镜的视场，又走出这一视场，热释电人体红外传感器对运动的人体一会儿看到，一会儿又看不到，再过一会儿又看到，然后又看不到，于是人体的红外线辐射不断改变热释电体的温度，使它输出一个又一个相应的信号。输出信号的频率为 0.1～10 Hz，这一频率范围由菲涅尔透镜、人体运动速度和热释电人体红外传感器本身的特性决定。

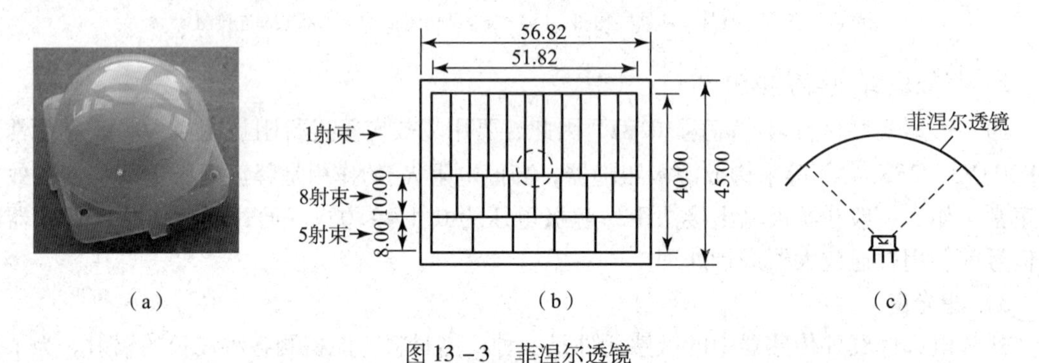

图 13－3　菲涅尔透镜

（a）菲涅尔透镜实物图；（b）透镜组形状；（c）透镜圆弧与敏感元件位置

任务二　项目实施

热释电远红外传感器的安装与测试

热释电传感器是利用热电效应的热电型红外传感器，热释电传感器在温度没有变化时不产生信号，称为积分型传感器，多用于人体温度检测电路。热释电传感器的输出是电荷，这并不能使用，要附加电阻，以电压形式输出。但因电阻值非常大（1～100 GΩ）要用场效应管进行阻抗变换。

通过本实训项目的学习进一步了解热释电传感器的性能、构造与工作原理。

本实训项目需要器件与单元：直流稳压电源、±15 V 电源、+5 V 电源、热释电远红外传感器、热释电红外传感器实验模块、专用导线，如图 13－4 所示。

实训项目步骤如下：

（1）热释电远红外传感器探头用专用导线连接后，导线另一端插入热释电远红外传感器上“热释电远红外传感器 Ti”插口。

（2）按图 13－5 接线。观察传感器的圆形感应端面，中间黑色小方孔是滤色片，内装有敏感元件。

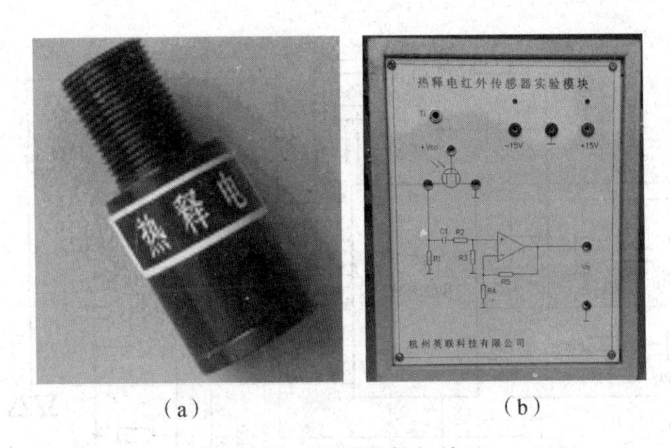

图 13－4　需用器件与单元

（a）热释电远红外传感器；（b）热释电红外传感器实验模块

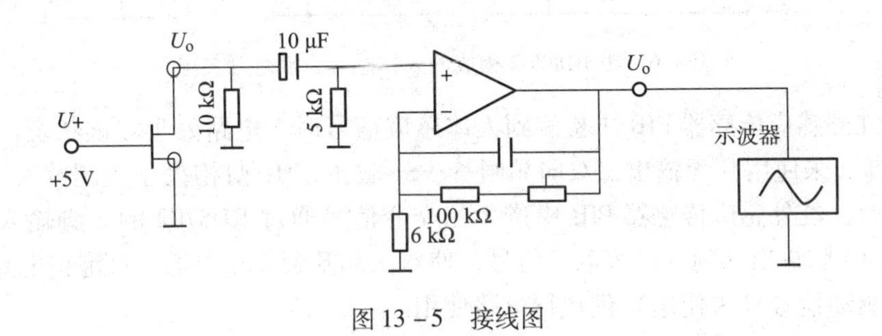

图 13－5　接线图

（3）$U+$接 +5 V 电源，实验模块电源接 ±15 V。

（4）开启主电源，注意周围人体尽量不要晃动，并调整好示波器（Y 轴：50 mV/div；X 轴：0.25 s/div）。

（5）观察现象一：用手掌在距离传感器约 10 mm 处晃动，注意数显表及示波器波形的变化，停止晃动，重新观察数显表及示波器的波形变化。

（6）观察现象二：用手掌靠近传感器晃动，注意数显表及示波器的波形变化。

（7）通过上述（5）、（6）实训，可得出波形（自己绘制）。

任务三　项目拓展

红外传感器的应用

1. 人体感应自动照明灯

图 13－6 所示为由红外线检测集成电路 RD8702 构成的人体感应自动灯开关电路，适用于家庭、楼道、公共厕所、公共走道等作为照明灯。

电路主要由人体红外线检测、信号放大及控制信号输出、晶闸管开关及光控等单元电路组成。由于灯泡串接在电路中，所以不接灯泡时电路不工作。

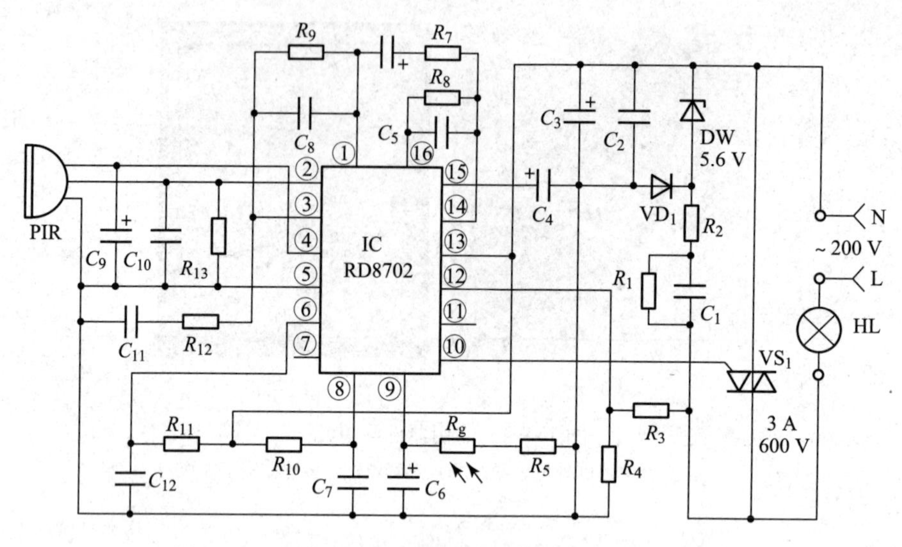

图 13－6　由 RD8702 构成的人体感应自动灯开关电路

当人体红外感应传感器 PIR 未检测到人体感应信号时，电路处于守候状态，RD8702 的 10 脚和 11 脚（未使用）无输出，双向晶闸管 VS_1 截止，HL 灯泡处于关闭状态。当有人进入检测范围时，红外感应传感器 PIR 中产生的交变信号通过 RD8702 的 2 脚输入 IC 内。经 IC 处理后从 10 脚输出晶闸管过零触发信号，使双向晶闸管 VS_1 导通，灯泡得电点亮，11 脚输出继电器驱动信号（未使用）供执行电路使用。

光敏电阻 R_g 连接在 RD8702 的 9 脚。有光照时，R_g 的阻值较小，9 脚内电路抑制 10 脚和 11 脚输出控制信号。晚上光线较暗时，R_g 的阻值较大，9 脚内电路解除对输出信号的抑制作用。

2. 红外线探测电路

图 13－7 所示为由热释电红外传感器 P228 构成的红外线探测电路，适用于自动节能灯、自动门、报警等方面。

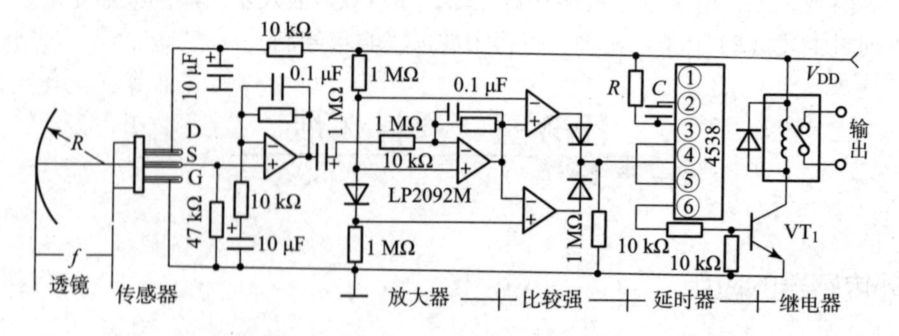

图 13－7　由 P228 构成的红外线探测电路

该电路主要由传感器、放大器、比较器、延时器、继电器等组成。当有人进入检测现场时，透镜将红外能量“聚集”送入传感器，感应出微量的电压经阻抗匹配送到放大器。放大器的增益要求大于 72.5 dB，频宽为 0.3～7 Hz。放大后的信号既含有用信号，也含噪声信号。为取出有用信号，用一级比较器取出有用成分，经延时后推动继电器动作，由其触点控制报警电路等进入工作状态。

3. 红外线气体分析仪

红外线气体分析仪是根据气体对红外线具有选择性的吸收特性来对气体成分进行分析的。不同气体的吸收波段（吸收带）不同，图 13－8 所示为几种气体对红外线的透射光谱，从图中可以看出，CO 气体对波长为 4.65 μm 附近的红外线具有很强的吸收能力，CO_2 气体则在 2.78 μm 和 4.26 μm 附近以及波长大于 13 μm 的范围对红外线有较强的吸收能力。如分析 CO 气体，则可以利用 4.26 μm 附近的吸收波段进行分析。

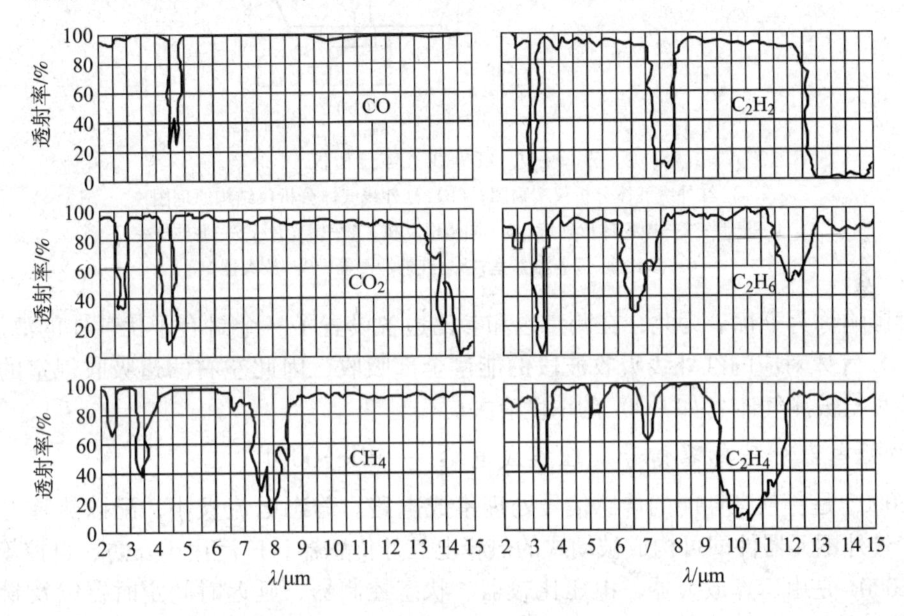

图 13－8　几种气体对红外线的透射光谱

图 13－9 所示为工业用红外线气体分析仪。它由红外线辐射光源、气室、红外接触器及电路等部分组成。

图 13－9（b）中，光源由镍铬丝通电加热发出 3～10 μm 的红外线，切光片将连续的红外线调制成脉冲状的红外线，以便于红外线检测器信号的检测。测量气室中通入被分析气体，参比气室中封入不吸收红外线的气体（如 N_2 等）。红外检测器是薄膜型电容器，它有两个吸收气室，充以被测气体，当它吸收了红外辐射能量后，气体温度升高，导致室内压力增大。测量时（如分析 CO 气体的含量），两束红外线经反射、切光后射入测量气室和参比气室。由于测量气室中含有一定量的 CO 气体，该气体对 4.65 μm 的红外线有较强的吸收能力，而参比气室中气体不吸收红外线，这样射入红外探测器两个吸收气室的红外线光造成能量差异，使两吸收室压力不同，测量边的压力减小，于是薄膜偏向定片方向，改变了薄膜电容两电极间的距离，也就改变了电容 C。

如被测气体的浓度越大，两束光强的差值也越大，则电容的变化也越大，因此电容变化量反映了被分析气体中被测气体的浓度。

如图 13－9（b）所示结构中还设置了滤波气室。它是为了消除干扰气体对测量结果的影响。所谓干扰气体，是指与被测气体吸收红外线波段有部分重叠的气体，如 CO 气体和 CO_2 气体在 4～5 μm 波段内红外吸收光谱有部分重叠，则 CO_2 的存在对分析 CO 气体带来影

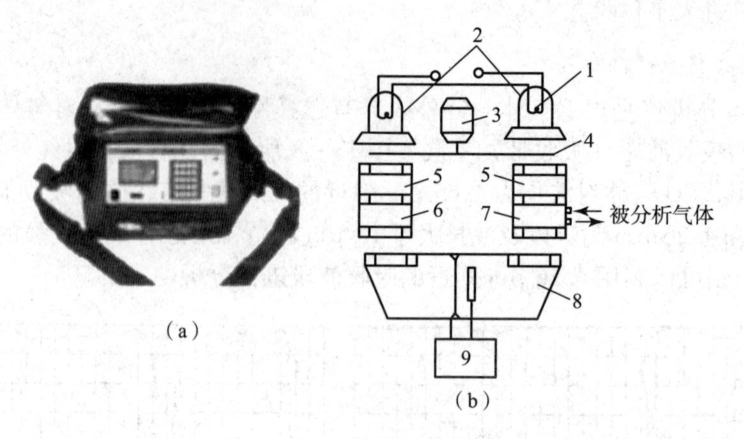

图 13－9　红外线气体分析仪

（a）红外线气体分析仪实物图；（b）红外线气体分析仪结构原理图

1—光源；2—抛物体反射镜；3—同步电动机；4—切光片；5—滤波气室

6—参比室；7—测量室；8—红外探测器；9—放大器

响，这种影响称为干扰。为此，在测量边和参比边各设置了一个封有干扰气体的滤波气室，它能将 CO_2 气体对应的红外线吸收波段的能量全部吸收，因此左右两边吸收气室的红外线能量之差只与被测气体（如 CO）的浓度有关。

4. 热释电红外传感器信号处理集成电路——BISS0001

BISS0001 是一款高性能的传感信号处理集成电路。静态电流极小，配以热释电红外传感器和少量外围元器件即可构成被动式的热释电红外传感器，广泛用于安防、自控等领域。

BISS0001 是由运算放大器、电压比较器、状态控制器、延迟时间定时器以及封锁时间定时器等构成的数模混合专用集成电路，内部电路如图 13－10 所示。

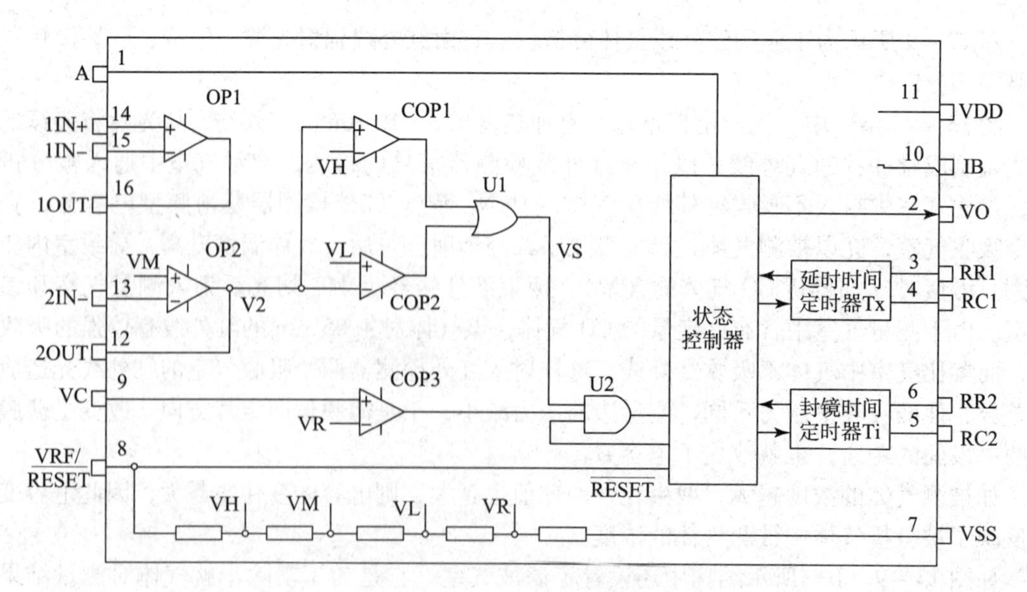

图 13－10　BISS0001 内部电路图

BISS0001 的典型应用电路如图 13 - 11 所示。运算放大器 OP1 将热释电红外传感器的输出信号作第一级放大，然后由 C_3 耦合给运算放大器 OP2 进行第二级放大，再经过电压比较器 COP1 和 COP2 构成的双向鉴幅器处理后，检出有效触发信号 V_s 启动延迟时间定时器，输出信号 V_o 经晶体管 VT 放大驱动继电器去接通负载。

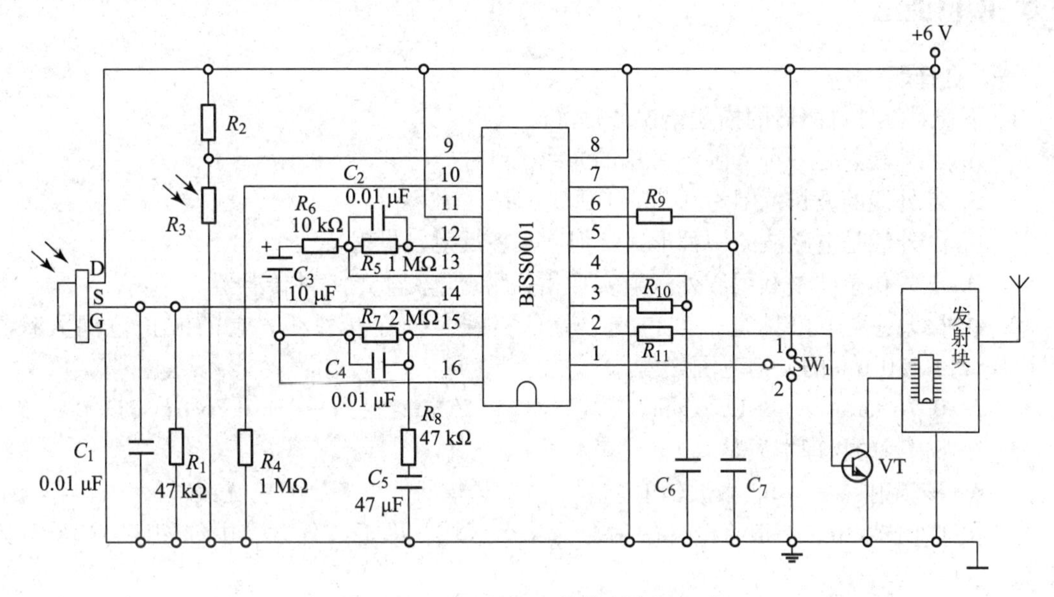

图 13 - 11　BISS0001 的典型应用电路

R_3 为光敏电阻，用来检测环境照度。当作为照明控制时，若环境较明亮，R_3 的电阻值会降低，使 9 脚的输入保持低电平，从而封锁触发信号 V_s。SW_1 是工作方式选择开关，当 SW_1 与 1 端接通时，芯片处于可重复触发工作方式；当 SW_1 与 2 端连通时，芯片则处于不可重复触发工作方式。输出延迟时间 T_x 由外部的 R_9 和 C_7 的大小调整，值为 $T_x \approx 24R_9C_7$；触发封锁时间 T_i 由外部的 R_{10} 和 C_6 的大小调整，值为 $T_i \approx 24R_{10}C_6$。

项目小结

本项目主要介绍了红外辐射的特性、红外探测器的种类和特点，重点掌握热释电红外探测器的结构组成和各部分的作用。

（1）红外辐射的物理本质是热辐射。一个炽热物体向外辐射的能量大部分是通过红外线辐射出来的。物体的温度越高，辐射出来的红外线越多，辐射的能量就越强。

（2）红外传感器一般由光学系统、探测器、信号调理电路及显示系统等组成。红外探测器是红外传感器的核心。红外探测器种类很多，常见的有两大类：热探测器和光子探测器。

热探测器主要类型有热释电型、热敏电阻型、热电偶型和气体型探测器。而热释电探测器在热探测器中探测率最高，频率响应最宽，所以这种探测器倍受重视，发展很快。

（3）热释电人体红外传感器一般都采用差动平衡结构，由敏感元件、场效应管、高值电阻等组成，另外还附有滤光窗和菲涅尔透镜。滤光窗能有效地让人体辐射的红外线通过，而阻止太阳光、灯光等可见光中的红外线通过，免除干扰。菲涅尔透镜的作用有两个：一是聚焦作用，即将探测空间的红外线有效地集中到传感器上。二是将探测区域内分为若干个明区和暗区，使进入探测区域的移动物体能以温度变化的形式在敏感元件上产生变化的热释电红外信号。

项目训练

一、选择题

1. 下列对红外传感器的描述错误的是（　　）。

A. 红外辐射是一种人眼不可见的光线

B. 红外线的波长范围为0.76～1 000 μm

C. 红外线是电磁波的一种形式，但不具备反射、折射特性

D. 红外传感器是利用红外辐射实现相关物理量测量的一种传感器

2. 红外线是位于可见光中红色光以外的光线，故称红外线。它的波长范围大致在（　　）到1 000 μm的频谱范围之内。

A. 0.76 nm　　B. 1.76 nm　　C. 0.76 μm　　D. 1.76 μm

3. 红外辐射的物理本质是（　　）。

A. 核辐射　　B. 微波辐射　　C. 热辐射　　D. 无线电波

4. 在红外技术中，一般将红外辐射分为4个区域，即近红外区、中红外区、远红外区和（　　）。

A. 微波区　　B. 微红外区　　C. X射线区　　D. 极远红外区

5. 红外辐射在通过大气层时，有3个波段透过率高，它们是2～2.6 μm、3～5 μm和（　　）。

A. 8～14 μm　　B. 7～15 μm　　C. 8～18 μm　　D. 7～14.5 μm

6. 光电传感器是利用某些半导体材料在入射光的照射下，产生（　　），使材料的电学性质发生变化。通过测量电学性质的变化，可以知道红外辐射的强弱。

A. 光电效应　　B. 霍尔效应　　C. 热电效应　　D. 压电效应

7. 当红外辐射照射在某些半导体材料表面上时，半导体材料中有些电子和空穴可以从原来不导电的束缚状态变为能导电的自由状态，使半导体的导电率增加，这种现象叫（　　）。

A. 光电效应　　B. 光电导现象　　C. 热电效应　　D. 光生伏特现象

8. 研究发现，太阳光谱各种单色光的热效应从紫色光到红色光是紫色光逐渐增大的，而且最大的热效应出现在（　　）的频率范围内。

A. 紫外线区域　　B. X射线区域　　C. 红外辐射区域　　D. 可见光区域

9. 关于红外传感器，下述说法不正确的是（　　）。

A. 是利用红外辐射实现相关物理量测量的一种传感器

B. 红外传感器的核心器件是红外探测器

C. 光子探测器在吸收红外能量后，将直接产生电效应

D. 为保持灵敏度，热探测器一般需要低温冷却

二、简答题

1. 什么是热释电效应？热释电型传感器与哪些因素有关？

2. 什么是红外辐射？简述红外传感器的工作原理。
3. 简述热探测器、热释电传感器的工作原理。
4. 简述光电传感器的原理、主要特点和分类。
5. 简述红外测温的特点。

项目十四 超声波遥控电灯开关的设计与调试

项目描述

本项目要求设计与调试一个用超声波遥控的电灯开关。

超声波技术是一门以物理、电子、机械及材料学为基础的，各行各业都使用的通用技术之一。它是通过超声波产生、传播以及接收这个物理过程来完成的。超声波在液体、固体中衰减很小，穿透能力强，特别是对不透光的固体，超声波能穿透几十米的厚度。当超声波从一种介质入射到另一种介质时，由于在两种介质中的传播速度不同，在介质面上会产生反射、折射和波型转换等现象。超声波的这些特性使它在检测技术中获得了广泛的应用，如超声波无损探伤、厚度测量、流速测量、超声显微镜及超声成像等。

知识目标：

(1) 掌握超声波的概念和基本特性。
(2) 了解超声波探头产生、接收超声波的原理。
(3) 了解超声波探头耦合剂的作用。

能力目标：

(1) 掌握超声波探头的结构及使用方法。
(2) 熟练应用超声波探头对相应物理量进行检测。

任务一　知识准备

一、认识超声波及其物理性质

1. 超声波的概念和波形

机械振动在弹性介质内的传播称为波动，简称为波。人能听见声音的频率为 20 Hz ~ 20 kHz，即为声波，超出此频率范围的声音，即 20 Hz 以下的声音称为次声波，20 kHz 以上的声音称为超声波，一般说话的频率范围为 100 Hz ~ 8 kHz。声波频率的界限划分如图 14 - 1 所示。

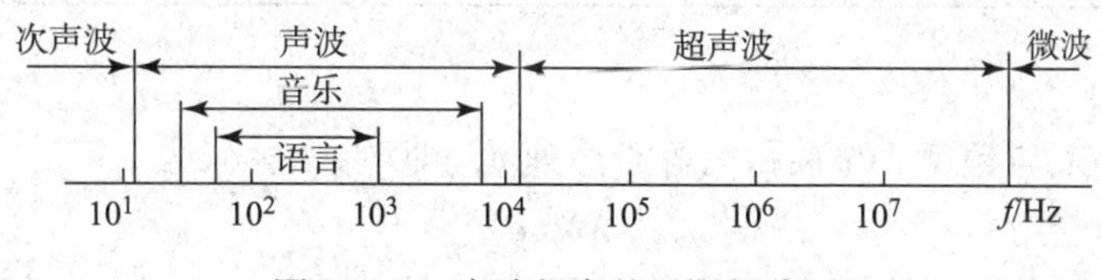

图 14 - 1　声波频率的界限划分图

超声波为直线传播方式，频率越高，绕射能力越弱，但反射能力越强，为此，利用超声波的这种性质就可制成超声波传感器。

由于声源在介质中施力方向与波在介质中传播方向的不同，超声波的传播波型也不同，通常有以下三种类型：

（1）纵波——质点振动方向与波的传播方向一致的波；

（2）横波——质点振动方向垂直于传播方向的波；

（3）表面波——质点的振动介于横波与纵波之间，沿着表面传播的波。

横波只能在固体中传播，纵波能在固体、液体和气体中传播，表面波随深度增加衰减很快。为了测量各种状态下的物理量，多采用纵波。

2. 声速、波长与指向性

1）声速

纵波、横波及表面波的传播速度取决于介质的弹性系数、介质的密度以及声阻抗。这里，声阻抗是描述介质传播声波特性的一个物理量。介质的声阻抗 Z 等于介质的密度 ρ 和声速 c 的乘积，即

$$Z=\rho c \tag{14-1}$$

由于气体和液体的剪切模量为零，所以超声波在气体和液体中没有横波，只能传播纵波。气体中的声速为 344 m/s，液体中的声速为 900 ~ 1 900 m/s。在固体中，纵波、横波和表面波的声速有一定的关系，通常可认为横波声速为纵波声速的一半，表面波声速约为横波声速的 90%。常用材料的密度、声阻抗与声速如表 14 - 1 所示。

表 14-1 常用材料的密度、声阻抗与声速（环境温度为 0 ℃）

材 料	密度 $\rho/(10^3\ \mathrm{kg\cdot m^{-3}})$	声阻抗 $Z/(10^3\ \mathrm{MPa\cdot s^{-1}})$	纵波声速 $c_L/(\mathrm{km\cdot s^{-1}})$	横波声速 $c_s/(\mathrm{km\cdot s^{-1}})$
钢	7.8	46	5.9	3.23
铝	2.7	17	6.32	3.08
铜	8.9	42	4.7	2.05
有机玻璃	1.18	3.2	2.73	1.43
甘油	1.26	2.4	1.92	—
水（20 ℃）	1.0	1.48	1.48	—
油	0.9	1.28	1.4	—
空气	0.001 3	0.000 4	0.34	—

2）波长

超声波的波长 λ 与频率 f 的乘积恒等于声速 c，即

$$\lambda f = c \tag{14-2}$$

例如，将一束频率为 5 MHz 的超声波（纵波）射入钢板，查表 14-1 可知，纵波在钢中的声速是 $c_L = 5.9$ km/s，所以此时的波长为 $\lambda = 1.18$ mm，是可闻声波，其波长将达上千倍。

3）指向性

超声波声源发出的超声波束以一定的角度逐渐向外扩散。如图 14-2 所示，在声束横截面的中心轴线上，超声波最强，且随着扩散角度的增大而减小。指向角 θ 与超声源的直径 D，以及波长 λ 之间的关系为

$$\sin\theta = 1.22\lambda/D \tag{14-3}$$

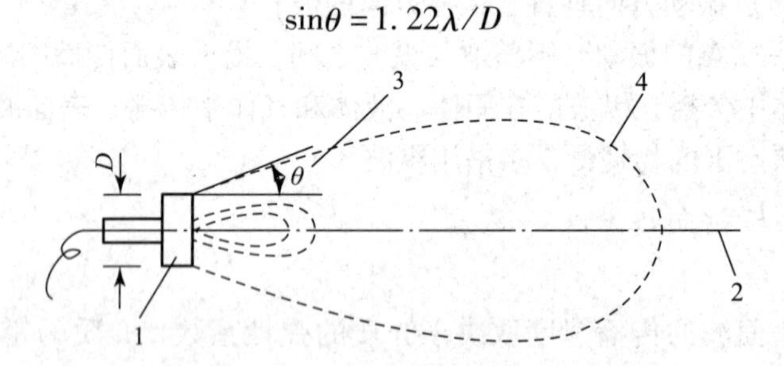

图 14-2 声场指向性及指向角

1—超声源；2—轴线；3—指向角；4—等强度线

设超声源的直径 $D = 20$ mm，射入钢板的超声波（纵波）频率为 5 MHz，则根据式（14-3）可得 $\theta = 4°$，可见该超声波的指向性是十分尖锐的。

人声的频率（约为几百赫兹）比超声波低得多，波长很长，指向角就非常大，所以可闻声波不太适合用于检测领域。

3. 超声波的反射和折射

超声波从一种介质传播到另一种介质，在两个介质的分界面上一部分能量被反射回原介

质，叫作反射波，另一部分透射过界面，在另一种介质内部继续传播，则叫作折射波。这两种情况分别称之为声波的反射和折射，如图 14－3 所示。

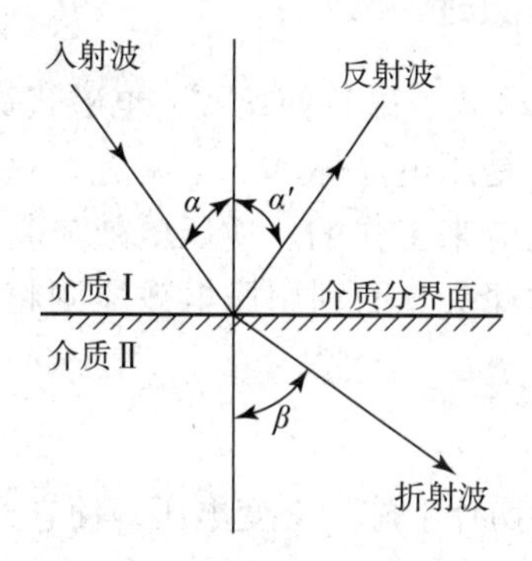

图 14－3　波的反射与折射

当纵波以某一角度入射到第二介质（固体）的界面上时，除有纵波的反射、折射以外，还发生横波的反射及折射。在某种情况下，还能产生表面波。各种波型都符合反射及折射定律。

1）反射定律

入射角 α 的正弦与反射角 α' 的正弦之比等于波速之比。当入射波和反射波的波型相同、波速相等时，入射角 α 等于反射角 α'。

2）折射定律

入射角 α 的正弦与折射角 β 的正弦之比等于超声波在入射波所处介质的波速 c_1 与在折射波所处介质的波速 c_2 之比，即

$$\sin\alpha/\sin\beta = c_1/c_2 \tag{14-4}$$

4. 超声波的衰减

超声波在介质中传播时，随着传播距离的增加，能量逐渐衰减，其衰减的程度与超声波的扩散、散射及吸收等因素有关。其声压和声强的衰减规律如下：

$$P_x = P_0 e^{-\alpha x} \tag{14-5}$$

$$I_x = I_0 e^{-2\alpha x} \tag{14-6}$$

式中　P_x，I_x——距声源 x 处超声波的声压和声强；

P_0、I_0——$x=0$ 处超声波的声压和声强；

α——衰减系数；

x——声波与声源间的距离。

超声波在介质中传播时，能量的衰减决定于声波的扩散、散射和吸收，在理想介质中，声波的衰减仅来自于声波的扩散，即随声波传播距离增加而引起声能的减弱。散射衰减是固体介质中的颗粒界面或流体介质中的悬浮粒子使声波散射。吸收衰减是由介质的导热性、黏滞性及弹性滞后造成的，介质吸收声能并转换为热能。

二、超声波探头及耦合技术

为了以超声波作为检测手段，必须产生超声波和接收超声波。完成这种功能的装置就是

超声波传感器，习惯上称为超声波换能器，或超声波探头。

（一）超声波探头的工作原理

超声波探头的工作原理有压电式、磁致伸缩式、电磁式等方式。在检测技术中主要采用压电式。超声波探头常用的材料是压电晶体和压电陶瓷，这种探头统称为压电式超声波探头。它是利用压电材料的压电效应来工作的。逆压电效应将高频电振动转换成高频机械振动，以产生超声波，可作为发射探头。而利用压电效应则将接收的超声波振动转换成电信号，可作为接收探头。

1. 超声波发生器原理

电致伸缩效应：在压电材料切片上施加交变电压，使它产生电致伸缩振动，从而产生超声波，如图 14－4 所示。

压电材料的固有频率与晶片厚度 d 有关，即

$$f = n\frac{c}{2d} \tag{14-7}$$

式中　n——谐波的级数，为 1，2，3，…，n

c——波在压电材料里的传播速度，$c=\sqrt{\frac{E}{\rho}}$，其中 E 为杨氏模量，ρ 为压电材料的密度。

外加交变电压频率等于晶片的固有频率时，产生共振，这时产生的超声波最强。共振压电效应换能器可以产生几十千赫兹到几十兆赫兹的高频超声波。

2. 超声波接收器原理

压电式超声波接收器是利用正压电效应进行工作的，如图 14－5 所示。它的结构和超声波发生器基本相同，有时就用同一个换能器兼做发生器和接收器两种用途。

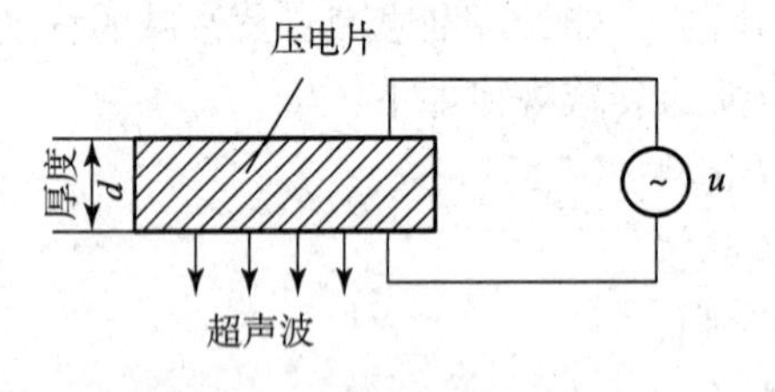

图 14－4　超声波发生器原理

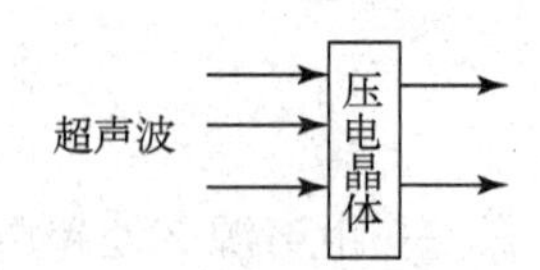

图 14－5　超声波接收器原理

（二）超声波探头

由于其结构不同，超声波探头又分为直探头、斜探头、双探头、表面波探头、聚焦探头、冲水探头、水浸探头、空气传导探头以及其他专用探头等，如图 14－6 所示。

1. 单晶直探头

用于固体介质的单晶直探头（俗称直探头）的结构如图 14－6（a）所示，压电晶片采用 PZT 压电陶瓷材料制作，外壳用金属制作，保护膜用于防止压电晶片磨损。保护膜可以用三氧化二铝（钢玉）、碳化硼等硬度很高的耐磨材料制作。阻尼吸收块用于吸收压电晶片

背面的超声脉冲能量，防止杂乱反射波产生，提高分辨力。阻尼吸收块用钨粉、环氧树脂等浇注。

发射超声波时，将500 V以上的高压电脉冲加到压电晶片5上，利用逆压电效应，使晶片发射出一束频率在超声范围内、持续时间很短的超声振动波。向上发射的超声振动波被阻尼块所吸收，而向下发射的超声波垂直投射到图14－6（b）中的试件内。假设该试件为钢板，而其底面与空气交界，在这种情况下，达到钢板底部的超声波的绝大部分能量被底部界面所反射。反射波经过一短暂的传播时间回到压电晶片5。利用压电效应，晶片将机械振动波转换成同频率的交变电荷和电压。由于衰减等原因，该电压通常只有几十毫伏，还要加以放大，才能在显示器上显示出该脉冲的波形和幅值。

从以上分析可知，超声波的发射和接收虽然均是利用同一块晶片，但时间上有先后之分，所以单晶直探头是处于分时工作状态，必须用电子开关来切换这两种不同的状态。

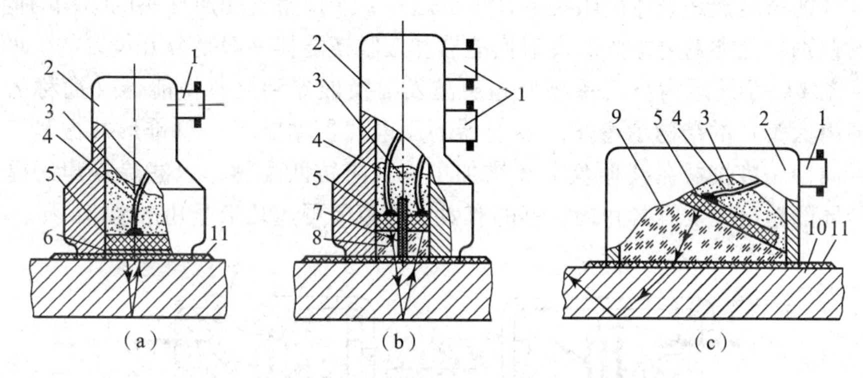

图14－6　超声波探头结构示意图

（a）单晶直探头；（b）双晶直探头；（c）斜探头

1—接插件；2—外壳；3—阻尼吸收块；4—引线；5—压电晶片；6—保护膜；

7—隔离层；8—延迟块；9—有机玻璃斜楔块；10—试件；11—耦合剂

2. 双晶直探头

双晶直探头结构如图14－6（b）所示。它是由两个单晶直探头组合而成的，装配在同一壳体内。其中一片晶片发射超声波，另一片晶片接收超声波。两晶片之间用一片吸声性能强、绝缘性能好的薄片加以隔离，使超声波的发射和接收互不干扰。略有倾斜的晶片下方还设置延迟块，它用有机玻璃或环氧树脂制作，能使超声波延迟一段时间后才入射到试件中，可减小试件接近表面处的盲区，提高分辨能力。双晶直探头的结构虽然复杂些，但检测精度比单晶直探头高，且超声波信号的反射和接收的控制电路较单晶直探头简单。

3. 斜探头

有时为了使超声波能倾斜入射到被测介质中，可选用斜探头，如图14－6（c）所示。压电晶片粘贴在与底面成一定角度（如30°、45°等）的有机玻璃斜楔块上，压电晶片的上方用吸声性强的阻尼吸收块覆盖。当斜楔块与不同材料的被测介质（试件）接触时，超声波产生一定角度的折射，倾斜入射到试件中去，折射角可通过计算求得。

4. 聚焦探头

由于超声波的波长很短（mm数量级），所以它也像光波一样可以被聚焦成十分细的声束，其直径可小到 1 mm 左右，可以分辨试件中细小的缺陷，这种探头称为聚焦探头，是一种很有发展前途的新型探头。

聚焦探头采用曲面晶片来发出聚焦的超声波，也可以采用两种不同声速的塑料来制作声透镜，还可利用类似光学反射镜的原理制作声凹面镜来聚焦超声波。如果将双晶直探头的延迟块按上述方法加工，也可具有聚焦功能。

5. 箔式探头

利用压电材料聚偏二氟乙烯（PVDF）高分子薄膜，制作出的薄膜式探头称为箔式探头，可以获得 0.2 mm 直径的超细声束，用在医用 CT 诊断仪器上可以获得很高清晰度的图像。

6. 空气传导探头

由于空气的声阻抗是固体声阻抗的几千分之一，所以空气超声探头的结构与固体传导探头有很大的差别。此类超声探头的发射换能器和接收换能器一般是分开设置的，两者结构也略有不同，图 14-7 所示为空气传导型超声波发射换能器和接收换能器（简称为发射器和接收器或超声探头）的结构示意图。发射器的压电片上粘贴了一只锥形共振盘，以提高发射效率和方向性。接收器在共振盘上还增加了一只阻抗匹配器，以滤除噪声，提高接收效率。空气传导的超声波发射器和接收器的有效工作范围可达几米至几十米。

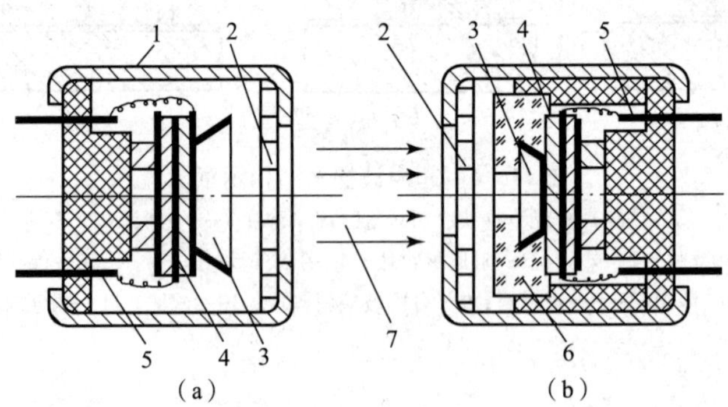

图 14-7　空气传导型超声波发生器、接收器结构示意图

（a）超声波发生器；（b）超声波接收器

1—外壳；2—金属丝网罩；3—锥形共振盘；4—压电晶体片；

5—引脚；6—阻抗匹配器；7—超声波束

（三）超声波探头耦合剂

无论是直探头还是斜探头，一般不能直接将其放在被测介质（特别是粗糙金属）表面来回移动，以防磨损。更重要的是，由于超声波探头与被测物体接触时，在工件表面不平整的情况下，探头与被测物体表面间必然存在一层空气薄层。空气的密度很小，将引起三个界面间强烈的杂乱反射波，造成干扰，而且空气也将对超声波造成很大的衰减。为此，必须将接触面之间的空气排挤掉，使超声波能顺利地入射到被测介质中。在工业中，经常使用一种称为耦合剂的液体物质，使之充满在接触层中，起到传递超声波的作用。常用的耦合剂有水、机油、甘油、水玻璃、胶水、化学糨糊等。耦合剂的厚度应尽量薄一些，以减小耦合损耗。

有时为了减少耦合剂的成本，还可在单晶直探头、双晶直探头或斜探头的侧面，加工一个自来水接口。在使用时，自来水通过此孔压入到保护膜和试件之间的空隙中。使用完毕，将水迹擦干即可，这种探头称为水冲探头。

任务二　项目实施

超声波遥控电灯开关的设计与调试

压电陶瓷超声波换能器（超声波传感器）体积小、灵敏度高、性能可靠、价格低廉，是遥控、遥测、报警等电子装置最理想的电气器件，用此换能器构成的超声波遥控开关，可使家电产品、电子玩具加速更新换代，提高市场竞争能力。

1. 实训技术参数

谐振频率：40 kHz ±1 kHz（UCM—T40K1 发射用），38 kHz ±1 kHz（UCM—R40K1 接收用）；

频带宽：2 kHz ±0.5 kHz；

外形尺寸：ϕ16 mm ×22.5 mm。

2. 使用环境

温度：－20 ℃ ~ +60 ℃；相对湿度：(20 ±5)℃时达 98%。

3. 元件选用

（1）发射电路中，VT_1 和 VT_2 用 CS9013 或 CS9014 等小功率晶体管。超声发射器件用 SE05－40T，电源 GB 采用一块 9 V 叠层电池，以减小发射器体积和重量。

（2）接收电路中，VT_1 用 3DJ6 或是 3DJ7 等小功率结型场效应晶体管。VT_2 ~ VT_3 用 CS9013。VD_1 和 VD_2 用 1N4148。JK 触发器用 CD4072。超声接收器件用 SE05－40R，与 SE05－40T 配对使用。继电器 K 用 HG4310 型。

4. 超声波遥控电灯开关的工作原理

图 14－8 为发射电路。电路采用分立器件构成，VT_1 和 VT_2 以及 R_1 ~ R_4、C_1、C_2 构成自激多谐振荡器，超声波发射器件 B 被连接在 VT_1 和 VT_2 的集电极回路中，以推挽形式工作，回路时间常数由 R_1、C_1 和 R_4、C_2 确定。超声波发射器件 B 的共振频率使多谐振荡电路触发。因此，本电路可工作在最佳频率上。

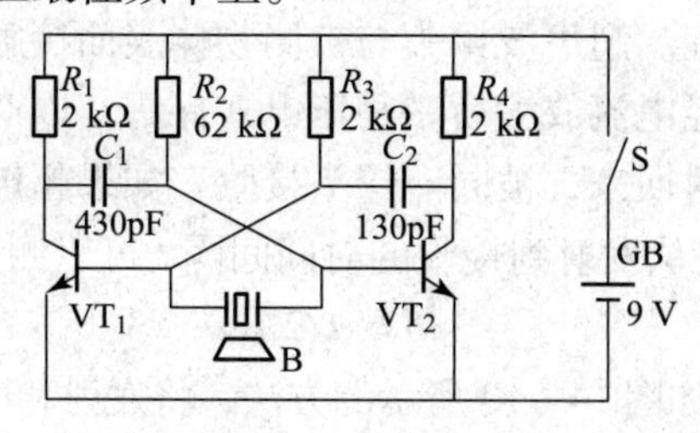

图 14－8　发射电路

图 14－9 所示为接收电路，结型场效应管 VT_1 构成高输入阻抗放大器，能够很好地与超声接收器件 B 相匹配，可获得较高接收灵敏度及选频特性。VT_1 采用自给偏压方式，改变 R_3 即可改变 VT_1 的静态工作点，超声接收器件 B 将接收到的超声波转换为相应的电信号，经 VT_1 和 VT_2 两级放大后，再经 VD_1 和 VD_2 进行半波整流变为直流信号，由 C_3 积分后作用于 VT_3 和基极，使 VT_3 由截止变为导通，其集电极输出负脉冲，触发 JK 触发器，使其翻转。JK 触发器 Q 端的电平直接驱动继电器 K，使 K 吸合或释放。由继电器 K 的触点控制电路的开关。

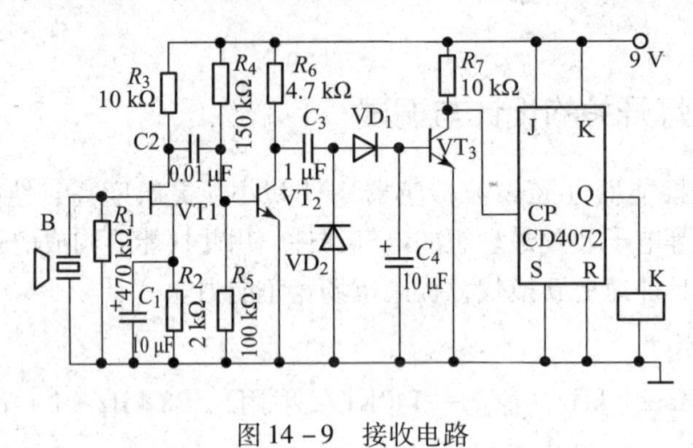

图 14－9　接收电路

5. *制作与调试*

（1）两接线脚焊接时间不宜过长，以免器件内的焊点熔化脱焊及造成底座与接线脚之间松动。

（2）不宜与腐蚀性物质接触。

（3）这种遥控开关，电路简单，且免调试。

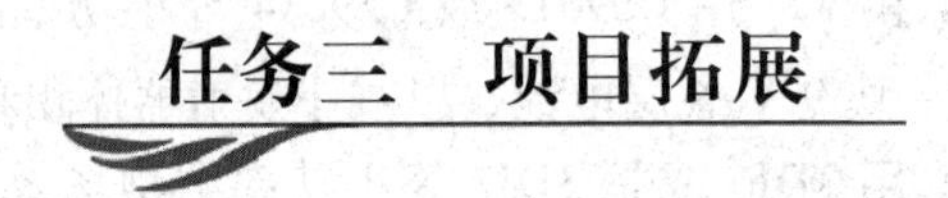

任务三　项目拓展

超声波传感器的应用

1. *超声波测厚*

超声波测量金属零件的厚度，具有测量精度高、测试仪器轻便、操作安全简单、易于读数及实行连续自动检测等优点。但是对于声衰减很大的材料，以及表面凹凸不平或形状很不规则的零件，利用超声波测厚比较困难。超声波测厚常用脉冲回波法。图 14－10 所示为脉冲回波法检测厚度的工作原理。超声波探头与被测物体表面接触。主控制器产生一定频率的脉冲信号，送往发射电路，经电流放大后激励压电式探头，以产生重复的超声波脉冲。脉冲波传到被测工件另一面被反射回来，被同一探头接收。如果超声波在工件中的声速 v 是已知的，设工件厚度为 δ，脉冲波从发射到接收的时间间隔 t 可以测量，因此可求出工件厚度为

$$\delta = vt/2 \tag{14-8}$$

为测量时间间隔 t，可用如图 14－10 所示的方法，将发射和回波反射脉冲加至示波器垂直偏转板上。标记发生器输出已知时间间隔的脉冲，也加在示波器垂直偏转板上。线性扫描电压

加在水平偏转板上。因此可以从显示器上直接观察发射和回波反射脉冲，并求出时间间隔 t。当然也可用稳频晶振产生的时间标准信号来测量时间间隔 t，从而做成厚度数字显示仪表。

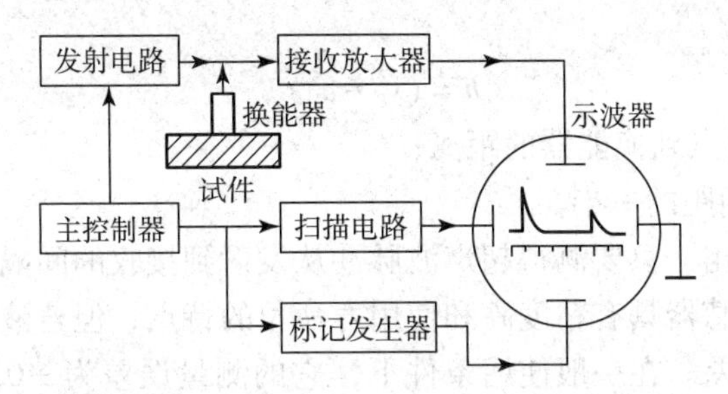

图 14－10　脉冲回波法测厚的工作原理

2. 超声波物位传感器

超声波物位传感器是利用超声波在两种介质的分界面上的反射特性而制成的。如果从发射超声波脉冲开始，到接收换能器接收到反射波为止的这个时间间隔为已知，就可以求出分界面的位置，利用这种方法可以对物位进行测量。根据发射和接收换能器的功能，传感器又可分为单换能器和双换能器。单换能器的传感器发射和接收超声波均使用一个换能器，而双换能器的传感器发射和接收各由一个换能器担任。

图 14－11 所示为几种超声波物位传感器的结构示意图。超声波发射和接收换能器可设置在水中，让超声波在液体中传播。由于超声波在液体中衰减比较小，所以即使发生的超声脉冲幅度较小也可以传播。超声波发射和接收换能器也可以安装在液面的上方，让超声波在空气中传播，这种方式便于安装和维修，但超声波在空气中的衰减比较严重。

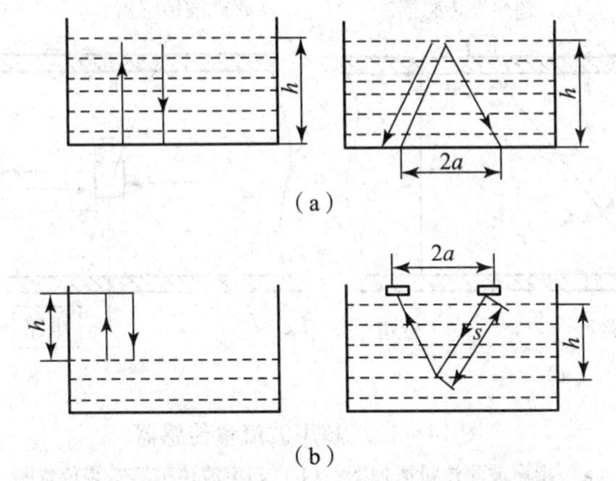

图 14－11　几种超声波物位传感器的结构示意图

（a）超声波换能器设置在水中；（b）超声波换能器设置在液面上方

对于单换能器来说，超声波从发射到液面，又从液面反射到换能器的时间为

$$t = 2h/v \tag{14-9}$$

则

$$h = vt/2 \tag{14-10}$$

式中　h——换能器距液面的距离；

v——超声波在介质中传播的速度。

对于双换能器来说，超声波从发射到被接收经过的路径为 $2s$，而

$$s = vt/2 \tag{14-11}$$

因此液面高度为

$$h = (s^2 - a^2)^{1/2} \tag{14-12}$$

式中 s——超声波发射点到换能器的距离；

a——两换能器间距的一半。

从以上公式可以看出，只要测得超声波脉冲从发射到接收的间隔时间，便可以求得待测的物位，超声波物位传感器具有精度高和使用寿命长的特点，但若液体中有气泡或液面发生波动，便会有较大的误差。在一般使用条件下，它的测量误差为 ±0.1%，检测物位的范围为 $10^2 \sim 10^4$ m。

3. *超声波流量传感器*

超声波流量传感器的测定原理是多样的，如传播速度变化法、波速移动法、多普勒效应法等，但目前应用较广的主要是超声波传输时间差法。

超声波在流体中传输时，在静止流体和流动流体中的传输速度是不同的，利用这一特点可以求出流体的速度，再根据管道流体的截面积，便可知道流体的流量。

如果在流体中设置两个超声波传感器，它们可以发射超声波又可以接收超声波，一个装在上游，一个装在下游，其距离为 L，如图 14－12 所示。例如，设顺流方向的传输时间为 t_1，逆流方向的传输时间为 t_2，流体静止时的超声波传输速度为 c，流体流动速度为 v，则

$$t_1 = L/(c+v) \tag{14-13}$$

$$t_2 = L/(c-v) \tag{14-14}$$

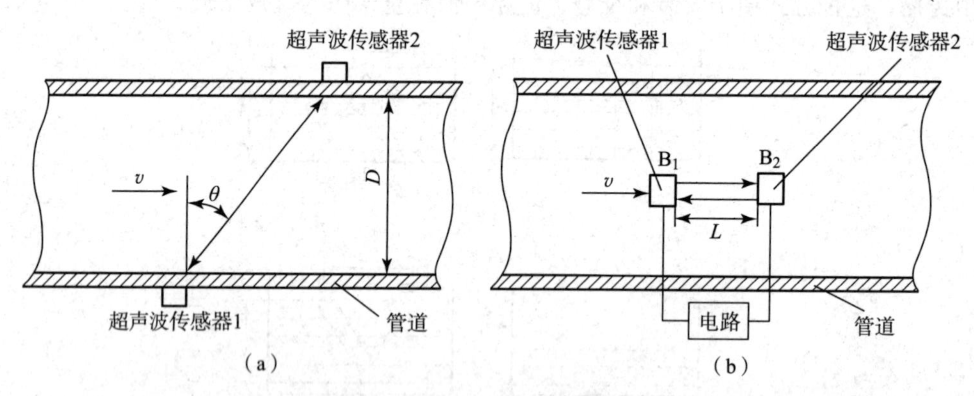

图 14－12　超声波流量传感器

(a) 超声波测流量原理图；(b) 超声波传感器安装位置图

一般来说，流体的流速远小于超声波在流体中的传播速度，那么超声波传播时间差为

$$\Delta t = t_2 - t_1 = 2Lv/(c^2 - v^2) \tag{14-15}$$

由于 $c \gg v$，从式（14－15）便可得到流体的流速。即

$$v = \frac{c^2}{2L}\Delta t \tag{14-16}$$

则液体的流量为

$$Q = v\pi\ (D/2)^2 \tag{14-17}$$

在实际应用中，超声波传感器安装在管道的外部，从管道的外面透过管壁发射和接收，超声波不会给管内流动的流体带来影响，此时超声波的传输时间将由下式确定，即

$$t_1 = \frac{D/\cos\theta}{c + v\sin\theta} \tag{14-18}$$

$$t_2 = \frac{D/\cos\theta}{c - v\sin\theta} \tag{14-19}$$

超声波流量传感器具有不阻碍流体流动的特点，可测流体种类很多，不论是非导电的流体，还是高黏度的流体、浆状流体，只要能传输超声波的流体都可以进行测量。超声波流量计可用来对自来水、工业用水、农业用水等进行测量。还可用于下水道、农业灌溉、河流等流速的测量。

4. 汽车倒车探测器（倒车雷达）

选用封闭型的发射超声波传感器 MA40EIS 和接收超声波传感器 MA40EIR 安装在汽车尾部的侧角处，按如图 14－13 所示电路装配即可构成一个汽车倒车尾部防撞探测器。

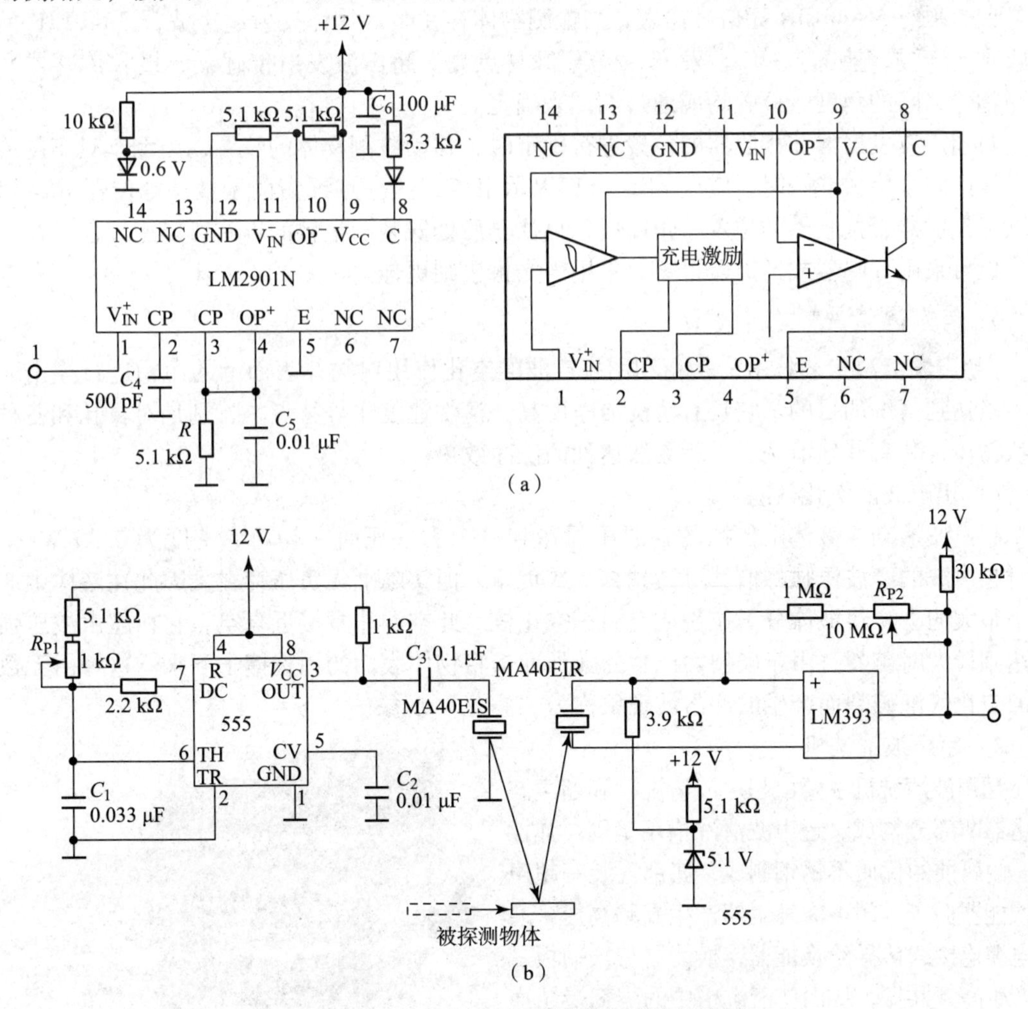

图 14－13　汽车倒车尾部防撞探测器原理图

（a）汽车尾部防撞探测器电路；（b）LM2901N 内部简化电路

该电路分为超声波发射电路、超声波接收电路和信号处理电路。

（1）超声波发射电路。如图 14－13（b）所示，超声波发射电路由时基电路 555 组成，555 振荡电路的频率可以调整，调节电位器 R_{P1} 可将超声波接收传感器的输出电压频率调至最大，通常可调至 40 kHz。

（2）超声波接收电路。如图 14－13（b）所示，超声波接收电路使用超声波接收传感器 MA40EIR，MA40EIR 的输出由集成比较器 LM393 进行处理。LM393 输出的是比较规范的方波信号。

（3）信号处理电路。信号处理电路用集成电路 LM2901N，它原是测量转速用的 IC，其内部有 F/V 转换器和比较器，它的输入要求有一定频率的信号。

由图 14－13（a）可以看出，由于两个串联 5.1 kΩ 电阻的分压，LM2901N 的 10 脚上的电压 $V_{OP}^{-}=6$ V，这是内部比较器的参考电压。内部比较器的 4 脚电压 V_{OP}^{+} 为输入电压，它是 R（5.1 kΩ）上的电压，这个电压是和频率有关的。当 $V_{OP}^{+}>V_{OP}^{-}$ 时，比较器输出高电平“1”，LM2901N 内部三极管导通（或饱和）输出低电平“0”，则发光二极管 LED 点亮。也就是说，平时 MA40EIR 无信号输入，当检测物体存在时，物体反射超声波，MA40EIR 就会接收到超声波，使 $V_{OP}^{+}>V_{OP}^{-}$，发光二极管 LED 点亮。超声波发射传感器、接收传感器和被探测物体之间的角度、位置均应通过调试来确定。

对超声波发射器和接收器的位置进行确定时，移动被测物体的位置，当倒车对车尾或车尾后侧的安全构成威胁时，应使 LED 点亮以示报警，这一点要借助于微调电位器 R_{P1} 进行。调试好发射器、接收器的位置、角度后，再往车后处安装。报警的方式可以用红色发光二极管，也可采用蜂鸣器或扬声器报警，采用声光报警则更佳。

5. *超声波清洗*

“超声波清洗工艺技术”是指利用超声波的空化作用对物体表面上的污物进行撞击、剥离，以达到清洗的目的。它具有清洗洁净度高、清洗速度快等特点。特别是对盲孔和各种几何状物体，独有其他清洗手段所无法达到的洗净效果。

1）超声波的空化效应

超声波振动在液体中传播的音波压强达到一个大气压时，其功率密度为 0.35 W/cm²，这时超声波的音波压强峰值就可达到真空或负压，但实际上无负压存在，因此在液体中产生一个很大的力，将液体分子拉裂成空洞—空化核。此空洞非常接近真空，它在超声波压强反向达到最大时破裂，由于破裂而产生的强烈冲击将物体表面的污物撞击下来。这种由无数细小的空化气泡破裂而产生的冲击波现象称为“空化”现象。

2）超声波清洗机

超声波清洗机主要由超声波清洗槽和超声波发生器两部分构成。超声波清洗槽用坚固、弹性好、耐腐蚀的优质不锈钢制成，底部安装有超声波换能器振子；超声波发生器产生高频高压，通过电缆连接线传导给换能器，换能器与振动板一起产生高频共振，从而使清洗槽中的溶剂受超声波作用对污垢进行洗净，如图 14－14 所示。

图 14－14　HY－CXJ 超声波清洗机

超声波清洗的作用机理主要有以下几个方面：因空化泡破灭时产生强大的冲击波，污垢层的一部分在冲击波作用下被剥离下来，分散、乳化、脱落。因为空化现象产生的气泡，由冲击形成的污垢层与表层间的间隙和空隙渗透，由于这种小气泡和声压同步膨胀、收缩，像剥皮一样的物理力反复作用于污垢层，污垢层一层层被剥离，气泡继续向里渗透，直到污垢层被完全剥离。这是空化二次效应。超声波清洗中清洗液超声振动对污垢的冲击加速化学清洗剂（RT－808 超声波清洗剂）对污垢的溶解过程，化学力与物流力相结合，加速清洗过程。由此可见，凡是液体能浸到且声场存在的地方都有清洗作用，其特点适用于表面形状非常复杂的零件的清洗。尤其是采用这一技术后，可减少化学溶剂的用量，从而大大降低环境污染。

6. *超声波成像*

阵列声场延时叠加成像是超声成像中最传统、最简单的，也是目前实际中应用最为广泛的成像方式。在这种方式中，通过对阵列的各个单元引入不同的延时，而后合成为一聚焦波束，以实现对声场各点的成像。

目前医学超声诊断仪有以下几种：

（1）A 型超声诊断仪。A 型超声诊断仪是一种幅度调制型，它是国内早期最普及最基本的一类超声诊断仪，目前已基本淘汰。

（2）M 型超声诊断仪。M 型超声诊断仪是采用辉度调制，以亮度反映回声强弱，其显示体内各层组织对于体表（探头）的距离随时间变化的曲线，是反映一维的空间结构，因 M 型超声诊断仪多用来探测心脏，故常称为 M 型超声心动图。目前一般作为二维彩色多普勒超声心动图仪的一种显示模式设置于仪器上。

（3）B 型超声诊断仪。B 型超声诊断仪是利用 A 型和 M 型显示技术发展起来的，它将 A 型的幅度调制显示改为辉度调制显示，亮度随着回声信号大小而变化，反映人体组织二维切面断层图像。

B 型显示的实时切面图像真实性强，直观性好，容易掌握。它只有 20 多年历史，但发展十分迅速，仪器不断更新换代，近年来每年都有改进的新型 B 型超声诊断仪出现，B 型超声诊断仪已成为超声诊断最基本最重要的设备。目前较常用的 B 型超声显像扫查方式有线型（直线）扫查、扇形扫查、梯形扫查、弧形扫查、径向扫查、圆周扫查、复合扫查等；扫查的驱动方式有手动扫查、机械扫查、电子扫查、复合扫查等。

（4）D 型超声诊断仪。超声多普勒诊断仪简称 D 型超声诊断仪，这类仪器是利用多普勒效应原理，对运动的脏器和血流进行探测。在心血管疾病诊断中必不可少，目前用于心血管诊断的超声仪均配有多普勒，分为脉冲式多普勒和连续式多普勒。近年来许多新课题离不开多普勒原理，如外周血管、人体内部器官的血管以及新生肿瘤内部的血供探查等，所以现在彩超基本上均配备多普勒显示模式。

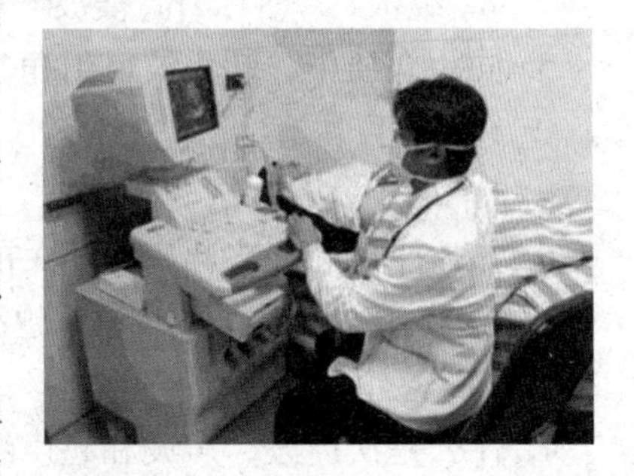

图 14－15　彩色多普勒血流显像仪

（5）彩色多普勒血流显像仪。彩色多普勒血流显像仪简称彩超，包括二维切面显像和彩色显像两部分，如图 14－15 所示，高质量的彩色显示要求有满意的黑白结构显像和清晰的彩色血流显像。在显示二维切面的基础上，打开“彩色血流显像”开关，彩色血流的信号将自动叠加于黑白的二维结构显示上，可根据需要选用速度显示、方差显示或功率显示。目前国际市场上彩超的种类及型号繁多，具有高信息量、高分辨率、高自动化、范围广、使用简便等特点。

项目小结

本项目主要介绍了超声波的概念和基本特性，超声波探头的结构类型及使用方法，超声波探头耦合剂的作用以及超声波在其他新领域的应用。

（1）机械振动在弹性介质内的传播称为波动，简称波。人能听见声音的频率为 20 Hz ~ 20 kHz，即为声波。20 Hz 以下的声音称为次声波，20 kHz 以上的声音称为超声波。超声波具有反射和折射特性。

（2）产生和接收超声波的装置叫作超声波传感器，习惯上称为超声波换能器，或超声波探头。逆压电效应将高频电振动转换成高频机械振动，以产生超声波，可作为发射探头。而利用压电效应则将接收的超声波振动转换成电信号，可作为接收探头。超声波探头又分为直探头、斜探头、双探头、表面波探头、聚焦探头、冲水探头、水浸探头、空气传导探头以及其他专用探头等。

（3）为使超声波能顺利地入射到被测介质中，在工业中，经常使用一种称为耦合剂的液体物质，使之充满在接触层中，起到传递超声波的作用。

项目训练

一、选择题

1. 下列材料中声速最低的是（　　）。

   A. 空气　　B. 水　　C. 铝　　D. 不锈钢

2. 超过人耳听觉范围的声波称为超声波，它属于（　　）。

   A. 电磁波　　B. 光波　　C. 机械波　　D. 微波

3. 波长 λ、声速 c、频率 f 之间的关系是（　　）。

   A. $\lambda = c/f$　　B. $\lambda = f/c$　　C. $c = f/\lambda$

4. 可知液体中传播的超声波波型是（　　）。

   A. 纵波　　B. 横波　　C. 表面波　　D. 以上都可以

5. 同一介质中，超声波反射角（　　）入射角。

   A. 等于　　B. 大于

   C. 小于　　D. 同一波型的情况下相等

6. 晶片厚度和探头频率是相关的，晶片越厚，则（　　）。

   A. 频率越低　　B. 频率越高　　C. 无明显影响

二、简答题

1. 什么是次声波、声波和超声波？
2. 超声波的传播波型主要有什么形式？各有什么特点？
3. 简述声波的反射定律和折射定律。

4. 超声波在介质中传播时，能力逐渐衰减，其衰减的程度与哪些因素有关？
5. 简述超声波探头发射和接收超声波的原理。
6. 超声波探测中的耦合剂的作用是什么？
7. 超声波有哪些特点？超声波传感器有哪些用途？

三、分析题

1. 超声波物位测量的原理是什么？分析影响测量精度的因素。
2. 分析 A 型显示脉冲反射式超声波探伤仪的工作过程。

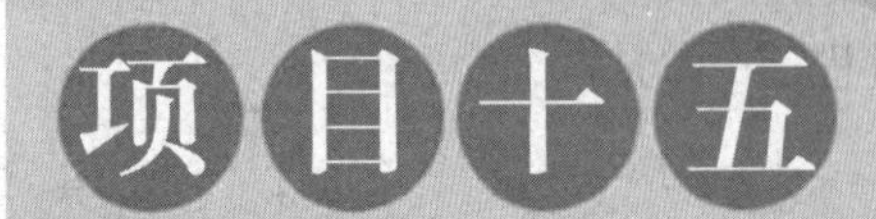

数字式温度计的设计与制作

项目描述

本项目要求设计与制作一个数字式温度计。

典型的温度测控系统是由模拟温度传感器、A/D 转换电路和单片机组成的。由于模拟温度传感器输出为模拟信号，必须经过 A/D 转换才能获得数字信号，使得硬件电路结构复杂，成本较高。近年来，由于以 DS18B20 为代表的新型单总线数字式温度传感器的突出优点使得它得到充分利用。DS18B20 集温度测量和 A/D 转换于一体，直接输出数字量，接口几乎不需要外围元件，硬件电路结构简单，传输距离远，可以很方便地实现多点测量。它与单片机接口几乎不需要外围元件，使得硬件电路结构简单，广泛使用于距离远、节点分布多的场合。

知识目标：

（1）掌握 A/D 转换器（ADC）的主要技术指标。
（2）掌握传感器与微机的接口电路的设计原理。

能力目标：

（1）熟悉 A/D 转换器（ADC）的主要技术指标，能正确选择连接微机的 ADC。
（2）熟悉传感器与微机的接口电路的设计方法。
（3）了解智能传感器的特点和发展趋势，能够运用智能传感器进行测量。

任务一　知识准备

传感器与微机接口技术

如图 15－1 所示，传感器与微机的接口电路主要由信号预处理电路、数据采集系统和计算机接口电路组成。其中，预处理电路把传感器输出的非电压量转换成具有一定幅值的电压量；数据采集系统把模拟电压量转换成数字量；计算机接口电路把 A/D 转换后的数字信号送入计算机，并把计算机发出的控制信号送至输入接口的各功能部件；计算机还可通过其他接口把信息数据送往显示器、控制器、打印机等。由于信号预处理电路随被测量和传感器的不同而不同，因此传感器的信号处理技术则是构成不同系统的关键。

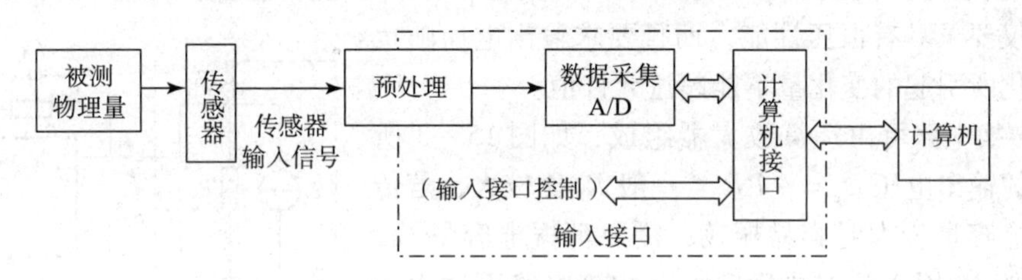

图 15－1　传感器与微机的接口框图

（一）信号预处理

1. 开关式输出信号的预处理

如图 15－2（a）所示，在输入传感器的物理量小于某阈值的范围内，传感器处于“关”的状态，而当输入量大于该阈值时，传感器处于“开”的状态，这类传感器称为开/关式传感器。实际上，由于输入信号总存在噪声叠加成分，使传感器不能在阈值点准确地发生跃变，如图 15－2（b）所示。另外，无接触式传感器的输出也不是理想的开关特性，称为鉴别器或脉冲整形电路，多使用施密特触发器，如图 15－2（c）所示。经处理后的特性如图 15－2（d）所示。

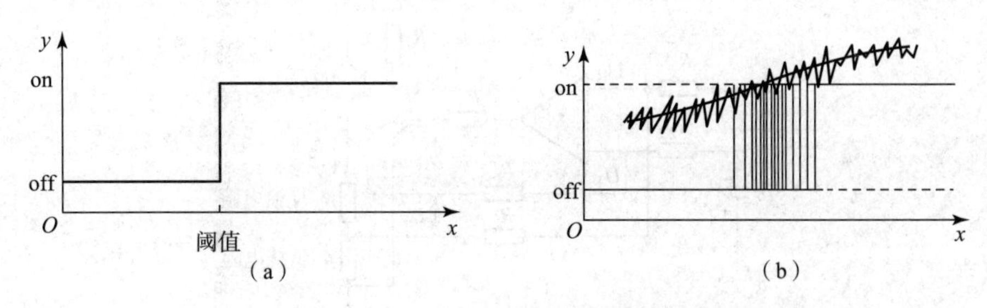

图 15－2　开关量传感器特性示意图

（a）理想特性；（b）实际特性

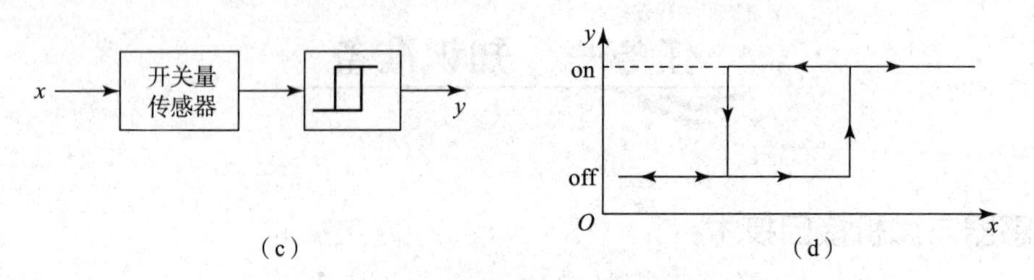

图 15－2　开关量传感器特性示意图（续）

（c）处理方案；（d）处理后特性

2. 模拟连续式输出信号的预处理

模拟连续式传感器的输出参量可以归纳为五种形式：电压、电流、电阻、电容和电感。这些参量必须先转换成电压量信号，然后进行放大及带宽处理才能进行 A/D 转换。

（1）电流/电压变换（I/V 变换）。I/V 变换器的作用是将电流信号变换为标准的电压信号，它不仅要求具有恒压性能，而且要求输出电压随负载电阻变化所引起的变化量不能超过允许值。

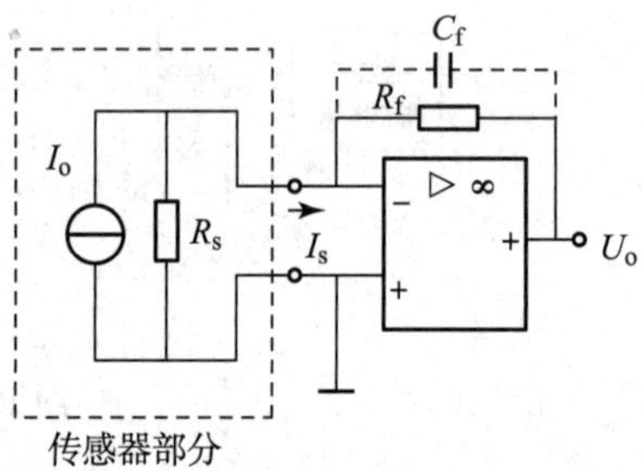

图 15－3　采用运放的 I/V 转换电路

I/V 转换电路可由运算放大器组成，如图 15－3 所示。电路的输出电压 $U_o = -I_s R_f$。一般 R_f 比较大，若传感器内部电容量较大时容易振荡，需要消振电容量 C_f。C_f 的大小随 R_f 用实验方法确定，因此该电路不适用于高频。当运算放大器直接接到高阻抗的传感器时，需要加保护电路。当信号较大时，可在运算放大器输入端用正、反向并联的二极管保护；当信号较小时，可在运算放大器输入端串联 100 kΩ 的电阻保护。

（2）电压/电流变换（V/I 变换）。V/I 变换器的作用是将电压信号变换为标准电流信号，它不仅要求具有恒流性能，而且要求输出电流随负载电阻变化所引起的变化量不能超过允许值。

传感器与微型机之间要进行远距离信号传输，更可靠的方法是使用具有恒流输出的 V/I 变换器，产生 4～20 mA 的统一标准信号，即规定传感器从零到满量程的统一输出信号为 4～20 mA 的恒定直流电流，如图 15－4 所示。

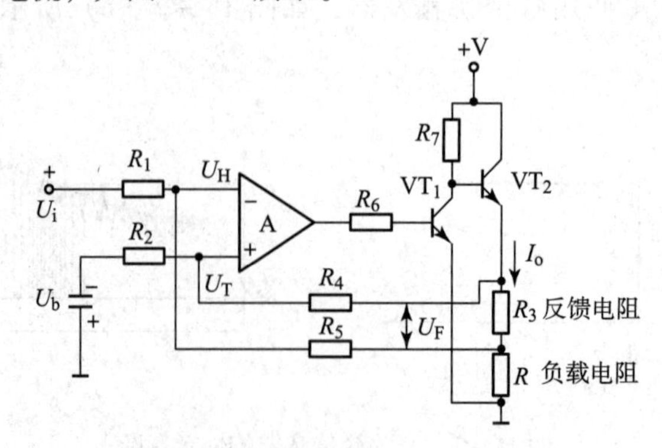

图 15－4　4～20 mA 的 V/I 变换电路

（3）模拟频率式输出信号的预处理。对于模拟频率式输出信号，一种方法是直接通过数字式频率计变为数字信号；另一种方法是用频率/电压变换器变为模拟电压信号，再进行A/D 转换。频率/电压变换器的原理框图如图 15－5 所示。通常可直接选用 LM2907/LM2917 等单片集成频率/电压变换器。

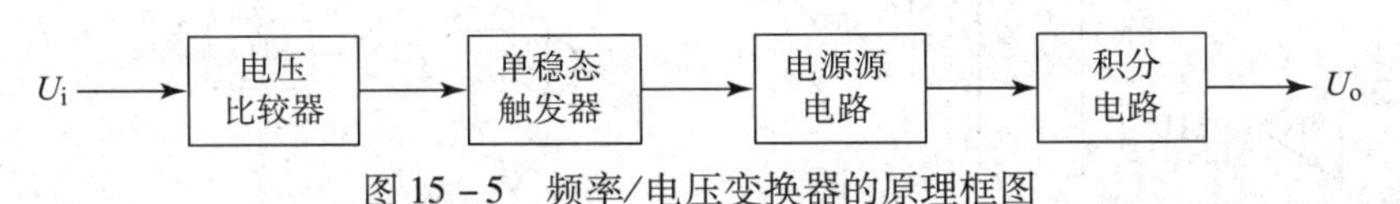

图 15－5　频率/电压变换器的原理框图

（4）数字式输出信号的预处理。数字式输出信号分为数字脉冲式信号和数字编码式信号。数字脉冲式输出信号可直接将输出脉冲经整形电路后接至数字计数器，得到数字信号。数字编码式输出信号通常采用格雷码而不用 8421 二进制码，以避免在两种码数交界处产生计数错误。因此，需要将格雷码转换成二进制或二—十进制码。

传感器信号的预处理应根据传感器输出信号的特点及后续检测电路对信号的要求选择不同的电路。

（二）数据采集

传感器输出的信号经预处理变为模拟电压信号后，需转换成数字量方能进行数字显示或送入计算机。这种把模拟信号数字化的过程称为数据采集。

1. 数据采集系统

典型的数据采集系统由传感器（T）、放大器（IA）、模拟多路开关（MUX）、采样保持器（SHA）、A/D 转换器、计算机（MPS）或数字逻辑电路组成。根据它们在电路中的位置可分为同时采集、高速采集、分时采集和差动结构分时采集 4 种配置，如图 15－6 所示。

（1）同时采集系统。图 15－6（a）所示为同时采集系统配置方案，可对各通道传感器输出量进行同时采集和保持，然后分时转换和存储，可保证获得各采样点同一时刻的模拟量。

（2）高速采集系统。图 15－6（b）所示为高速采集配置方案，在实时控制中对多个模拟信号同时实时测量是很有必要的。

（3）分时采集系统。图 15－6（c）所示为分时采集方案，这种系统价格便宜，具有通用性，传感器与仪表放大器匹配灵活，有的已实现集成化，在高精度、高分辨率的系统中，可降低 IA 和 ADC 的成本，但对 MUX 的精度要求很高，因为输入的模拟量往往是微伏级的。这种系统每采样一次便进行一次 A/D 转换并送入内存后方才对下一采样点采样。这样，每个采样点值间存在一个时差（几十到几百微秒），使各通道采样值在时轴上产生扭斜现象。输入通道越多，扭斜现象越严重，不适合采集高速变化的模拟量。

（4）差动结构分时采集系统。在各输入信号以一个公共点为参考点时，公共点可能与 IA 和 ADC 的参考点处于不同电位而引入干扰电压 U_N，从而造成测量误差。采用如图 15－6（d）所示的差动配置方式可抑制共模干扰，其中 MUX 可采用双输出器件，也可用两个 MUX 并联。显然，图 15－6 中（a）、（b）两种方案的成本较高，但在 8～10 位以下的较低精度系统中，经济上也十分实惠。

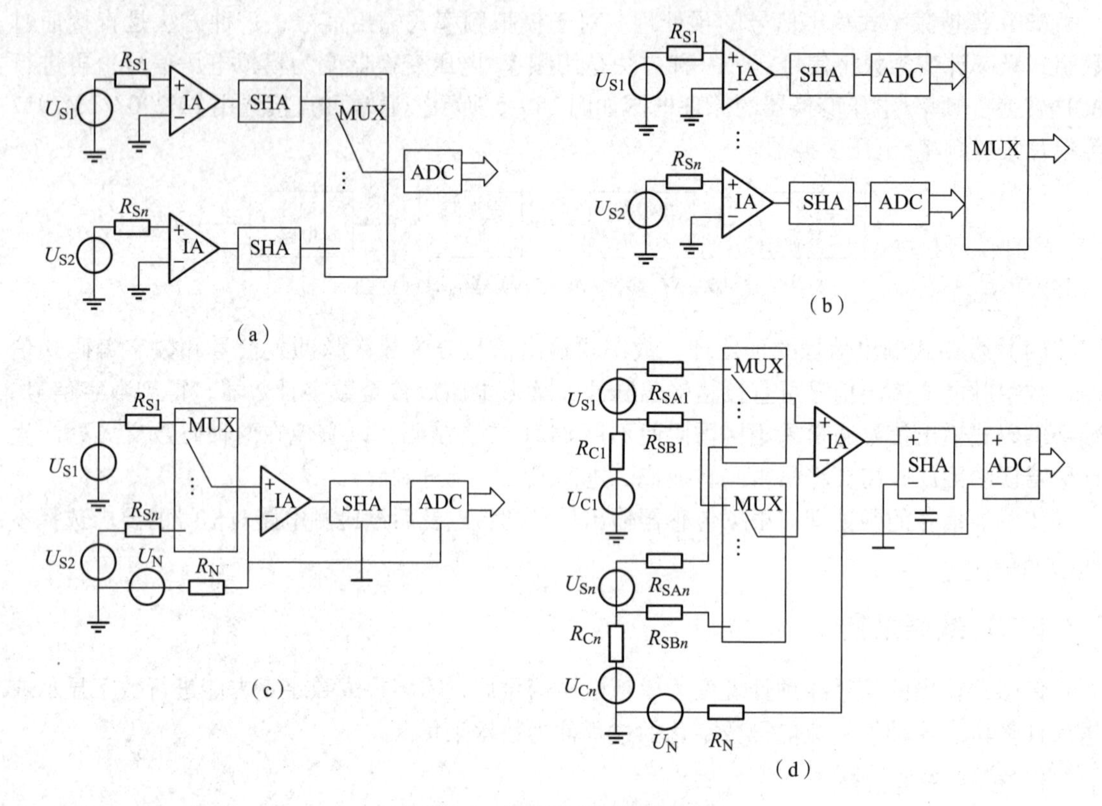

图 15-6 数据采集系统的配置

(a) 同时采集；(b) 高速采集；(c) 分时采集；(d) 差动结构分时采集

2. 采样周期的选择

采样就是以相等的时间间隔对某个连续时间信号 $a(t)$ 取样，得到对应的离散时间信号的过程，如图 15-7 所示。其中，t_1，t_2，…为各采样时刻，d_1，d_2，…为各时刻的采样值，两次采样之间的时间间隔称为采样周期 T_S。图中虚线表示再现原来的连续时间信号。可以看出，采样周期越短，误差越小；采样周期越长，失真越大。为了尽可能保持被采样信号的真实性，采样周期不宜过长。根据香农采样定理：对一个具有有限频谱（$\omega_{min} < \omega < \omega_{max}$）的连续信号进行采样，当采样频率 $\omega_S = (2\pi/T_S) \geqslant 2\omega_{max}$时，采样结果可不失真。

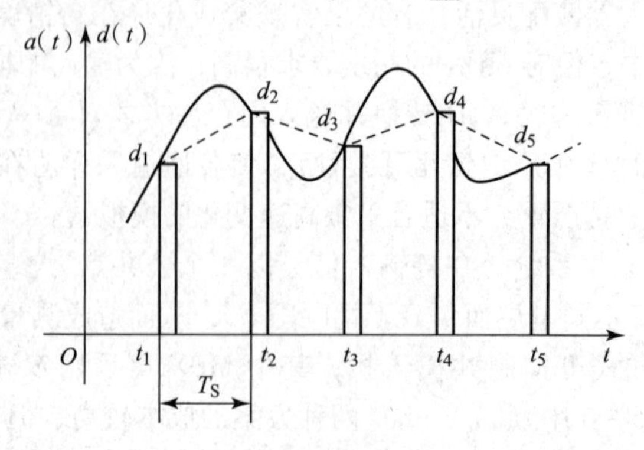

图 15-7 连续时间信号的取样

实用中一般取 $\omega_S \geqslant (2.5 \sim 3)\omega_{max}$，也可取（5～10）$\omega_{max}$。但由于受机器速度和容量的限制，采样周期不可能太短，一般选 T_S 为采样对象纯滞后时间 τ_0 的 1/10 左右；当采样对象的纯滞后起主导作用时，应选 $T_S = \tau_0$；若采样对象具有纯滞后和容量滞后时，应选择 T_S 接近对象的时间常数 τ。

3. 量化噪声（量化误差）

模拟信号是连续的，而数字信号是离散的，每个数又是用有限个数码来表示，二者之间不可避免地存在误差，称为量化噪声。一般 A/D 转换的量化噪声有 1 LSB 和 LSB/2 两种。

（三）ADC 接口技术

1. A/D 转换器（ADC）的主要技术指标

1）分辨力

分辨力表示 ADC 对输入量微小变化的敏感度，它等于输出数字量最低位一个字（1 LSB）所代表的输入模拟电压值。例如，输入满量程模拟电压为 U_m 的 N 位 ADC，其分辨率为

$$1\ \text{LSB} = \frac{U_m}{2^N - 1} \approx \frac{U_m}{2^N} \tag{16-1}$$

ADC 的位数越多，分辨力越高。因此，分辨力也可以用 A/D 转换的位数表示。

2）精度

精度分为绝对精度和相对精度。

绝对精度：它是指输入模拟信号的实际电压值与被转换成数字信号的理论电压值之间的差值。它包括量化误差、线性误差和零位误差。绝对精度常用 LSB 的倍数表示，常见的有 ±1/2 LSB 和 ±1 LSB。

相对精度：它是指绝对误差与满刻度值的百分比。由于输入满刻度值可根据需要设定，因此相对误差也常以 LSB 为单位来表示。

可见，精度与分辨率相关，但它们是两个不同的概念。相同位数的 ADC，其精度可能不同。

3）量程（满刻度范围）

量程是指输入模拟电压的变化范围。例如，某转换器具有 10 V 的单极性范围，或 −5～5 V 的双极性范围，则它们的量程都为 10 V。

应当指出，满刻度只是个名义值，实际的 A/D、D/A 转换器的最大输出值总是比满刻度值小 $1/2^N$。例如，满刻度值为 10 V 的 10 位 A/D 转换器，其实际最大输出值为 $10(1-1/2^{10})$ V。

4）线性度误差

理想转换器特性应该是线性的，即模拟量输入与数字量输出呈线性关系。线性度误差是转换器实际的模拟数字转换关系与理想直线不同而出现的误差，通常也用 LSB 的倍数来表示。

5）转换时间

转换时间指从发出启动转换脉冲开始到输出稳定的二进制代码，即完成一次转换所需要的最长时间。转换时间与转换器工作原理及其位数有关。同种工作原理的转换器，通常位数

越多，其转换时间越长。对大多数 ADC 来说，转换时间就是转换频率（转换的时钟频率）的倒数。

2. ADC 的选择与使用

按 A/D 转换的原理，ADC 主要分为比较型和积分型两大类。其中，常用的是逐次逼近型、双积分型和 V/F 变换型（电荷平衡式）。逐次逼近型 ADC 的特点是转换速度较高（1 μs ~ 1 ms），8 ~ 14 位中等精度，输出为瞬时值，抗干扰能力差；双积分型 ADC 测量的是信号平均值，对常态噪声有很强的抑制能力，精度很高，分辨率达 10 ~ 20 位，价格便宜，但转换速度较慢（4 ms ~ 1 s）；V/F 转换器是由积分器、比较器和整形电路构成的 VFC 电路，把模拟电压变换成相应频率的脉冲信号，其频率正比于输入电压值，然后用频率计测量。VFC 能快速响应，抗干扰性能好，能连续转换，适用于输入信号动态范围宽和需要远距离传送的场合，但转换速度慢。

在实际使用中，应根据具体情况选用合适的 ADC 芯片。例如，某测温系统的输入范围为 0 ℃ ~500 ℃，要求测温的分辨率为 2.5 ℃，转换时间在 1 ms 之内，可选用分辨率为 8 位的逐次比较式 ADC0809 芯片，如果要求测温的分辨率为 0.5 ℃（即满量程的 1/1 000），转换时间为 0.5 s，则可选用双积分型 ADC 芯片 14433。

ADC 转换完成后，将发出结束信号，以示主机可以从转换器读取数据。结束信号可以用来向 CPU 发出中断申请，CPU 相应中断后，在中断服务子程序中读取数据；也可用延时等待和查询的方法来确定转换是否结束，以读取数据。

3. 单片机的采集接口电路及 A/D 转换器

传感器采集接口电路的系统框图如图 15 - 8 所示。

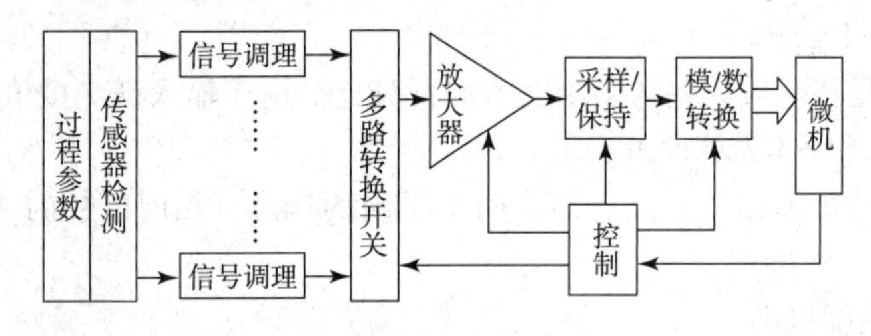

图 15 - 8　传感器采集接口电路的系统框图

单片机常用的 A/D 转换器及接口电路有 ADC0808、ADC0809。ADC0809/ADC0808 芯片的引脚如图 15 - 9 所示，它是 8 路输入通道、8 位逐次逼近型 A/D 转换器，可分时转换 8 路模拟信号。IN_0 ~ IN_7 为 8 路模拟量输入信号端，D_0 ~ D_7 为 8 位数字量输出信号端，A、B、C 为通道选择地址信号输入端。

4. ADC0809/0808 与单片机的连接

ADC0809/0808 与单片机的硬件连接如图 15 - 10 所示。

8031 的 8 路连续采样程序如下（略去伪指令 ORG 等）：

```
MOV DPTR,#7FF8H        ;设置外设(A/D)口地址和通道号
MOV R0,#40H            ;设置数据指针
MOV IE,#84H            ;允许外部中断 1 中断
SETB IT1               ;置边沿触发方式
```

```
        MOVX @DPTR,A          ;启动转换
LOOP:   CJNE R0,48,LOOP       ;判 8 个通道是否完毕
        RET                   ;返回主程序
AINT:   MOVX A,@DPTR          ;输入数据
        MOV @R0,A
        INC DPTR              ;修改指针
        INC R0
        MOVX @DPTR,A          ;启动转换
        RETI                  ;中断返回
```

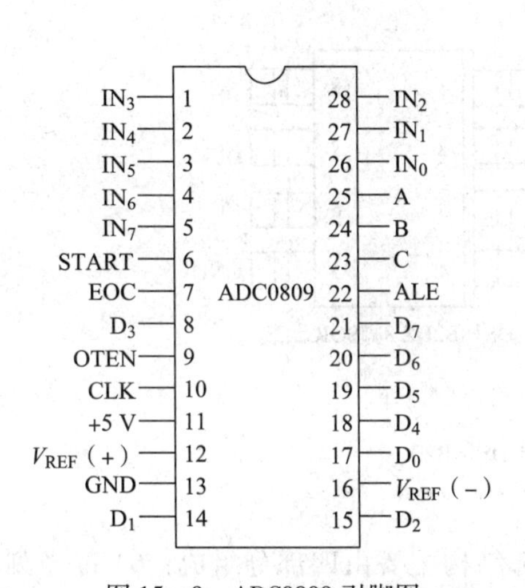

图 15－9　ADC0809 引脚图

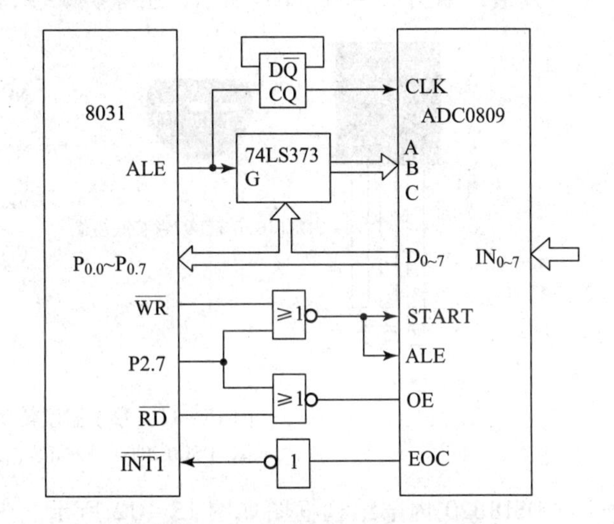

图 15－10　ADC0809 与 8031 的接口

任务二　项目实施

数字式温度计的设计与制作

在设计与制作数字式温度计之前，首先介绍一下数字温度传感器 DS18B20。

数字温度传感器 DS18B20 是美国 DALLAS 公司推出的一种可组网的数字式温度传感器，能够直接读取被测物体的温度值，具有 TO－92、TSOC、SOIC 多种封装形式，可以适应不同的环境需求。

（一）数字温度传感器 DS18B20

1. DS18B20 的主要特性

（1）单总线接口方式：与微处理器连接时仅需要一条信号线即可实现双向通信。

（2）使用中无须外部器件，可以利用数据线或外部电源提供电能，供电电压范围为

3.3～5.5 V。

(3) 直接读出数字量，工作可靠，精度高，且通过编程可实现9～12位分辨率读出温度数据，转换12位的温度数据最大仅需要750 ms。

(4) 温度测量范围为－55 ℃～＋125 ℃，－10 ℃～＋85 ℃之间测量精度可达±0.5 ℃。

(5) 可设定非易失的报警上下限值，一旦测量温度超过此设定值，即可给出报警标志。

(6) 每片DS18B20上有唯一的64 bit识别码，可轻松组建分布式温度测量网络。

2. DS18B20的内部结构

DS18B20采用3脚TO－92封装，形如三极管，如图15－11（a）所示，同时也有8脚SOIC封装，如图15－11（b）所示，还有6脚的TSOC封装。

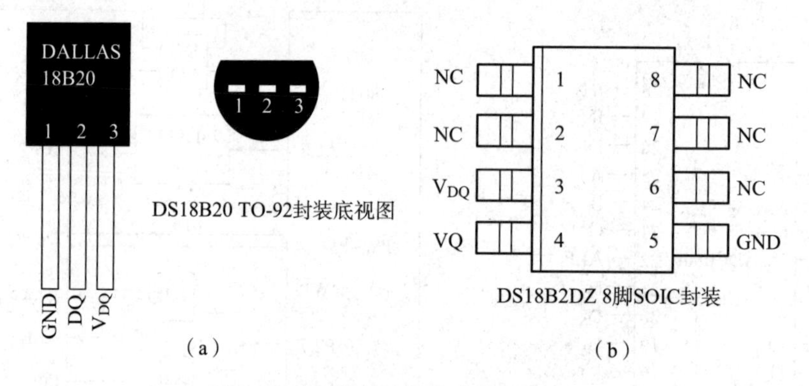

图15－11 数字温度传感器DS18B20

（a）DS18B20TO－92封装；（b）SOIC封装

DS18B20内部结构框图如图15－12所示。内部结构主要由四部分组成：64位光刻ROM、温度传感器、非挥发的温度报警触发器TH和TL、配置寄存器。

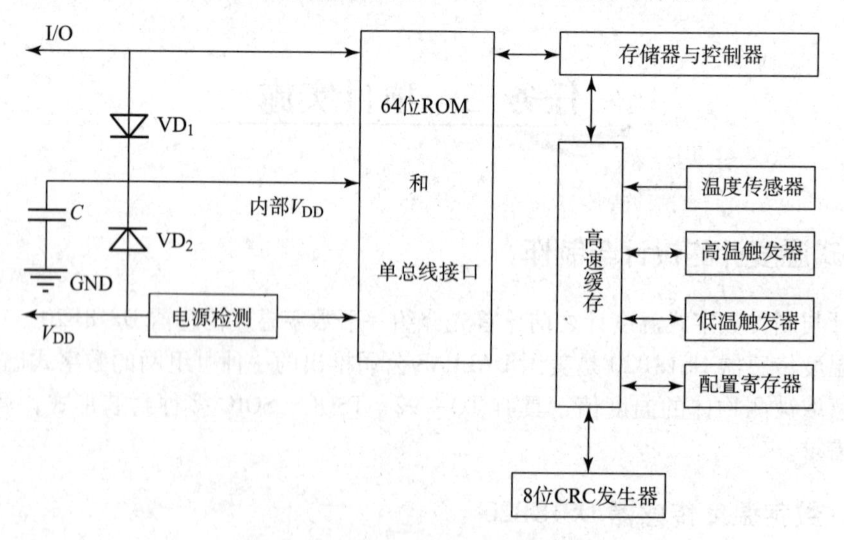

图15－12 DS18B20内部结构框图

64位光刻ROM：光刻ROM中的64位序列号是出厂前被光刻好的，它可以看作是该DS18B20的地址序列码。64位光刻ROM的排列是：开始8位（28H）是产品类型标号，接着的48位是该DS18B20自身的序列号，最后8位是前面56位的循环冗余校验码（$CRC = X_8 + X_5 + X_4 + 1$）。光刻ROM的作用是使每一个DS18B20都各不相同，这样就可以实现一根总线上挂接多个DS18B20的目的。

温度传感器：DS18B20的温度数据用高低两个字节的补码来表示，如图15－13所示，$S = 1$时表示温度为负，$S = 0$时表示温度为正。DS18B20温度传感器的内部存储包括一个高速暂存RAM和一个非易失性的可电擦除的EEPRAM，后者存放高温度和低温度触发器TH、TL和结构寄存器。DS18B20检测到温度值经转换为数字量后，自动存入存储器中，并与设定值TH或TL进行比较，当测量温度超出给定范围时就输出报警信号，并自动识别是高温超限还是低温超限。高速暂存器内有8个字节，从低到高分别是温度低字节、温度高字节、上限报警温度TH、下限报警温度TL、结构寄存器、3个保留字节。

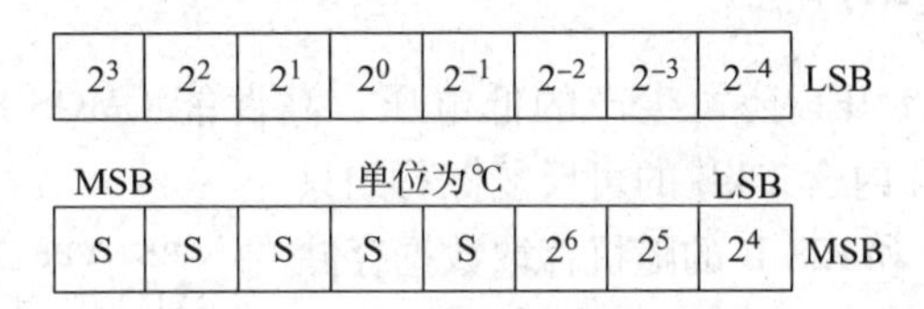

2^3	2^2	2^1	2^0	2^{-1}	2^{-2}	2^{-3}	2^{-4}	LSB
MSB			单位为℃				LSB	
S	S	S	S	S	2^6	2^5	2^4	MSB

图15－13　温度数据字节表示

配置寄存器：主要用于确定温度转换的分辨率。

3. DS18B20的硬件连接方式

DS18B20与主机的连接非常简单，主要是指数据线和电源的连接，将DS18B20的数据信号线（DQ）与主机的一位具有三态功能的双向口相连接，就可实现数据的传输。DS18B20采用两种供电方式，外部电源供电（V_{DD}接电源）和数据线供电（V_{DD}和GND接地）方式。为保证在有效的DS18B20时钟周期内提供足够的电流，采用外部电源单独供电时，要在数据线上加1个4.7 kΩ上拉电阻，若采用数据线供电，除了加一个4.7 kΩ上拉电阻外，还要加一个MOSFET管来完成对总线的上拉，这种方式主要用于外部电源供电不方便的场合，而且测温网络中传感器的数量有限制。

4. DS18B20的工作过程

由于DS18B20单总线通信功能是分时完成的，它有严格的时隙概念，因此读写时序很重要。主机对DS18B20的各种操作必须按协议进行。由于DS18B20是一个典型的单总线传感器，其命令序列如下：

第一步：初始化；

第二步：ROM命令（跟随需要交换的数据）；

第三步：功能命令（跟随需要交换的数据）。

初始化时首先是控制器发出一个复位脉冲，使DS18B20复位：先将数据线拉低并保持480～960 μs，再释放数据线，经上拉电阻拉高15～60 μs后由DS18B20发出60～240 μs的低电平作为应答信号。

在主机检测到应答脉冲后，就可以发出ROM命令。当主机在单总线上连接多个从机设备时，可指定操作某个从机设备。这些命令还允许主机能够检测到总线上有多少个从机设备，及其设备类型或者有没有设备报警状态。主机在发出功能命令之前，必须发送适当的

ROM 命令。

当主机发出 ROM 命令以访问某个指定的 DS18B20，接着就可以发出某个功能命令。这些命令允许主机写入或读出 DS18B20 暂存器，启动温度转换以及判断其供电方式等。

对 DS18B20 访问是由主机发出特定的读写时间片来完成的。写时间片时主机将数据线从高电平拉低 1 μs 以上，紧接送出写数据（“0”或“1”）保持 60 μs，DS18B20 在数据线拉低15 μs后对数据线采样。在两次写时间片中必须有一个最小 1 μs 的恢复时间（高电平），并且一个写时间片的周期不能小于 60 μs。读时间片时主机将数据线从高电平拉低 1 μs 以上，DS18B20 在拉低信号线 15 μs 后送出有效数据，为了读取正确数据，主机必须停止将数据线拉低，然后在 15 μs 的时刻内将数据读走。两次读时间片的恢复时间和写时间片要求一致。

（二）AT89C2051 单片机

AT89C2051 是美国 ATMEL 公司生产的低电压、高性能 CMOS 8 位单片机，有 20 个引脚，如图 15－14 所示，片内含 2 kB 的可反复擦写的只读程序存储器（PEROM）和 128 B 的随机存取数据存储器（RAM）。器件采用 ATMEL 公司的高密度、非易失性存储技术生产，兼容标准 MCS－51 指令系统，片内置通用 8 位中央处理器和 Flash 存储单元，功能强大。AT89C2051 单片机可提供许多高性价比的应用场合。

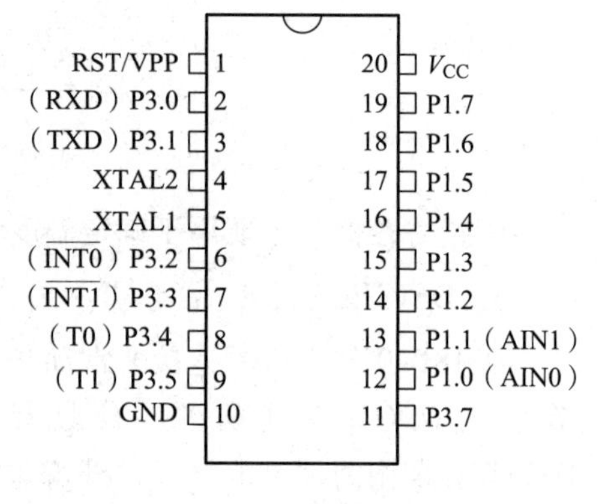

图 15－14　AT89C2051

AT89C2051 单片机主要功能特性如下：

（1）兼容 MCS－51 指令系统；

（2）32 个双向 I/O 口，两个 16 位可编程定时/计数器；

（3）1 个串行中断，两个外部中断源；

（4）可直接驱动 LED；

（5）低功耗空闲和掉电模式；

（6）4 kB 可反复擦写（>1 000 次）Flash ROM；

（7）全静态操作 0～24 MHz；

（8）128×8 bit 内部 RAM。

AT89C2051 提供以下标准功能：2 kB Flash 闪速存储器，128 B 内部 RAM，15 个 I/O 口线，两个 16 位定时/计数器，一个 5 向量两级中断结构，一个全双工串行通信口，内置一个精密比较器、片内振荡器及时钟电路，同时，AT89C2051 可降至 0 Hz 的静态逻辑操作，并支持两种软件可选的节电工作模式。空闲方式停止 CPU 的工作，但允许 RAM、定时/计数器、串行通信口及中断系统继续工作。掉电方式保存 RAM 中的内容，但振荡器停止工作并禁止其他所有部件工作直到下一个硬件复位。

该款芯片的超低功耗和良好的性能价格比使其非常适合嵌入式产品使用，所以 AT89C2051 的推出为许多嵌入式测控系统设计提供了灵活方便、低成本的解决方案。

（三）AT89C2051 与 DS18B20 组成的测温系统

由于 DS18B20 工作时将温度信号直接转换成串行数字信号供微机处理，因此，它与微机的接口电路相当简单，系统硬件原理图如图 15 – 15 所示。对于单总线传感器而言，数据总线只有 I/O 一根线，加上电源及地线，测量部分敷设的电缆最多就 3 根线。在多点温度检测时，可以将多个 DS18B20 并联到这 3 根（或 2 根）线上，微机的 CPU 只需一根端口线就能与多个 DS18B20 通信。采用 DS18B20 作为温度传感器，占用微处理器端口资源很少，既方便了接口部分的电路设计，又节省了大量的信号线。上述这些优点，使它非常适合应用于远距离多点温度检测系统。

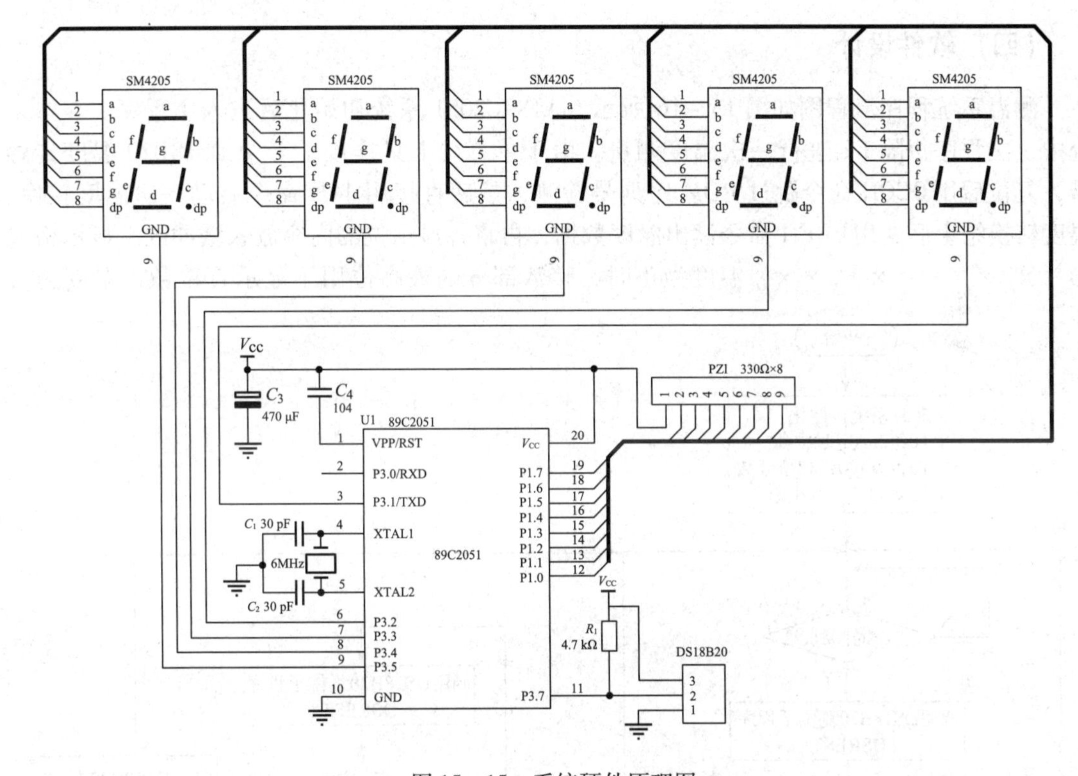

图 15 – 15　系统硬件原理图

实时温度检测系统硬件由温度传感器 DS18B20、单片机 AT89C2051 和显示元件 3 部分组成，DS18B20 为单总线温度传感器，温度测量范围为 –55 ℃ ~ +125 ℃，分辨率为 0.062 5 ℃；5 位 LED 数码管动态显示温度值，温度精确到小数点后两位。图 15 – 15 中，DS18B20 的工作电源采用外部电源供电方式，它的 I/O 数据总线直接与 AT89C2051 的 P3.7 脚相连，R_1 为上拉电阻。

系统硬件原理图中，核心部件是单片机 AT89C2051。它既作为单总线的总线控制器，又要完成实时数据处理以及温度显示输出。

在单片机应用系统中，LED 数码管的显示常用到两种方法：静态显示和动态显示。所谓静态显示，就是每一个显示器都要占用单独的具有锁存功能的 I/O 接口用于笔画段字形代码。工作时，单片机只需将被显示的码段放入对应的 I/O 接口即可，当更新数据时，再发送新的段码。静态显示数据稳定，虽然占用 CPU 时间很少，但使用了较多的硬件。动态显示的主要目的是为了简化硬件电路。通常将所有显示位的段选线分别并联在一起，由一个单片机的 8 位 I/O 口线控制，顺序循环地点亮每位数码管，这样的数码管驱动方式就称为“动态扫描”。在这种方式中，虽然每一时刻只选通一位数码管，但由于人眼具有一定的“视觉暂留”，只要延时时间设置恰当，便会感觉到多位数码管同时被点亮了，同样也可以得到稳定的数据显示。系统中采用了动态显示的方式。AT89C2051 的 P1 口是一个 8 位双向 I/O 端口，分别与 5 位共阴极数码管 SM4205 各段的引脚相连接。由于各位的段选线并联，段码的输出对各位来说都是相同的。排阻 PZ1 为每一段提供了 10 mA 以上的显示工作电流。P3. 1 ~ P3. 5 分别与各数码管的 GND 引脚相连接，用于控制切换显示位。

（四）软件设计

测温系统程序流程图如图 15 – 16 所示。AT89C2051 系统初始化后进入主程序。在本系统中，主程序每隔 1 s 进行一次温度测量。由于单总线上只挂接了 1 个 DS18B20 温度传感器，复位后用 0CCH 命令跳过 ROM 序列号检测，然后直接用 44H 命令启动一次温度转换。温度转换结束后，用 0BEH 命令读出温度数据，再将各显示位的内容放入缓冲区。显示格式为 – ×. ×× ~ ×××. ××，温度为正时，整数部分的最高位用于显示百位数；温度为负

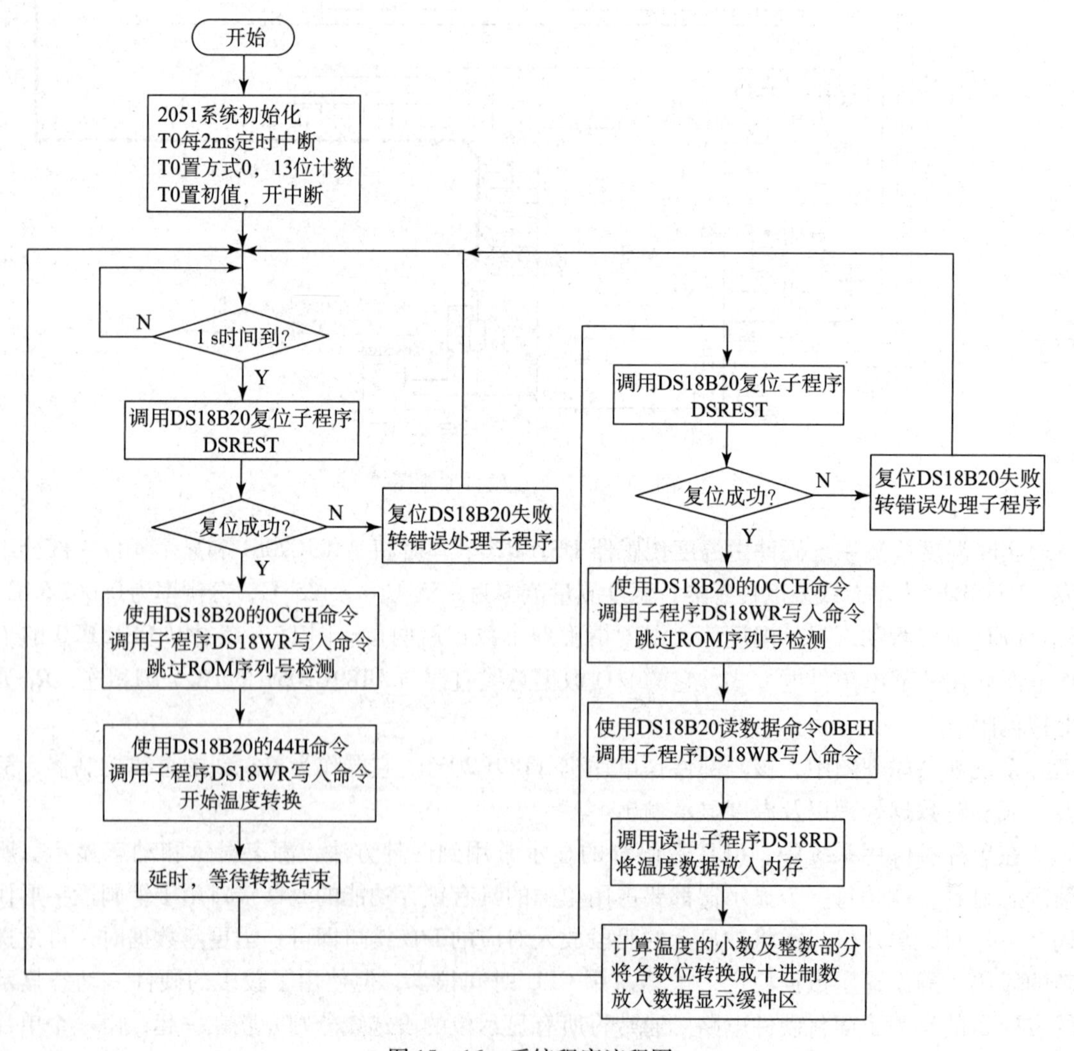

图 15 – 16　系统程序流程图

时，整数部分的最高位用作符号位。在主程序中，多次调用了操作 DS18B20 的 3 个公共子程序，它们分别是复位子程序 DSREST、写入子程序 DS18WR 以及读出子程序 DS18RD。定时器 T0 设置方式 0，每隔 2 ms 中断 1 次。

中断服务程序流程图如图 15－17 所示。AT89C2051 在中断处理时，先确定要显示的是第几位，然后从显示缓冲区中取出该位内容，再转换成段码送到 P1 端口。接下来，P3.1～P3.5 只对应该位的引脚送出低电平，点亮 LED 数码管。这样，用 5 个数码管依次接通的方法，实现了温度数据的动态显示。

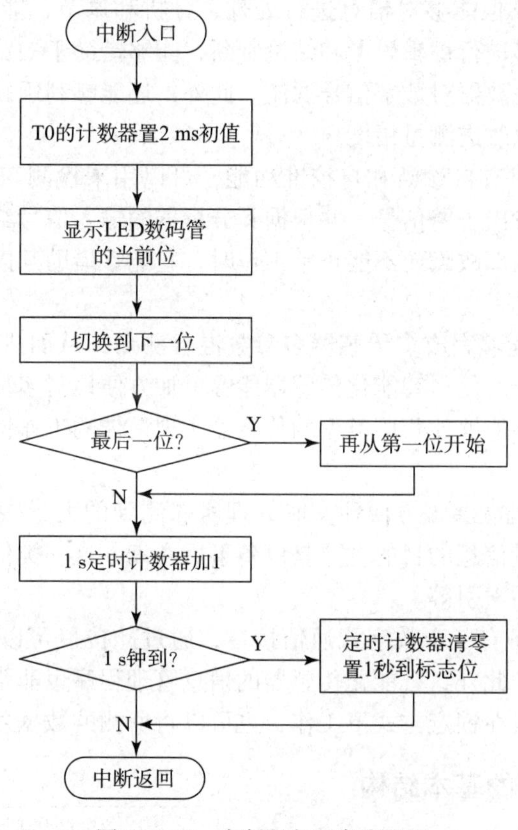

图 15－17　中断服务程序流程图

任务三　项目拓展

一、认识和了解智能传感器

（一）智能传感器的概念和特点

进入 20 世纪 70 年代，微处理器举世瞩目的成就也对仪器仪表的发展起了巨大的推动作用。所有以微处理器为基础的测控系统都根据传感器所采集的数据作出实时决策。随着系统自动化程度和复杂性的增加，对传感器的精度、可靠性和响应要求越来越高。传统的传感器功能单一、体积大，它的性能和工作容量已不能适应以微处理器为基础构成的多种多样测控系统的要求。为了满足测量和控制系统日益自动化的要求，仪器仪表界提出了研制以微处理器控制的新型传感器系统，把传感器的发展推到一个更高的层次上。人们把这种与专用微处理器相结合组成的新概念传感器称为 Smart 传感器，也称为智能化传感器。

与传统的传感器相比，智能化传感器功能强大，而且其精度更高、价格更便宜、处理质量也更好。智能化传感器具有以下特点。

（1）智能化传感器不但能够对信息进行处理、分析和调节，能够对所测的数值及其误差进行补偿，而且还能够进行逻辑思考和结论判断，能够借助于一览表对非线性信号进行线性化处理，借助于软件滤波器对数字信号滤波。此外，还能够利用软件实现非线性补偿或其他更复杂的环境补偿，以改进测量精度。

（2）智能化传感器具有自诊断和自校准功能，可以用来检测工作环境。当工作环境临近其极限条件时，它将发出告警信号，并根据其分析器的输入信号给出相关的诊断信号。当智能化传感器由于某些内部故障而不能正常工作时，它能够借助其内部检测链路找出异常现象或出现故障的部件。

（3）智能化传感器能够完成多传感器多参数混合测量，从而进一步拓宽了其探测与应用领域，而微处理器的介入使得智能化传感器能够更加方便地对多种信号进行实时处理。此外，其灵活的配置功能既能够使相同类型的传感器实现最佳的工作性能，也能够使它们适合于各不相同的工作环境。

（4）智能化传感器既能够很方便地实时处理所探测到的大量数据，也可以根据需要将它们存储起来。存储大量信息的目的主要是以备事后查询，这一类信息包括设备的历史信息以及有关探测分析结果的索引等。

（5）智能化传感器备有一个数字式通信接口，通过此接口可以直接与其所属计算机进行通信联络和交换信息。此外，智能化传感器的信息管理程序也非常简单方便，如可以对探测系统进行远距离控制或在锁定方式下工作，也可以将所测的数据发送给远程用户等。

（二）智能传感器的基本结构

智能传感器依其功能可划分为两个部分，即基本传感器部分和它的信号处理单元，如图 15－18 所示。这两部分可以集成在一起设置，形成一个整体，封装在一个表壳内；也可以远离设置，特别在测量现场环境比较差的情况下，分开并远离设置有利于电子元器件和微处理器的保护，也便于远程控制和操作。采用整体封装式还是远离分装式，应由使用场合和条件而定。

基本传感器应执行下列 3 项基本任务：

（1）用相应的传感器测量需要的被测参数。

（2）将传感器的识别特征存入可编程的只读存储器中。

（3）将传感器计量的特征存入同一只读存储器中，以便校准计算。

信号处理单元应完成下列 3 项基本任务：

（1）为所有部分提供相应的电源。

（2）用微处理器计算上述对应的只读存储器中的被测量，并校正传感器敏感的非被测量。

（3）通信网络以数字形式传输数据（如读数、状态、内检等项）并接收指令和数据。

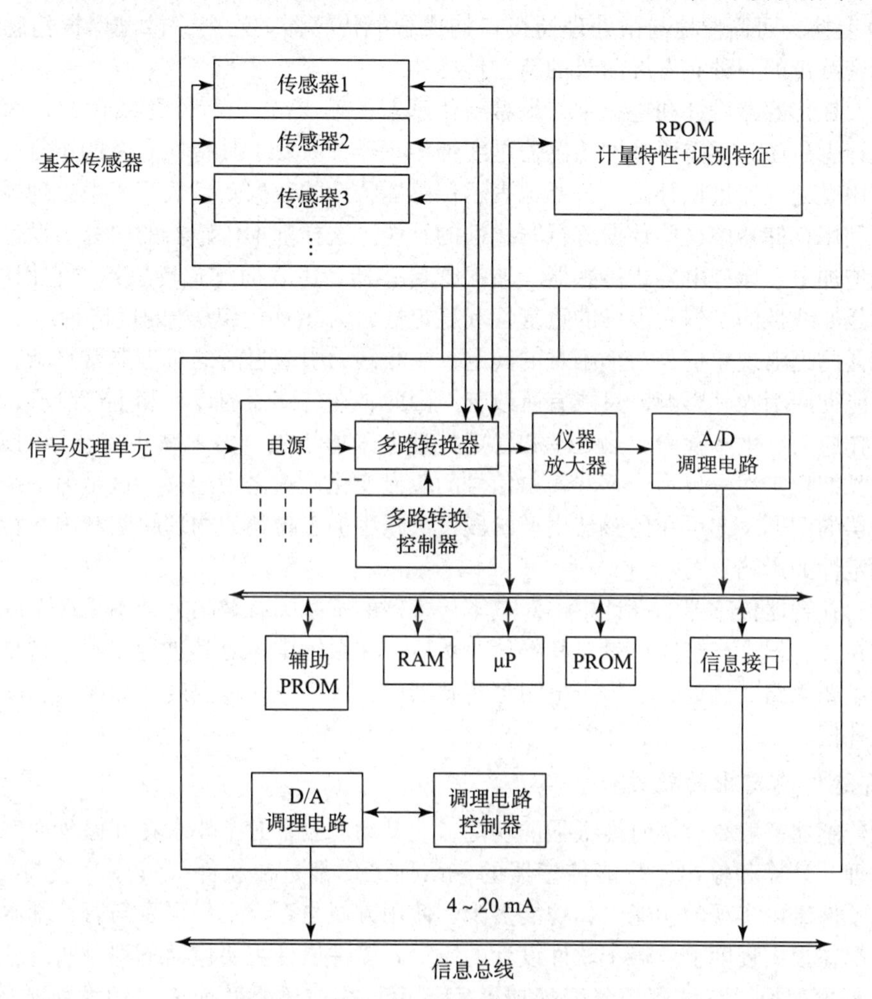

图 15－18　智能传感器的基本结构方案

此外，智能传感器也可以作为分布式处理系统的组成单元，受中央计算机控制，其中每一个单元代表一个智能传感器，含有基本传感器、信号处理电路和一个微处理器；各单元的接口电路直接挂在分时数字总线上，以便与计算机通信。

1. 智能传感器的基本传感器

基本传感器是构成智能传感器的基础，它在很大程度上决定着智能传感器的性能。因此，基本传感器的选用、设计至关重要。近十余年来，随着微机械加工工艺的逐步成熟，相继加工出许多实用的高性能微结构传感器，不仅有单参数测量的，还开发了多参数测量的。

硅材料的许多物理效应适于制作多种敏感机理的固态传感器，这不仅因为硅具有优良的物理性质，也因为它与硅集成电路工艺有很好的相容性。与其他敏感材料相比，硅材料更方便制作多种集成传感器。当然，石英、陶瓷等材料也是制作先进传感器的优良材料。这些先进传感器为设计智能传感器提供了基础。

为了省去 A/D 和 D/A 变换，进一步提高智能传感器的精度，发展直接数字或准数字的传感器，并与微处理器控制系统配套，这是理想的选择。硅谐振式传感器为准数字输出，它不需 A/D 变换，可简便地与微处理器接口构成智能传感器。当今，微型谐振传感器被认为是用于精密测量的一种有发展前景的新型传感器。

过去，在传感器设计和生产中，最希望传感器的输入/输出特性是线性的，而在智能传感器的设计思想中，不需要基本传感器是线性传感器，只要求其特性有好的重复性。而非线性度可利用微处理器进行补偿，只要把表示传感器特性的数据及参数存入微处理器的存储器中，便可利用存储器中这些数据进行非线性的补偿。这样基本传感器的研究、设计和选用的自由度就增加了。像硅电容式传感器、谐振式传感器、声表面波式传感器，它们的输入/输出特性都是非线性的，但有很好的重复性和稳定性，为 Smart 传感器的优选者。

传感器的迟滞现象仍是一个困难的问题，主要因为引起迟滞的机理非常复杂，利用微处理器还不能彻底消除其影响，只能有所改善。因此，在传感器的设计和生产阶段，应从材料选用、工作应力、生产检验、热处理和稳定处理上采取措施，力求减小传感器的迟滞误差。传感器的长期稳定性表现为传感器输出信号的缓慢变化，称之为漂移，这是另一个比较难以校正和补偿的问题，亦可在传感器生产阶段设法减小加工材料的物理缺陷和内在特性对传感器长期稳定性的影响。

总之，在智能传感器的设计中，对基本传感器的某些固有缺陷，且不易在系统中进行补偿的，应在传感器生产阶段尽量对其补偿，然后，在系统中再对其进行改善。这是设计智能传感器的主要思路。例如，在生产电阻型传感器中，加入正或负温度系数电阻，就可以对其进行温度补偿。

2. 智能传感器中的软件

智能传感器一般具有实时性很强的功能，尤其动态测量时常要求在几微秒内完成数据的采样、处理、计算和输出。智能传感器的一系列工作都是在软件（程序）支持下进行的，它能实现硬件难以实现的功能。如功能多少、使用方便与否、工作可靠与否、基本传感器的性能等，都在很大程度上依赖于软件设计的质量。软件设计主要包括下列一些内容。

（1）标度变换。在被测信号变换成数字量后，往往还要变换成人们所熟悉的测量值，如压力、温度、流量等。这是因为被测对象，如数据的量纲和 A/D 变换的输入值不同，经 A/D 变换后得到一系列的数码，必须把它变换成带有量纲的数据后才能运算、显示、打印输出。这种变换叫标度变换。

（2）数字调零。在检测系统的输入电路中，一般都存在零点漂移、增益偏差和器件参数不稳定等现象。它们会影响测量数据的准确性，必须对其进行自动校准。在实际应用中，常常采用各种程序来实现偏差校准，称为数字调零。除数字调零外，还可在系统开机或每隔一定时间自动测量基准参数实现自动校准。

（3）非线性补偿。在检测系统中，希望传感器具有线性特性，这样不但读数方便，而且使仪表在整个刻度范围内灵敏度一致，从而便于对系统进行分析处理。但是传感器的输入/输出特性往往有一定的非线性，为此必须对其进行补偿和校正。

用微处理器进行非线性补偿常采用插值方法实现。首先用实验方法测出传感器的特性曲线，然后进行分段插值，只要插值点数取得合理且足够多，即可获得良好的线性度。

在某些检测系统中，有时参数的计算非常复杂，仍采用计算法会增加编写程序的工作量和占用计算时间。对于这些检测系统，采用查表的数据处理方法，经微处理器对非线性进行补偿更合适。

（4）温度补偿。环境温度的变化会给测量结果带来不可忽视的误差。在 Smart 传感器的检测系统中，只要能建立起表达温度变化的数学模型（如多项式），用插值或查表的数据处理方法，便可有效地实现温度补偿。

也可在线用测温元件测出传感器所处周围的环境温度，测温元件的输出经过放大和 A/D 变换送到微处理器处理即可实现温度误差的校正。

（5）数字滤波。当传感器信号经过 A/D 变换输入微处理器时，经常混进如尖脉冲之类的随机噪声干扰，尤其在传感器输出电压低的情况下，这种干扰更不可忽视，必须予以削弱或滤除。对于周期性的工频（50 Hz）干扰，采用积分时间等于 20 ms 的整数倍的双积分 A/D 变换器，可以有效地消除其影响。对于随机干扰信号，利用软件数字滤波技术有助于解决这个问题。

总之，采用了数字补偿技术，使传感器的精度比不补偿时能提高一个数量级。

二、智能传感器的应用

目前，智能化传感器多用于压力、力、振动、冲击、加速度、流量、温湿度等的测量，如美国霍尼韦尔公司的 ST3000 系列全智能变送器和德国斯特曼公司的二维加速度传感器就属于这一类传感器。另外，智能化传感器在空间技术研究领域亦有比较成功的应用实例。

需要特别指出的一点是目前的智能化传感器系统本身尽管全都是数字式的，但其通信协议却仍需借助 4 ~ 20 mA 的标准模拟信号来实现，一些国际性标准化研究机构目前正在积极研究推出相关的通用现场总线数字信号传输标准；不过，目前过渡阶段仍大多采用远距离总线寻址传感器（HART）协议，即 Highway Addressable Remote Transducer。这是一种适用于智能化传感器的通信协议，与目前使用 4 ~ 20 mA 模拟信号的系统完全兼容，模拟信号和数字信号可以同时进行通信，从而使不同生产厂家的产品具有通用性。

1. 光电式智能压力传感器

图 15 – 19 所示为一种光电式智能压力传感器，它使用了一个红外发光二极管和两个光敏二极管，通过光学方法来测量压力敏感元件（膜片）的位移，如图 15 – 19（a）所示。提供参考信号基准的光敏二极管和提供被测压力信号的光敏二极管制作在同一芯片上，因而受温度和老化变化的影响相同，可以消除温漂和老化带来的误差。

两个二极管受同一光源（发光二极管）的照射，随着感压膜片的位移，固定在膜片硬中心上的起到窗口作用的遮光板将遮隔一部分射向测量二极管的光，而起提供参考信号的二极管则连续检测光源的光强。两个电压信号 U_X 和 U_r 分别由测量二极管和提供参考信号的二极管产生，用一台比例积分式 A/D 转换器来获得仅与二极管照射面积 A_X 和 A_r 以及零位调整和满量程调整给定的转角 α 和 β 有关的数字输出，如图 15 – 19（b）所示。至于二极管的非线性、膜片的非线性可由微处理器校正。在标定时，将这些非线性特性存入可编程只读存储器中进行编程，在测量时即可通过微处理器运算实现非线性补偿。

上述思路就是智能传感器的设计途径，它不追求在基本传感器上获得线性特性，认可其重复性好的非线性，而后采用专用的可编程补偿方法获得良好的线性度。

该智能传感器的综合精度在0～120 kPa量程内可达到0.05%，重复性为0.005%，可输出模拟信号和数字信号。

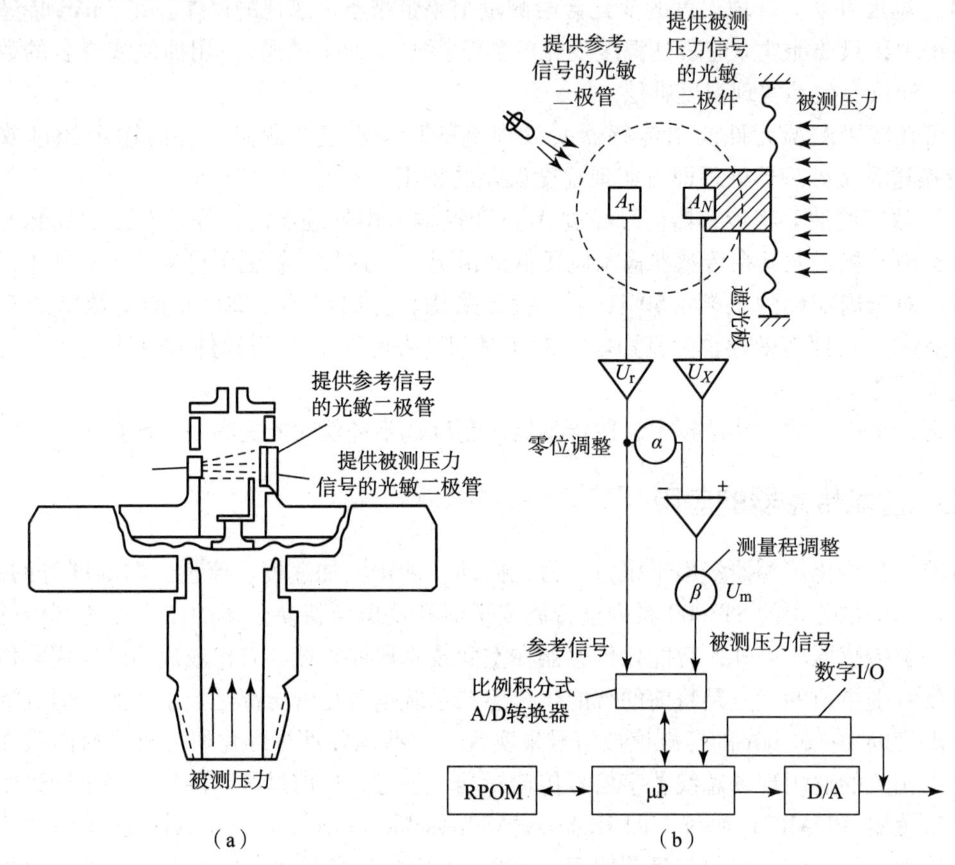

（a） （b）

图15－19 光电式智能压力传感器

（a）结构示意图；（b）电路示意图

2. 智能差压传感器

图15－20（a）所示为智能差压传感器，由基本传感器、微处理器和现场通信器组成。传感器采用扩散硅力敏元件，它是一个多功能器件，即在同一单晶硅芯片上扩散有可测差压、静压和温度的多功能传感器，如图15－20（b）所示。该传感器输出的差压、静压和温度3个信号经前置放大、A/D变换，送入微处理器中。其中静压和温度信号用于对差压进行补偿，处理后的差压数字信号再经D/A变成4～20 mA的标准信号输出，也可经由数字接口直接输出数字信号，如图15－20（c）所示。

3. 三维多功能单片智能传感器

目前已开发的三维多功能单片智能传感器，是把传感器、数据传送、存储及运算模块集成为以硅片为基础的超大规模集成电路的智能传感器。它已将平面集成发展成三维集成，实现了多层结构，如图15－21所示。在硅片上分层集成了敏感元件、电源、记忆、传输等多个部分，日本的3DIC研制计划中设计的视觉传感器就是一例。它将光电转换等检测功能和特征抽取等信息处理功能集成在一硅基片上。其基本工艺过程是先在硅衬底上制成二维集成电

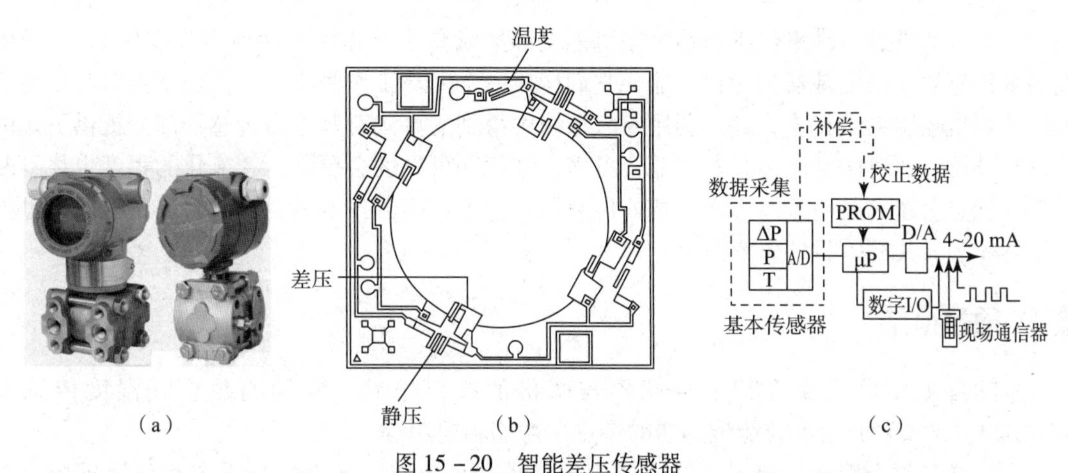

图 15-20　智能差压传感器

(a) 智能差压传感器实物图；(b) 结构示意图；(c) 电路示意图

路，然后在上面依次用 CDV 法淀积 SiO_2 层，腐蚀 SiO_2 后再用 CDV 法淀积多晶硅，再用激光退火晶化形成第二层硅片，在第二层硅片上制成二维集成电路，依次一层一层地做成 3DIC。

目前用这种技术已制成两层 10 位线性图像传感器，上面一层是 PN 结光敏二极管，下面一层是信号处理电路，其光谱效应线宽为 400 ~ 700 mm。这种将二维集成发展成三维集成的技术，可实现多层结构，将传感器功能、逻辑功能和记忆功能等集成在一个硅片上，这是智能传感器的一个重要发展方向。

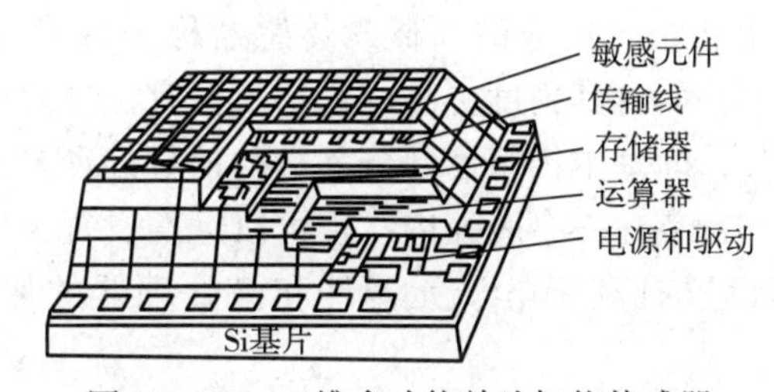

图 15-21　三维多功能单片智能传感器

今后的智能传感器必然走向全数字化，其原理如图 15-22 所示。这种全数字式智能传感器能消除许多与模拟电路有关的误差源（例如，总的测量回路中无须再用 A/D 和 D/A 变换器）。这样，每个传感器的特性都能重复地得到补偿，再配合相应的环境补偿，就可获得前所未有的测量高重复性，从而能大大提高测量准确性。这一设想的实现，对测量与控制将

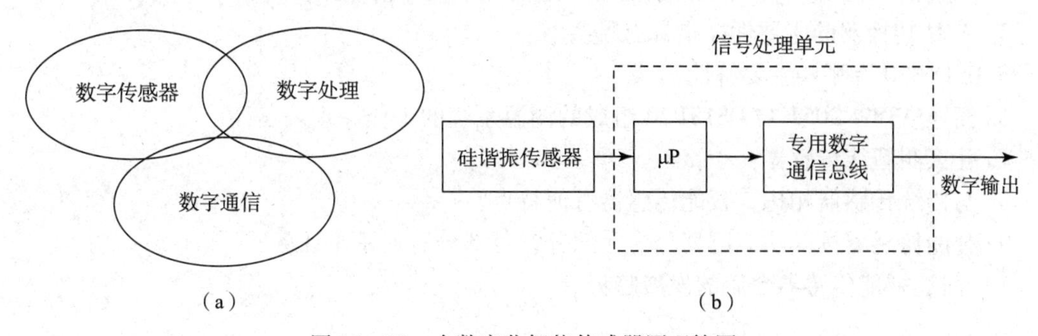

图 15-22　全数字化智能传感器原理简图

(a) 一般原理示意图；(b) 现场总线系统结构

是一个重大的进展。未来传感器系统很可能全部集成在一个芯片上（或多片模块上），其中包括微传感器、微处理器和微执行器，它们构成一个闭环工作微系统，由数字接口与更高一级的计算机控制系统相连，通过利用专家系统中得到的算法对基本微传感器部分提供更好的校正与补偿。那时的智能传感器功能会更多，精度和可靠性会更高，智能化的程度也将不断提高，优点会越来越明显。总之，智能传感器代表着传感器技术发展的大趋势，这已是世界上仪器仪表界共同瞩目的研究内容。

项目小结

本项目主要给大家介绍了传感器与微机的接口电路、常用的数字式温度传感器DS18B20，还简要介绍了智能传感器的特点、功能和应用等。

（1）传感器与微机的接口电路主要由信号预处理电路、数据采集系统和计算机接口电路组成。其中，预处理电路把传感器输出的非电压量转换成具有一定幅值的电压量；数据采集系统把模拟电压量转换成数字量；计算机接口电路把 A/D 转换后的数字信号送入计算机，并把计算机发出的控制信号送至输入接口的各功能部件；计算机还可通过其他接口把信息数据送往显示器、控制器、打印机等。

（2）由于 DS18B20 集温度测量和 A/D 转换于一体，直接输出数字量，接口几乎不需要外围元件，传输距离远，所以由它和单片机组成测温系统的硬件电路结构简单，可以很方便地实现多点测量。

（3）把与专用微处理器相结合组成的新概念传感器称为智能传感器。与传统的传感器相比，智能传感器功能强大，而且其精度更高、价格更便宜、处理质量也更好。智能传感器依其功能可划分为两个部分，即基本传感器部分和它的信号处理单元，这两部分可以集成在一起设置，形成一个整体，封装在一个表壳内；也可以远离设置，特别在测量现场环境比较差的情况下，分开并远离设置有利于电子元器件和微处理器的保护，也便于远程控制和操作。

项目训练

1. 处理电路的作用是什么？试简述模拟量连续式传感器的预处理电路的基本工作原理。
2. 检测系统中常用的 A/D 转换器有哪几种？各有什么特点？分别适用于什么场合？
3. 测量信号输入 A/D 转换器前是否一定要加采样保持电路？为什么？
4. A/D 转换器的主要性能指标有哪些？
5. DS18B20 有哪些主要特性？
6. 简述 AT89C2051 与 DS18B20 组成的测温系统的工作原理。
7. 什么叫智能传感器？
8. 与传统传感器相比，智能传感器有何特点？
9. 智能传感器按其功能可划分为几部分？各部分有何基本任务？
10. 简述智能传感器今后的发展趋势。

传感器与检测技术配套实验指导

一、概述

本实验内容配套实验装置为“THSRZ－1型传感器系统综合实验装置”。“THSRZ－1型传感器系统综合实验装置”是将传感器、检测技术及计算机控制技术有机地结合，开发成功的新一代传感器系统实验设备。适用于开设“传感器原理”“非电量检测技术”“工业自动化仪表与控制”等课程的实验教学。

二、装置特点

（1）实验台桌面采用高绝缘度、高强度、耐高温的高密度板，具有接地、漏电保护、采用高绝缘的安全型插座，安全性符合相关国家标准。

（2）完全采用模块化设计，将被测源、传感器、检测技术有机地结合，使学生能够更全面地学习和掌握信号传感、信号处理、信号转换、信号采集和传输的整个过程。

（3）紧密联系传感器与检测技术的最新进展，全面展示传感器相关的技术。

三、设备构成

实验装置由主控台、检测源模块、传感器及调理（模块）、数据采集卡组成。

1. 主控台

（1）信号发生器：1～10 kHz 音频信号，$U_{P-P}=0\sim17$ V 连续可调。

（2）1～30 Hz 低频信号，$U_{P-P}=0\sim17$ V 连续可调，有短路保护功能。

（3）四组直流稳压电源：+24 V、±15 V、+5 V、±2～±10 V 分五挡输出，0～5 V 可调，有短路保护功能。

（4）恒流源：0～20 mA 连续可调，最大输出电压 12 V。

(5) 数字式电压表：量程为0～20 V，分为200 mV、2 V、20 V三挡，精度为0.5级。

(6) 数字式毫安表：量程为0～20 mA，三位半数字显示，精度为0.5级，有内测、外测功能。

(7) 频率/转速表：频率测量范围为1～9 999 Hz，转速测量范围为1～9 999 r/min。

(8) 计时器：0～9 999 s，精确到0.1 s。

(9) 高精度温度调节仪：多种输入/输出规格，人工智能调节以及参数自整定功能，先进控制算法，温度控制精度为±0.5 ℃。

2. 检测源

加热源：0～220 V交流电源加热，温度可控制在室温～120 ℃；

转动源：0～24 V直流电源驱动，转速可调在0～3 000 r/min；

振动源：振动频率为1～30 Hz（可调），共振频率为12 Hz左右。

3. 各种传感器

包括应变传感器、差动变压器、差动电容传感器、霍尔位移传感器、扩散硅压力传感器、光纤位移传感器、电涡流传感器、压电加速度传感器、磁电传感器、Pt100、AD590、K型热电偶、E型热电偶、Cu50、PN结温度传感器、NTC、PTC、气敏传感器（酒精敏感，可燃气体敏感）、湿敏传感器、光敏电阻、光敏二极管、红外传感器、磁阻传感器、光电开关传感器、霍尔开关传感器。

4. 处理电路

包括电桥、电压放大器、差动放大器、电荷放大器、电容放大器、低通滤波器、涡流变换器、相敏检波器、移相器、V/I转换电路、F/V转换电路、直流电机驱动等。

5. 数据采集

高速USB数据采集卡：含4路模拟量输入，2路模拟量输出，8路开关量输入/输出，14位A/D转换，A/D采样速率最大为400 kHz。

上位机软件：本软件配合USB数据采集卡使用，实时采集实验数据，对数据进行动态或静态处理和分析。

四、实验项目

实验一　金属箔式应变片——单臂电桥性能实验

实验二　金属箔式应变片——半桥性能实验

实验三　金属箔式应变片——全桥性能实验

实验四　金属箔式应变片——单臂、半桥、全桥性能比较实验

实验五　移相实验

实验六　相敏检波实验

实验七　差动变压器性能实验

实验八　差动变压器的应用——振动测量实验

实验九　差动变压器传感器的应用——电子秤实验

实验十　差动电感传感器位移特性实验

实验十一 差动电感传感器振动测量实验
实验十二 电容传感器位移特性实验
实验十三 电容传感器的应用——电子秤实验
实验十四 霍尔传感器振动测量实验
实验十五 霍尔传感器测速实验
实验十六 磁电传感器测速实验
实验十七 压电传感器测量振动实验
实验十八 电涡流传感器位移特性实验
实验十九 被测体材质、面积大小对电涡流传感器的特性影响实验
实验二十 光纤传感器测速实验
实验二十一 光纤传感器测量振动实验
实验二十二 光电转速传感器转速测量实验
实验二十三 硅光电池特性测试实验
实验二十四 热释电红外传感器实验
实验二十五 智能调节仪温度控制实验
实验二十六 铂热电阻温度特性测试实验
实验二十七 K 型热电偶测温实验
实验二十八 E 型热电偶测温实验
实验二十九 气敏（酒精）传感器实验
实验三十 气敏（可燃气体）传感器实验
实验三十一 湿敏传感器实验
实验三十二 I/V、F/V 转换实验
实验三十三 智能调节仪转速控制实验

实验一　金属箔式应变片——单臂电桥性能实验

一、实验目的

了解金属箔式应变片的应变效应，单臂电桥的工作原理和性能。

二、实验仪器

应变传感器实验模块、托盘、砝码、数显电压表、±15 V 电源、±4 V 电源、万用表（自备）。

三、实验原理

电阻丝在外力作用下发生机械变形时，其电阻值发生变化，这就是电阻应变效应，描述电阻应变效应的关系式为

$$\frac{\Delta R}{R}=K\cdot\varepsilon \tag{附 1-1}$$

式中　$\frac{\Delta R}{R}$——电阻丝电阻的相对变化量；

K——应变灵敏度系数；

$\varepsilon=\frac{\Delta l}{l}$——电阻丝长度的相对变化量。

金属箔式应变片就是通过光刻、腐蚀等工艺制成的应变敏感组件。如附图 1-1 所示，将 4 个金属箔应变片分别贴在双孔悬臂梁式弹性体的上下两侧，弹性体受到压力发生形变，应变片随弹性体形变被拉伸，或被压缩。

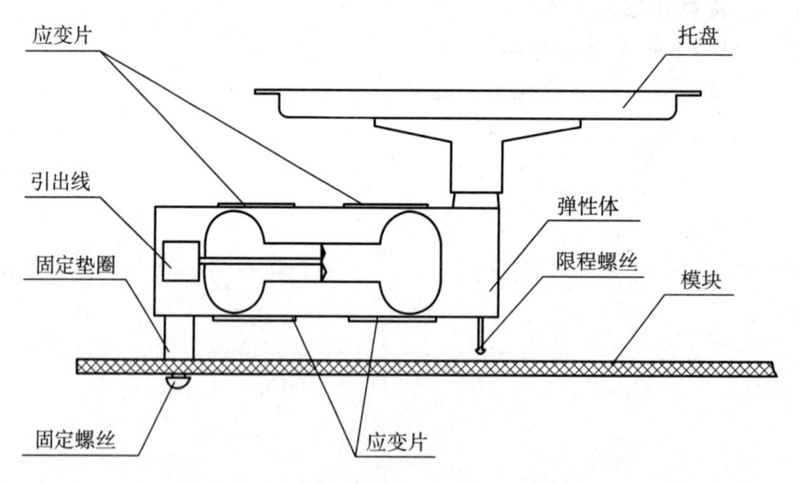

附图 1-1　双孔悬臂梁式称重传感器结构图

通过这些应变片转换弹性体被测部位受力状态变化，电桥的作用是完成电阻到电压的比例变化，如附图 1-2 所示，$R_5=R_6=R_7=R$ 为固定电阻，与应变片一起构成一个单臂电桥，其输出电压

$$U_o=\frac{E}{4}\cdot\frac{\Delta R/R}{1+\frac{1}{2}\cdot\frac{\Delta R}{R}} \tag{附 1-2}$$

式中，E 为电桥电源电压。

式（附1-2）表明单臂电桥输出为非线性，非线性误差为 $L=-\frac{1}{2}\cdot\frac{\Delta R}{R}\times100\%$。

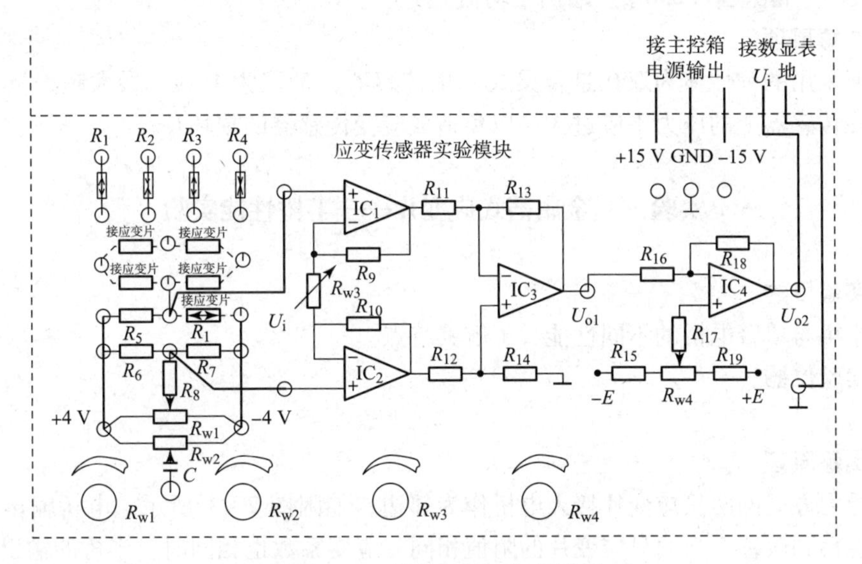

附图1-2　单臂电桥面板接线图

四、实验步骤

（1）应变传感器上的各应变片已分别接到应变传感器模块左上方的 R_1、R_2、R_3、R_4 上，可用万用表测量判别，$R_1=R_2=R_3=R_4=350\ \Omega$。

（2）差动放大器调零。从主控台接入 ±15 V 电源，检查无误后，合上主控台电源开关，将差动放大器的输入端 U_i 短接并与地短接，输出端 U_{o2} 接数显电压表（选择 2 V 挡）。将电位器 R_{w3} 调到增益最大位置（顺时针转到底），调节电位器 R_{w4} 使电压表显示为 0 V。关闭主控台电源。（R_{w3}、R_{w4} 的位置确定后不能改动）

（3）按附图1-2连线，将应变传感器的其中一个应变电阻（如 R_1）接入电桥与 R_5、R_6、R_7 构成一个单臂直流电桥。

（4）加托盘后电桥调零。电桥输出接到差动放大器的输入端 U_i，检查接线无误后，合上主控台电源开关，预热 5 min，调节 R_{w1} 使电压表显示为零。

（5）在应变传感器托盘上放置一只砝码，读取数显表数值，依次增加砝码和读取相应的数显表值，直到 200 g 砝码加完，记下实验结果，填入附表1-1中。

附表1-1　实验数据记录

质量/g											
电压/mV											

（6）实验结束后，关闭实验台电源，整理好实验设备。

五、实验报告

（1）根据实验所得数据计算系统灵敏度 $S=\Delta U/\Delta W$（ΔU 为输出电压变化量，ΔW 为质量变化量）。

（2）计算单臂电桥的非线性误差

$$\delta_{f1}=\Delta m/y_{F\cdot S}\times100\%$$

式中　Δm——输出值（多次测量时为平均值）与拟合直线的最大偏差；

$y_{F\cdot S}$——满量程（200 g）输出平均值。

六、注意事项

实验所采用的弹性体为双孔悬臂梁式称重传感器，量程为 1 kg，最大超程量为 120%。因此，加在传感器上的压力不应过大，以免造成应变传感器的损坏！

实验二　金属箔式应变片——半桥性能实验

一、实验目的

比较半桥与单臂电桥的不同性能、了解其特点。

二、实验仪器

同实验一。

三、实验原理

不同受力方向的两只应变片接入电桥作为邻边，如附图 2－1 所示。电桥输出灵敏度提高，非线性得到改善，当两只应变片的阻值相同、应变系数也相同时，半桥的输出电压为

$$U_o=\frac{E\cdot K\cdot\varepsilon}{2}=\frac{E}{2}\cdot\frac{\Delta R}{R} \qquad (附 2-1)$$

式中　$\frac{\Delta R}{R}$——电阻丝电阻的相对变化量；

K——应变灵敏度系数；

$\varepsilon=\frac{\Delta l}{l}$——电阻丝长度的相对变化量；

E——电桥电源电压。

式（附 2－1）表明，半桥输出与应变片阻值变化率呈线性关系。

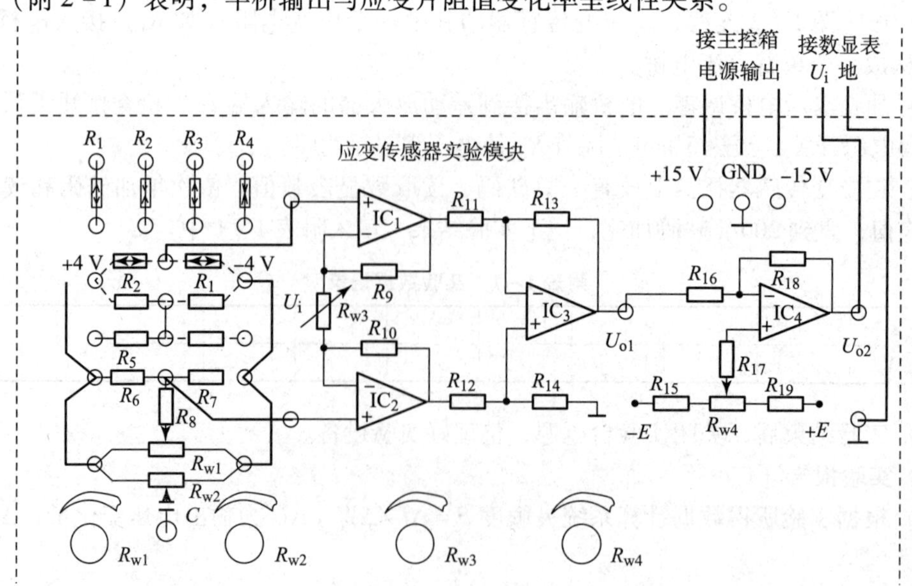

附图 2－1　半桥面板接线图

四、实验步骤

(1) 应变传感器已安装在应变传感器实验模块上，可参考附图 1-1。

(2) 差动放大器调零，参考实验一中的实验步骤 (2)。

(3) 按附图 2-1 接线，将受力相反（一片受拉，一片受压）的两只应变片接入电桥的邻边。

(4) 加托盘后电桥调零，参考实验一中的实验步骤 (4)。

(5) 在应变传感器托盘上放置一只砝码，读取数显表数值，依次增加砝码和读取相应的数显表值，直到 200 g 砝码加完，记下实验结果，填入附表 2-1 中。

附表 2-1　实验数据记录

质量/g										
电压/mV										

(6) 实验结束后，关闭实验台电源，整理好实验设备。

五、实验报告

根据所得实验数据，计算灵敏度 $L=\Delta U/\Delta W$ 和半桥的非线性误差 δ_{f2}。

六、思考题

引起半桥测量时非线性误差的原因是什么？

实验三　金属箔式应变片——全桥性能实验

一、实验目的

了解全桥测量电路的优点。

二、实验仪器

同实验一。

三、实验原理

全桥测量电路中，将受力性质相同的两只应变片接到电桥的对边，不同的接入邻边，如附图 3-1 所示，当应变片初始值相等，变化量也相等时，其桥路输出

$$U_o = E \cdot \frac{\Delta R}{R} \tag{附 3-1}$$

式中：E——电桥电源电压；

$\frac{\Delta R}{R}$——电阻丝电阻相对变化。

式（附 3-1）表明，全桥输出灵敏度比半桥又提高了一倍，非线性误差得到进一步改善。

四、实验步骤

(1) 应变传感器已安装在应变传感器实验模块上，可参考附图 3-1。

(2) 差动放大器调零，参考实验一中的实验步骤 (2)。

(3) 按附图 3-1 接线，将受力相反（一片受拉，一片受压）的两对应变片分别接入电桥的邻边。

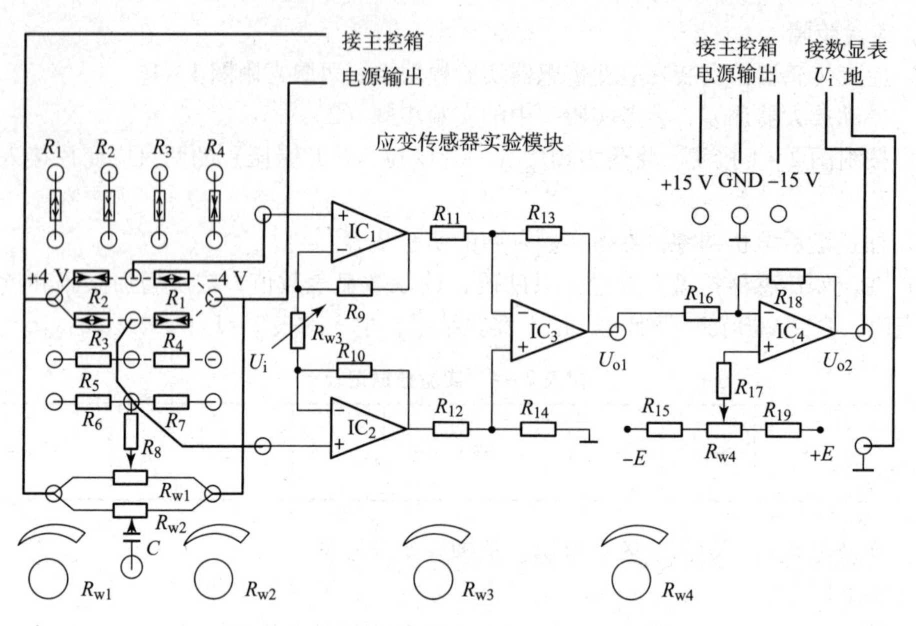

附图 3－1　全桥面板接线图

（4）加托盘后电桥调零，参考实验一中的实验步骤（4）。

（5）在应变传感器托盘上放置一只砝码，读取数显表数值，依次增加砝码和读取相应的数显表值，直到200 g砝码加完，记下实验结果，填入附表 3－1 中。

附表 3－1　实验数据记录

质量/g										
电压/mV										

（6）实验结束后，关闭实验台电源，整理好实验设备。

五、实验报告

根据实验数据，计算灵敏度 $L=\Delta U/\Delta W$ 和全桥的非线性误差 δ_{f3}。

六、思考题

全桥测量中，当两组对边（R_1、R_3 为对边）电阻值 R 相同时，即 $R_1=R_3$，$R_2=R_4$，而 $R_1\neq R_2$ 时，是否可以组成全桥？

实验四　金属箔式应变片——单臂、半桥、全桥性能比较实验

一、实验目的

比较单臂、半桥、全桥输出时的灵敏度和非线性度，得出相应的结论。

二、实验仪器

同实验一。

三、实验原理

根据式（附 1－2）、（附 2－1）、（附 3－1）可以看出，在受力性质相同的情况下，单臂电

桥电路的输出只有全桥电路输出的1/4，而且输出与应变片阻值变化率存在线性误差；半桥电路的输出为全桥电路输出的1/2。半桥电路和全桥电路输出与应变片阻值变化率成线性。

四、实验步骤

（1）重复单臂电桥实验，将实验数据记录在附表4－1中。

（2）保持差动放大电路不变，将应变电阻连接成半桥和全桥电路，做半桥和全桥性能实验，并将实验数据记录在附表4－1中。

附表4－1　实验数据记录

质量/g											
电压/mV											单臂
											半桥
											全桥

（3）实验结束后，关闭实验台电源，整理好实验设备。

五、实验报告

根据记录的实验数据，计算并比较三种电桥的灵敏度和非线性误差，将得到的结论与理论计算进行比较。

实验五　移相实验

一、实验目的

了解移相电路的原理和应用。

二、实验仪器

移相器/相敏检波/低通滤波模块，±15 V电源，信号源，示波器。

三、实验原理

由运算放大器构成的移相器原理图如附图5－1所示。

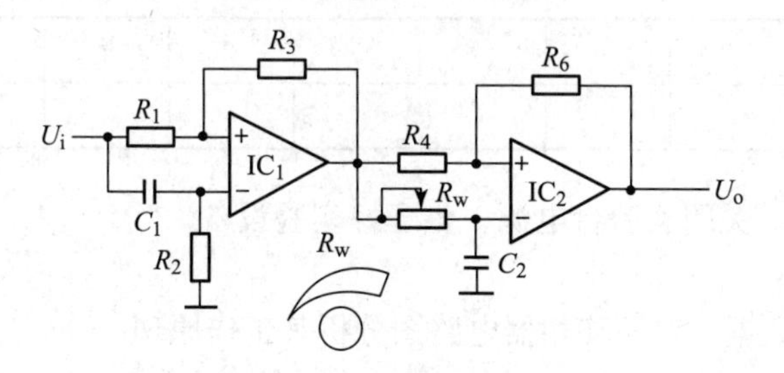

附图5－1　移相器原理图

由附图5－1可求得该电路的闭环增益$G(S)$：

$$G(S)=\frac{1}{R_1R_4}\left[\frac{R_4+R_6}{R_wC_2S+1}-R_6\right]\cdot\left[\frac{R_2C_1S(R_3+R_1)}{R_2C_1S+1}-R_3\right] \quad (附5-1)$$

$$G(j\omega)=\frac{1}{R_1R_4}\left[\frac{R_4+R_6}{j\omega R_wC_2+1}-R_6\right]\cdot\left[\frac{j\omega R_2C_1(R_3+R_1)}{j\omega R_2C_1+1}-R_3\right] \quad (附5-2)$$

在实验电路中，常设定幅频特性 $|G(j\omega)|=1$，为此选择参数 $R_1=R_3$，$R_4=R_6$，则输出幅度与频率无关，闭路增益可简化为

$$G(j\omega)=\frac{1-j\omega R_w C_2}{1+j\omega R_w C_2}\cdot\frac{j\omega R_2 C_1-1}{j\omega R_2 C_1+1} \qquad (附5-3)$$

则有

$$|G(j\omega)|=1 \qquad (附5-4)$$

$$\tan\psi=\frac{2\left(\frac{1-\omega^2 R_w R_2 C_1 C_2}{\omega R_w C_2+\omega R_2 C_1}\right)}{1-\left(\frac{\omega^2 R_w R_2 C_1 C_2-1}{\omega R_2 C_1+\omega R_w C_2}\right)^2} \qquad (附5-5)$$

由正切三角函数半角公式 $\tan\psi=\frac{2\tan\frac{\psi}{2}}{1-\tan^2\frac{\psi}{2}}$ 可得

$$\psi=2\arctan\left(\frac{1-\omega^2 R_w R_2 C_1 C_2}{\omega R_w C_2+\omega R_2 C_1}\right) \qquad (附5-6)$$

$R_w>\frac{1}{\omega^2 R_2 C_1 C_2}$ 时，输出相位滞后于输入，当 $R_w<\frac{1}{\omega^2 R_2 C_1 C_2}$ 时，输出相位超前输入。

四、实验步骤

（1）连接实验台与实验模块电源线，信号源 U_{s1} 音频信号源幅值调节旋钮居中，频率调节旋钮最小，信号输出端 U_{s1} 0°连接移相器输入端。

（2）打开实验台电源，示波器通道1和通道2分别接移相器输入与输出端，调整示波器，观察两路波形。

（3）调节移相器“移相”电位器，观察两路波形的相位差，并填入附表5-1中。

（4）改变音频信号源频率（由频率转速表的频率挡监测），观察频率不同时移相器移相范围的变化。

附表5-1　实验数据记录

频率/kHz										
$\Delta\phi$										

（5）实验结束后，关闭实验台电源，整理好实验设备。

五、实验报告

根据实验所得的数据，对照移相器电路图分析其工作原理。

六、注意事项

实验过程中正弦信号通过移相器后波形局部有失真，这并非仪器故障。

实验六　相敏检波实验

一、实验目的

了解相敏检波电路的原理和应用。

二、实验仪器

移相器/相敏检波/低通滤波模块，±15 V 电源，信号源，示波器。

三、实验原理

开关相敏检波器原理图如附图 6－1 所示。

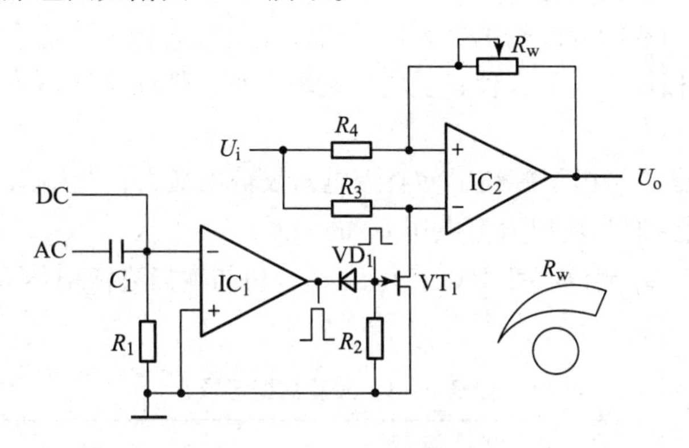

附图 6－1　检波器原理图

附图 6－1 中 U_i 为输入信号端，AC 为交流参考电压输入端，U_o 为检波信号输出端，DC 为直流参考电压输入端。

当 AC、DC 端输入控制电压信号时，通过差动电路的作用使 VT_1 处于开或关的状态，从而把 U_i 端输入的正弦信号转换成全波整流信号。

四、实验步骤

（1）连接实验台与实验模块电源线，信号源 U_{s1} 0°音频信号输出 1 kHz、$U_{P-P}=2$ V 正弦信号，接到相敏检波输入端 U_i，调节相敏检波模块电位器 R_w 到中间位置。

（2）直流稳压电源 2 V 挡输出（正或负均可）接相敏检波器 DC 端。

（3）示波器两通道分别接相敏输入、输出端，观察输入、输出波形的相位关系和幅值关系。

（4）改变 DC 端参考电压的极性，观察输入、输出波形的相位和幅值关系。

由此可以得出结论：当参考电压为正时，输入与输出同相；当参考电压为负时，输入与输出反相。

（5）去掉 DC 端连线，将信号源音频信号 U_{s1} 0°端输出 1 kHz、$U_{P-P}=2$ V 正弦信号送入移相器输入端，移相器的输出与相敏检波器的参考输入端 AC 连接，相敏检波器的信号输入端 U_i 同时接到信号源音频信号 U_{s1} 0°端输出。

（6）用示波器两通道观察附加观察插口⎍、⎍的波形。可以看出，相敏检波器中整形电路的作用是将输入的正弦波转换成方波，使相敏检波器中的电子开关能正常工作。

（7）将相敏检波器的输出端与低通滤波器的输入端连接，如附图 6－2 所示，低通输出端接数字电压表 20 V 挡。

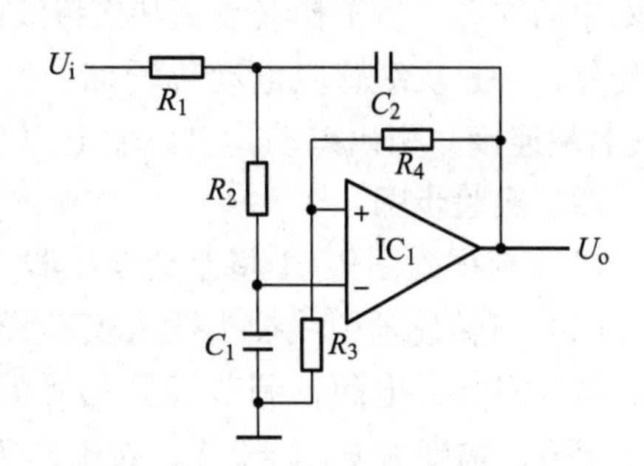

附图 6－2　低通滤波器原理图

（8）示波器两通道分别接相敏检波器输入、

输出端。

(9) 适当调节音频振荡器幅值旋钮和移相器“移相”旋钮，观察示波器中的波形变化和电压表电压值的变化，然后将相敏检波器的输入端 U_i 改接至音频振荡器 U_{s1} 180°输出端口，观察示波器和电压表的变化。

由上可以看出，当相敏检波器的输入信号与开关信号同相时，输出为正极性的全波整流信号，电压表指示正极性方向最大值；反之，则输出负极性的全波整流波形，电压表指示负极性的最大值。

(10) 调节移相器“移相”旋钮，使直流电压表输出最大，利用示波器和电压表，测出相敏检波器的输入 U_{P-P}值与输出直流电压 U_o 的关系。

(11) 使输入信号 U_i 相位改变180°，得出 U_{P-P}值与输出直流电压 U_{o1}的关系，并填入附表6-1中。

附表6-1　实验数据记录

输入 U_{P-P}/V	1	2	3	4	5	6	7	8	9	10
输出 U_o/V										
输出 U_{o1}/V										

(12) 实验结束后，关闭实验台电源，整理好实验设备。

五、实验报告

根据实验所得的数据，作相敏检波器输入—输出（$U_{P-P}-U_o$）曲线，对照移相器、相敏检波器电路图分析其工作原理，并得出相敏检波器最佳的工作频率。

实验七　差动变压器性能实验

一、实验目的

了解差动变压器的工作原理和特性。

二、实验仪器

差动变压器模块、测微头、差动变压器、信号源、±15 V直流电源、示波器。

三、实验原理

差动变压器由一只初级线圈和两只次级线圈及一个铁芯组成。铁芯连接被测物体，移动线圈中的铁芯，由于初级线圈和次级线圈之间的互感发生变化促使次级线圈的感应电动势发生变化，一只次级感应电动势增加，另一只感应电动势则减小，将两只次级线圈反向串接（同名端连接）引出差动输出。输出的变化反映了被测物体的移动量。

四、实验步骤

(1) 根据附图7-1将差动变压器安装在差动变压器实验模块上。

(2) 将传感器引线插头插入实验模块的插座中，音频信号由信号源的“U_{s1} 0°”处输出，打开实验台电源，调节音频信号的频率和幅度（用示波器监测），使输出信号频率为4~5 kHz，幅度为 U_{P-P}=2 V，按附图7-2接线（1、2接音频信号，3、4为差动变压器输出，接放大器输入端）。

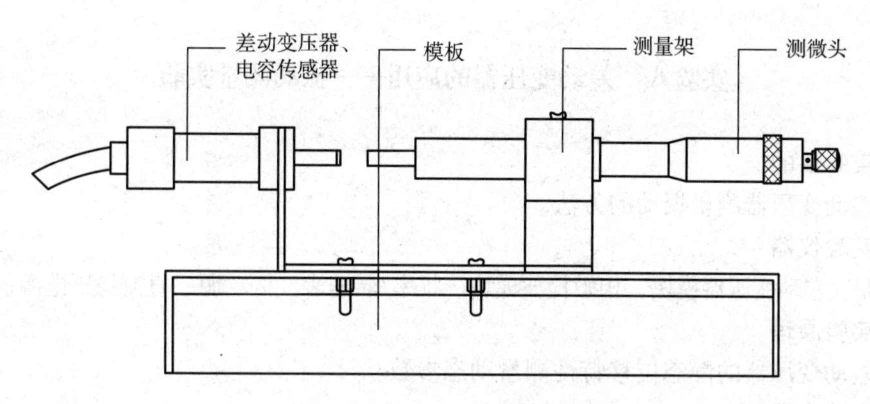

附图 7-1　差动变压器安装图

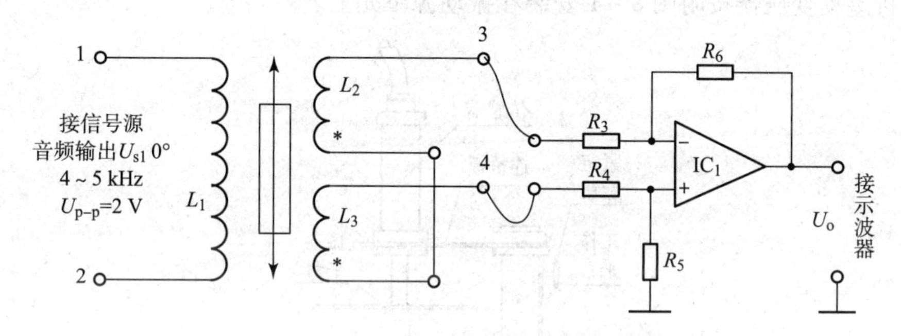

附图 7-2　差动变压器模块接线图

（3）用示波器观测 U_o 的输出，旋动测微头，使上位机观测到的波形峰-峰值 U_{P-P}为最小，这时可以左右位移，假设其中一个方向为正位移，则另一个方向位移为负位移，从 U_{P-P}最小开始旋动测微头，每隔 0.2 mm 从上位机上读出输出电压 U_{P-P}值，填入附表 7-1 中。再从 U_{P-P}最小处反向位移做实验，在实验过程中，注意左、右位移时，初、次级波形的相位关系。

附表 7-1　实验数据记录

U_{P-P}/mV										
X/mm										

（4）实验结束后，关闭实验台电源，整理好实验设备。

五、实验报告

实验过程中注意差动变压器输出的最小值即为差动变压器的零点残余电压大小。根据附表 7-1 画出 $U_{P-P}-X$ 曲线，作出量程为 ±1 mm、±3 mm 时的灵敏度和非线性误差。

六、注意事项

实验过程中加在差动变压器原边的音频信号幅值不能过大，以免烧毁差动变压器传感器。

实验八　差动变压器的应用——振动测量实验

一、实验目的

了解差动变压器测量振动的方法。

二、实验仪器

振荡器、差动变压器模块、相敏检波模块、频率/转速表、振动源、直流稳压电源、示波器。

三、实验原理

利用差动变压器的静态位移特性测量动态参数。

四、实验步骤

（1）将差动变压器按附图 8－1 安装在振动源单元上。

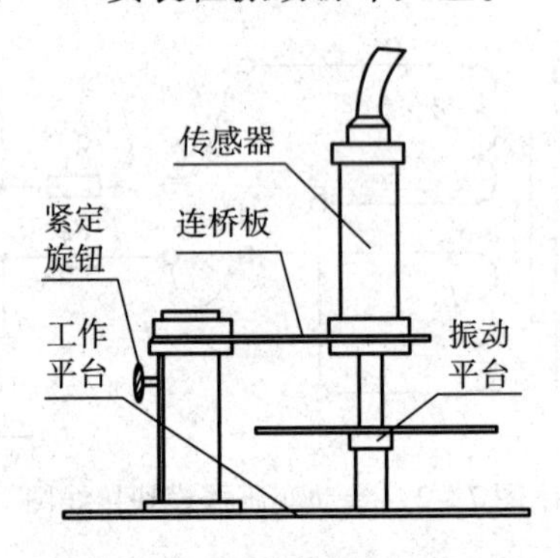

附图 8－1　振动测量实验安装图

（2）合上实验台电源开关，用示波器观察信号源音频振荡器“U_{s1} 0°”输出，使其输出频率为 4 kHz，$U_{P-P}=2$ V 正弦信号。

（3）将差动变压器的输出线连接到差动变压器模块上，并按差动变压器系统定标实验接线。检查接线无误后，打开固定稳压电源开关。

（4）用示波器观察差分放大器输出，调整传感器连接支架高度，使示波器显示的波形幅值最小。仔细调节差动变压器使差动变压器铁芯能在差动变压器内自由滑动，用“紧定旋钮”固定。

（5）用手按压振动平台，使差动变压器产生一个较大的位移，调节移相器使移相器输入输出波形正好同相或者反相，仔细调节 R_{w1} 和 R_{w2} 使低通滤波器输出波形幅值更小，基本为零点。

（6）振动源“低频输入”接振荡器低频输出“U_{s2}”，调节低频输出幅度旋钮和频率旋钮，使振动平台振荡较为明显。用示波器观察低通滤波器的 U_o 波形。

（7）保持低频振荡器的幅度不变，改变振荡频率，用示波器测量输出波形 U_{P-P}，记下实验数据，填入附表 8－1 中。

附表 8－1　实验数据记录

f/Hz										
U_{P-P}/V										

五、实验报告

（1）根据实验结果作出梁的振幅—频率特性曲线，指出自振频率的大致值，并与用应变片测出的结果相比较。

（2）保持低频振荡器频率不变，改变振荡幅度，同样实验可得到振幅与电压峰－峰值U_{P-P}曲线（定性）。

六、注意事项

（1）低频激振电压幅值不要过大，以免梁在共振频率附近振幅过大。

（2）实验过程中加在差动变压器原边的音频信号幅值不能过大，以免烧毁差动变压器传感器。

实验九　差动变压器传感器的应用——电子秤实验

一、实验目的

了解差动变压器传感器的应用。

二、实验仪器

差动变压器、差动变压器实验模块、相敏检波模块、电压表、振动平台、砝码、示波器。

三、实验原理

利用差动变压器传感器的静态位移特性和双平衡梁可以用来组成简易电子秤系统。

四、实验步骤

（1）按差动变压器振动测量实验安装传感器和接线，在双平衡梁处于自由状态时，将系统输出电压调节为零，低通滤波器输出接电压表 20 V 挡。

（2）将砝码逐个放上振动平台（放在振动平台的边缘，第二个砝码叠在第一个砝码之上，以免振动平台和传感器上的磁钢影响实验）。

（3）直至将所有砝码放到振动平台上，将砝码质量与输出电压值记入附表 9－1 中。

附表 9－1　实验数据记录

W/g	20	40	60	80	100	120	140	160	180	200
U_o/V										

五、实验报告

根据实验记录的数据，作出 $W-U_o$ 曲线，并在取走砝码后在平台放一不知质量之物品，根据曲线坐标值大致求出此物质量。

六、注意事项

由于悬臂梁的机械弹性滞后，此电子秤的线性和重复性不一定太好。

实验十　差动电感传感器位移特性实验

一、实验目的

了解差动电感传感器的原理；比较其与差动变压器传感器的不同。

二、实验仪器

差动变压器、信号源、相敏检波模块、差动变压器实验模块、电压表、示波器、测微仪。

三、实验原理

差动螺线管式电感传感器由电感线圈的两个次级线圈反相串接而成，工作在自感基础上，由于衔铁在线圈中位置的变化使二个线圈的电感量发生变化，包括两个线圈在内组成的电桥电路的输出电压信号因而发生相应变化。

四、实验步骤

（1）按差动变压器性能实验将差动变压器安装在差动变压器实验模块上，将传感器引线插入实验模块插座中。

（2）连接主机与实验模块电源线，按附图 10－1 连线组成测试系统，两个次级线圈必须接成差动状态。

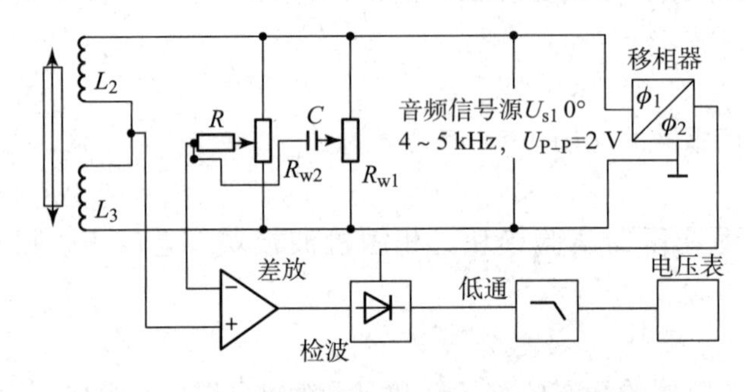

附图 10－1　差动电感传感器位移特性实验原理图

（3）使差动电感传感器的铁芯偏在一边，使差分放大器有一个较大的输出，调节移相器使输入输出同相或者反相，然后调节电感传感器铁芯到中间位置，直至差分放大器输出波形最小。

（4）调节 R_{w1} 和 R_{w2} 使电压表显示为零，当衔铁在线圈中左、右位移时，$L_2 \neq L_3$，电桥失衡，输出电压信号的大小与衔铁位移量成比例。

（5）以衔铁位置居中为起点，分别向左、向右各位移 5 mm，记录 U、X 值并填入附表 10－1 中（每位移 0.5 mm 记录一个数值）：

附表 10－1　实验数据记录

X/mm																						
U_o/V																						

五、实验报告

根据实验记录的数据依此做出 $U_o - X$ 曲线，求出灵敏度 S，指出线性工作范围。

实验十一　差动电感传感器振动测量实验

一、实验目的

了解差动电感传感器振动测量的原理。

二、实验仪器

差动变压器、信号源、相敏检波模块、差动变压器实验模块、电压表、示波器、测微仪。

三、实验原理

利用差动螺线管式电感传感器的静态特性测量振动源的动态参数。

四、实验步骤

（1）按差动变压器振动测量实验将差动变压器安装在振动源模块上，将传感器引线插入实验模块插座中。

（2）按差动电感传感器位移特性实验调整好系统各部器件及电路后，调整传感器的高度，使铁芯位于差动电感的中心，信号源低频信号输出 U_{s2} 接振动源“低频输入”。

（3）开实验台电源，保持低频信号输出幅值不变，改变振荡频率，将动态测试结果记入附表 11 – 1 中。

附表 11 – 1　实验数据记录

振动频率 F/Hz	5	6	7	8	9	10	11	12	13	14	15	18	20	22	24	26	30
U_{oP-P}/V																	

五、实验报告

在坐标上作出 $U-F$ 曲线。

六、注意事项

振动平台振动时以与周围各部件不发生碰擦为宜，否则会产生非正弦振动。

实验十二　电容传感器的位移特性实验

一、实验目的

了解电容传感器的结构及特点。

二、实验仪器

电容传感器、电容传感器模块、测微头、数显直流电压表、直流稳压电源、绝缘护套。

三、实验原理

电容传感器是指能将被测物理量的变化转换为电容量变化的一种传感器，它实质上是具有一个可变参数的电容器。利用平板电容器原理：

$$C=\frac{\varepsilon S}{d}=\frac{\varepsilon_0\cdot\varepsilon_r\cdot S}{d} \tag{附 12 – 1}$$

式中，S 为极板面积，d 为极板间距离，ε_0 为真空介电常数，ε_r 为介质相对介电常数。由此可以看出当被测物理量使 S、d 或 ε_r 发生变化时，电容量 C 随之发生改变，如果保持其中两个参数不变而仅改变另一参数，就可以将该参数的变化单值地转换为电容量的变化。所以电容传感器可以分为三种类型：改变极间距离的变间隙式、改变极板面积的变面积式和改变介电常数的变介电常数式。这里采用变面积式，如附图 12 – 1 所示两只平板电容器共享一个下极板，当下极板随被测物体移动时，两只电容器上下极板的有效面积一只增大，一只减小，将三个极板用导线引出，形成差动电容输出。

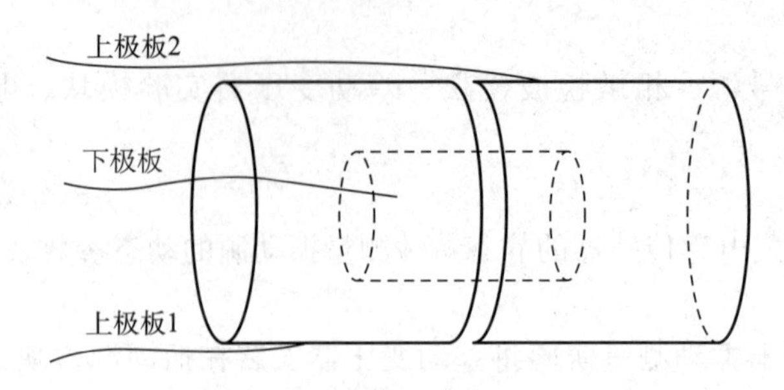

附图 12－1　两只平板电容器

四、实验步骤

（1）按附图 12－2 将电容传感器安装在电容传感器模块上，将传感器引线插入实验模块插座中。

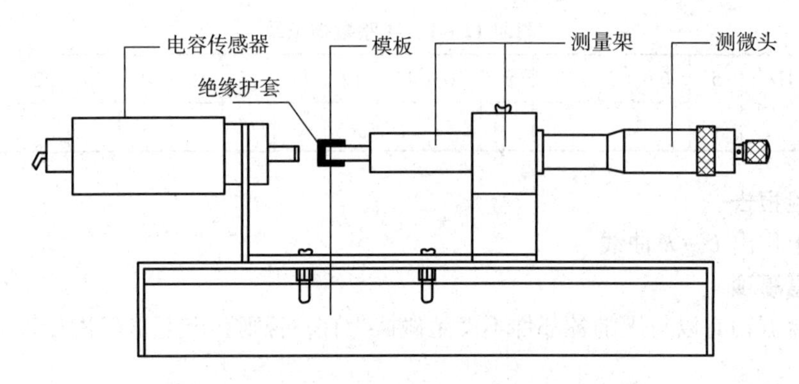

附图 12－2　电容传感器的位移特性实验安装图

（2）将电容传感器模块的输出 U_o 接到数显直流电压表。

（3）接入 ±15 V 电源，合上主控台电源开关，将电容传感器调至中间位置，调节 R_w，使得数显直流电压表显示为 0（选择 2 V 挡）。（R_w 确定后不能改动）

（4）旋动测微头推进电容传感器的共享极板（下极板），每隔 0.2 mm 记下位移量 X 与输出电压值 U_o 的变化，填入附表 12－1 中。

附表 12－1　实验数据记录

X/mm										
U_o/mV										

五、实验报告

根据附表 12－1 的数据计算电容传感器的系统灵敏度 S 和非线性误差 δ_f。

实验十三　电容传感器的应用——电子秤实验

一、实验目的

了解电容传感器组成电子秤的原理与方法。

二、实验仪器

电容传感器、电容传感器模块、直流稳压电源、振动源。

三、实验原理

利用电容传感器的静态位移特性和双平衡梁的应变特性可以组成简易的电子秤测量系统。

四、实验步骤

（1）将差动电容传感器安装在振动源的传感器支架上，传感器引出线接入电容传感器模块。

（2）打开实验台电源，将直流电源接入传感器模块，在双平衡梁处于自由状态时，调节安装电容传感器支架的高度，使电容传感器动极板大致在中间位置。调节电位器 R_w 使系统输出电压为零，输出接电压表 2 V 挡。

（3）逐个将砝码放到振动平台上，为避免电磁铁的影响，应尽量使砝码靠近振动平台的边缘，且下一个砝码加在前一个砝码的上面。

（4）将所称质量与输出电压值记入附表 13－1 中。

附表 13－1　实验数据记录

W/g										
U_o/V										

五、实验报告

根据实验记录的数据，作出 U_o-W 曲线，并在取走砝码后在平台放一不知质量之物品，根据曲线坐标值大致求出此物质量。

实验十四　霍尔传感器振动测量实验

一、实验目的

了解霍尔组件的应用——测量振动。

二、实验仪器

霍尔传感器模块、霍尔传感器、振动源、直流稳压电源、通信接口。

三、实验原理

这里采用直流电源激励霍尔组件，原理参照差动变压器实验。

四、实验步骤

（1）将霍尔传感器安装在振动台上。传感器引线接到霍尔传感器模块的 9 芯航空插座。按附图 14－1 接线。打开实验台电源。

（2）保持振荡器“低频输出”的幅度旋钮不变，改变振动频率（用数显频率计监测），用示波器测量输出 U_{P-P}，并填入附表 14－1 中。

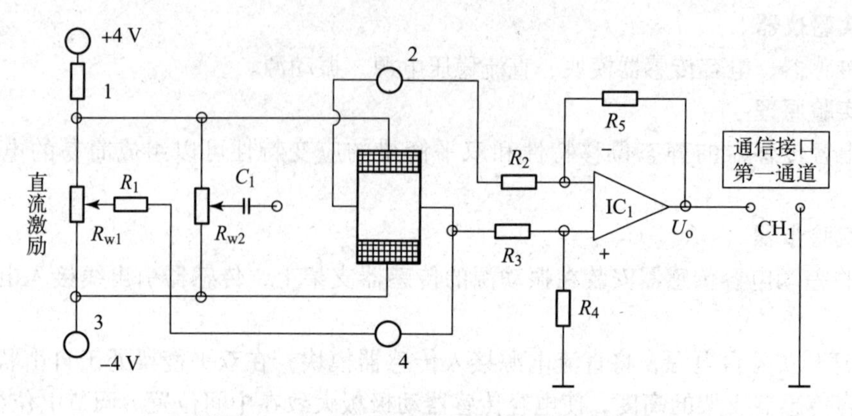

附图 14－1 霍尔传感器振动测量实验接线图

附表 14－1 实验数据记录

振动频率 F/Hz	5	6	7	8	9	10	11	12	13	14	15	18	20	22	24	26	30
U_{P-P}/V																	

五、实验报告

分析霍尔传感器测量振动的波形，作 $F-U_{P-P}$曲线，找出振动源的固有频率。

实验十五 霍尔传感器测速实验

一、实验目的

了解霍尔组件的应用——测量转速。

二、实验仪器

霍尔传感器，+5 V、+4 V、±6 V、±8 V、±10 V 直流电源，转动源，频率/转速表。

三、实验原理

利用霍尔效应表达式：$U_H=K_H IB$，当被测圆盘上装上 N 只磁性体时，转盘每转一周磁场变化 N 次，每转一周霍尔电势就同频率相应变化，输出电势通过放大、整形和计数电路就可以测出被测旋转物的转速。

四、实验步骤

（1）根据附图 15－1 进行安装，霍尔传感器已安装于传感器支架上，且霍尔组件正对着转盘上的磁钢。

（2）将 +5 V 电源接到三源板上“霍尔”输出的电源端，“霍尔”输出接到频率/转速表（切换到测转速位置）。

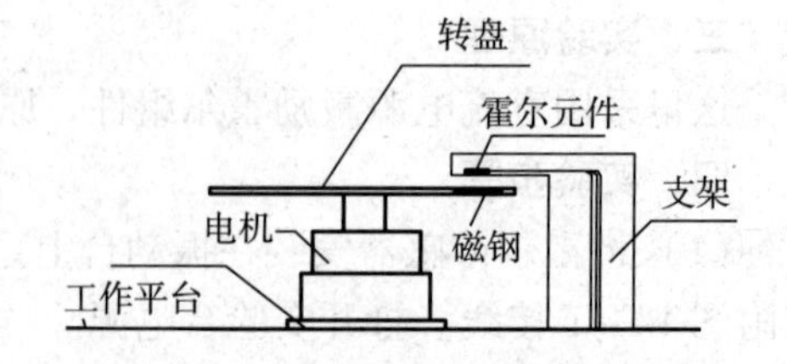

附图 15－1 霍尔传感器测速实验安装图

（3）打开实验台电源，选择不同电源 +4 V、+6 V、+8 V、+10 V、12 V（±6 V）、16 V（±8 V）、20 V（±10 V）、24 V 驱动转动源，可以观察到转动源转速的变化，待转速稳定后将相应驱动电压下得到的转速值记录于附表 15－1 中。也可用示波器观测霍尔元件输出的脉冲波形。

附表 15－1　实验数据记录

电压/V	+4	+6	+8	+10	12	16	20	24
转速/($r \cdot min^{-1}$)								

五、实验报告

（1）分析霍尔组件产生脉冲的原理。

（2）根据记录的驱动电压和转速，作电压—转速曲线。

实验十六　磁电传感器测速实验

一、实验目的

了解磁电传感器的原理及应用。

二、实验仪器

转动源，磁电传感器，+4 V、±6 V、±8 V、±10 V 直流电源，频率/转速表，示波器。

三、实验原理

磁电传感器是以电磁感应原理为基础，根据电磁感应定律，线圈两端的感应电势正比于线圈所包围的磁通对时间的变化率，即 $e=-\frac{d\varphi}{dt}=-W\frac{d\phi}{dt}$，其中 W 是线圈匝数，ϕ 是线圈所包围的磁通量。若线圈相对磁场运动速度为 v 或角速度为 ω，则上式可改为 $e=-WBlv$ 或者 $e=-WBS\omega$，l 为每匝线圈的平均长度；B 为线圈所在磁场的磁感应强度；S 为每匝线圈的平均截面积。

四、实验步骤

（1）按附图 16－1 安装磁电传感器。传感器底部距离转动源 4～5 mm（目测），磁电传感器的两根输出线接到频率/转速表。

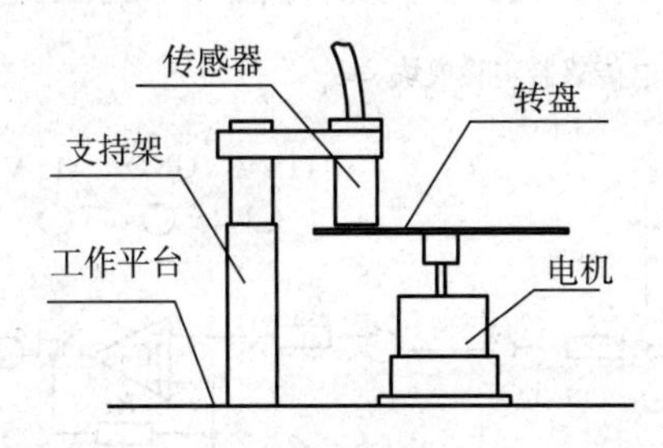

附图 16－1　磁电传感器测速实验安装图

（2）打开实验台电源，选择不同电源 +4 V、+6 V、+8 V、+10 V、12 V（±6 V）、16 V（±8 V）、20 V（±10 V）、24 V 驱动转动源（注意正负极，否则烧坏电机），可以观察到转动源转速的变化，待转速稳定后，将对应的转速记录于附表 16－1 中，也可用示波器观测磁电传感器输出的波形。

附表 16－1　实验数据记录

电压/V	+4	+6	+8	+10	12	16	20	24
转速/($r \cdot min^{-1}$)								

五、实验报告

（1）分析磁电传感器测量转速的原理。

（2）根据记录的驱动电压和转速，作电压—转速曲线。

实验十七　压电传感器测量振动实验

一、实验目的

了解压电传感器测量振动的原理和方法。

二、实验仪器

振动源、信号源、直流稳压电源、压电传感器模块、移相检波低通模块。

三、实验原理

压电传感器由惯性质量块和压电陶瓷片等组成（观察实验用压电式加速度计结构），工作时传感器感受与试件相同频率的振动，质量块便有正比于加速度的交变力作用在压电陶瓷片上，由于压电效应，压电陶瓷产生正比于运动加速度的表面电荷。

四、实验步骤

（1）将压电传感器安装在振动梁的圆盘上。

（2）将振荡器的"低频输出"接到三源板的"低频输入"，并按附图 17－1 接线，合上主控台电源开关，调节低频调幅到最大、低频调频到适当位置，使振动梁的振幅逐渐增大。

（3）将压电传感器的输出端接到压电传感器模块的输入端 U_{i1}，U_{o1} 接 U_{i2}，U_{o2} 接移相检波低通模块的低通滤波器输入 U_i，输出 U_o 接示波器，观察压电传感器的输出波形 U_o。

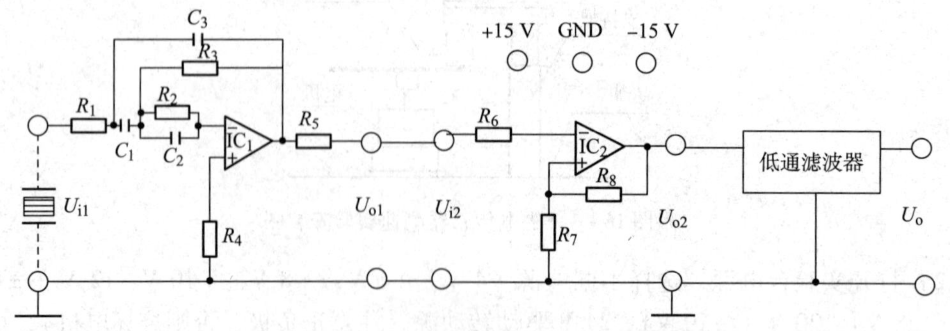

附图 17－1　压电传感器测量振动实验接线图

五、实验报告

改变低频输出信号的频率，将振动源在不同振动幅度下压电传感器输出波形的频率和幅值记录于附表 17－1 中，并由此得出振动系统的共振频率。

附表 17－1　实验数据记录

振动频率/Hz	5	6	7	8	9	10	11	12	13	14	15	18	20	22	24	26	30
U_{P-P}/V																	

实验十八　电涡流传感器位移特性实验

一、实验目的

了解电涡流传感器测量位移的工作原理和特性。

二、实验仪器

电涡流传感器、铁圆盘、电涡流传感器模块、测微头、直流稳压电源、数显直流电压表、测微头。

三、实验原理

通过高频电流的线圈产生磁场，当有导电体接近时，因导电体涡流效应产生涡流损耗，而涡流损耗与导电体离线圈的距离有关，因此可以进行位移测量。

四、实验步骤

（1）按附图 18－1 安装电涡流传感器。

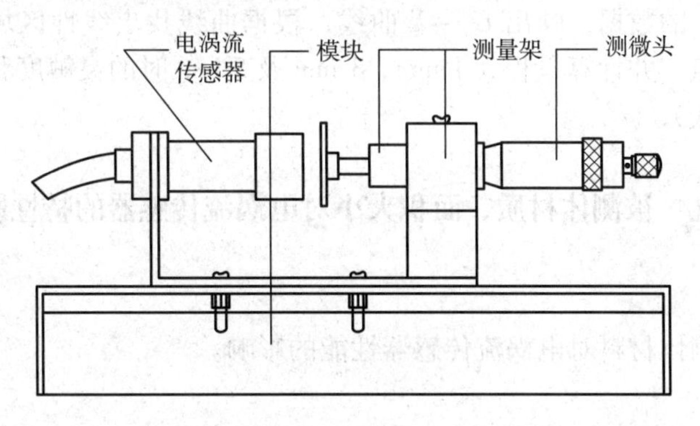

附图 18－1　电涡流传感器位移特性实验安装图

（2）在测微头端部装上铁质金属圆盘，作为电涡流传感器的被测体。调节测微头，使铁质金属圆盘的平面贴到电涡流传感器的探测端，固定测微头。

（3）传感器连接按附图 18－2，将电涡流传感器连接线接到模块上标有"～～"的两端，实验模块输出端 U_o 与数显单元输入端 U_i 相接。数显表量程切换开关选择电压 20 V 挡，模块电源用连接导线从实验台接入＋15 V 电源。

（4）打开实验台电源，记下数显表读数，然后每隔 0.2 mm 读一个数，直到输出几乎不变为止。将结果列入附表 18－1 中。

附表 18－1　实验数据记录

X/mm										
U_o/V										

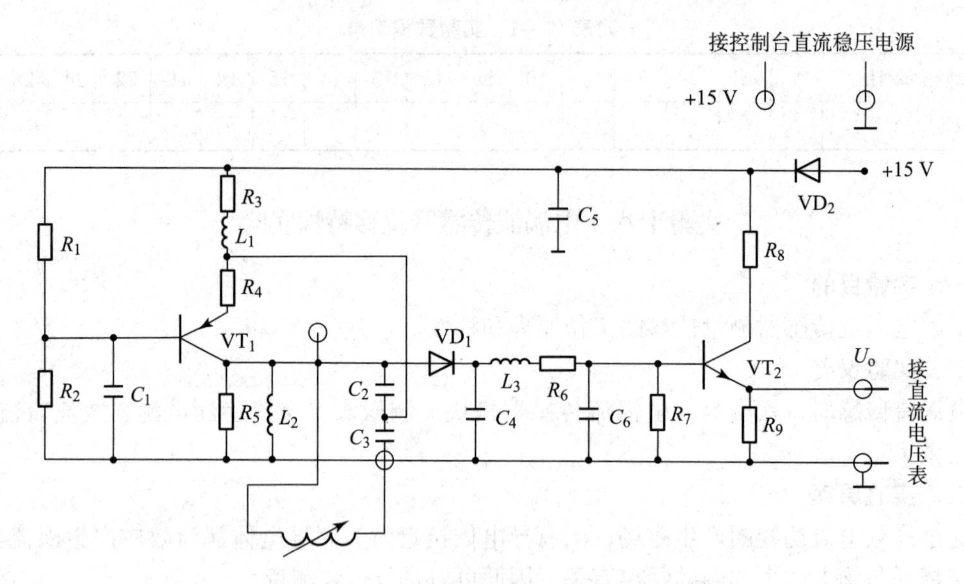

附图 18－2　电涡流传感器位移特性实验接线图

五、实验报告

根据附表 18－1 的数据，画出 U_o-X 曲线，根据曲线找出线性区域及进行正、负位移测量时的最佳工作点，并计算量程为 1 mm、3 mm 及 5 mm 时的灵敏度和线性度（可以用端点法或其他拟合直线）。

实验十九　被测体材质、面积大小对电涡流传感器的特性影响实验

一、实验目的

了解不同的被测体材料对电涡流传感器性能的影响。

二、实验仪器

除实验十八所需仪器外，另加铜和铝的被测体圆盘。

三、实验原理

涡流效应与金属导体本身的电阻率和磁导率有关，因此不同的材料就会有不同的性能。在实际应用中，由于被测体的材料、形状和大小不同将导致被测体上涡流效应的不充分，会减弱甚至不产生涡流效应，因此影响电涡流传感器的静态特性，所以在实际测量中，往往必须针对具体的被测体进行静态特性标定。

四、实验步骤

（1）将电涡流传感器安装到电涡流传感器实验模块上。

（2）重复电涡流传感器位移特性实验的步骤，将铁质金属圆盘分别换成铜质金属圆盘和铝质金属圆盘。将实验数据分别记入附表 19－1、附表 19－2 中。

附表 19－1　实验数据记录（铜质被测体）

X/mm											
U_o/V											

附表 19－2　实验数据记录（铝质被测体）

X/mm										
U_o/V										

（3）重复电涡流传感器位移特性实验的步骤，将被测体换成比上述金属圆片面积更小的被测体，将实验数据记入附表 19－3 中。

附表 19－3　实验数据记录（小直径的铝质被测体）

X/mm										
U_o/V										

五、实验报告

根据附表 19－1、附表 19－2 和附表 19－3 分别计算量程为 1 mm 和 3 mm 时的灵敏度和非线性误差（线性度）。

实验二十　光纤传感器测速实验

一、实验目的

了解光纤位移传感器用于测转速的方法。

二、实验仪器

光纤位移传感器模块、Y 型光纤传感器、直流稳压电源、数显直流电压表、频率/转速表、转动源、示波器。

三、实验原理

利用光纤位移传感器探头对旋转被测物反射光的明显变化产生电脉冲，经电路处理即可测量转速。

四、实验步骤

（1）将光纤传感器安装在转动源传感器支架上，使光纤探头对准转动盘边缘的反射点，探头距离反射点 1 mm 左右（在光纤传感器的线性区域内）。

（2）用手拨动一下转盘，使探头避开反射面（避免产生暗电流），接好实验模块 ±15 V 电源，模块输出 U_o 接到直流电压表输入端。调节 R_w 使直流电压表显示为零。（R_w 确定后不能改动）

（3）将模块输出 U_o 接到频率/转速表的输入“f_{in}”。

（4）合上主控台电源，选择不同电源 +4 V、+6 V、+8 V、+10 V、12 V（±6 V）、16 V（±8 V）、20 V（±10 V）、24 V 驱动转动源，可以观察到转动源转速的变化，并将数据记录于附表 20－1 中。也可用示波器观测光纤传感器模块输出的波形。

附表 20－1　实验数据记录

驱动电压 U/V	+4	+6	+8	+10	12	16	20	24
转速 n/(r · min^{-1})								

五、实验报告

（1）分析光纤传感器测量转速的原理。

（2）根据记录的驱动电压和转速，作 $U-n$ 曲线。

六、注意事项

光纤请勿成锐角曲折，以免造成内部断裂，端面尤要注意保护，否则会使光通量衰耗加大造成灵敏度下降。

实验二十一　光纤传感器测量振动实验

一、实验目的

了解光纤传感器动态位移性能。

二、实验仪器

光纤位移传感器、光纤位移传感器实验模块、振动源、低频振荡器、通信接口（含上位机软件）。

三、实验原理

利用光纤位移传感器的位移特性和其较高的频率响应，用合适的测量电路即可测量振动。

四、实验步骤

（1）接好模块 ±15 V 电源，模块输出接入示波器。振荡器的“U_{s2}输出”接到振动源的“低频输入”端，并把 U_{s2} 幅度调节旋钮打到3/4 位置，U_{s2} 频率调节旋钮打到最小位置。光纤位移传感器安装如附图 21－1 所示，光纤探头对准振动平台的反射面，并避开振动平台中间孔。

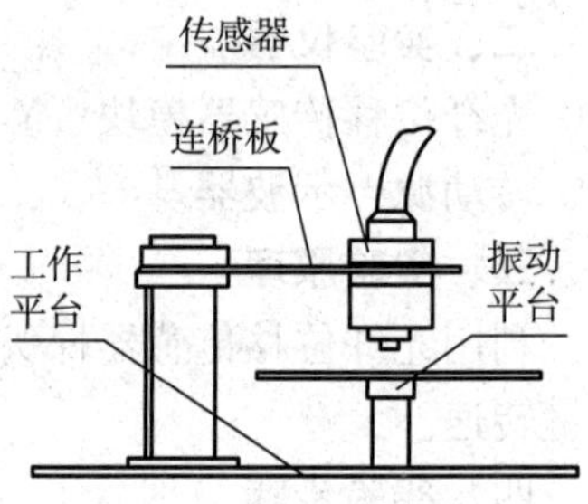

附图 21－1　光纤传感器测量振动实验安装图

（2）打开实验台电源，调节 U_{s2} 频率旋钮使振动源振幅达到最大（目测），调节传感器支架的高度使光纤传感器探头刚好不碰到振动平台。

（3）将光纤传感器另一端的两根光纤插到光纤位移传感器实验模块上。

（4）改变 U_{s2} 输出频率（用转速/频率表的转速挡检测，注：转速挡显示的也是频率，精度比频率挡高），通过示波器观察输出波形，并记下输出波形及其幅值，完成附表 21－1 的填写。

附表 21－1　实验数据记录

振动频率/Hz	3	5	7	8	9	10	11	12	13	14	15	16	17	18	19	20	30
U_{P-P}/V																	

五、实验报告

分析光纤传感器测量振动的波形，作 $F-U_{P-P}$ 曲线，找出振动源的固有频率。

六、注意事项

激励信号频率达到振动源固有频率点附近时可以多测量几个点。

实验二十二　光电转速传感器转速测量实验

一、实验目的

了解光电转速传感器测量转速的原理及方法。

二、实验仪器

转动源、光电转速传感器、直流稳压电源、频率/转速表、示波器。

三、实验原理

光电转速传感器有反射型和透射型两种，本实验装置是透射型的，传感器端部有发光管和光电池，发光管发出的光源通过转盘上的孔透射到光电管上，并转换成电信号，由于转盘上有等间距的6个透射孔，转动时将获得与转速及透射孔数有关的脉冲，将电脉计数处理即可得到转速值。

四、实验步骤

（1）光电转速传感器已安装在转动源上，如附图22－1所示。+5 V电源接到三源板“光电”输出的电源端，光电输出接到频率/转速表的“f_{in}”。

（2）打开实验台电源开关，用不同的电源驱动转动源转动，记录不同驱动电压对应的转速，填入附表22－1中，同时可通过示波器观察光电转速传感器的输出波形。

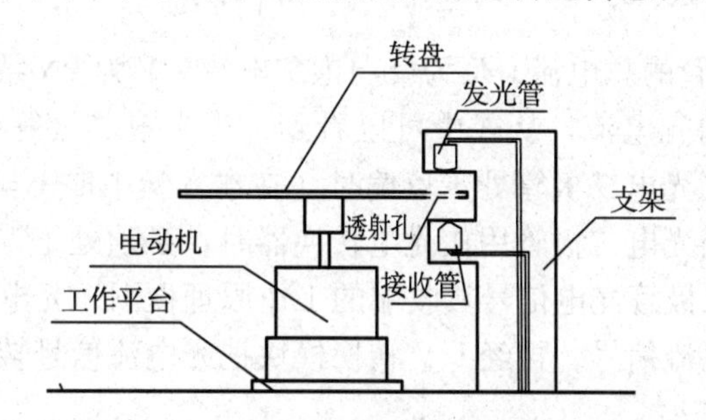

附图22－1　光电转速传感器转速测量实验安装图

附表22－1　实验数据记录

驱动电压 U/V	+4	+6	+8	+10	12	16	20	24
转速 $n/(\mathrm{r\cdot min^{-1}})$								

五、实验报

根据测得的驱动电压和转速，作 $U-n$ 曲线，并与其他传感器测得的曲线进行比较。

实验二十三　硅光电池特性测试实验

一、实验目的

了解光敏二极管的原理和特性。

二、实验仪器

光电传感器实验模块、恒流源、直流稳压电源、数显单元、万用表。

三、实验原理

光电二极管主要是利用物质的光电效应，即当物质在一定频率的照射下，释放出光电子的现象。当光照射半导体材料的表面时，会被这些材料内的电子所吸收，如果光子的能量足够大，吸收光子后的电子可挣脱原子的束缚而溢出材料表面，这种电子称为光电子，这种现象称为光电子发射，又称为外光电效应。当外加偏置电压与结内电场方向一致，PN 结及其附近被光照射时，就会产生载流子（即电子—空穴对）。结区内的电子—空穴对在势垒区电场的作用下，电子被拉向 N 区，空穴被拉向 P 区而形成光电流。当入射光强度变化时，光生载流子的浓度及通过外回路的光电流也随之发生相应的变化。这种变化在入射光强度很大的动态范围内仍能保持线性关系。

当没有光照射时，光电二极管相当于普通的二极管。其伏安特性是

$$I=I_s(e^{\frac{eV}{kT}}-1)=I_s\left[\exp\left(\frac{eV}{kT}\right)-1\right]$$

式中，I 为流过二极管的总电流，I_s 为反向饱和电流，e 为电子电荷，k 为玻尔兹曼常量，T 为工作绝对温度，V 为加在二极管两端的电压。对于外加正向电压，I 随 V 指数增长，称为正向电流；当外加电压反向时，在反向击穿电压之内，反向饱和电流基本上是个常数。

当有光照时，流过 PN 结两端的电流可由下式确定

$$I=I_s(e^{\frac{eV}{kT}}-1)+I_p=I_s\left[\exp\left(\frac{eV}{kT}\right)-1\right]+I_p$$

式中，I 为流过光电二极管的总电流，I_s 为反向饱和电流，V 为 PN 结两端电压，T 为工作绝对温度，I_p 为产生的反向光电流。从式中可以看到，当光电二极管处于零偏时，$V=0$，流过 PN 结的电流 $I=I_p$；当光电二极管处于负偏时（在本实验中取 $V=-4$ V），流过 PN 结的电流 $I=I_p-I_s$。因此，当光电二极管用作光电转换器时，必须处于零偏或负偏状态。

附图 23－1 是光电二极管光电信号接收端的工作原理框图，光电二极管把接收到的光信号转变为与之成正比的电流信号，再经 I/V 转换模块把光电流信号转换成与之成正比的电压信号。

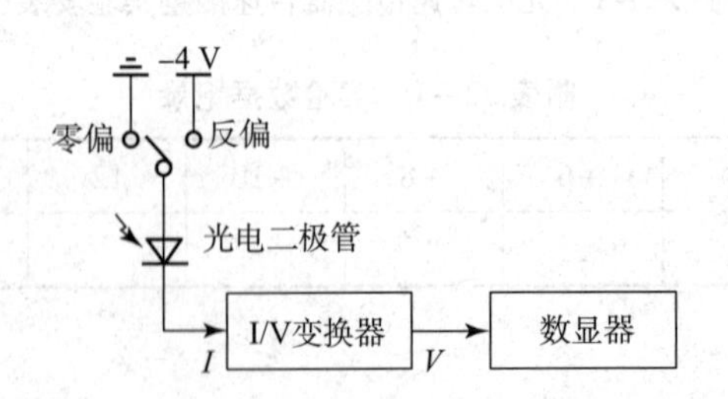

附图 23－1 光电二极管光电信号接收框图

四、实验步骤

（1）光敏二极管置于光电传感器模块上的暗盒内，其两个引脚引到面板上。通过实验导线将光电二极管接到光电流/电压转换电路的输入端、光电流/电压转换输出接直流电压表 20 V 挡。

（2）打开实验台电源，将 +15 V 电源接入传感器应用实验模块。将光电二极管“+”极接地或者 −15 V。

（3）0～20 mA 恒流源接 LED 两端，调节 LED 驱动电流改变暗盒内的光照强度。将光电流/电压转换输出 U_o 记录于附表 23－1 中。

附表 23－1　实验数据记录

I/mA													驱动电流
U_{o1}/V													零偏
U_{o2}/V													负偏

五、实验报告

根据记录的数据，作 $I-U_o$ 曲线。

实验二十四　热释电红外传感器实验

一、实验目的

了解热释电红外传感器的基本原理和特性。

二、实验仪器

热释电红外传感器实验模块、示波器。

三、实验原理

红外线是一种人眼看不见的光线。任何物体，只要它的温度高于绝对零度，就有红外线向周围空间辐射。红外线的波长范围在 0.75～1 000 μm 的频谱范围内。热释电红外传感器的工作原理示意图如附图 24－1 所示。

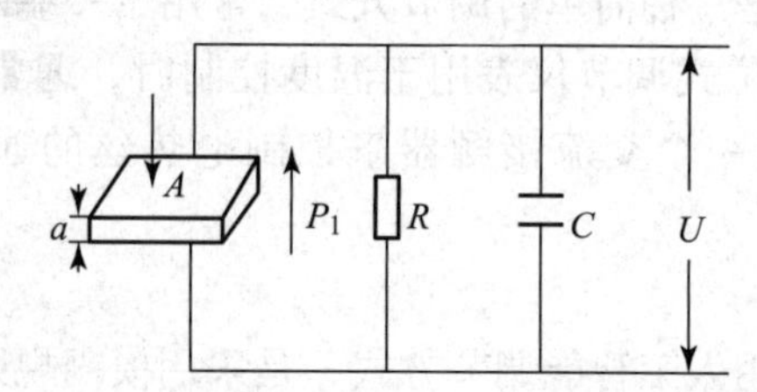

附图 24－1　热释电红外传感器工作原理示意图

红外线的物理本质是热辐射。物体的温度越高，辐射出来的红外线越多，红外线的能量就越强。波长在 0.1～1 000 μm 之间的红外辐射被物体吸收时，可以显著地转化成热能。

热释电效应发生于非中心对称结构的极性晶体。当温度发生变化时，热释电晶体出现正负电荷相对位移，从而在晶体两端表面产生异号束缚电荷。热释电红外传感器就是一种具有极化现象的热晶体，晶体的极化强度（单位表面积上的电荷）与温度有关。当红外辐射照射到已经极化的热晶体薄片表面时，引起薄片温度升高，使其极化强度降低，表面电荷减少，这相当于释放一部分电荷，所以叫作热释电型传感器。

热释电红外传感器探头表面的滤光片使传感器对 10 μm 左右的红外光敏感，安装在传感器前的菲涅尔透镜是一种特殊的透镜组，每个透镜单元都有一个不大的视场，相邻的两个透镜单元既不连续也不重叠，都相隔一个盲区，它的作用是将透镜前运动的发热体发出的红外光转变成一个又一个断续的红外信号，使传感器能正常工作。

四、实验步骤

（1）连接主机与实验模块电源线，传感器模块的输出接示波器。

（2）开启主机电源，待传感器稳定后，人体从传感器探头前移过，观察输出信号电压的变化，再用手放在探头前不动，输出信号不会变化，这说明热释电红外传感器的特点是只有当外界的辐射引起传感器本身的温度变化时才会输出电信号，即热释电红外传感器只对变化的温度信号敏感，这一特性就决定了它的应用范围。注意：若夏天或环境温度接近人体正常体温时，红外传感器很难检测到人体的移动。

（3）试验传感器的探测视场和距离，以验证菲涅尔透镜的功能。

（4）将电压比较器的输出 U_o 接报警电路的输入 U_i，重复步骤（2）。

五、实验报告

简述热释电红外传感器的工作原理及应用范围。

实验二十五　智能调节仪温度控制实验

一、实验目的

了解 PID 智能模糊 + 位式调节温度控制的原理。

二、实验仪器

智能调节仪、Pt100、温度源。

三、实验原理

1. 位式调节

位式调节（ON/OFF）是一种简单的调节方式，常用于一些对控制精度要求不高的场合作温度控制，或用于报警。位式调节仪表用于温度控制时，通常利用仪表内部的继电器控制外部的中间继电器再控制一个交流接触器来控制电热丝的通断，从而达到控制温度的目的。

2. PID 智能模糊调节

PID 智能温度调节器采用人工智能调节方式，是采用模糊规则进行 PID 调节的一种先进的新型人工智能算法，能实现高精度控制，先进的自整定（AT）功能使得无须设置控制参数。在误差大时，运用模糊算法进行调节，以消除 PID 饱和积分现象，当误差趋小时，采用 PID 算法进行调节，并能在调节中自动学习和记忆被控对象的部分特征以使效果最优化，具有无超调、高精度、参数确定简单等特点。

3. 温度控制基本原理

由于温度具有滞后性，加热源为一滞后时间较长的系统。本实验仪采用 PID 智能模糊 + 位式双重调节控制温度。用报警方式控制风扇开启与关闭，使加热源在尽可能短的时间内控制在某一温度值上，并能在实验结束后通过参数设置将加热源温度快速冷却下来，可节约实验时间。

当温度源的温度发生变化时，温度源中的热电阻 Pt100 的阻值发生变化，将电阻变化量作为温度的反馈信号输给 PID 智能温度调节器，经调节器的电阻—电压转换后与温度设定值比较再进行数字 PID 运算输出可控硅触发信号（加热）和继电器触发信号（冷却），使温度源的温度趋近温度设定值。PID 智能温度控制原理框图如附图 25－1 所示。

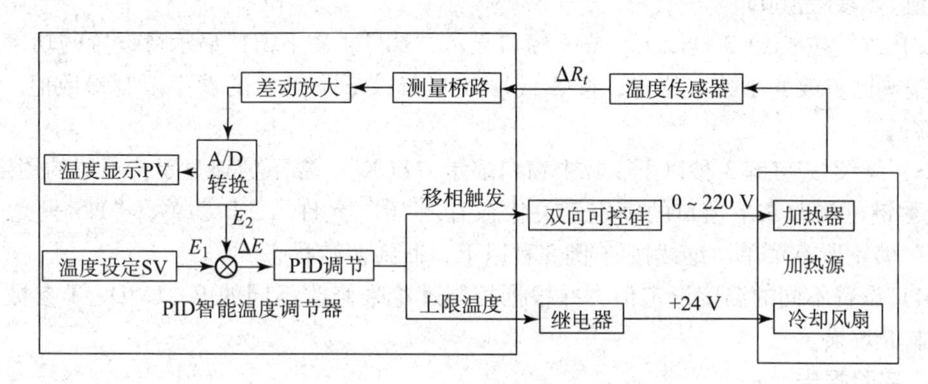

附图 25－1　PID 智能温度控制原理框图

四、实验步骤

（1）在控制台上的“智能调节仪”单元中的“输入选择”置为“Pt100”，并按附图 25－2 接线。

（2）将“＋24 V”输出经智能调节仪“继电器输出”，接加热器风扇电源，打开调节仪电源。

（3）按住SET键 3 秒以下，进入智能调节仪 A 菜单，仪表靠上的窗口显示“SU”，靠下的窗口显示待设置的设定值。当 LOCK 等于 0 或 1 时使能，设置温度的设定值，按◀键可改变小数点位置，按▲或▼键可修改靠下窗口的设定值。否则提示“LCK”表示已加锁。再按SET键 3 秒以下，回到初始状态。

（4）按住SET键 3 秒以上，进入智能调节仪 B 菜单，靠上窗口显示“dAH”，靠下窗口显示待设置的上限偏差报警值。按◀键可改变小数点位置，按▲或▼键可修改靠下窗口的上限报警值。上限报警时仪表右上“AL1”指示灯亮。(参考值 0.5)

（5）继续按SET键 3 秒以下，靠上窗口显示“ATU”，靠下窗口显示待设置的自整定开关，按▲或▼键设置，“0”表示自整定关，“1”表示自整定开，开时仪表右上“AT”指示灯亮。

（6）继续按SET键 3 秒以下，靠上窗口显示“dP”，靠下窗口显示待设置的仪表小数点位数，按◀键可改变小数点位置，按▲或▼键可修改靠下窗口的比例参数值。(参考值 1)

（7）继续按SET键 3 秒以下，靠上窗口显示“P”，靠下窗口显示待设置的比例参数值，按◀键可改变小数点位置，按▲或▼键可修改靠下窗口的比例参数值。

（8）继续按SET键 3 秒以下，靠上窗口显示“I”，靠下窗口显示待设置的积分参数值，按◀键可改变小数点位置，按▲或▼键可修改靠下窗口的积分参数值。

（9）继续按SET键 3 秒以下，靠上窗口显示“D”，靠下窗口显示待设置的微分参数值，按◀键可改变小数点位置，按▲或▼键可修改靠下窗口的微分参数值。

（10）继续按SET键 3 秒以下，靠上窗口显示“T”，靠下窗口显示待设置的输出周期参数值，按◀键可改变小数点位置，按▲或▼键可修改靠下窗口的输出周期参数值。

(11) 继续按SET键 3 秒以下，靠上窗口显示“SC”，靠下窗口显示待设置的测量显示误差修正参数值，按◀键可改变小数点位置，按▲或▼键可修改靠下窗口的测量显示误差修正参数值。(参考值0)

(12) 继续按SET键 3 秒以下，靠上窗口显示“UP”，靠下窗口显示待设置的功率限制参数值，按◀键可改变小数点位置，按▲或▼键可修改靠下窗口的功率限制参数值。(参考值 100%)

(13) 继续按SET键 3 秒以下，靠上窗口显示“LCK”，靠下窗口显示待设置的锁定开关，按▲或▼键可修改靠下窗口的锁定开关状态值，“0”允许 A、B 菜单，“1”只允许 A 菜单，“2”禁止所有菜单。继续按SET键 3 秒以下，回到初始状态。

(14) 设置不同的温度设定值，并根据控制理论来修改不同的 P、I、D、T 参数，观察温度控制的效果。

五、实验报告

简述温度控制原理并画出其原理框图。

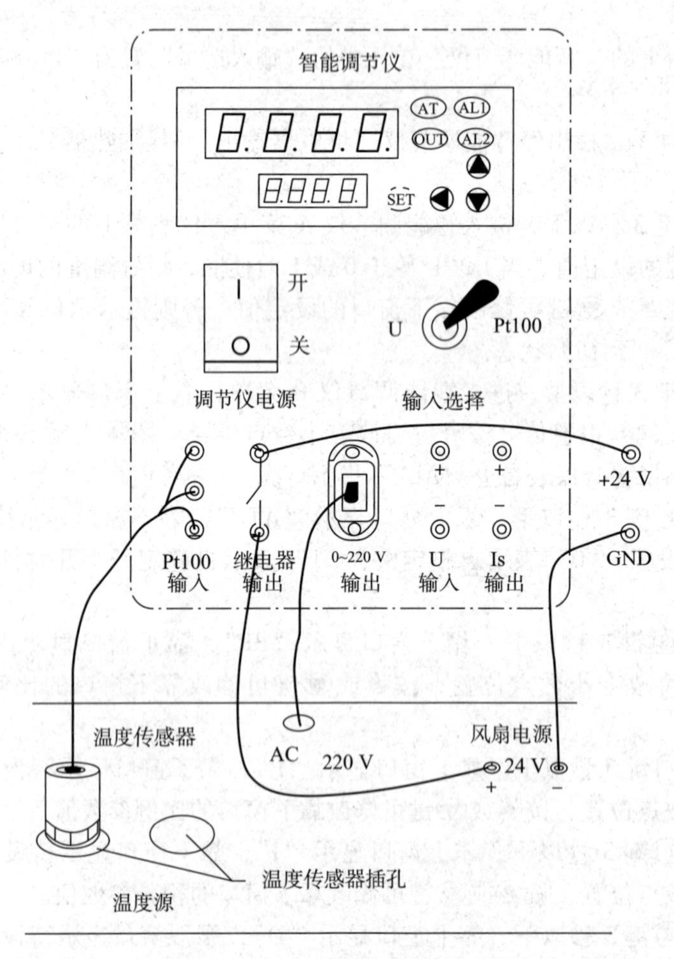

附图 25－2　PID 智能调节仪接线图

实验二十六　铂热电阻温度特性测试实验

一、实验目的

了解铂热电阻的特性与应用。

二、实验仪器

智能调节仪、Pt100（2 只）、温度源、温度传感器实验模块。

三、实验原理

利用导体电阻随温度变化的特性，热电阻用于测量时，要求其材料电阻温度系数大，稳定性好，电阻率高，电阻与温度之间最好有线性关系。当温度变化时，感温元件的电阻值随温度而变化，这样就可将变化的电阻值通过测量电路转换为电信号，即可得到被测温度。

四、实验步骤

（1）重复温度控制实验，将温度控制在 50 ℃，在另一个温度传感器插孔中插入另一只铂热电阻温度传感器 Pt100。

（2）将 ±15 V 直流稳压电源接至温度传感器实验模块。温度传感器实验模块的输出 U_{o2} 接实验台直流电压表。

（3）将温度传感器模块上差动放大器的输入端 U_i 短接，调节电位器 R_{w4} 使直流电压表显示为零。

（4）按附图 26－1 接线，并将 Pt100 的 3 根引线插入温度传感器实验模块中 R_t 两端（其中颜色相同的两个接线端是短路的）。

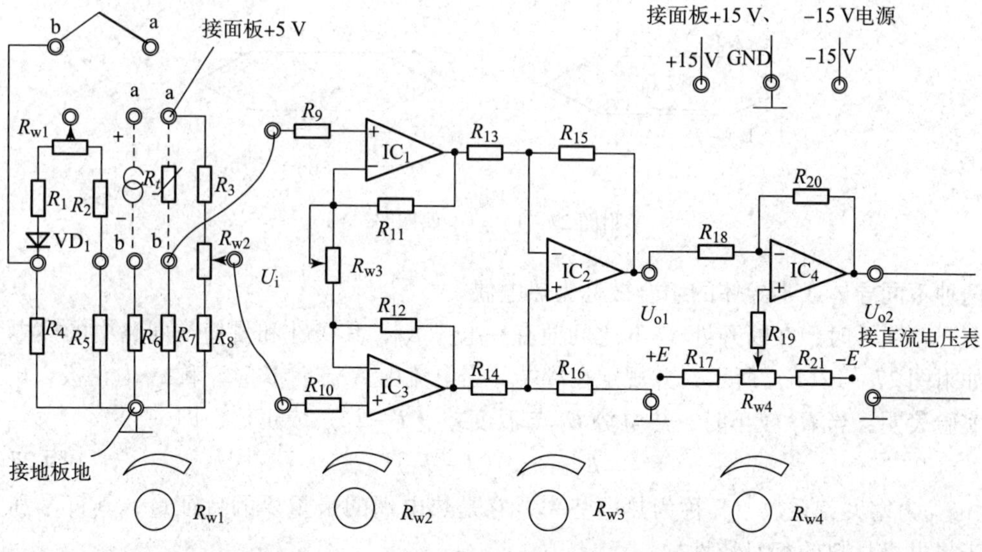

附图 26－1　铂热电阻温度特性测试实验接线图

（5）拿掉短路线，将 R_6 两端接到差动放大器的输入端 U_i，记下模块输出 U_{o2} 的电压值。

（6）改变温度源的温度，每隔 5 ℃记下 U_{o2} 的输出值，直到温度升至 120 ℃。并将实验结果填入附表 26－1。

附表 26－1　实验数据记录

T/℃															
U_{o2}/V															

五、实验报告

根据附表26－1的实验数据，作出 $U_{o2}-T$ 曲线，分析Pt100的温度特性曲线，计算其非线性误差。

实验二十七　K型热电偶测温实验

一、实验目的

了解K型热电偶的特性与应用。

二、实验仪器

智能调节仪、Pt100、K型热电偶、温度源、温度传感器实验模块。

三、实验原理

1. 热电偶传感器的工作原理

热电偶是一种使用最多的温度传感器，它的原理是基于1821年发现的塞贝克效应，即两种不同的导体或半导体A或B组成一个回路，其两端相互连接，只要两接点处的温度不同，一端温度为 T，另一端温度为 T_0，则回路中就有电流产生，如附图27－1（a）所示，即回路中存在电动势，该电动势被称为热电势。

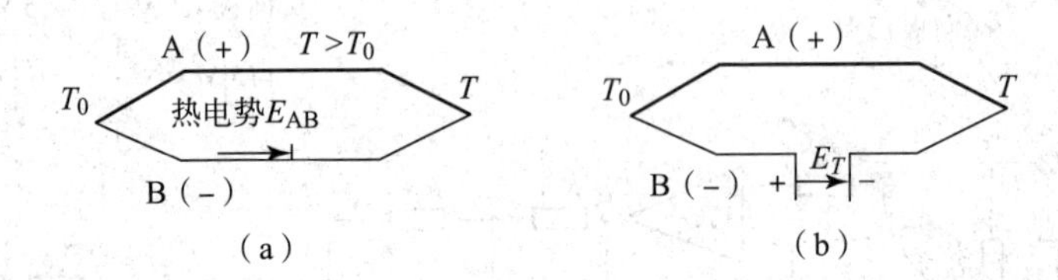

附图27－1　热电偶回路

两种不同导体或半导体的组合被称为热电偶。

当回路断开时，在断开处a、b之间便有一电势 E_T，其极性和量值与回路中的热电势一致，如附图27－1（b）所示，并规定在冷端，当电流由A流向B时，称A为正极，B为负极。实验表明，当 E_T 较小时，热电势 E_T 与温度差（$T-T_0$）成正比，即

$$E_T=S_{AB}(T-T_0) \tag{附27－1}$$

式中，S_{AB} 为塞贝克系数，又称为热电势率，它是热电偶的最重要的特征量，其符号和大小取决于热电极材料的相对特性。

热电偶的基本定律：

（1）均质导体定律。

由一种均质导体组成的闭合回路，不论导体的截面积和长度如何，也不论各处的温度分布如何，都不能产生热电势。

（2）中间导体定律。

用两种金属导体 A、B 组成热电偶测量时，在测温回路中必须通过连接导线接入仪表测量温差电势 $E_{AB}(T, T_0)$，而这些导体材料和热电偶导体 A、B 的材料往往并不相同。在这种引入了中间导体的情况下，回路中的温差电势是否发生变化呢？热电偶中间导体定律指出：在热电偶回路中，只要中间导体 C 两端温度相同，那么接入中间导体 C 对热电偶回路总热电势 $E_{AB}(T, T_0)$ 没有影响。

（3）中间温度定律。

如附图 27－2 所示，热电偶的两个接点温度为 T_1、T_2 时，热电势为 $E_{AB}(T_1, T_2)$；两接点温度为 T_2、T_3 时，热电势为 $E_{AB}(T_2, T_3)$，那么当两接点温度为 T_1、T_3 时的热电势则为

$$E_{AB}(T_1, T_2) + E_{AB}(T_2, T_3) = E_{AB}(T_1, T_3) \qquad (附27-2)$$

式（附 27－2）就是中间温度定律的表达式。譬如：$T_1 = 100$ ℃，$T_2 = 40$ ℃，$T_3 = 0$ ℃，则

$$E_{AB}(100, 40) + E_{AB}(40, 0) = E_{AB}(100, 0) \qquad (附27-3)$$

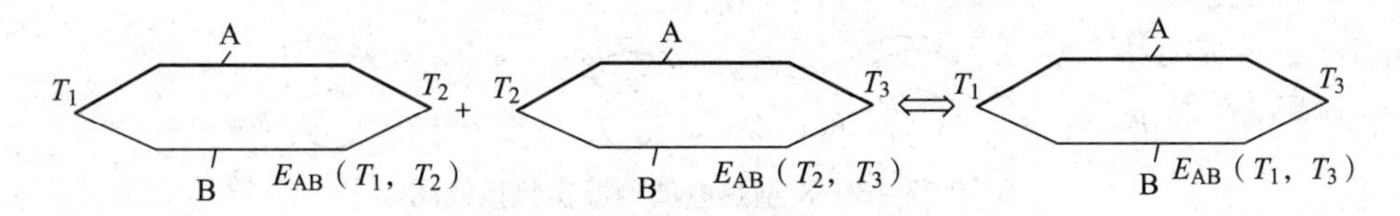

附图 27－2　热电偶中间温度定律示意图

2. 热电偶的分度号

热电偶的分度号是其分度表的代号（一般用大写字母 S、R、B、K、E、J、T、N 表示）。它是在热电偶的参考端为 0 ℃的条件下，以列表的形式表示热电势与测量端温度的关系。

四、实验步骤

（1）重复实验 Pt100 温度控制实验，将温度控制在 50 ℃，在另一个温度传感器插孔中插入 K 型热电偶温度传感器。

（2）将 ±15 V 直流稳压电源接入温度传感器实验模块中。温度传感器实验模块的输出 U_{o2} 接主控台直流电压表。

（3）将温度传感器模块上差动放大器的输入端 U_i 短接，调节 R_{w3} 到最大位置，再调节电位器 R_{w4} 使直流电压表显示为零。

（4）拿掉短路线，按附图 27－3 接线，并将 K 型热电偶的两根引线，热端（红色）接 a，冷端（绿色）接 b；记下模块输出 U_{o2} 的电压值。

（5）改变温度源的温度，每隔 5 ℃记下 U_{o2} 的输出值，直到温度升至 120 ℃。并将实验结果填入附表 27－1 中。

附表 27－1　实验数据记录

T/℃														
U_{o2}/V														

五、实验报告

（1）根据附表 27－1 的实验数据，作出 $U_{o2}-T$ 曲线，分析 K 型热电偶的温度特性曲线，计算其非线性误差。

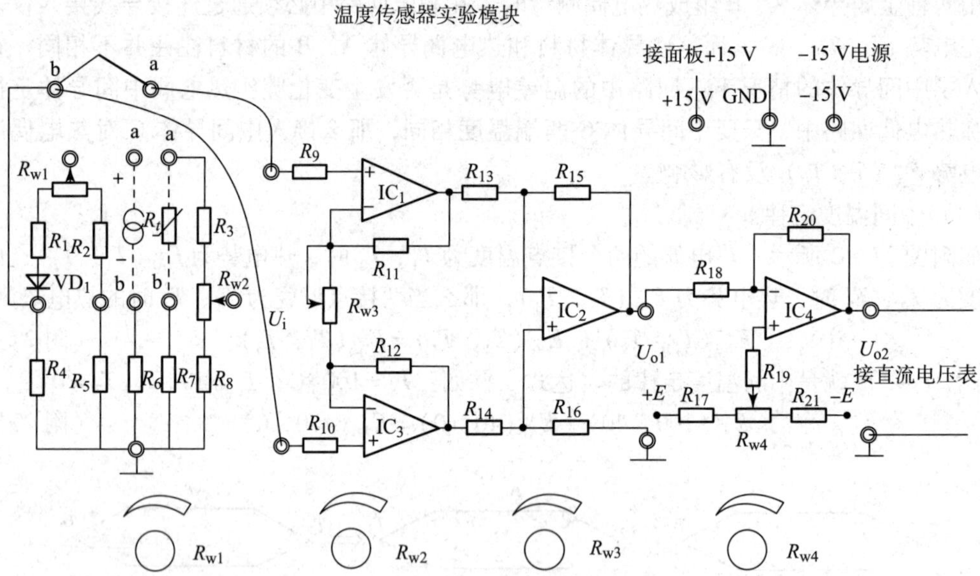

温度传感器实验模块

附图 27－3　K 型热电偶测温实验接线图

（2）根据中间温度定律和 K 型热电偶分度表，用平均值计算出差动放大器的放大倍数 A。

实验二十八　E 型热电偶测温实验

一、实验目的

了解 E 型热电偶的特性与应用。

二、实验仪器

智能调节仪、Pt100、E 型热电偶、温度源、温度传感器实验模块。

三、实验原理

E 型热电偶传感器的工作原理同 K 型热电偶。

四、实验步骤

（1）重复 Pt100 温度控制实验，将温度控制在 50 ℃，在另一个温度传感器插孔中插入 E 型热电偶温度传感器。

（2）将 ±15 V 直流稳压电源接入温度传感器实验模块中。温度传感器实验模块的输出 U_{o2} 接主控台直流电压表。

（3）将温度传感器模块上差动放大器的输入端 U_i 短接，调节 R_{w3} 到最大位置，再调节电位器 R_{w4} 使直流电压表显示为零。

（4）拿掉短路线，按附图 27－3 接线，并将 E 型热电偶的两根引线，热端（红色）接 a，冷端（绿色）接 b，并记下模块输出 U_{o2} 的电压值。

（5）改变温度源温度，每隔 5 ℃记下 U_{o2} 输出值，直到温度升至 120 ℃。将实验结果填入附表 28－1 中。

附表 28－1　实验数据记录

T/℃														
U_{o2}/V														

五、实验报告

（1）根据附表 28－1 实验所得数据，作出 $U_{o2}-T$ 曲线，分析 E 型热电偶的温度特性曲线，计算其非线性误差。

（2）根据中间温度定律和 E 型热电偶分度表（见附表 28－2），用平均值计算出差动放大器的放大倍数 A。

附表 28－2　E 型热电偶分度表（分度号：E，单位：mV）

温度/℃	热电势/mV									
	0	1	2	3	4	5	6	7	8	9
0	0.000	0.059	0.118	0.176	0.235	0.295	0.354	0.413	0.472	0.532
10	0.591	0.651	0.711	0.770	0.830	0.890	0.950	1.011	1.071	1.131
20	1.192	1.252	1.313	1.373	1.434	1.495	1.556	1.617	1.678	1.739
30	1.801	1.862	1.924	1.985	2.047	2.109	2.171	2.233	2.295	2.357
40	2.419	2.482	2.544	2.057	2.669	2.732	2.795	2.858	2.921	2.984
50	3.047	3.110	3.173	3.237	3.300	3.364	3.428	3.491	3.555	3.619
60	3.683	3.748	3.812	3.876	3.941	4.005	4.070	4.134	4.199	4.264
70	4.329	4.394	4.459	4.524	4.590	4.655	4.720	4.786	4.852	4.917
80	4.983	5.047	5.115	5.181	5.247	5.314	5.380	5.446	5.513	5.579
90	5.646	5.713	5.780	5.846	5.913	5.981	6.048	6.115	6.182	6.250
100	6.317	6.385	6.452	6.520	6.588	6.656	6.724	6.792	6.860	6.928
110	6.996	7.064	7.133	7.201	7.270	7.339	7.407	7.476	7.545	7.614
120	7.683	7.752	7.821	7.890	7.960	8.029	8.099	8.168	8.238	8.307
130	8.377	8.447	8.517	8.587	8.657	8.827	8.842	8.867	8.938	9.008
140	9.078	9.149	9.220	9.290	9.361	9.432	9.503	9.573	9.614	9.715
150	9.787	9.858	9.929	10.000	10.072	10.143	10.215	10.286	10.358	4.429

实验二十九　气敏（酒精）传感器实验

一、实验目的

了解气敏传感器的工作原理及应用。

二、实验仪器

气敏传感器、酒精、棉球（自备）、差动变压器实验模块。

三、实验原理

本实验所采用的 SnO_2（氧化锡）半导体气敏传感器属电阻型气敏元件；它是利用气体在半导体表面的氧化和还原反应导致敏感元件阻值变化：若气浓度发生，则阻值发生变化，根据这一特性，可以从阻值的变化得知吸附气体的种类和浓度。

四、实验步骤

（1）将气敏传感器夹持在差动变压器实验模板传感器固定支架上。

（2）按附图 29－1 接线，将气敏传感器接线端红色接 0～5 V 电压加热，黑色接地；电压输出选择 ±10 V，黄色线接 +10 V 电压，蓝色线接 R_{w1} 上端。

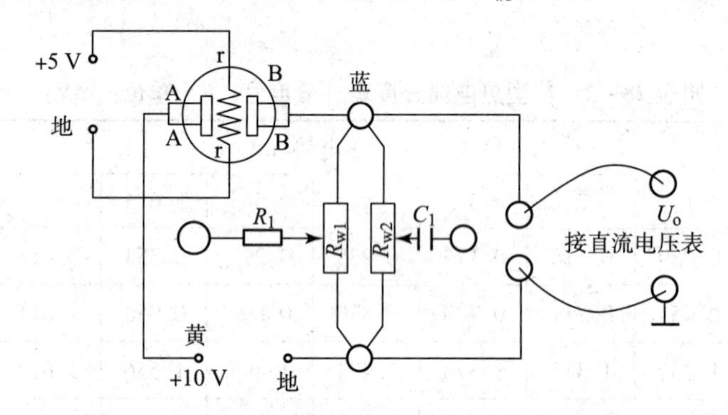

附图 29－1　气敏（酒精）传感器实验接线图

（3）打开实验台总电源，预热 1 min。

（4）用浸透酒精的小棉球，靠近传感器，并吹 2 次气，使酒精挥发进入传感器金属网内，观察电压表读数变化。

五、实验报告

酒精检测报警，常用于交通片警检查有否酒后开车，若有这样一种传感器还需考虑哪些环节与因素？

实验三十　气敏（可燃气体）传感器实验

一、实验目的

了解可燃气体检测传感器的工作原理与应用。

二、实验仪器

气敏腔、可燃气体检测传感器、差动变压器实验模块、可燃气体（自备）。

三、实验原理

气敏元件是利用半导体表面因吸附气体引起半导体元件电阻值变化特征制成的一类传感器。MQ－7 型可燃气体检测传感器是一种表面电阻控制型半导体气敏器件，主要是靠表面电导率变化的信息来检测被接触气体分子。传感器内部附有加热器，以提高器件的灵敏度和响应速度。

传感器的表面电阻 R_s 与其串联的负载电阻 R_L 上的有效电压信号输出 U_{RL} 之间的关系为

$$R_s/R_L=(V_c-U_{RL})/U_{RL}$$

该电压变量随气体浓度增大而成正比例增大。

MQ－7可用作家庭环境中一氧化碳探测装置，适宜于一氧化碳、煤气等的探测。

四、实验步骤

（1）将一氧化碳传感器探头固定在差动变压器实验模块的支架上，传感器的4根引线中红色和黑色为加热器输入，接0～5 V电压加热（没有正负之分）。传感器预热1 min左右。

（2）按附图30－1接线，直流电压表选择20 V挡。记下传感器暴露在空气中时电压表的显示值。

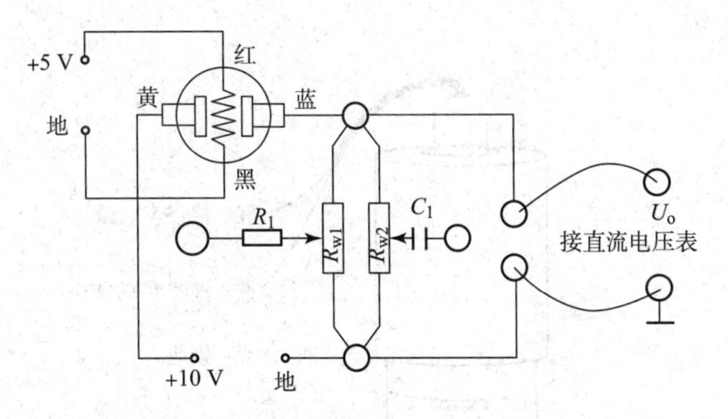

附图30－1　气敏（可燃气体）传感器实验接线图

（3）将准备好的装有少量煤气（＜4%）的煤气瓶瓶口（或打火机内的丁烷气体）对准传感器探头，注意观察直流电压表的明显变化。一段时间后电压表的显示趋于稳定，拿开煤气瓶，观察直流电压表的读数。（回到初始值，可能需要2～3 h）

（4）实验结束，关闭所有电源，整理实验仪器。

五、实验报告

根据实验观察到的数据，分析家庭环境中一氧化碳、煤气检测装置需考虑哪些环节与因素。

实验三十一　湿敏传感器实验

一、实验目的

了解湿敏传感器的工作原理及应用范围。

二、实验仪器

湿敏传感器、湿敏座、干燥剂、棉球（自备）。

三、实验原理

湿度是指大气中水分的含量，通常采用绝对湿度和相对湿度两种方法表示。湿度是指单位窖体积中所含水蒸气的含量或浓度，用符号AH表示，相对湿度是指被测气体中的水蒸气压和该气体在相同温度下饱和水蒸气压的百分比，用符号%RH表示。湿度给出大气的潮湿程度，因此它是一个无量纲的值。实验使用中多用相对湿度概念。湿敏传感器种类较多，根据水分子易于吸附在固体表面渗透到固体内部的这种特性（称水分子亲和力），湿敏传感器可以分为水分子亲和力型和非水分子亲和力型，本实验所采用的属水分子亲和力型中的高分子材料湿敏元件。高分子电容式湿敏元件是利用元件的电容值随湿度变化的原理。具有感湿功能的高分子聚合物，例如，乙酸－丁酸纤维素和乙酸－丙酸比纤维素等，做成薄膜，它们具有迅速吸湿和脱湿的能力，感湿薄膜覆在金箔电极（下电极）上，然后在感湿薄膜上再镀一层多孔金属膜（上电极），这样形成的一个平行板电容器就可以通过测量电容的变化来感觉空气湿度的变化。

四、实验步骤

（1）湿敏传感器实验装置如附图 31－1 所示，红色接线端接＋5 V 电源，黑色接线端接地，蓝色接线端和黑色接线端分别接频率/转速表输入端。频率/转速表选择频率挡。记下此时频率/转速表的读数。

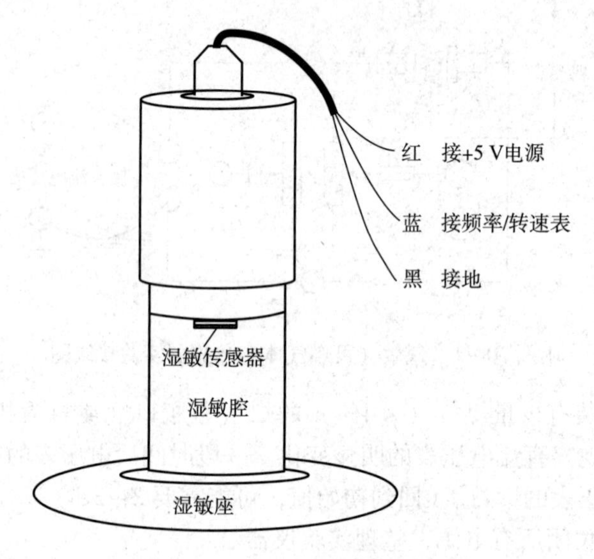

附图 31－1　湿敏传感器实验装置

（2）将湿棉球放入湿敏腔内，并插上湿敏传感器探头，观察频率/转速表的变化。

（3）取出湿纱布，待数显表示值下降回复到原示值时，在干湿腔内放入部分干燥剂，同样将湿度传感器置于湿敏腔孔上，观察数显表头读数变化。

五、实验报告

输出频率 F 与相对湿度 RH 值的对应关系，参考附表 31－1，计算以上三种状态下空气的相对湿度。

附表 31－1　输出频率 F 与相对湿度 RH 值的对应关系

RH/%	0	10	20	30	40	50	60	70	80	90	100
F/Hz	7 351	7 224	7 100	6 976	6 853	6 728	6 600	6 468	6 330	6 186	6 033

实验三十二　I/V、F/V 转换实验

一、实验目的

了解 I/V、F/V 信号转换的原理与应用。

二、实验仪器

信号转换实验模块、转动源。

三、实验原理

在控制系统及测量设备中，对电流信号进行数字测量时，首先需将电流转换成电压，然后由数字电压表进行测量。有些传感器直接输出脉冲信号，为了转化成国际电工委员会（IEC）使用的统一标准信号，需要对传感器输出的脉冲信号进行频率—电压转换。

附图 32－1 所示为用运放构成的 I/V 转换电路，转换范围为 0～20 mA 和 0～10 V。

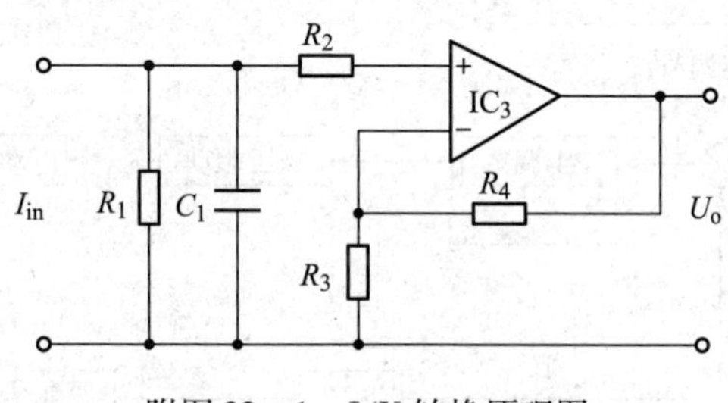

附图 32－1　I/V 转换原理图

F/V 常用集成转换器件如 LM331，其外部接线如附图 32－2 所示，最高脉冲频率转换可达 10 kHz。

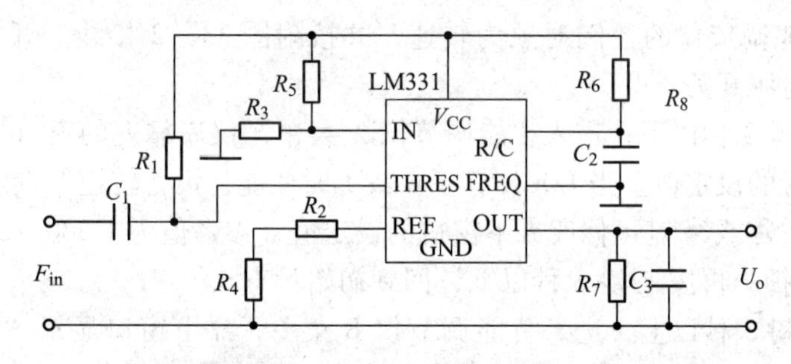

附图 32－2　F/V 转换原理图

四、实验步骤

（1）打开实验台电源，将 ±15 V 直流稳压电源接入信号转换模块。

（2）在 I/V 转换的输入端输入 0～20 mA，用直流电压表测量输出的电压值，每隔 2 mA 记录一次实验数据。

（3）调节转动源转速，将光电传感器输出的脉冲信号接到 F/V 转换的输入端，用频率/转速表的频率挡测量脉冲信号频率，直流电压表测量输出的电压值，每隔 20 Hz 记录一次实验数据。

五、实验报告

根据实验所测的数据做 I/V 转换、F/V 转换曲线，并计算其非线性误差。

实验三十三　智能调节仪转速控制实验

一、实验目的

了解霍尔传感器的应用以及计算机检测系统的组成。

二、实验仪器

智能调节仪、转动源。

三、实验原理

利用霍尔传感器检测到的转速频率信号经 F/V 转换后作为转速的反馈信号，该反馈信号与智能调节仪的转速设定比较后进行数字 PID 运算，调节电压驱动器改变直流电动机电枢电压，使电动机的转速逐渐趋近设定转速（设定值为 1 500 ~ 2 500 r/min）。转速控制原理框图如附图 33 - 1 所示。

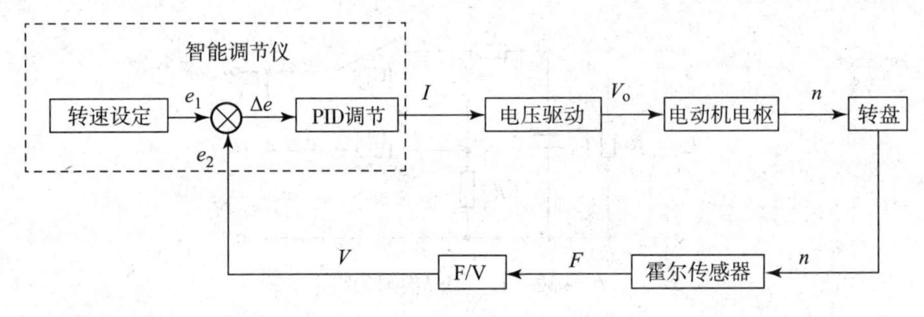

附图 33 - 1　转速控制原理框图

四、实验步骤

（1）选择智能调节仪的控制对象为转速，并按附图 33 - 2 接线。开启控制台总电源，打开智能调节仪电源开关。

（2）按住SET键 3 秒以下，进入智能调节仪 A 菜单，仪表靠上的窗口显示“SU”，靠下的窗口显示待设置的设定值。当 LOCK 等于 0 或 1 时使能，设置转速的设定值，按◀键可改变小数点位置，按▲或▼键可修改靠下窗口的设定值（参考值为 1 500 ~ 2 500）。否则提示“LCK”表示已加锁。再按SET键 3 秒以下，回到初始状态。

（3）按住SET键 3 秒以上，进入智能调节仪 B 菜单，靠上窗口显示“dAH”，靠下窗口显示待设置的上限报警值。按◀键可改变小数点位置，按▲或▼键可修改靠下窗口的上限报警值。上限报警时仪表右上“AL1”指示灯亮。（参考值为 5 000）。

（4）继续按SET键 3 秒以下，靠上窗口显示“ATU”，靠下窗口显示待设置的自整定开关，控制转速时无效。

（5）继续按SET键 3 秒以下，靠上窗口显示“P”，靠下窗口显示待设置的比例参数值，按◀键可改变小数点位置，按▲或▼键可修改靠下窗口的比例参数值。

（6）继续按SET键 3 秒以下，靠上窗口显示“I”，靠下窗口显示待设置的积分参数值，按◀键可改变小数点位置，按▲或▼键可修改靠下窗口的积分参数值。

（7）继续按SET键 3 秒以下，靠上窗口显示“LCK”，靠下窗口显示待设置的锁定开关，按▲或▼键可修改靠下窗口的锁定开关状态值，“0”允许 A、B 菜单，“1”只允许 A 菜单，“2”禁止所有菜单。继续按SET键 3 秒以下，回到初始状态。

（8）经过一段时间（20 min 左右）后，转动源的转速可控制在设定值，控制精度为 ±2%。

（9）学生可根据自己的理解设定 P、I 相关参数，并观察转速控制效果。

五、实验报告

简述转速控制原理并画出其原理框图。智能调节仪转速控制实验接线图如附图 33 - 2 所示。

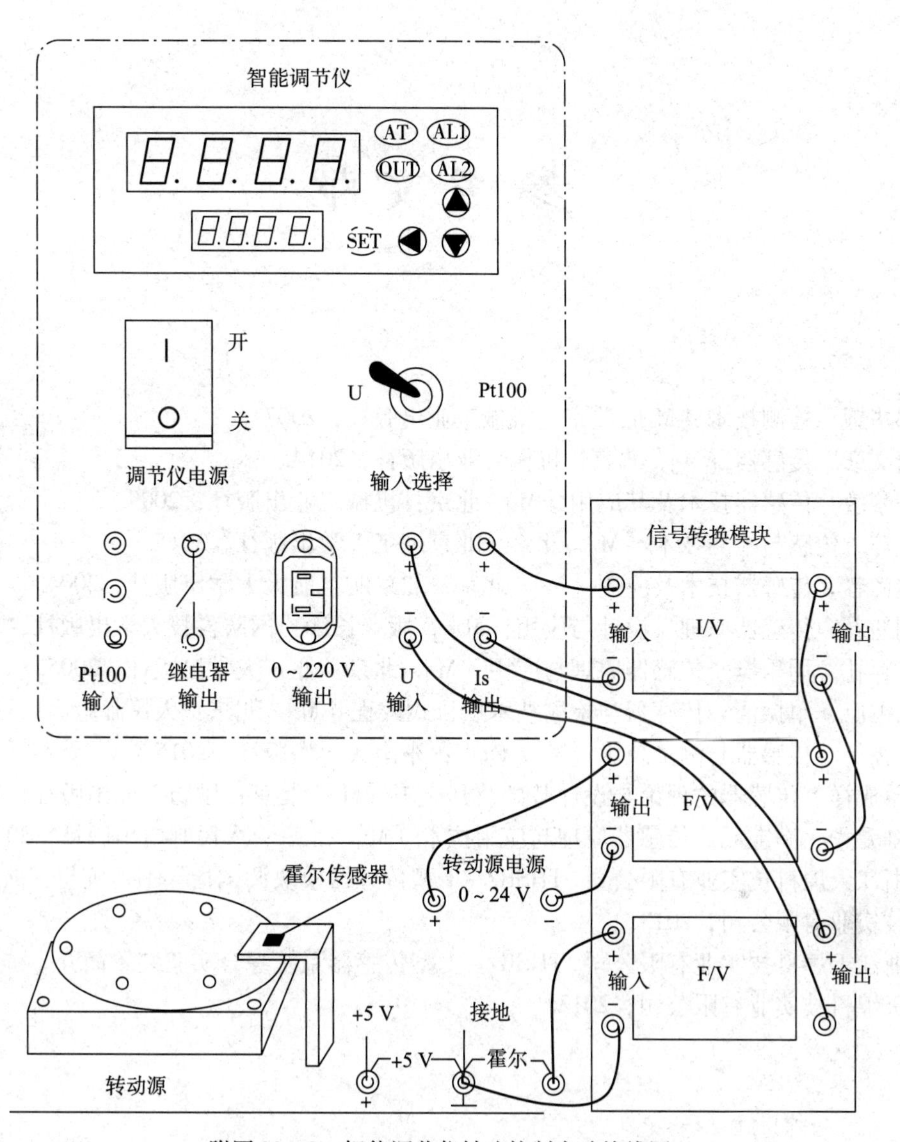

附图 33－2　智能调节仪转速控制实验接线图

参 考 文 献

[1] 郑华耀．检测技术［M］．北京：机械工业出版社，2007.

[2] 唐文彦．传感器［M］．北京：机械工业出版社，2014.

[3] 陈黎敏．传感器技术及其应用［M］．北京：机械工业出版社，2009.

[4] 耿淬．传感与检测技术［M］．北京：北京理工大学出版社，2015.

[5] 樊尚春．传感器技术及应用［M］．北京：北京航空航天大学出版社，2004.

[6] 刘迎春．传感器原理、设计与应用［M］．3 版．长沙：国防科技大学出版社，2003.

[7] 张存礼，周乐挺．传感器原理与应用［M］．北京：北京大学出版社，2005.

[8] 宋雪臣，单振清．传感器与检测技术项目式教程［M］．北京：人民邮电出版社，2015.

[9] 胡福年．传感器与测量技术［M］．南京：东南大学出版社，2015.

[10] 单成祥．传感器的理论与设计基础及其应用［M］．北京：国防工业出版社，1999.

[11] 刘爱华，满宝元．传感器原理与应用技术［M］．北京：人民邮电出版社，2011.

[12] 浙江天煌科技实业有限公司．THSRZ－1 型传感器模块调试指导书．杭州：浙江天煌科技实业有限公司，2013.

[13] 浙江天煌科技实业有限公司．THSRZ－1 型传感器系统综合实验装置简介．杭州：浙江天煌科技实业有限公司，2013.